面向新工科普通高等教育系列教材
河南省高校新工科新形态规划教材
河南省专创融合特色示范课程教材
河南省高等学校精品课程规划教材

电工电子技术基础

第 2 版

周　鹏　主编

机械工业出版社

电工电子技术基础是高等学校计算机类、航空航天类、机械类、自动化类、材料类等非电专业开设的专业基础必修课。为适应高校工程认证、专业认证、新工科建设、数字化新形态教材的需求，本书将"电路基础""模拟电子技术"及"数字电子技术"有机地融为一体，采用数字富媒体一体化设计，力求体现"知识性、先进性、实用性、趣味性及创新性"。内容包括电路基本概念及基本定律、电路的基本分析方法、正弦交流电路、三相交流电路、一阶电路暂态分析、半导体器件、基本放大电路、集成运算放大器、直流稳压电源、门电路和组合逻辑电路、触发器和时序逻辑电路。内容处理详略得当，基本概念讲解清楚，分析方法剖析透彻，难易度适中。各章配有丰富的例题、思考题、习题、小结及工程实践，方便学生自学和教师施教。本书力求精简传统内容，注重工程基础和新技术及前沿知识的引入，以使读者感到所学知识的实用性和系统性，真正体验到电工电子技术基础的可用性、有用性及特色。

本书可作为高等学校非电类专业本科生、大专生及成人教育相关专业的教材和教学参考书，也可供工程技术人员参考。

本书配有授课电子课件、在线课程等资源，需要的教师可登录机械工业出版社教育服务网 www.cmpedu.com 免费注册后下载，或联系编辑索取（微信：18515977506 电话：010-88379753）。

图书在版编目（CIP）数据

电工电子技术基础／周鹏主编．--2版．-- 北京：机械工业出版社，2024.8. --（面向新工科普通高等教育系列教材）. --ISBN 978-7-111-76190-7

Ⅰ. TM；TN

中国国家版本馆 CIP 数据核字第 2024NU5358 号

机械工业出版社（北京市百万庄大街 22 号　邮政编码 100037）
策划编辑：汤　枫　　　　　　　责任编辑：汤　枫
责任校对：甘慧彤　王小童　景　飞　　责任印制：常天培
北京机工印刷厂有限公司印刷
2024 年 9 月第 2 版第 1 次印刷
184mm×260mm · 18.75 印张 · 489 千字
标准书号：ISBN 978-7-111-76190-7
定价：69.80 元

电话服务　　　　　　　　　　网络服务
客服电话：010-88361066　　　机　工　官　网：www.cmpbook.com
　　　　　010-88379833　　　机　工　官　博：weibo.com/cmp1952
　　　　　010-68326294　　　金　书　网：www.golden-book.com
封底无防伪标均为盗版　　　机工教育服务网：www.cmpedu.com

前　言

电工电子技术基础是高等学校计算机类、航空航天类、机械类、自动化类、材料类等非电专业开设的专业基础必修课，既有自身的理论体系，又有很强的实践性、基础性、应用性、拓展性和创新性。而且随着5G通信、人工智能、大数据、物联网技术飞速发展和计算机网络技术及数智驱动技术的迅速普及，它已成为几乎所有理工科本科生的必修课和经管类专业选修课。随着科技进步及数字智能化，电工电子类实践应用日新月异。为了适应高校工程认证、专业认证、新工科建设、大规模在线课程及数字教材的需求，适应围绕以学生为中心的自主学习教学改革的要求，同时，由于课程教学学时多次大量压缩，使内容多与学时少的矛盾更加突出，迫切需要优化课程的体系结构和整合教学内容，因此有必要依据新工科新形态和成果导向教育（OBE）理念构建符合高素质复合型应用人才需求的新课程体系，将传统课程体系知识点解构在学习情境中，编写一本注重工程基础、反映新技术和新方法、便于线上线下一体化的数字化新形态特色教材。

本书在编写时立足于"结构新颖，整体贯通，深入浅出，化难为易，好学易懂，凸显特色，重点突出，思政引领，内外驱动，便于自学，利于教学"。与同类教材相比，本书更加注重基本概念讲解，压缩传统内容，增加应用性和新技术内容；强化系统概念，拓宽读者知识面，培养分析问题和解决问题的能力；注重解题技能训练，加强工程分析、设计与实践能力的培养。这是一本既能满足教学基本要求又对其有所加深拓宽，适应当前融教、学、练、测、赛于一体的学习情境下的翻转课堂教学模式，对非电专业非常适用并且符合实际需要的教材。本书具有如下特色：

1) 本书体现电工电子技术课程教学"保基础、重实践、少而精、拓知识"的特点，整合电路基础、模拟电子技术（以下简称模电）、数字电子技术（以下简称数电）内容，体现科学性，突出实践性、应用性及创新性，满足按学科大类招生下学时较少的教学需要。

2) 课程思政，立德教育，专创融合。将思政教育引入电工电子技术基础教材中，每章开头思政引例，精选引语和提供导读，启发和勉励学生发奋学习，回报社会。同时为学生了解该章编写思路和学习方法提供指导，彰显立德树人价值引领的教学理念，落实课程思政目标。通过课程思政与教学内容融合，培养学生爱国奉献的科学精神、工匠精神及家国情怀。

3) 本书内容涵盖计算机类、航空航天类、机械类、自动化类、材料类等非电专业研究领域，建立电路、模电、数电模块库，强化模块组合。依据新工科和OBE理念工作情境对"知识点"实施重新排列、组合，按照工科不同专业人才培养要求，将传统课程体系知识点解构在学习情境中。设计融教、学、做于一体的学习情境，将电工电子技术基础建设成为理论与实践、理论与大赛融合、教赛课一体的新工科创新课程，满足不同专业学生利用学科交叉、渗透、融合来促进本学科学习的需求。

4) 本书内容紧随人工智能、互联网+和经济发展而更新，及时将新知识、新技术、新工艺和新案例等引入教材，为读者提供符合时代需要的知识体系。每章均以"思政引例""学习目标""素养目标""特别提示""小结"为主线进行编写。以学习目标开头，帮助读者能在学习前明确目标；每章结尾又将主要知识点进行梳理总结，并进行知识延展及工程实践的探讨。

5）本书编写过程中，精心设计讲授内容，力求做到由浅入深，循序渐进，精心编排讲授内容之间的逻辑关系，采用分层次递进的教、学、练融合结构，突显电工电子技术课程的实践性和创新性。讨论元器件时，重点放在工作原理及其外特性和主要参数上；讨论具体电路时，突出电路设计和重要指标计算；介绍电路时强调电路基本定理和基本方法，在此基础上引入模电概念，通过介绍模电理论和应用，为数字电路分析做必要的知识储备，最后介绍数字电路分析方法及集成电路应用。在"教与学"的同时多进行"练和赛"同样很重要，因此每小节都有思考题，每章含有例题、选择题、判断题和计算题，测试对教学内容掌握情况，为后续学习做好铺垫。

6）本书特点是电路图较多，传统黑板板书的教学方法难以提供较大信息量，而且不可避免地要画大量电路图，既费时又费力。为了适应新工科新形态教学改革需要，本书采用线上线下混合教学模式，线上资源辅助课堂教学。目前，"电工电子技术基础"（河南省精品在线课程）资源已涵盖视频、课件、知识点解析、大纲、试题库、作业库、单元测试、小节测试、课程目标及思政引例，读者可利用碎片化时间课外学习。"图文、动画和微课视频"于一体，尽可能避免烦琐而枯燥的公式推导。注重引导并启发读者理解、掌握电路的基本概念、基本理论和基本方法，注重培养读者的工程实践能力，尽可能地做到好懂易学。利用网站交互性在线测试与任课老师讨论区答疑，使学生达到最佳学习效果。

全书分为3个模块，共11章：第1~5章是电路模块，包括电路基本概念及基本定律、电路的基本分析方法、正弦交流电路、三相交流电路、一阶电路暂态分析；第6~9章是模电模块，包括半导体器件、基本放大电路、集成运算放大器、直流稳压电源；第10、11章是数电模块，包括门电路和组合逻辑电路、触发器和时序逻辑电路。由于非电类专业对电工电子技术的要求不一，学时也有差别，本书参考学时为64学时。

本书数字化资源访问地址及资源清单如下。

访问地址：https://www.icourse163.org/course/ZZIA-1462102174

① 教学建议及课程思政

② 电子课件（PPT）

③ 电子教案（PDF）

④ 知识点解析（PDF）

⑤ 典型例题解析（PDF）

⑥ 重点、难点视频

⑦ 工程应用

⑧ 小节测试

⑨ 单元测试

⑩ 知识拓展

本书由郑州航空工业管理学院（以下简称"郑州航院"）联合郑州大学、河南农业大学、信阳师范大学、河南开放大学共同编写，出版得到河南省本科高校新工科新形态教材项目（2023-124）、河南省专创融合特色示范课程项目（2024-97）、河南省高等教育教学改革研究与实践项目（2021SJGLX469、2023SJGLX334Y、2024SJGLX274）、河南省科技攻关项目（242102211013、242102211086）、教育部产学合作协同育人项目（230704838125746）、郑州航院创新创业示范课程项目（2023-14）、郑州航院课程思政项目（校教字〔2024〕4号）、郑州航院实验室开放项目（ZHSK2405）、国家级大学生创新创业训练计划项目（202410485001）和郑州航院空天地电子创客工坊大学生创新创业实践平台（2024）的大力资助。全书由周鹏主编，负责定稿和统稿工作。其中周鹏编写第 1 章及全书新工科专创融合案例，张文理、张国栋编写第 2 章，陈永、张国栋编写第 3 章，周鹏、张震编写第 4 章，赵青编写第 5 章和全书课程思政内容，周鹏、胡建东编写第 6 章，赵雨斌、罗浩编写第 7 章，秦玉鑫、赵恒编写第 8 章，王玲编写第 9 章，周鹏、陈宇编写第 10 章，周鹏、朱晓珺编写第 11 章。全书图表绘制及公式编排由程琤、栗彦芬、布锦钶、曾祥祝、宋晓菲、吕子悦共同完成。微课视频由周鹏、张国栋录制。战略支援部队信息工程大学黄开枝教授为本书的编写提出了很多宝贵修改意见。在编写过程中，学习和借鉴了大量有关的参考资料，在此向所有作者表示深深的感谢。

由于编者水平有限，书中不妥之处在所难免，欢迎使用本书的教师、学生和工程技术人员提出意见和建议，以便改进和提高。

编　者

目　　录

第1章　电路基本概念及基本定律

思政引例

千里之行，始于足下。

——老子

 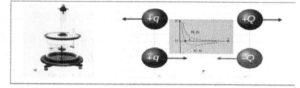

查利·奥古斯丁·库仑（C. A. Coulomb）　　电荷间作用力（1785）

 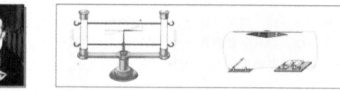

汉斯·克里斯蒂安·奥斯特（H. C. Oersted）　　电磁相互作用（1820）

安德烈·玛丽·安培（A. M. Ampere）　　电磁相互作用（1820）

 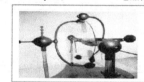 

乔治·西蒙·欧姆（G. S. Ohm）　　导体中电压与电流关系（1826）

　　社会发展，科技进步，技术变革，越来越离不开电工电子技术发展。电路伴随着古代电磁现象的发现而产生，到电的诞生，又经历了工业革命。工业革命把世界科学从蒸汽时代逐步带入电气时代、信息化时代，直至当前人工智能、互联网+、智慧城市及绿色能源时代。电工电子技术与其他学科交叉、融合、相互促进，发展到现在，已经形成相对独立的技术，例如电力电子、微电子、光电子、机械电子、人工智能等。由于电能便于转换、传输和控制，已经在航空、航天、航海、家庭办公、自动化生产以及现代智慧城市、智慧小区、楼宇自动化等领域广泛应用，所以电工电子技术在社会生活、生产、科研等领域具有重要作用。

　　在日常工作生活中，手电筒中的照明电路是最简单的直流电路。除此之外，涉及实际应用的电路有很多，如计算机、电视、汽车、火车、飞机、轮船以及舰艇等。这些设备内部电路结构复杂，有直流电路也有交流电路。在当前人工智能逐渐兴起成熟的时代，无论是由交流电路还是直流电路组成的设备，人为操控都非常方便简单。但是若要弄清工作原理，必须从电路原理上进行分析，这就需要具备一定的电路基础知识。现代飞机战术技术水平在迅速地发展和提高，这背后需要大量先进综合航电系统的支撑，如各种航空仪器仪表、导航雷达设备、智能通信设备、飞行控制系统、火力控制系统等，这些设备运行状态的好坏，直接关系到能否实现复杂飞行动作、飞行安全以及完成作战任务。以中国研制的多用途轻型战斗机 FC-1"枭龙"为例，该战斗机包括雷达、通信导航与识别、大气数据等系统，熟悉这些电子系统能帮助飞行员顺利执行各种战术操作，突显作战能力。在飞机系统中，从简单的飞机照明电路，到复杂的飞机供电系统；从单个的机载通话设备，到卫星通信网络，它们都是由电路元器件构成的，如电阻、电容、电感、变压器以及集成电路等。因此，只要涉及电的地方就离不开电路理论的支持。电流特性如同水往低处流，电流总是从高电位流向低电位，但人作为宇宙中意识和智慧的载体，唯有逆流而行，走向高处方能在物质世界闪现意识的光芒。电路分析不是分析实际电路，而是分析由理想电路元件组成的电路模型。本章首先介绍电路的组成和作用，并将实际电路抽象成电路模型；然后介绍电路基本物理量、理想电路元件和电路状态，从工程案例出发，引出参考方向、相关性、电气设备额定值、功率平衡、参考电位等基本概念，分析组成理想电路元件的物理性质和外特性；接着，从分析复杂电路角度出发，讨论约束电路中回路电压和结点电流的基尔霍夫定律，为下一章推导电路分析方法奠定基础。通过本章学习，将为读者了解电路模型、电路原理和电路分析打下必要的基础。

学习目标：

1. 理解电路作用与组成部分，掌握电路模型。
2. 掌握电路中电压和电流参考方向及相关性，理解理想电路元件的物理性质和外特性。
3. 掌握欧姆定律，理解电路的工作状态（通路、开路与短路）。
4. 理解基尔霍夫定律并能熟练运用。
5. 理解电路中电位概念，掌握电源与负载判断，以及功率平衡的概念。

素养目标：

1. 坚定信念，不断努力和坚持，克服一切困难，实现自己的梦想。树立小爱家、大爱国的思想意识。
2. 无规矩不成方圆，提高个人素养和职业素养。
3. 培养工匠精神、敬业精神、科学精神、奉献精神。
4. 培养文化自信、艰苦奋斗、团结奋进精神、道路自信、理论自信。

1.1 电路及其模型

1.1.1 电路

实际电路是由各种元器件组成，如发电机、变压器、电动机、电阻器、电容器及晶体管等，其电路形式和种类是多样的，且有些元器件电磁性质较为复杂。为了找出它们的共同规律，便于对实际电路进行分析和数学描述，需将实际元件理想化（模型化）。即将实际元件用表征其主要物理性质的理想元件来代替，这种由理想元件组成的电路，就是实际电路的电路模型。人们生活在智能化、互联网+、网络化、信息化的社会里，在工作和生活中广泛应用着各种电子产品和智能设备，这些设备有各种各样的电路。例如，传输、分配电能的电力输入输出电路；转换、传输信息的通信网络电路；控制各种家用电器和生产设备的智能控制电路；交通运输中使用各种信号的控制电路等。这些实际电路都是由电源（信号源）、负载以及连接电源、负载的中间环节组成，是电流的流通路径，统称电流通路。

电路结构和形式多种多样，组成方式不同，功能各异。但从其作用来看，分为两大类：一类实现电能的传输和转换，简称强电，典型实例是各种电力系统及电力通路；另一类实现信号的传递、处理、运算及控制，简称弱电，如手机、电视机、扬声器电路等。

电路基本由以下 3 个部分组成。

1）电源（信号源或动力源或激励）：为电路提供电能的设备和元件。其特点是能够将其他形式的能量（机械能、化学能等）转换为电能。直流电源有干电池、蓄电池、直流发电机等。交流电源一般由交流电网提供，其电源是由交流发电机产生的。

2）负载（消耗源或响应）：电路中使用或消耗电能的设备和器件。其特点是将电能转换为其他形式的能量。例如，白炽灯将电能转换为光能，电动机将电能转换为机械能。所以，白炽灯、电动机等都是电路中的负载。

3）中间环节：在电源和负载之间引导和控制电流的导线和开关等辅助设备。导线电阻很小，在分析电路模型时，可将其忽略不计。

图 1.1.1a 电路是一个简单实际电路。其中，干电池是电源 E，灯泡是负载 R，开关 S 及导线构成中间环节。图 1.1.1b 为电路模型。

激励和响应的关系就是作用和结果的关系，在已知激励、电路结构和参数的情况下，可根据电路的基本定律对电路模型进行分析，求出各元件上的电压、电流及功率等物理量，预测实际电路的特性，以便设计更优化的电路。

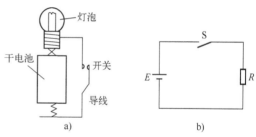

图 1.1.1　灯泡电路及电路模型

a）电路示意图　b）电路模型

1.1.2　电路模型

视频
电路模型

电路模型由实际电路抽象而成，可近似地反映实际电路的电气特性。电路模型是由理想化电路元件组成的电路图。理想化元件具有某种确定电磁性质并有精确数学定义的基本结构，是组成电路模型的最小单元。常用的理想电路元件包含电阻 R、电感 L、电容 C 这三种理想无源元件和电压源 U_S 及电流源 I_S 这两种理想有源元件，它们分别用相应参数来表征。表 1.1.1 为常用理想元件的电路模型及符号。实际电路中的电气装置或器件，如发电机、蓄电池等电源元件和灯泡、电炉、电动机等负载元件，种类很多，形态各异，电磁性质复杂。由实际电路元件画成的电路结构复杂，不便分析计算。为此，需要将实际电路元件理想化、模型化，即突出主要电磁特性，忽略次要因素，以表征其主要特性的单一理想电路元件或其组合来代替。由一些理想电路元件组成的电路，是实际电路的电路模型。

表 1.1.1 常用理想元件的电路模型及符号

电路元件名称	电路符号	电磁性质	电路模型符号
电阻元件	R	消耗电能	R
电感元件	L	储存磁场能量	L
电容元件	C	储存电场能量	C
电压源元件	U_S	产生电能	$+\ U_\text{S}\ -$
电流源元件	I_S		I_S

【练习与思考】

1）电路由哪 3 个基本部分组成？

2）电路的主要作用大致分为哪两个方面？

3）什么是电路模型？为什么要用电路模型来表示电路？

视频 电路基本物理量

1.2 电路基本物理量

1.2.1 电流

电流就是正电荷的定向移动。电流是指单位时间内通过导体横截面的电荷量（库仑）[⊖]，用符号 i 表示，定义为

$$i = \frac{\mathrm{d}q}{\mathrm{d}t} \tag{1.2.1}$$

如果电流大小及方向都不随时间变化，即在单位时间内通过导体横截面的电量相等，则称为直流电流，简称直流（Direct Current），记为 DC。直流常用大写字母 I 表示。如果电流大小及方向均随时间变化，则称为交流电流，简称交流（Alternating Current），记为 AC。对电路分析来说，一种最为重要的交流电流是正弦交流电流，其大小及方向均随时间按正弦规律做周期性变化。交流电流的瞬时值用小写字母 i 或 $i(t)$ 表示。

在国际单位制（SI）中，电流单位是安培（A），简称安[⊖]。常用电流单位有毫安（mA）、微安（μA）、千安（kA）。它们与安培换算关系为 $1\,\mathrm{mA} = 10^{-3}\,\mathrm{A}$，$1\,\mathrm{\mu A} = 10^{-6}\,\mathrm{A}$，$1\,\mathrm{kA} = 10^{3}\,\mathrm{A}$。

分析电路时，不仅要计算电流大小，还要知道电流方向。习惯上将正电荷移动方向规定为电流实际方向。但是，在复杂电路中，往往难以事先判断某支路中电流实际方向。对交流电来讲，其方向随时间而变，在电路图上也无法用一个箭头来表示它的实际方向。为此，在分析电路时，通常引入参考方向概念。

参考方向又称为假定正方向，简称正方向。参考方向可以任意选定，用"→"表示。规

⊖ 库仑（Charles-Augustin de Coulomb，1736-1806），法国工程师、物理学家。他提出用扭秤测量静电力和磁力，导出有名的库仑定律。电荷的单位以其姓氏命名。

⊖ 安培（Andre-Marie Ampere，1775-1836），法国物理学家、化学家、数学家，在电磁作用方面的研究成就卓著。电流的单位以其姓氏命名。

定：若选定参考方向与电流实际方向一致，则电流为正值，即 $i>0$；若选定参考方向与电流实际方向相反，则电流为负值，即 $i<0$，如图 1.2.1 所示。在选定电流参考方向下，根据电流的正、负值确定电流实际方向。因此，在电路分析时，首先要选定参考方向。在未标明参考方向情况下，电流值的正、负是毫无意义的。

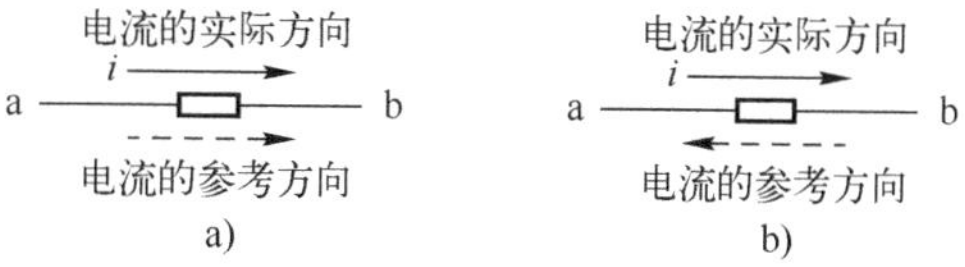

图 1.2.1 电流的参考方向和实际方向
a）$i>0$　b）$i<0$

1.2.2 电压

1. 电压（电势差或电位差）

电压（电势差或电位差）是衡量单位电荷在静电场中由于电势不同所产生能量差的物理量，用符号 u 表示。电场力把单位正电荷从电路的某一点移至另一点时所消耗的能量称为这两点间电压。如果电压的大小和极性都不随时间改变，则称其为直流电压（或恒定电压），通常用大写字母 U 表示。大小和极性做周期性变化且平均值为零的电压称为交变电压，用小写字母 u 表示。

$$u = \frac{dw}{dq} \tag{1.2.2}$$

在国际单位制中，电压单位是伏［特］[注]，用字母 V 表示。常用电压单位有千伏（kV）、毫伏（mV）和微伏（μV），它们关系是 $1\,kV = 10^3\,V$，$1\,V = 10^3\,mV = 10^6\,μV$。电压实际方向规定为从高电位指向低电位方向，即电位降低方向。正电荷沿着这个方向运动，将失去电能，并转换成其他形式能量。

与电流类似，在实际分析电路时，需要规定电压参考方向。电压参考方向是任意指定的，通常有以下 3 种表示方法。

1）用符号"+"和"-"表示假定的正负极性，"+"表示高电位端，"-"表示低电位端，如图 1.2.2a 所示。

2）用箭头"→"表示，箭头指向为电压降低方向，从高电位端指向低电位端，如图 1.2.2b 所示。

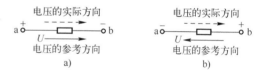

图 1.2.2 电压参考方向
a）$U>0$　b）$U<0$

3）用双下标表示，如 U_{ab} 表示该电压参考方向为由 a 指向 b，即 a 点参考极性为"+"，b 点参考极性为"-"。显然，$U_{ab} = -U_{ba}$。

规定参考方向以后，电压是一个代数量。当电压 U 为正值时，说明电压参考方向和实际正方向一致；当电压 U 为负值时，说明电压参考方向与实际正方向相反。在未标明参考方向情况下，电压值的正、负是没有意义的。

分析具体电路时，首先规定各电流、电压参考方向，然后根据所规定的参考方向列写电路方程。不管电流、电压是直流还是交流，它们均是根据参考方向列出的。参考方向可以任意指定，不会影响计算结果，因为参考方向相反时，解出电压、电流值的正、负号也是相反的，最后得到的实际结果仍然相同。

2. 电动势

电源中非电场力将单位正电荷从电源负极移至电源正极所转换来的电能称为电动势，直流

⊖　伏特（Count Alessandro Giuseppe Antonio Anastasio Volta，1745-1827），因发明伏打电堆而著名。电压的单位以其姓氏命名。

电路用字母 E 表示，单位为伏特（V）。电动势描述了电源中外力做功的能力，大小等于外力在电源内部克服电场力把单位正电荷从负极移到正极所做的功。通常用电动势这个物理量来衡量电源对电荷做功的能力。电源的电动势在数值上等于电源力（非电场力即局外力）把单位正电荷从低电位端经电源内部移到高电位端所做的功，其数值大小与电源电压相等。电动势的实际方向规定为由电源负极指向电源正极方向，即电位升的方向，与端电压实际方向正好相反。电动势 E 和电源端电压 U 大小相等、方向相反。

3. 电位

电位在物理学中称为电势。它是一个相对物理量，即某点电位的大小和极性是相对于参考点而言的。电荷在导体中运动需要电场力作用。若电荷 Q 在电场力作用下沿着导体从 a 点移到 b 点时所需要的电能为 W_{ab}，则 a 点对 b 点的电压 U_{ab} 为

$$U_{ab} = \frac{W_{ab}}{Q} \tag{1.2.3}$$

如果选择电路中的某点 O 为零电位参考点，则 a 点对 O 点的电压称为 a 点的电位，记作 V_a。零电位参考点是可以任意选取的，因此电位的高低是相对的，与设定的零电位参考点有关。当 $V_a > 0$ 时，a 点电位为正电位；当 $V_a < 0$ 时，a 点电位为负电位。电路中任意两点 a、b 间的电压 U_{ab}，也可以由这两点对零电位参考点的电位之差（电位差）来计算，有

$$U_{ab} = V_a - V_b \tag{1.2.4}$$

习惯上把高电位指向低电位的方向规定为电压的实际方向。一般设参考点的电位为零，任一点的电位就等于该点与参考点之间的电压。在对复杂电路进行分析、计算时，通常很难直观地判断电压的实际方向，因此要引入参考方向的概念。在分析、计算复杂电路中某两点间的电压之前，先任意选定电压的参考方向，然后计算这两点间电压代数值。

4. 关联参考方向

一个元件或者一段电路上电流和电压参考方向可以任意设定，两者可以一致，也可以不一致。当电流和电压参考方向一致，即电流方向是从电压正极一端流向负极一端，或电流方向流入端电压为正极时，称为关联参考方向，如图 1.2.3a 所示；否则为非关联参考方向，如图 1.2.3b 所示。在分析电路时，往往需要根据参考方向是否关联，选用相应公式计算。例如，电阻元件端电压和电流满足欧姆[⊖]定律，在采用如图 1.2.4a 所示关联参考方向时，公式为

$$U = RI \tag{1.2.5}$$

若采用如图 1.2.4b 所示非关联参考方向，则公式为

$$U = -RI \tag{1.2.6}$$

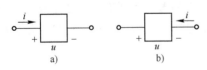

图 1.2.3 关联与非关联参考方向
a）关联参考方向 b）非关联参考方向

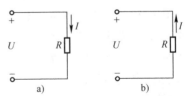

图 1.2.4 参考方向与欧姆定律
a）关联参考方向 b）非关联参考方向

⊖ 欧姆（Georg Simon Ohm，1787-1854），德国物理学家。电阻的单位以其姓氏命名。

特别提示

参考方向，是为了电路分析计算的方便而任意假定的方向。参考方向也称为正方向。在分析电路时，需要预先假设电压和电流的参考方向，并且做标识，一旦参考方向确定，在分析过程中不要做任何变动，直至分析过程结束。在参考方向选定后，电流或电压值才有正负之分。当采用关联参考方向时，可以简化参考方向的标注，电路中只要标出电流或电压的一个参考方向即可，另一个电量的参考方向由关联一致来确定。

1.2.3　电能和功率

1. 电能

当正电荷从元件电压的正极经元件运动到电压负极时，电场中电场力对电荷做正功，这时元件吸收电能；反之，当正电荷从电压负极经元件运动到电压正极时，电场力做负功，元件发出电能。电路元件在一段时间内消耗或释放的能量称为电能，是衡量用电量多少的物理量。

从 t_0 到 t 时间内，元件吸收的电能可根据电压定义（A、B 两点的电压在量值上等于电场力将单位正电荷由 A 点移动到 B 点所做的功）求得，即

$$W = \int_{q(t_0)}^{q(t)} u\,\mathrm{d}q \tag{1.2.7}$$

由于 $i = \dfrac{\mathrm{d}q}{\mathrm{d}t}$，所以

$$W = \int_{t_0}^{t} u(\xi)\,i(\xi)\,\mathrm{d}\xi \tag{1.2.8}$$

在直流电路中，电能的表达式为

$$W = UIt \tag{1.2.9}$$

在式（1.2.8）中，u 和 i 都是时间函数，当电流的单位为 A，电压的单位为 V 时，能量的单位为 J（焦耳）。实际工程中，电能的计量单位为千瓦时（$\mathrm{kW \cdot h}$），1 千瓦时就是 1 度电，它与焦耳之间的关系为 $1\,\mathrm{kW \cdot h} = 3.6 \times 10^6\,\mathrm{J}$。电功率是功率的一种，是表示功率转换速率的一个物理量，也就是电场力在单位时间内所做的功，用 W 表示，即有 $W = UIt$（千瓦时，$\mathrm{kW \cdot h}$），式中，电压 U 和电流 I 分别为交流电压 u 和电流 i 的有效值。

2. 功率

功率是电能对时间的变化率（导数），由式（1.2.8）可知，元件吸收功率为

$$p(t) = \frac{\mathrm{d}W}{\mathrm{d}t} \tag{1.2.10}$$

即

$$p(t) = u(t)i(t) \quad 或 \quad p = ui \tag{1.2.11}$$

式中，p 为交流功率，用小写字母 p 表示。当时间单位为秒（s），电压单位为伏［特］(V) 时，功率单位为瓦［特］(W)[⊖]。常用单位有千瓦（kW）和毫瓦（mW）。它们之间关系是 $1\,\mathrm{kW} = 10^3\,\mathrm{W}$，$1\,\mathrm{W} = 10^3\,\mathrm{mW}$。在直流电路中，功率表达式为

$$P = UI \tag{1.2.12}$$

在电路中，若元件从电路吸收电能（消耗电能）则其是负载，若元件向电路发出电能（释放电能/提供电能）则其是电源。

⊖　瓦特（James Watt，1736-1819），英国著名发明家，制造出第一台有实用价值的蒸汽机。功率单位以其姓氏命名。

电源和负载判断方法如下：在电压和电流关联参考方向下，计算功率 $P=UI$ 为正值，表示该元件吸收功率，是负载；若功率为负值，表示该元件发出功率，是电源。若在非关联参考方向下，计算功率 $P=-UI$ 为正值，表示该元件吸收功率，是负载；若功率为负值，表示该元件发出功率，是电源。功率定义可推广到任何一段（部分）电路，而不局限于一个元件。

判断电源和负载的另外一种方法：电源的 U 和 I 实际方向相反，电流从"+"端流出，发出功率。负载的 U 和 I 实际方向相同，电流从"+"端流入，吸收功率。

例1.2.1 如图1.2.5所示，已知电流源 $I_S=1\,A$，电压源 $U_S=6\,V$，电阻 $R=10\,\Omega$，试求电流源的端电压 U，以及电压源和电流源发出功率分别为多少？

解： 由图1.2.5可知，流过电阻 R 的电流等于 I_S，故电流源电压 $U=RI_S+U_S=16\,V$。流过电压源 U_S 的电流也是 I_S，它与电压源的端电压方向一致，关联参考方向下，电压源 U_S 的 $P_{U_S}=U_SI_S=6\,W>0$，说明电压源实际消耗功率（吸收功率），而本题要求的电压源 U_S 发出功率为 $-6\,W$。

电流源 I_S 与端电压方向 U 相反，非关联参考方向下，所以有 $P_{I_S}=-UI_S=-16\,W<0$，说明电流源是发出功率（释放功率）。

电阻 R 消耗功率（吸收功率）为 $P_R=I_S^2R=10\,W$。

电流源 I_S 发出功率为 $16\,W$，电压源 U_S 和 R 吸收功率为 $10\,W+6\,W$，显然整个电路发出功率和吸收功率相等，即能量守恒。

例1.2.2 如图1.2.6所示，验证各元件功率是否满足功率平衡，并且说明各元件在电路中起电源作用还是负载作用。

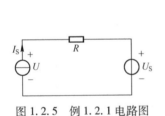

图1.2.5 例1.2.1电路图   图1.2.6 例1.2.2电路图

解： 元件1：非关联，$P_1=-UI=-10\,W$，发出功率，电源，U 和 I 方向相反。

元件2：关联，$P_2=UI=4\,W$，吸收功率，负载，U 和 I 方向相同。

元件3：非关联，$P_3=-UI=-(-2)\times2\,W=4\,W$，吸收功率，负载，$U$ 和 I 方向相同。

元件4：关联，$P_4=UI=3\,W$，吸收功率，负载，U 和 I 方向相同。

元件5：关联，$P_5=UI=(-1)\times1\,W=-1\,W$，发出功率，电源，$U$ 和 I 方向相反。

显然元件1和5发出功率，是电源，发出功率为 $11\,W$，元件2、3、4吸收功率，是负载，吸收功率为 $11\,W$，功率平衡。

本书中各物理量的单位均采用国际单位制（SI），如安［培］（A）、伏［特］（V）等，但实际应用中，只有这一个数量级单位使用起来不方便，所以在表1.2.1中列出了 SI 词头，在基本单位前面加词头就构成倍数单位（十进倍数单位与分数单位）。词头不得单独使用。

表1.2.1 SI 词头

因　数	词头名称		符　号
	英　文	中　文	
10^{24}	yotta	尧［它］	Y
10^{21}	zetta	泽［它］	Z

（续）

因　数	词头名称		符　号
	英　文	中　文	
10^{18}	exa	艾［可萨］	E
10^{15}	peta	拍［它］	P
10^{12}	tera	太［拉］	T
10^{9}	giga	吉［咖］	G
10^{6}	mega	兆	M
10^{3}	kilo	千	k
10^{2}	hecto	百	h
10^{1}	deca	十	da
10^{-1}	deci	分	d
10^{-2}	centi	厘	c
10^{-3}	milli	毫	m
10^{-6}	micro	微	μ
10^{-9}	nano	纳［诺］	n
10^{-12}	pico	皮［可］	p
10^{-15}	femto	飞［母托］	f
10^{-18}	atto	阿［托］	a
10^{-21}	zepto	仄［普托］	z
10^{-24}	yocto	幺［科托］	y

　　额定值是设备的一个重要技术指标。使用时，电压、电流和功率实际值不一定等于它们的额定值。在一定电压下电源输出功率和电流取决于负载大小，就是负载需要多少功率和电流，电源就给多少。电源通常不一定处于额定工作状态，但是不应超过额定值。一般来说，电流过大，会引起发热甚至烧坏设备。电压过高，则会击穿电气绝缘，从而损坏设备。反之，如果电压太低，电流太小，不仅得不到正常合理的工作情况，而且也不经济。

　　任何电气设备都有一个安全、经济和合理使用的最佳工作电压、电流和功率，称为电气设备的额定值。例如，直流发电机在设计制造时都规定有额定工作状态，在额定工作状态时所输出的功率称作额定功率，所输出的电压、电流称作额定电压、额定电流。如某型飞机直流发电机，其额定电压为 27.5 V，额定电流为 50 A，额定功率为 1.5 kW。当设备在额定值下工作时称为满载，低于额定值工作时称为欠载，高于额定值工作时称为过载。一般短时间少量的过载或欠载是允许的。

【练习与思考】

　　1）某元件的电压和电流采用关联参考方向，当元件 $P>0$ 时，该元件是发出功率还是吸收功率？该元件在电路中起电源还是负载作用？

　　2）某元件电压与电流的参考方向一致时，说明该元件是负载，这句话对吗？

　　3）U_{ab} 是否表示 a 端的电位高于 b 端的电位？

1.3　基尔霍夫定律

视频
基尔霍夫
定律

　　在一个电路内部，各部分电压、电流之间相互影响、相互制约，成为一个统一整体。基尔霍夫定理从电路整体和全局上，揭示了电路中各部分电压、电流之间所必须遵循的规律。基尔霍夫定理包括基尔霍夫电流定律（KCL）和基尔霍夫电压定律（KVL）两部分内容。

为了叙述方便，在学习基尔霍夫定律之前，先以图1.3.1所示电路为例，介绍几个常用的名词和术语。

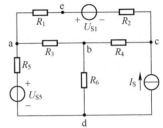

1）支路：电路中的每一个分支称为一个支路。通常一条支路上的所有元件流过的电流相同。如图1.3.1所示电路中，ab、ad、aec、bc、bd、cd都是支路，其中aec是由三个电路元件串联构成的支路，ad是由两个电路元件串联构成的支路，其余四个都是由单个电路元件构成的支路。含有电源的支路称为有源支路，不含电源的支路称为无源支路。

图1.3.1　结点、支路、回路图

2）结点：指三个或三个以上支路的连接点。通常电路中一条导线连接的几个点，它们的电位相等，可看成是同一个结点，如图1.3.1中a、b、c、d都是结点。其中含有两条线路的连接点可以拉直，没有约束，可以变成一条线路，因此两条线路的连接点不叫结点。

3）路径：从某结点到另一结点之间，由不同支路和不同结点依次连成的一条通路。

4）回路：电路中任意一个由支路组成的闭合路径。如图1.3.1所示电路中，abda、bcdb、abcda、aecda、aecba等都是回路。

5）网孔：内部不包含任何支路的回路称为网孔，或者说未被其他支路分割的单孔回路称为网孔（不包含其他回路的回路）。网孔一定是回路，但回路不一定是网孔。如图1.3.1中的回路aecba、abda、bcdb都是网孔，其余的回路则不是网孔。

6）网络：通常把包含回路较多的电路称为网络。有时电路与网络两个名词经常通用。

1.3.1　基尔霍夫电流定律

由于电流具有连续性，电路中任意一个结点均不能使电荷堆积或消失，因此，在任一瞬间，流入结点的电流之和必定等于流出该结点的电流之和。图1.3.2所示为某电路中的结点a，连接在结点a的支路共有5条，在所选定的参考方向下，有

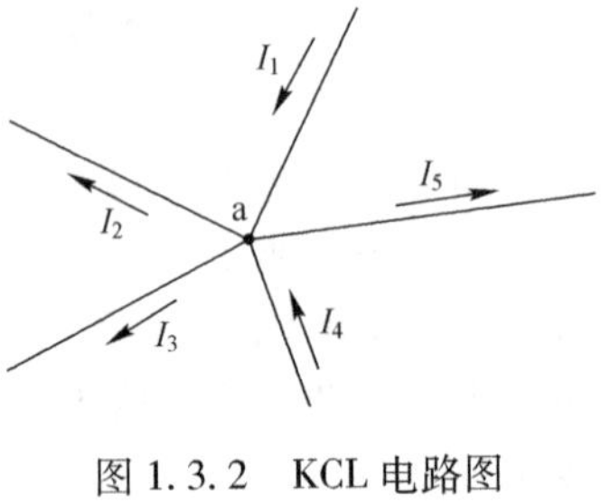

$$I_1 + I_4 = I_2 + I_3 + I_5$$

基尔霍夫电流定律[⊖]：对电路中的任一结点，在任一瞬间，流出或流入该结点电流的代数和恒为零，即

$$\sum I = 0 \qquad (1.3.1)$$

图1.3.2　KCL电路图

通常把式（1.3.1）称为结点电流方程，简称KCL方程。在列写结点电流方程时，通常规定：流入结点电流取正号，流出结点电流取负号；也可以按相反方向规定。

KCL定律不仅适用于电路中结点，还可以推广应用于电路中的任一假设封闭面。即在任一瞬间，流出或流入电路中任一假设封闭面电流的代数和恒为零。此时，该闭合面称为广义结点。基尔霍夫电流定律体现了电流的连续性。

如图1.3.3所示为广义结点（圆圈围拢的封闭面）KCL图，根据KCL列出结点方程

$$\begin{cases} I_A + I_{CA} - I_{AB} = 0 \\ I_B + I_{AB} - I_{BC} = 0 \\ I_C + I_{BC} - I_{CA} = 0 \end{cases}$$

⊖　KCL是英文Kirchhoff's Current Law（基尔霍夫电流定律）的缩写。

三个式子相加得出

$$I_A + I_B + I_C = 0$$

上式表明，通过封闭面的电流代数和确实等于零，即 KCL 适用于广义结点。

如图 1.3.4 所示为某电路中的一部分广义结点拓展图，选择闭合面如图 1.3.4 点画线所示，在所选定的参考方向下，有

$$-I_1 + I_2 + I_3 + I_5 - I_6 - I_7 = 0$$

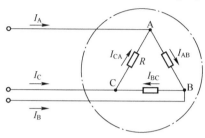

图 1.3.3　广义结点 KCL 图

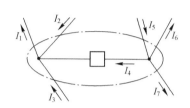

图 1.3.4　广义结点拓展图

例 1.3.1　如图 1.3.5 所示，已知 $I_1 = 3\,\text{A}$，$I_2 = 5\,\text{A}$，$I_3 = -18\,\text{A}$，$I_5 = 9\,\text{A}$，试计算电路中的电流 I_4 及 I_6。

解： 对结点 a，根据 KCL 可得

$$I_1 + I_2 - I_3 - I_4 = 0$$

则

$$I_4 = I_1 + I_2 - I_3 = 26\,\text{A}$$

对结点 b，有

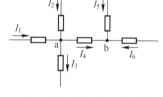

图 1.3.5　例 1.3.1 电路图

$$I_4 + I_5 + I_6 = 0$$

则

$$I_6 = -I_4 - I_5 = -35\,\text{A}$$

例 1.3.2　如图 1.3.6 所示，已知 $I_1 = 5\,\text{A}$，$I_5 = 9\,\text{A}$，$I_6 = 3\,\text{A}$，$I_7 = -8\,\text{A}$，试计算电流 I_8。

解： 在电路中选取一个封闭面，如图 1.3.6 中虚线所示，根据 KCL 可得

$$I_1 + I_6 - I_7 + I_8 = 0$$

则

$$I_8 = -I_1 - I_6 + I_7 = -16\,\text{A}$$

例 1.3.3　如图 1.3.7 所示，试求电流表 A 的读数。

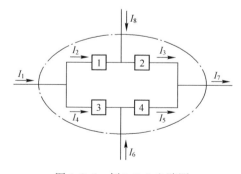

图 1.3.6　例 1.3.2 电路图

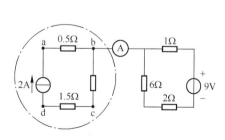

图 1.3.7　例 1.3.3 电路图

解： 根据 KCL 适用广义结点的结论，推导出电流表 A 读数为 0。

1.3.2　基尔霍夫电压定律

基尔霍夫电压定律（KVL）描述电路中任一回路中电压之间的约束关系。由于能量守恒，

如果从回路中任意一点出发，沿回路绕行一周，则在此方向上电压升之和必定等于电压降之和。图 1.3.8 所示为某电路中一个回路 ABCDA，各支路电压参考方向如图 1.3.8 所示，在选定的回路"绕行方向"下，有

$$u_1+u_2-u_3-u_4=0$$

基尔霍夫电压定律[⊖]：对电路中的任一回路，在任一瞬间，沿回路绕行方向，各段电压降的代数和恒为零，即

$$\sum U = 0 \tag{1.3.2}$$

通常把式（1.3.2）称为回路电压方程，简称 KVL 方程。基尔霍夫电压定律描述了一个回路中各支路电压之间的约束关系。

在列写回路电压方程时，首先要对回路选取一个回路"绕行方向"。通常规定，对参考方向与回路"绕行方向"相同的电压取正号，对参考方向与回路"绕行方向"相反的电压取负号。即电压降低为正号，升高为负号。回路"绕行方向"是任意选定的，通常在回路中以箭头绕行方向表示，如图 1.3.9 所示。

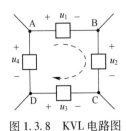

图 1.3.8　KVL 电路图　　　　　图 1.3.9　KVL 拓展电路图

abcd 回路以顺时针方向为绕行方向，运用 KVL 有

$$\begin{cases} U_{ab}+U_{bc}+U_{cd}+U_{da}=0 \\ U_{ab}=I_3 R_3 \\ U_{bc}=-I_2 R_2+U_{S2} \\ U_{cd}=I_4 R_4 \\ U_{da}=-U_{S1}+I_1 R_1 \end{cases}$$

整理为 $\sum U = \sum IR$，该式表明，在任一回路内，电阻上电压降的代数和等于电动势的代数和。

KVL 不仅适用于电路中的具体回路，还可以推广应用于电路中的任一假想广义回路，如图 1.3.10所示。即在任一瞬间，沿回路绕行方向，电路中假想广义回路中各段电压降的代数和恒为零。

对广义回路由 KVL 有 $U_S=IR_S+U_{ab}$，由此式可求得电源的端电压，即 $U_{ab}=U_S-IR_S$，用这种方法可求得一段电路的电压 U_{ab}。

如图 1.3.11 所示为某电路中的一部分，路径 a、f、c、b 并未构成回路，选定图 1.3.11 中所示的回路"绕行方向"，对假想广义回路 afcba 列写 KVL 方程有 $-u_4+u_5-u_{ab}=0$，则 $u_{ab}=-u_4+u_5$。

由此可见，电路中 a、b 两点电压 u_{ab} 等于以 a 为出发点、以 b 为终点绕行方向上任一路径上各段电压代数和。其中，a、b 可以是某一元件或一条支路两端，也可以是电路中任意两点。

⊖　KVL 是英文 Kirchhoff's Voltage Law（基尔霍夫电压定律）的缩写。

今后若要计算电路中任意两点间电压，可以直接利用这一推论。

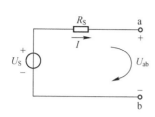

图 1.3.10　KVL 广义回路图

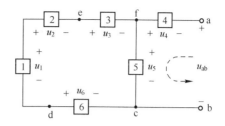

图 1.3.11　KVL 拓展运用图

例 1.3.4　试求如图 1.3.12 所示电路中元件 3、4、5、6 两端的电压。

解： 在回路 cdec 中，有 $u_5 = u_{cd} + u_{de} = [-(-5)-1]\,\mathrm{V} = 4\,\mathrm{V}$。

在回路 bedcb 中，有 $u_3 = u_{be} + u_{ed} + u_{dc} = (3+1-5)\,\mathrm{V} = -1\,\mathrm{V}$。

在回路 debad 中，有 $u_6 = u_{de} + u_{eb} + u_{ba} = (-1-3-4)\,\mathrm{V} = -8\,\mathrm{V}$。

在回路 abea 中，有 $u_4 = u_{ab} + u_{be} = (4+3)\,\mathrm{V} = 7\,\mathrm{V}$。

特别提示

在应用 KCL 分析电路时，一定要先在电路图中标出各支路电流的参考方向，并且在分析过程中参考方向不得变动，直至分析结束。

在应用 KVL 分析电路时，一定要先在电路图中标出各支路电压的参考方向，选取回路并标明绕行方向，且在分析过程中参考方向不得变动，直至分析结束。

例 1.3.5　在如图 1.3.13 所示电路中，（1）求各理想电流源的端电压，并判断其是电源还是负载？（2）求电源和负载的功率，并验证功率平衡关系。

解： 根据 KVL 得 $I_3 = I_2 - I_1 = (2-1)\,\mathrm{A} = 1\,\mathrm{A}$。

电流源 I_1 的 $U_1 = R_1 I_3 = 20 \times 1\,\mathrm{V} = 20\,\mathrm{V}$，因 I_1 从 U_1 的 +端流入，所以电流源 I_1 为负载。

电流源 I_2 的 $U_2 = R_1 I_3 + R_2 I_2 = (20 \times 1 + 10 \times 2)\,\mathrm{V} = 40\,\mathrm{V}$，因电流源 I_2 从 U_2 的 +端流出，所以电流源 I_2 为电源。

电源功率 $P_2 = -U_2 I_2 = -40 \times 2\,\mathrm{W} = -80\,\mathrm{W}$，发出功率。

负载功率 $P_1 = I_1 U_1 + I_3^2 R_1 + I_2^2 R_2 = (1 \times 20 + 1^2 \times 20 + 2^2 \times 10)\,\mathrm{W} = 80\,\mathrm{W}$，吸收功率，发出功率和吸收功率相等，功率平衡。

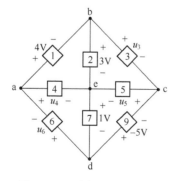

图 1.3.12　例 1.3.4 电路图

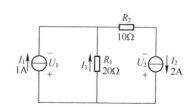

图 1.3.13　例 1.3.5 电路图

【练习与思考】

1）什么叫结点、支路和回路？什么叫网孔？

2）基尔霍夫电流定律的内容是什么？它的适用范围如何？

3）基尔霍夫电压定律的内容是什么？它的适用范围如何？

4）基尔霍夫定律适用于非线性电路吗？

视频
电路元件

 1.4 电路元件

电路是由元件连接而成的，研究电路时首先要了解各种电路元件的特性。常用电路元件有电阻、电容、电感和电源等。这些元件都属于二端元件，它们只有两个端钮与其他元件相连。其中电阻、电容和电感不产生能量，称为无源元件；电源是电路中提供能量的元件，称为有源元件。本节主要介绍三种无源元件及其特性。

1.4.1 电阻元件

电阻元件简称为电阻，是反映消耗电能的电路参数。电阻是电路中最基本的元件，是耗能元件的理想化模型。电阻器、电位器、白炽灯、电炉等都可以看成电阻元件。它的电路符号如图1.4.1a所示，用符号R表示。

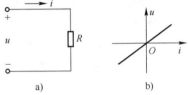

电阻上电压和电流之间关系称为伏安特性。如果电阻伏安特性曲线在$u\text{-}i$平面上是一条通过坐标原点的直线，那么这种电阻称为线性电阻，其电压和电流的大小成正比，如图1.4.1b所示；否则，该电阻就称为非线性电阻。在电压和电流取关联参考方向时，它两端的电压和电流关系服从欧姆定律，即有

图1.4.1 电阻元件的电压-电流关系
a）电阻符号 b）线性电阻的伏安特性

$$u = Ri \tag{1.4.1}$$

式中，R称为元件的电阻，是一个正实常数。在国际单位制中，电阻单位为欧姆，简称欧（Ω）。电阻特性还可以用另一个参数电导G来表示，它表示元件传导电流的能力，有

$$G = \frac{1}{R}$$

电导单位是西门子[⊖]，简称西（S）。在电压和电流为关联参考方向前提下，电阻吸收瞬时功率为

$$p = ui = i^2 R = \frac{u^2}{R}$$

上式说明，任何时刻电阻都不可能发出电能，它所接受的全部电能都转换成其他形式的能，因此，线性电阻是耗能元件。

当电流通过电阻时电阻会发热，称为电流热效应。这些热能是由电能转化来的。电流热效应用途很广，利用它可制成电炉、电烙铁等电热器件。电灯就是利用电流热效应使灯丝达到高温而发光。但是，电流热效应也有不利的方面，通电导线会由于电流热效应而温度升高，温度过高会加速绝缘材料的老化变质（如橡皮硬化、绝缘纸烧焦等），从而引起漏电，严重时甚至会烧毁电气设备。实际使用的元件都有额定值，额定值就是为保证元件的安全使用，给出电压、电流、功率的限定数值。使用时若超过额定值，元件就有可能损坏。例如，实际电阻额定功率有1 W、0.25 W、0.125 W等。

⊖ 西门子（Ernst Wermer von Siemens，1816-1892），德国发明家、企业家、物理学家。电导的单位以其姓氏命名。

例 1.4.1　已知一只电阻两端电压为 $u = 10\sin 2t\,\text{V}$，电流为 $i = 2\sin 2t\,\text{A}$，u 与 i 为关联参考方向。试求该电阻阻值是多少？在 5 s 内消耗的电能是多少？

解：根据欧姆定律，在 u、i 关联参考方向下，有 $R = \dfrac{u}{i} = 5\,\Omega$。

该电阻瞬时功率为 $p = ui = 20\sin^2 2t = 10(1 - \cos 4t)\,\text{W}$。

在 5 s 内消耗的电能为 $W = \displaystyle\int_0^5 p(t)\,\mathrm{d}t = 10\int_0^5 (1 - \cos 4t)\,\mathrm{d}t = 10\left(t - \dfrac{1}{4}\sin 4t\right)\Big|_0^5 = 49.14\,\text{J}$

例 1.4.2　一个阻值 $4\,\Omega$、额定功率 $0.25\,\text{W}$ 的电阻用于直流电路，求其最大限定电流是多少？

解：直流电路中电阻功率为 $P = I^2 R$，则有 $I = \sqrt{\dfrac{P}{R}} = \dfrac{1}{4}\,\text{A} = 250\,\text{mA}$，所以，该电阻最大限定电流为 $250\,\text{mA}$，若超过 $250\,\text{mA}$ 则该电阻有可能被烧坏。

特别提示

在分析电阻电路时，一定要注意电阻上所标示的电压和电流参考方向，写出对应欧姆定律表达式。

在分析电路时，电阻上电压和电流参考方向原则上选取关联参考方向，如果只标出其中一个参考方向（通常只标电流参考方向），就默认选取关联参考方向。

1.4.2　电容元件

电容器是常用电路元件和电工设备，它的品种和规格很多，但是，基本原理都是在两块金属极板中间用绝缘介质（如云母、瓷介质、绝缘纸、聚酯膜、电解质等）隔开而构成，并在两金属极板上引出两根端线，如图 1.4.2a 所示。若在电容

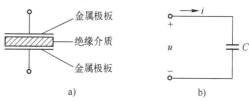

图 1.4.2　电容器及电容元件
a）电容示意图　b）电容符号

器两端接上电源 u，就会在两块金属板上分别聚集等量的正、负电荷 q，当电源撤除后，电荷仍然聚集在极板上，此时电容端电压等于 u。因此，电容器有储存电荷的能力。同时在两个极板之间建立电场，并储存有电场能量。若忽略绝缘介质中很小的泄漏电流，电容器就是具有储存电荷和电场能量的理想电容元件，简称电容，电路符号如图 1.4.2b 所示。

由物理学可知，电容器极板上所带电荷 q 与其两极间的电压 u 的比值称为电容元件的电容量，简称电容，用大写字母 C 表示。

$$C = \frac{q}{u} \tag{1.4.2}$$

电容 C 反映电容器储存电荷能力的大小，是电容器固有的特性，与电容器是否带电及电容器两极板间有无电压无关。其大小由电容器本身结构来决定，包括两极板正对面积、两板间距离及板间绝缘介质的材料等。

线性电容元件的电容 C 是常数，本书只讨论线性电容问题。在国际单位制中，电容单位是法拉[-]（F）。F 是一个很大单位，常用 μF（微法）和 pF（皮法）作为单位。$1\text{F} = 10^6\,\mu\text{F} = 10^{12}\,\text{pF}$。

[-]　法拉第（Michael Faraday，1791–1867），英国物理学家、化学家。其发现电磁感应现象，电容单位以其姓氏命名。

1. 电容元件伏安特性

当电容元件两端的电压 u_C 发生变化时，极板上储存电荷 q 也相应发生变化，电荷将在导线中移动，电路中出现电流 i_C。在如图 1.4.2b 所示关联参考方向下，有

$$i_C = \frac{dq}{dt} = C\frac{du_C}{dt} \qquad (1.4.3)$$

式（1.4.3）为电容元件伏安特性表达式，在任一时刻，电容的电流与其两端电压变化率成正比。

2. 电容充电

电容充电电路如图 1.4.3 所示，假设在开关闭合前，电容初始电压为 0，在 $t=0$ 时刻开关闭合。开关闭合后，电路接通，直流电源 U 开始对电容充电。电路中有电流流通，电容两块金属极板会分别获得数量相等的正、负电荷，此时电容电压 u_C 将以 0 为起点，逐渐增加，当电容两端电压 u_C 增大至与电源电压 U 相等时，电路中流过的电流 $i_C = \dfrac{U-u_C}{R} = 0$，电容充电完毕，电路中不再有电流流动，电容充电过程完成。

电容充电时，电路中 u_C、u_R、i 随时间变化的曲线如图 1.4.4 所示。可以看出，以上各电量都是按指数规律变化，其变化快慢取决于时间常数 $\tau = RC$，τ 越大，充电越慢；τ 越小，充电越快。从电容充电来看，时间常数 τ 可以理解为 u_C 从零上升到 $0.632U$ 所需的时间，如图 1.4.5a 所示。在工程实践中，一般可认为当 $t=(3\sim5)\tau$ 时，充电过程就已经结束了。

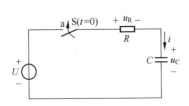

图 1.4.3 电容充电电路图

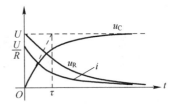

图 1.4.4 电容充电 u_C、u_R、i 变化曲线

由于电容充电过程完成后，就没有电流流过电容器，所以在直流稳态电路中，电容可等效为开路。

3. 电容放电

电容放电电路如图 1.4.6 所示，先将开关扳向"a"，电源对电容充电至 U。在 $t=0$ 时将开关扳向"b"，使电容通过电阻放电。

用示波器观察电容两端电压从 U 衰减到零的过程，放电时电容两端电压随时间变化曲线如图 1.4.5b 所示。可以看到，电容放电时，以上各电量均由各自的初始值随时间按指数规律衰减，其衰减快慢也由时间常数 τ 决定。

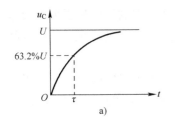

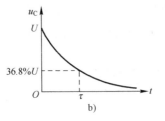

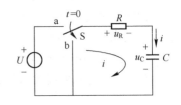

图 1.4.5 电容充、放电 u_C 变化曲线

a) u_C 充电过程　b) u_C 放电过程

图 1.4.6 电容放电电路图

4. 电容储存电场能量

电容器在充电过程中，两极板上有电荷积累，极板间形成电场。电场具有能量，此能量是从电源中吸取过来储存在电容器中的。电容器中储存能量与电容器电容值以及两极板间电压的二次方成正比，即

$$W_C(t) = \int_0^{t1} uidt = \int_0^{t1} Cudu = \frac{1}{2}Cu^2(t) \tag{1.4.4}$$

式（1.4.4）表明，电容电压 u_C 不能突变，而只能连续变化。这是因为若 u_C 发生突变，则其储能也将发生突变，这要求电源能够提供无穷大功率，这显然是不可能的。因此电容是一种储能元件。

实际电容除了有储能作用外，还会消耗一部分电能。这主要是由于介质不可能是理想的，其中多少存在一些漏电流。由于电容消耗功率与所加电压直接相关，因此，可用电容与电阻的并联电路模型来表示实际电容。每个电容所能承受电压是有限度的。电压过高，介质就会被击穿，从而丧失电容功能。因此，一个实际电容除了要标明它的电容量外，还要标明它的额定工作电压。使用电容时，加在它两端的电压不能高于它的额定工作电压。

电容除了作为实际电容模型外，还在许多场合广泛存在电容效应。例如，在两根架空输电线之间，以及每一根输电线与地之间都有分布电容，晶体管和场效应晶体管的电极之间也存在着杂散电容。但这些电容容量很小，是否要在电路模型中考虑这些电容，必须视电路工作条件及具体需要而定。一般来说，当电路工作频率很高时，不能忽略这些小电容。

1.4.3　电感元件

电感元件通常是由线圈构成，电感元件简称为电感。由物理学可知，当导线中有电流通过时，在它的周围就建立了磁场。工程中，利用各种线圈建立磁场，储存磁能。如果忽略导线电阻中消耗能量等次要因素，可以用电感元件作为实际线圈模型。电感线圈是用漆包线或纱包线或裸导线一圈靠一圈地绕在绝缘管或铁心上而又彼此绝缘的一种元件。在电路中多用来对交流信号进行隔离、滤波或组成谐振电路等。电感元件是从实际线圈抽象出来的理想化模型，是代表电路中储存磁场能量的理想二端元件，它的电路符号如图 1.4.7 所示。

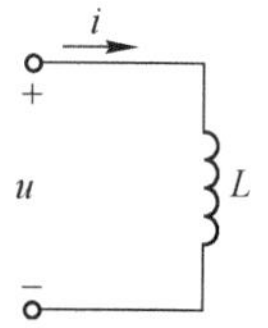

当电压、电流为关联参考方向时，线性电感元件特性方程为

$$u_L = L\frac{di_L}{dt} \tag{1.4.5}$$

图 1.4.7　电感符号

式（1.4.5）表明，在任一时刻，电感元件两端电压与该时刻电流变化率成正比。比例常数 L 称为电感，是表征电感元件特性的参数。L 的单位为亨利，简称亨（H）。

从式（1.4.5）可以看到，只有当电感元件中电流发生变化时，其两端才有电压。电流变化越快，电压越大。当电流不变（直流电流）时，电压为零，这时电感元件相当于短路。还可以看到，电感元件中的电流不能跃变，这是电感元件的一个重要性质。如果电流跃变，则要产生无穷大电压，对实际电感线圈来说，这是不可能的。

在 t 时刻，电感元件储存磁场能量为

$$W_L(t) = \frac{1}{2}Li_L^2(t) \tag{1.4.6}$$

式（1.4.6）表明，电感元件在某时刻储存的磁场能量只与该时刻电感元件电流有关。当电流增加时，电感元件从电源吸收能量，储存在磁场中的能量增加；当电流减小时，电感元件向外释放磁场能量。在这个过程中，电感元件并不消耗能量，因此，电感元件也是一种储能元件。在选用电感线圈时，除了选择合适的电感量外，还需注意实际工作电流不能超过其额定电流。否则，由于电流过大，线圈会因发热而烧毁。

实际电感除了有储能作用外，还会消耗一部分电能，主要是由于构成电感线圈的导线总存在一些电阻。由于电感消耗的功率与流过电感的电流直接相关，因此，可用电感与电阻串联的电路模型来表示实际电感。每个电感承受电流的能力是有限的，流过电流过大，会使线圈过热或使线圈受到过大电磁力作用而发生机械变形，甚至烧毁线圈。因此，对实际电感来说，除了要标明它的电感量外，还要标明它的额定工作电流，使用电感时，其中的电流不能高于它的额定工作电流。

特别提示

电阻元件表征电路中电能的消耗（称为耗能元件）。电容元件表征电路中电场能储存（称为储能元件）。电感元件表征电路中磁场能储存（称为储能元件）。

【练习与思考】

1）一个额定功率 0.5 W、阻值 1 kΩ 的电阻能否接到输出电压为 5 V 的电源上？为什么？它允许流过的最大电流为多大？

2）一个 5 kΩ、0.5 W 的电阻器，在使用时允许流过的电流和允许加的电压不得超过多少？

3）一只 110 V、8 W 的指示灯，现在安在 380 V 的电源上，问要串多大的电阻？

4）如果一个电感元件两端电压为 0，其储能是否也一定为 0？如果一个电容元件中的电流为 0，其储能是否也一定为 0？

5）电感元件中通过直流电流时可视作短路，是否此时电感 L 为 0？电容元件两端加直流电压时可视作开路，是否此时电容 C 为无穷大？

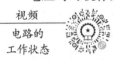
视频
电路的
工作状态

1.5 电路的工作状态

由于电源所带负载情况不同，电路存在不同的状态。这些不同的状态，表现在电路中的电流、电压、功率等不同。其中有的状态是异常的，应尽量避免。因此，了解电路所处状态的条件和特点，对合理用电和安全用电是非常重要的。

电路可能出现三种状态，即通路、开路和短路。现以图 1.5.1 所示最简单的直流电路为例，分析和讨论电路处于这三种状态时的电流、电压和功率。

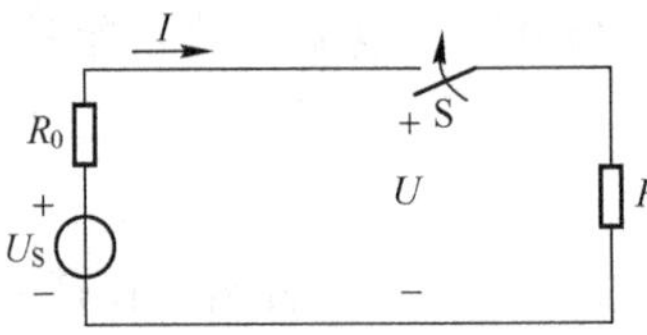

图 1.5.1 电路的工作状态

1.5.1 通路状态

将图 1.5.1 中的开关 S 合上，电源与负载接通，电路则处于通路状态，又称为有载状态。

电路中电流为

$$I = \frac{U_S}{R_0 + R_L} \tag{1.5.1}$$

式中，U_S 为电源电压，R_0 为电源内阻，U_S 和 R_0 一般为定值。电源的端电压为

$$U = U_S - IR_0 = IR_L \tag{1.5.2}$$

由式（1.5.2）可得

$$U_{\mathrm{S}} = IR_0 + U \tag{1.5.3}$$

式（1.5.3）两边乘以电流 I，得

$$IU_{\mathrm{S}} = I^2 R_0 + IU = I^2 R_0 + I^2 R_{\mathrm{L}} \tag{1.5.4}$$

即

$$P_{\mathrm{S}} = I^2 R_0 + I^2 R_{\mathrm{L}}$$

式中，IU_{S} 是电源发出的功率 P_{S}；$I^2 R_{\mathrm{L}}$ 为负载消耗的功率；$I^2 R_0$ 是电源内阻 R_0 消耗的功率。由此可见，电源发出功率之和等于电路中其他元件所消耗功率之和，这种关系称为功率平衡。

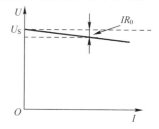

图 1.5.2　电源伏安特性曲线

由式（1.5.2）可知，当电源的电动势 U_{S} 和内阻 R_0 一定时，电源端电压 U 随着电流 I 的增大而减小，电源端电压 U 与电源输出电流 I 之间的关系曲线 $U = f(I)$ 称为电源的伏安特性曲线，如图 1.5.2 所示。

电压源内阻 R_0 越大，在一定输出电流情况下，内阻 R_0 上电压降越大，端电压下降越多，伏安特性曲线越陡。内阻 R_0 越小，伏安特性曲线越平坦。当内阻 R_0 为零时，内阻 R_0 上的电压降为零，$U = U_{\mathrm{S}}$。由于电源内阻 R_0 通常很小，当 R_0 远小于 R_{L} 时，电源端电压 U 随电流 I 的增大而下降很少，实际的电源伏安特性曲线可以看成一条微下斜的直线。

当电路（电气设备）中的电压、电流和功率的实际值等于额定值时，电路（电气设备）的工作状态称为额定状态，即满载状态。在额定状态下工作时，可充分利用设备容量；当实际值大于额定值时，称为过载，这将导致事故发生；当实际值小于额定值时，称为轻载或欠载，这时，设备不能得到充分利用、不够经济或不能正常工作，有时甚至也会导致设备的损坏。

1.5.2　开路状态

在图 1.5.1 所示电路中，当开关 S 断开时，电路则处于开路（Open Circuit）状态，由于电路没有接上负载，故也称为空载状态。这时，电路中没有电流，此时电源的端电压称为开路电压，又称为断路状态，用 U_{OC} 表示，它等于电源 U_{S}，即

$$U_{\mathrm{OC}} = U_{\mathrm{S}} \tag{1.5.5}$$

1.5.3　短路状态

在图 1.5.1 所示电路中，由于某种原因使电源两端直接短接时，电路则处于短路（Short Circuit）状态。短路时，外电路的电阻为 0。这时电流称为短路电流 I_{SC}，即

$$I_{\mathrm{SC}} = \frac{U_{\mathrm{S}}}{R_0} \tag{1.5.6}$$

由于电源的内阻 R_0 通常很小，故电源短路电流 I_{SC} 会远远超过电源的额定电流。这时，电源内部消耗的功率很大，其值为 $P_{\mathrm{S}} = I^2 R_0$。如不及时切断，将会烧坏电源。因此，在电路中必须采用短路保护，即当电路发生短路事故时，立即切断电路，使故障设备脱离电源。通常在电路中必须安装断路器或熔断器等，以防止电源短路事故的发生。但是，有的时候，需要将电路中的某部分或某一元件两端用导线连接起来，这种现象称为短接。所以，短接是有目的的人为操作，而短路是一种意外事故。

特别提示

电源被短路时，短路电流比电路正常工作时大得多，时间稍长，便会导致电路中的设备烧

毁甚至引起火灾。因此，在实际电路中一定要避免电源被短路的现象。

例 1.5.1 实验中测出某电源开路电压 $U_{OC} = 10\,V$、短路电流 $I_{SC} = 100\,A$，求该电源电压和内阻。

解： 由式（1.5.5）可得

$$U_S = U_{OC} = 10\,V$$

由式（1.5.6）可得

$$R_0 = \frac{U_S}{I_{SC}} = \frac{10}{100}\,\Omega = 0.1\,\Omega$$

【练习与思考】

1）电路可能存在哪几种状态？

2）什么叫额定状态？什么是过载和轻载？

3）什么叫短路和短接？

4）负载开路时，图 1.5.1 所示电路中的功率有多大？

1.6 电路中电位计算

在电路分析过程中，通常用电压概念进行分析，例如在基尔霍夫电压定律中用到的是各支路电压的代数和。但是在模拟电路分析中，通常要用电位计算。例如二极管具有单向导电性，在分析二极管电路时，需要判断二极管的工作状态，只有二极管的阳极电位高于阴极电位时，它才可以正向导通。同样，在分析晶体管放大电路时，也要分析各个电极的电位高低才能确定晶体管工作状态。以图 1.6.1 所示电路为例，讨论电路中各点的电位。根据图 1.6.1a 所示电路计算出任意两点之间的电压，即

$$U_{ab} = 2 \times 5\,V = 10\,V$$

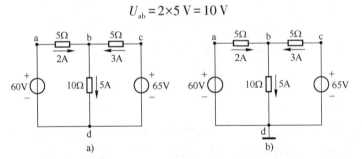

图 1.6.1 电位分析的电路图

电压就是两点之间的电位差，$U_{ab} = U_a - U_b = 10\,V$。可以看出，a 点电位高于 b 点电位，若要分别计算 a、b 两点的电位时，必须选择其中一点作为参考点。原则上参考点可以任意选择，但在电力工程上通常选大地作为参考点。在电路图中用接地符号"⏚"来表示。在电子电路中，通常选电源、输入信号和输出信号的公共端为参考点，也用"接地"符号来表示。但并不一定真与大地相接，有时用接机壳符号"⊥"表示。

特别提示

电路中各点的电位通常用带有正负极性的数值来表示，正极性表示该点电位比参考点电位高，负极性表示该点电位比参考点电位低。

若计算图 1.6.1a 中各点电位，选择 d 点为参考点。设 d 点的电位为零，如图 1.6.1b 所

示，则其他各点电位等于各点与 d 点之间的电压（参考点 d 为电压负极性点），即

$$U_d = 0 \text{ V}$$
$$U_a = U_a - U_d = U_{ad} = +60 \text{ V}$$
$$U_b = U_b - U_d = U_{bd} = +50 \text{ V}$$
$$U_c = U_c - U_d = U_{cd} = +65 \text{ V}$$

若 b 点设为参考点，则各点电位为

$$U_b = 0 \text{ V}, \quad U_a = +10 \text{ V}, \quad U_c = +15 \text{ V}, \quad U_d = -50 \text{ V}$$

由此可见，当选取的参考点不同时，各点的电位也会随之改变，但是任意两点之间的电压是不随参考点而变化的。引入参考电位以后，电路图可以进行简化。如图 1.6.1b 所示电路可简化为图 1.6.2 所示电路。

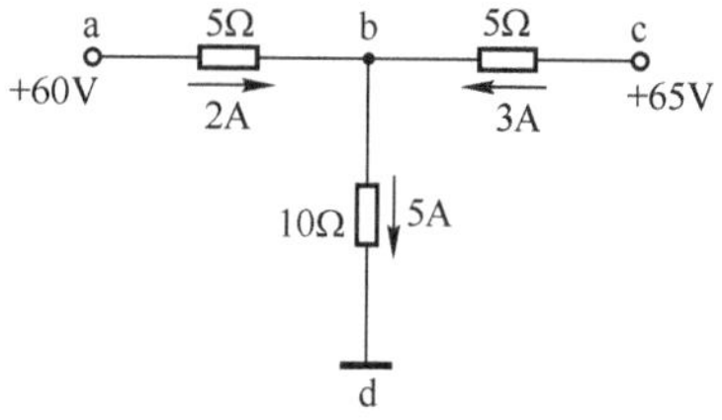

例 1.6.1　计算图 1.6.3 所示电路中 A 点的电位。

解：

$$I = \frac{15}{5+10} \text{ A} = 1 \text{ A}$$

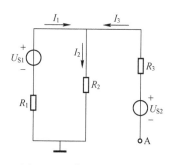

图 1.6.2　电位简化图

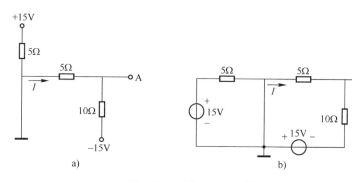

a)

b)

图 1.6.3　例 1.6.1 电路图

$$U_A = -15 \text{ V} + 10I = (-15 + 10 \times 1) \text{ V} = -5 \text{ V} \ \text{或} \ U_A = -5I = (-5 \times 1) \text{ V} = -5 \text{ V}$$

图 1.6.3a 所示电路可以还原成图 1.6.3b 所示电路。

例 1.6.2　如图 1.6.4 所示电路，$U_{S1} = 6 \text{ V}$，$U_{S2} = 4 \text{ V}$，$R_1 = 4 \Omega$，$R_2 = R_3 = 2 \Omega$，求 A 点的电位。

解： 从图中可以看出，$I_3 = 0$，故有

$$I_1 = I_2 = \frac{U_{S1}}{R_1 + R_2} = \frac{6}{4+2} \text{ A} = 1 \text{ A}$$

$$U_A = R_3 I_3 + R_2 I_2 - U_{S2} = (0 + 2 \times 1 - 4) \text{ V} = -2 \text{ V}$$

或

$$U_A = R_3 I_3 - R_1 I_1 + U_{S1} - U_{S2} = (0 - 4 \times 1 + 6 - 4) \text{ V} = -2 \text{ V}$$

图 1.6.4　例 1.6.2 电路图

1.7　内容拓展及专创应用

1.7.1　基尔霍夫简介

古斯塔夫·罗伯特·基尔霍夫（Kirchhoff Gustav Robert，1824-1887），德国物理学家、天文

学家、化学家，生于普鲁士的柯尼斯堡（今俄罗斯加里宁格勒）。基尔霍夫在柯尼斯堡大学读物理，1847 年毕业后在柏林大学任教，3 年后在布雷斯劳任临时教授。1854 年由德国化学家本生推荐任海德堡大学教授。1875 年因健康不佳不能做实验，到柏林大学任理论物理教授，直到逝世。

1845 年，他首先发表了计算稳恒电路网络中电流、电压、电阻关系的两条电路定律（后被称为基尔霍夫定律）。后来又研究了电路中电的流动和分布，从而阐明了电路中两点间的电位差和静电学的电势，这两个物理量在量纲和单位上的一致性，使基尔霍夫电路定律具有更广泛的意义。在海德堡大学期间，他与本生合作创立了光谱分析方法：把各种元素放在本生灯上灼烧，发出波长一定的一些明线光谱，由此可以极灵敏地判断这种元素的存在。利用这一新方法，他发现了元素铯和铷。

1859 年，基尔霍夫做了用灯焰灼烧食盐的实验。在对这一实验现象的研究过程中，得出了关于热辐射的定律，后被称为基尔霍夫热辐射定律：在热平衡状态下，任何物体的发射能量和吸收能量的比值与物体本身的特性无关，是波长和温度的普适函数。并由此判断：太阳光谱的暗线是太阳大气中元素吸收的结果。这给太阳和恒星成分分析提供了一种重要方法，天体物理由于应用光谱分析方法而进入了新阶段。1862 年，他又进一步得出绝对黑体概念。他的热辐射定律和绝对黑体概念是开辟 20 世纪物理学新纪元的关键之一。

1.7.2 工程实践

利用电路元件的基本连接方法，进行汽车照明电路的设计与检测。要求：①汽车照明电路中有 5 盏灯，即前大灯 L_1、后尾灯 L_2、左转向灯 L_3、右转向灯 L_4、制动灯 L_5；②设计开关分别控制 5 盏灯；③转向和夜间需要照明时，开关可以分别控制，如图 1.7.1 所示。主要认识电路概念、电路模型与电路的基本物理量之间关系，理解关联参考方向和电路的三种工作状态。理解万用表原理并熟练使用万用表。

检测过程：①用万用表电压档测试直流稳压电源的输出电压值为 10 V，欧姆档测试每只灯泡的阻值；②把 S_1 开关合上，观察灯泡 L_1、L_2 明亮程度；③把 S_2、S_3、S_4 开关合上，观察灯泡 L_3、L_4 和 L_5 明亮程度；④当把开关同时合上时，前大灯、后尾灯、转向灯和制动灯同时亮。

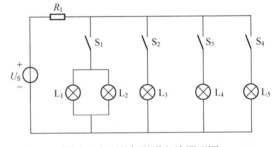

图 1.7.1 汽车照明电路原理图

1.8 小结

1. 电路模型

电路模型是实际电路结构及功能的抽象化表示，是各种理想化元件模型的组合。分析电路的关键是首先建立电路模型，然后按照电路定律进行分析计算。

2. 参考方向

参考方向是为了方便分析电路而人为选定的方向。选择电流、电压的参考方向是电路分析中不可缺少的步骤。元件上或局部电路上电流、电压参考方向一致时称为关联参考方向。比如在电阻上，$i=\dfrac{u}{R}$（关联），$i=-\dfrac{u}{R}$（非关联），$p=ui$（关联），$p=-ui$（非关联）。

3. 电源与负载的判定

电源在电路中将其他形式能量转换为电能，是发出功率的元件；负载在电路中将电能转换为其他形式能量，是吸收功率的元件。电路元件在电路中究竟是电源还是负载一般有以下两种判别方法。

一种方法是根据元件上的电压和电流的实际方向来判别：当电压和电流的实际方向一致时，元件是负载，要吸收功率；反之，当两者的实际方向相反时，元件是电源，要发出功率。另一种方法是假定元件上电压和电流的参考方向一致，若其功率为正，说明元件是负载；若其功率为负，则元件是电源。

根据能量守恒定律，电路中各元件发出功率之和等于吸收功率之和。

4. 理想电路元件

电阻 R：当电阻元件上的 u 和 i 取关联参考方向时，$u = Ri$，功率 $p = ui = i^2R \geqslant 0$，电阻是耗能元件。

电感 L：当电感元件上的 u 和 i 取关联参考方向时，$u = L\dfrac{\mathrm{d}i}{\mathrm{d}t}$，在直流电路中，电感元件相当于短路。电感储能 $W = \dfrac{1}{2}Li^2$，电感是储能元件。

电容 C：当电容元件上的 u 和 i 取关联参考方向时，$i = C\dfrac{\mathrm{d}u}{\mathrm{d}t}$，在直流电路中，电容元件相当于断路。电容储能 $W = \dfrac{1}{2}Cu^2$，电容是储能元件。

5. 基尔霍夫定律

基尔霍夫电流定律（KCL）：任一瞬间，任一结点上电流的代数和恒等于 0，即 $\sum I = 0$。KCL 的实质是电流连续性的体现。

基尔霍夫电压定律（KVL）：任一瞬间，沿任一闭合回路绕行一周，各部分电压的代数和恒等于 0，即 $\sum U = 0$。

列 KCL 和 KVL 方程时，首先要选定各支路电流的参考方向，并选定回路的绕行方向。

6. 电位

电路中某点的电位就是该点与参考点之间的电压，只有参考点选定之后，各点电位才能有确定的数值。电位相当于海拔，是相对参考点而言的，而电压相当于高度，与参考点无关。电位的计算与路径无关。

1.9 习题

一、单选题

1. 如图 1.9.1 所示电路，发出功率的元件是 (　　)。

A. 5 V 电压源　　　　B. 2 V 电压源　　　　C. 电流源　　　　D. 电压源和电流源都发出功率

2. 如图 1.9.2 所示电路，当 R_2 增大时，恒流源 I_S 两端电压 U 怎样变化？(　　)

A. 不变　　　　　　B. 升高　　　　　　C. 降低　　　　　　D. 不确定

3. 如图 1.9.3 所示电路，当开关 S 闭合后，P 点电位怎样变化？(　　)

A. 不变　　　　　　B. 升高　　　　　　C. 降低　　　　　　D. 不确定

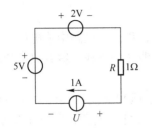

图 1.9.1 单选题 1 图

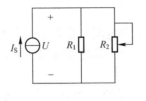

图 1.9.2 单选题 2 图

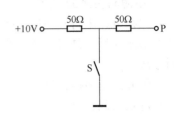

图 1.9.3 单选题 3 图

4. 如图 1.9.4 所示电路，对负载电阻 R 而言，点画线框用一个等效电源代替，等效电源是（　　）。

  A. 理想电压源　　　　　　B. 理想电流源　　　　　　C. 不能确定　　　　　　D. 电压源

5. 如图 1.9.5 所示电路，当开关 S 闭合与断开时 P 点电位分别是（　　）。

  A. $-1.8\,\text{V}$，$-6.25\,\text{V}$　　B. $1.8\,\text{V}$，$6.25\,\text{V}$　　C. $-1.8\,\text{V}$，$6.25\,\text{V}$　　D. $1.8\,\text{V}$，$-6.25\,\text{V}$

6. 如图 1.9.6 所示电路，已知 $U_S = 2\,\text{V}$，$I_S = 1\,\text{A}$，$R_1 = 1\,\Omega$，$R_2 = 2\,\Omega$，电压源功率是多少？是输出还是吸收？（　　）

  A. $8\,\text{W}$，输出　　　　　B. $8\,\text{W}$，吸收　　　　　C. $4\,\text{W}$，输出　　　　　D. $4\,\text{W}$，吸收

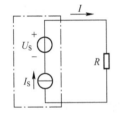

图 1.9.4 单选题 4 图

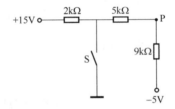

图 1.9.5 单选题 5 图

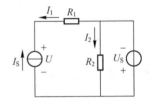

图 1.9.6 单选题 6 图

7. 如图 1.9.7 所示电路，已知 $I_1 = 1\,\text{A}$，则 I_2 为（　　）。

  A. $-0.5\,\text{A}$　　　　　　B. $0.5\,\text{A}$　　　　　　C. $-2\,\text{A}$　　　　　　D. $2\,\text{A}$

8. 某电阻所加电压为 $100\,\text{V}$ 时，电阻为 $10\,\Omega$，当两端所加电压增为 $200\,\text{V}$ 时，其电阻值将（　　）。

  A. 增大　　　　　　　　　B. 减小　　　　　　　　　C. 不变　　　　　　　　　D. 不确定

9. 下面关于电流的叙述中正确的是（　　）。

  A. 电流就是电荷的运动　　　　　　　　　　B. 电流就是电子的定向运动

  C. 电荷的有序运动形成电流　　　　　　　　D. 不确定

10. 如图 1.9.8 所示，$8\,\text{V}$ 电压源发出的功率为（　　）。

  A. $-8\,\text{W}$　　　　　　　B. $-6\,\text{W}$　　　　　　C. $6\,\text{W}$　　　　　　D. $10\,\text{W}$

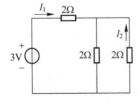

图 1.9.7 单选题 7 图

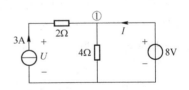

图 1.9.8 单选题 10 图

11. 电路中功率越大表明（　　）。

A. 电荷穿过导体横截面速率越快　　　　　　B. 能量转换速率越快

C. 电场力做功越多　　　　　　　　　　　　D. 消耗电能越多

12. 线性电阻伏安特性曲线是（　　）。

A. 平行于电压轴的直线　　　　　　　　　　B. 平行于电流轴的直线

C. 过原点的直线　　　　　　　　　　　　　D. 过原点的曲线

13. 电流源与电压源串联后，它们的对外作用相当于（　　）。

A. 既不是电流源，也不是电压源　　　　　　B. 电压源

C. 电流源　　　　　　　　　　　　　　　　D. 不能确定

14. 如图 1.9.9 所示电路的 KVL 方程是（　　）。

A. $-U_1+U_2-U_3-U_{S1}-U_{S2}=0$

B. $U_1-U_2+U_3+E_1-E_2=0$

C. $U_1-U_2+U_3=E_1-E_2$

D. $U_1-U_2+U_3=U_{S1}+U_{S2}$

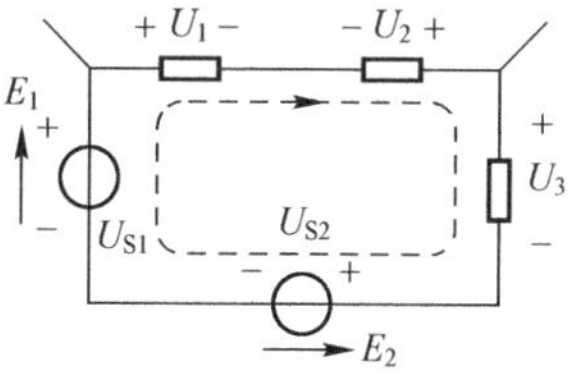

图 1.9.9　单选题 14 图

15. 对于基尔霍夫定律，描述正确的是（　　）。

A. 基尔霍夫电流定律反映回路中电流相互制约关系

B. 基尔霍夫电流定律反映结点上电流相互制约关系

C. 基尔霍夫电压定律反映了回路中电流相互制约关系

D. 基尔霍夫电压定律反映了结点上电流相互制约关系

16. 如图 1.9.10 所示电路中，已知 $I_1=4\,A$，$I_2=-2\,A$，$I_3=1\,A$，$I_4=-3\,A$，I_5 为（　　）。

A. $-8\,A$　　　　　　　B. $8\,A$　　　　　　　C. $7\,A$　　　　　　　D. $-7\,A$

17. 如图 1.9.11 所示电路，电压 U 为（　　）。

A. $-15\,V$　　　　　　B. $15\,V$　　　　　　C. $45\,V$　　　　　　D. $-45\,V$

18. 如图 1.9.12 所示电路，U、I 关系式正确的是（　　）。

A. $U=U_S+R_0I$　　　B. $U=U_S-R_LI$　　　C. $U=U_S-R_0I$　　　D. $U=U_S+R_0I$

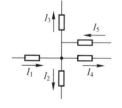

图 1.9.10　单选题 16 图

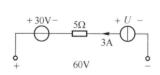

图 1.9.11　单选题 17 图

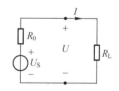

图 1.9.12　单选题 18 图

19. 如图 1.9.13 所示电路，已知 $I=2\,A$，元件吸收功率为 $8\,W$，则 U 为（　　）。

A. $4\,V$　　　　　　　B. $-4\,V$　　　　　　C. $-16\,V$　　　　　　D. $16\,V$

20. 电路如图 1.9.14 所示，叙述正确的是（　　）。

A. 电流源吸收功率，电压源发出功率　　　　B. 电流源和电压源都吸收功率

C. 电流源发出功率，电压源吸收功率　　　　D. 电流源和电压源都发出功率

21. 如图 1.9.15 所示电路，U_S、I_S 均为正值，其工作状态是（　　）。

A. 电压源发出功率　　　　　　　　　　　　B. 电流源发出功率

C. 电压源和电流源都不发出功率　　　　　　D. 电压源和电流源都发出功率

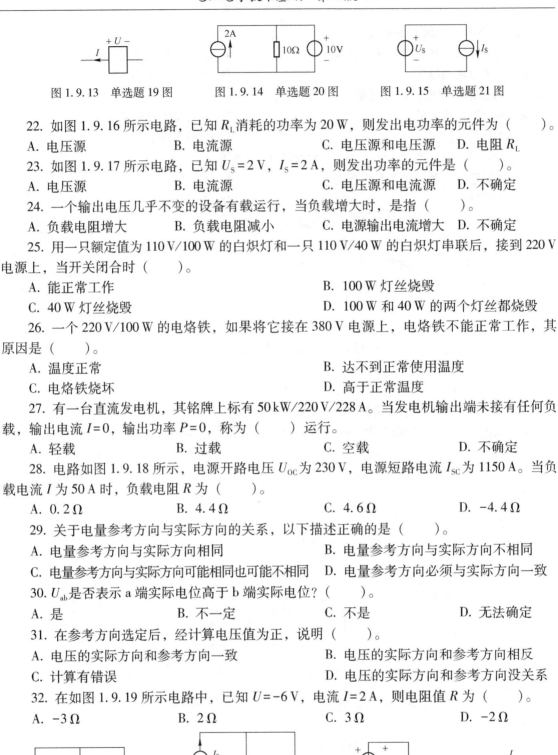

图 1.9.13　单选题 19 图　　　图 1.9.14　单选题 20 图　　　图 1.9.15　单选题 21 图

22. 如图 1.9.16 所示电路，已知 R_L 消耗的功率为 20 W，则发出电功率的元件为（　　　）。

　　A. 电压源　　　　　　　　B. 电流源　　　　　　　　C. 电压源和电压源　　D. 电阻 R_L

23. 如图 1.9.17 所示电路，已知 $U_S = 2\,V$，$I_S = 2\,A$，则发出功率的元件是（　　　）。

　　A. 电压源　　　　　　　　B. 电流源　　　　　　　　C. 电压源和电流源　　D. 不确定

24. 一个输出电压几乎不变的设备有载运行，当负载增大时，是指（　　　）。

　　A. 负载电阻增大　　B. 负载电阻减小　　C. 电源输出电流增大　　D. 不确定

25. 用一只额定值为 110 V/100 W 的白炽灯和一只 110 V/40 W 的白炽灯串联后，接到 220 V 电源上，当开关闭合时（　　　）。

　　A. 能正常工作　　　　　　　　　　　　B. 100 W 灯丝烧毁

　　C. 40 W 灯丝烧毁　　　　　　　　　　D. 100 W 和 40 W 的两个灯丝都烧毁

26. 一个 220 V/100 W 的电烙铁，如果将它接在 380 V 电源上，电烙铁不能正常工作，其原因是（　　　）。

　　A. 温度正常　　　　　　　　　　　　　B. 达不到正常使用温度

　　C. 电烙铁烧坏　　　　　　　　　　　　D. 高于正常温度

27. 有一台直流发电机，其铭牌上标有 50 kW/220 V/228 A。当发电机输出端未接有任何负载，输出电流 $I = 0$，输出功率 $P = 0$，称为（　　　）运行。

　　A. 轻载　　　　　　　B. 过载　　　　　　　C. 空载　　　　　　　D. 不确定

28. 电路如图 1.9.18 所示，电源开路电压 U_{OC} 为 230 V，电源短路电流 I_{SC} 为 1150 A。当负载电流 I 为 50 A 时，负载电阻 R 为（　　　）。

　　A. 0.2 Ω　　　　　　B. 4.4 Ω　　　　　　C. 4.6 Ω　　　　　　D. −4.4 Ω

29. 关于电量参考方向与实际方向的关系，以下描述正确的是（　　　）。

　　A. 电量参考方向与实际方向相同　　　　B. 电量参考方向与实际方向不相同

　　C. 电量参考方向与实际方向可能相同也可能不相同　　D. 电量参考方向必须与实际方向一致

30. U_{ab} 是否表示 a 端实际电位高于 b 端实际电位？（　　　）。

　　A. 是　　　　　　　B. 不一定　　　　　　C. 不是　　　　　　　D. 无法确定

31. 在参考方向选定后，经计算电压值为正，说明（　　　）。

　　A. 电压的实际方向和参考方向一致　　　B. 电压的实际方向和参考方向相反

　　C. 计算有错误　　　　　　　　　　　　D. 电压的实际方向和参考方向没关系

32. 在如图 1.9.19 所示电路中，已知 $U = -6\,V$，电流 $I = 2\,A$，则电阻值 R 为（　　　）。

　　A. −3 Ω　　　　　　B. 2 Ω　　　　　　　C. 3 Ω　　　　　　　D. −2 Ω

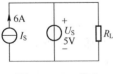
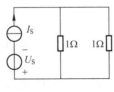

图 1.9.16　单选　　　图 1.9.17　单选　　　图 1.9.18　单选　　　图 1.9.19　单选
　　题 22 图　　　　　　题 23 图　　　　　　题 28 图　　　　　　题 32 图

二、判断题

1. 电阻上电压和电流参考方向一定是相同的。（　　）

2. 每个人必须遵守约束关系，做到既有"小我"又有"大我"，如同电压与电流的约束关系，若电压与电流的参考方向一致表明是关联参考方向，即 $U=RI$，反之非相关。（　　）

3. 电路中各点电位的高低与绕行方向无关。（　　）

4. 电路中各点电位的高低与零电位点选择有关。（　　）

5. 电路中任意两点间电压与零电位参考点选取有关。（　　）

6. 假定一个方向作为电路分析和计算参考，这个假定方向称为参考方向。（　　）

7. 实际电路元件是由一种或几种理想元件组成的。（　　）

8. 电路模型是由各种实际元件按照一定应用要求组成的。（　　）

9. 电路中常用理想元件有电阻、电感、电容、电压源和电流源。（　　）

10. 形成电流的带电粒子既可以是负电荷，也可以是正电荷或两者兼有。（　　）

11. 为了衡量电场力对电荷做功的能力，引入电压物理量，电压方向是客观存在的。（　　）

12. 习惯上规定电压实际方向是从高电位端指向低电位端，与电动势实际方向相同。（　　）

13. 关联参考方向是指电压与电流的参考方向一致。（　　）

14. 一般情况下电路中标出的电压和电流方向都是实际方向。（　　）

15. 在电路中无源元件一定是吸收功率。（　　）

16. 在电路中电源元件一定发出功率。（　　）

17. 电路元件若电压和电流实际方向相同，则一定是吸收功率起负载作用。（　　）

18. 凡是与理想电流源串联的元件，其电流都等于此恒流源电流，与其他外部电路无关。（　　）

19. 对于外部电路而言，与恒流源串联的元件均可去掉。（　　）

20. 对于外部电路而言，与恒压源并联的元件均可去掉。（　　）

三、计算题

1. 求如图 1.9.20 所示各电路中的未知量。

2. 求如图 1.9.21 所示电路中的 U_S、R_1 和 R_3。

3. 求如图 1.9.22 所示电路中的 U_{ab} 和 I_R。其中 $R_1=10\,\Omega$，$R_2=5\,\Omega$，$R_3=4\,\Omega$，$R_4=2\,\Omega$。

4. 求如图 1.9.23 所示电路中的 U、R、I。

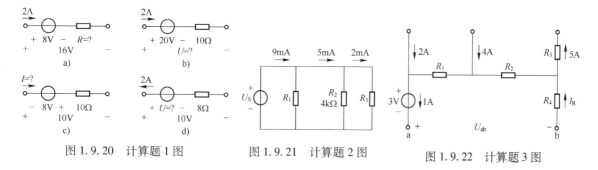

图 1.9.20　计算题 1 图　　　　图 1.9.21　计算题 2 图　　　　图 1.9.22　计算题 3 图

5. 如图 1.9.24 所示电路中，KCL 方程中独立方程的个数为多少个？KVL 方程中独立方程的个数为多少个？

6. 利用 KVL 求如图 1.9.25 所示电路中的 U_1 和 U_2。

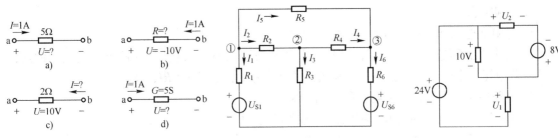

图 1.9.23　计算题 4 图　　　　图 1.9.24　计算题 5 图　　　　图 1.9.25　计算题 6 图

7. 如图 1.9.26 所示，$R_1 = 4\,\Omega$，$R_2 = 2\,\Omega$，$R_3 = 10\,\Omega$，求：（1）I_1、I_2 和 I_3；（2）U_{ab}、U_{ac}、U_{bc}。

8. 计算图 1.9.27 中的电流源功率，电流源是发出还是吸收功率？

9. 计算图 1.9.28 中电流源和 30 V 电压源发出的功率。

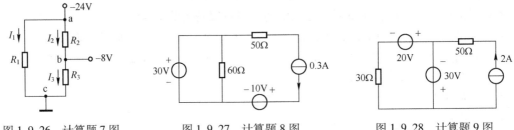

图 1.9.26　计算题 7 图　　　　图 1.9.27　计算题 8 图　　　　图 1.9.28　计算题 9 图

10. 如图 1.9.29 所示电路中，I 为多少？

11. 如图 1.9.30 所示，有一直流电源 E，其额定功率 $P = 200\,\text{W}$，额定电压 $U = 50\,\text{V}$，内阻 $R_0 = 0.5\,\Omega$，负载电阻 R 可以调节，试求：

（1）额定工作状态下的电流及负载电阻；（2）开路状态下的电源端电压。

12. 如图 1.9.31 所示电路，已知 $U = 10\,\text{V}$，$R = 5\,\Omega$，试分别写出欧姆定律表达式，并求电流 I。

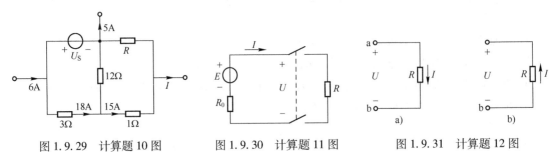

图 1.9.29　计算题 10 图　　　图 1.9.30　计算题 11 图　　　图 1.9.31　计算题 12 图

13. 如图 1.9.32 所示电路，已知 $I_1 = 11\,\text{mA}$，$I_5 = 6\,\text{mA}$，$I_4 = 12\,\text{mA}$，求 I_2、I_3 和 I_6。

14. 如图 1.9.33 所示电路，已知 $I_{S1} = 3\,\text{A}$，$I_{S2} = 2\,\text{A}$，$I_{S3} = 1\,\text{A}$，$R_1 = 6\,\Omega$，$R_2 = 5\,\Omega$，$R_3 = 7\,\Omega$。用基尔霍夫电流定律求电流 I_1、I_2 和 I_3。

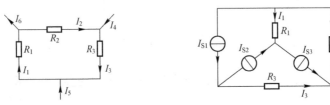

图 1.9.32　计算题 13 图　　　　　图 1.9.33　计算题 14 图

第2章 电路的基本分析方法

思政引例

非淡泊无以明志，非宁静无以致远。

——诸葛亮

基尔霍夫定律是由德国物理学家基尔霍夫在1845年建立的，是分析和计算较为复杂电路的基础，是电路理论的奠基石。

基尔霍夫定律包括基尔霍夫电流定律和电压定律。

电流定律是用来确定连接在同一结点上各支路电流关系的；电压定律是用来确定回路中各部分电压之间关系的。

基尔霍夫（1824—1887）

智能制造

智慧城市

清洁能源

无人控制技术

量子信息技术

虚拟现实技术

现代飞机战术水平在迅速提高，需要装配大量先进综合航电系统，如各种航空仪器仪表、导航雷达设备、智能通信设备、飞行控制系统、火力控制系统等，这些设备运行的好坏，直接关系到能否完成复杂飞行和作战任务并保证飞行安全。掌握这些机载电子设备的工作原理有助于飞行员最大地发挥作用。这些机载电子设备的每一个系统都包含许多复杂电路，但是无论系统多么复杂，其基本的分析和计算方法都源于基尔霍夫定律和欧姆定律。让我们一起走进神奇的电路，凡事必有"法"，基尔霍夫定律及电压源与电流源转化时存在约束关系，其中电压、电流参考方向存在相关性及约束关系，电压、电流之间是一种受约束关系，也因为有关系而彼此约束，并在这样约束关系下保持系统稳定。

本章在这两个定律基础上，以飞机上的一些典型电路为例，着重讨论直流电路分析方法。这些方法主要分为两类：一类是直接利用基尔霍夫定律和欧姆定律列出电路的电流电压方程式，解联立方程式求出结果，如支路电流法；另一类是利用等效变换方法将原先比较复杂的电路化为简单形式的电路，再运用电路基本定律求解，如电源等效变换法、叠加定理和戴维南定理，这些方法是以直流电路为例，稍作推广拓展应用到交流电路中。在第 1 章中分析了电路基本概念和基本定律，学习了 KCL 和 KVL 分析简单直流电路的方法。但如果电路元件增多、结构复杂，只用 KCL 和 KVL 解决问题就比较烦琐，而且需要判断列写的 KCL 和 KVL 方程是否相互独立。针对线性电路符合叠加定理的前提下，可以将一个复杂的多电源共同作用的电路拆分成若干个电源单独作用的电路，分别单独处理后再将计算结果进行叠加。在生活中，有聚沙成塔、集腋成裘的实例，在学习中一点点地积累知识，叠加起来就会从量变转为质变。通过学习本章电路分析方法，读者应意识到唯有从生活中多方面去体验，把社会所得一点一点地积累起来，积累得多了，了解才越透彻。戴维南定理将一个线性有源二端电路等效成一个简单的电压源。通过将一个复杂的电路等效为一个简单的电路，实际上就是透过现象看本质的具体实例。

学习目标：

1. 理解电阻串联和并联，掌握电阻电路的等效变换。
2. 掌握电源两种模型及其等效变换。
3. 掌握支路电流法分析方法，熟练应用支路电流法分析电阻电路。
4. 掌握分析电阻电路基本定理：叠加定理和戴维南定理。
5. 熟练应用叠加定理和戴维南定理分析电路。

素养目标：

1. 基尔霍夫定律是对电压、电流所受元件的约束，电压、电流之间是一种受约束关系并保持系统稳定。人与人之也是彼此相关、相互约束，正确意识到自己言行对周围事物影响，做到既有"小我"，又有"大我"，彼此成就。

2. 电流源的电流特性，如同水往低处流，电流总是从高电位流向低电位。人作为宇宙中意识和智慧的载体，唯有逆流而行，走向高处方能在物质世界闪现意识的光芒。"天行健，君子以自强不息"，在民族复兴的伟大时代，同学们作为社会主义伟大事业接班人，要塑造自己正确的三观，培养科技报国的家国情怀。

3. 激发学生的学习内驱力，促进学生全面发展。培养聚沙成塔、集腋成裘思想。

视频
电阻等效变换

2.1 电阻等效变换

电路元件连接方式是多种多样的，其中电阻串联和并联是最简单的形式。例如某型飞机航行灯控制电路图，飞机上装有 3 个航行灯，它们分别安装于两个翼尖和机尾，颜色为左红、右绿、尾白。在接通"航行灯接通"开关以后，将"航行灯亮度"转换开关分别放在"10%""30%""100%"3 个位置时，航行灯亮度分别为微亮、较亮、最亮，以适应地面停放、暗夜飞行、明夜飞行 3 种不同情况的需要。电路用电阻电路等效变换电路模型来等效，其中既有电阻串联也有电阻并联。在分析复杂电路时，为了分析方便，常常要对电路进行简化，但简化必须在等效条件下进行。所谓等效，是对网络端口而言的，若两个网络端口的伏安特性完全相同，则这两个网络等效。这时就可以用一个较简单网络替换另一个较复杂网络，从而达到简化的目的。注意等效变换是对网络外部而言，两个网络内部并不等效，且等效变换也仅适用于线性网络，非线性网络之间不能进行等效变换。

2.1.1　电阻串联

在电路中，把若干个电阻依次首尾相接地连接起来，称为电阻串联，如图 2.1.1a 所示。各串联电阻流过的电流为同一电流 I。

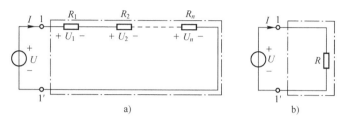

图 2.1.1　电阻串联及其等效电路图

a) 电阻串联电路　b) 等效电路

n 个串联电阻 $R_1, R_2, \cdots, R_n$，可以等效为一个电阻 R，如图 2.1.1b 所示，其中有

$$R = R_1 + R_2 + \cdots + R_n = \sum_{k=1}^{n} R_k \qquad (2.1.1)$$

串联电阻等效电阻比每个电阻都大。在端口电压一定时，串联电阻越多，则电流越小，因此串联电阻有"限流"作用。其电压关系为

$$U = U_1 + U_2 + \cdots + U_n$$

由于各串联电阻电流相等，各电阻电压之比等于它们电阻之比，即

$$U_1 : U_2 : \cdots : U_n = R_1 : R_2 : \cdots : R_n$$

各电阻的电压与端电压 U 的关系为

$$\begin{cases} \dfrac{U_1}{U} = \dfrac{R_1}{R} = \dfrac{R_1}{R_1 + R_2 + \cdots + R_n} \\[2mm] \dfrac{U_2}{U} = \dfrac{R_2}{R} = \dfrac{R_2}{R_1 + R_2 + \cdots + R_n} \\[2mm] \dfrac{U_k}{U} = \dfrac{R_k}{R} = \dfrac{R_k}{R_1 + R_2 + \cdots + R_n} \end{cases} \qquad (2.1.2)$$

式（2.1.2）表明，在电阻串联网络中，每个电阻两端的电压与端口电压之比等于该电阻与等效电阻之比，这个比值称为"分压比"。在端口电压一定时，适当选择串联电阻，可使每个电阻得到所需要的电压，因此串联电阻有"分压"的作用。

同理，每个串联电阻的功率也与它们的电阻成正比，即

$$P_1 : P_2 : \cdots : P_n = R_1 : R_2 : \cdots : R_n$$

2.1.2　电阻并联

在电路中，把若干个电阻两端分别连接在两个结点上，称为电阻并联，如图 2.1.2a 所示。并联各个电阻的电压相等，均等于 U。

n 个并联的电阻 $R_1, R_2, \cdots, R_n$，可以等效为一个电阻 R，如图 2.1.2b 所示，其中有

$$\frac{1}{R} = \frac{1}{R_1} + \frac{1}{R_2} + \cdots + \frac{1}{R_n} = \sum_{k=1}^{n} \frac{1}{R_k} \qquad (2.1.3)$$

可见，并联电阻的等效电阻倒数等于各电阻倒数之和，并且并联电阻的等效电阻比每个电阻都小。其电流关系为

$$I = I_1 + I_2 + \cdots + I_n$$

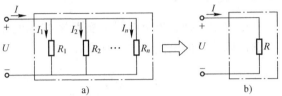

由于并联电阻的电压相等，各电阻电流之比等于它们电阻的倒数之比，即

$$I_1 : I_2 : \cdots : I_n = \frac{1}{R_1} : \frac{1}{R_2} : \cdots : \frac{1}{R_n}$$

图 2.1.2　电阻并联及其等效电路图
a) 电阻并联电路　b) 等效电路

各电阻电流与总电流 I 的关系为

$$\frac{I_1}{I} = \frac{\frac{1}{R_1}}{\frac{1}{R}} = \frac{G_1}{G}; \quad \frac{I_2}{I} = \frac{\frac{1}{R_2}}{\frac{1}{R}} = \frac{G_2}{G}; \quad \frac{I_k}{I} = \frac{\frac{1}{R_k}}{\frac{1}{R}} = \frac{G_k}{G}$$

上式表明，在电阻并联网络中，每个电阻电流与端电流之比等于该电导与等效电导之比，这个比值称为"分流比"。在端电流一定时，适当选择并联电阻，可使每个电阻得到所需要的电流，因此并联电阻有"分流"的作用。

同理，每个并联电阻的功率也与它们的电导成正比，与它们的电阻成反比，即

$$P_1 : P_2 : \cdots : P_n = \frac{1}{R_1} : \frac{1}{R_2} : \cdots : \frac{1}{R_n}$$

若只有 R_1、R_2 两个电阻并联，如图 2.1.3 所示，可得等效电阻为

$$R = R_1 /\!/ R_2 = \frac{R_1 R_2}{R_1 + R_2}$$

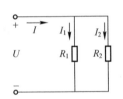

流过两个电阻电流分别为

$$\begin{cases} I_1 = \dfrac{R_2}{R_1 + R_2} I \\[2mm] I_2 = \dfrac{R_1}{R_1 + R_2} I \end{cases}$$

图 2.1.3　两个电阻并联

2.1.3　电阻混联

由串联和并联电阻组合而成的二端网络称为电阻混联网络，分析混联电阻网络一般步骤如下：

1）计算各串联电阻、并联电阻的等效电阻，再计算总的等效电阻。

2）算出总电流或总电压。

3）根据串联电阻分压关系、并联电阻分流关系逐步计算各部分电压、电流。

例 2.1.1　如图 2.1.4 所示，试计算电路等效电阻 R。

解：（1）由图 2.1.4a 可见，R_3、R_4 串联后与 R_2 并联，最后和 R_1 串联，所以有

$$R = R_1 + \frac{R_2(R_3 + R_4)}{R_2 + R_3 + R_4}$$

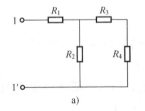
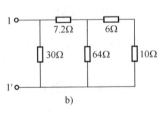

图 2.1.4　例 2.1.1 电路图

（2）在图 2.1.4b 中，$10\,\Omega$、$6\,\Omega$ 两个电阻串联，等效为一个 $16\,\Omega$ 的电阻；与 $64\,\Omega$ 的电阻并联，等效为一个 $12.8\,\Omega$ 的电阻；再与 $7.2\,\Omega$ 电阻串联，等效为 $20\,\Omega$ 电阻；最后，与 $30\,\Omega$ 电阻并联，可得等效电阻为 $12\,\Omega$。

例 2.1.2 如图 2.1.5 所示，试计算电路等效电阻 R。

解：（1）图 2.1.5a 中，$R_{ab}=(8/\!/8+6/\!/3)\,\Omega=6\,\Omega$。

（2）图 2.1.6 可等效为图 2.1.6，则

$$R_{ab}=\left[\,(4/\!/4+10/\!/10)/\!/7\,\right]\Omega=3.5\,\Omega$$

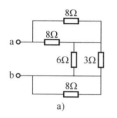 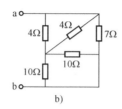 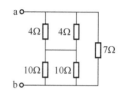

图 2.1.5　例 2.1.2 电路图 1　　　　图 2.1.6　例 2.1.2 电路图 2

特别提示

串联电阻具有"分压"作用，使得串联电阻等效电阻比每个电阻都大。并联电阻具有"分流"作用，使得并联电阻等效电阻比每个电阻都小。

2.2　电源等效变换

视频
电源等效变换

现代飞机装有很多用电设备，它们工作时所需要的电能都是由飞机电源系统提供的。飞机电源系统是电能产生、调节、控制、保护和转换部分的总称，包括从电源设备到电路之间的全部设备，它能将其他形式能量（如机械能、热能、光能、化学能等）转变为电能。实际电源在工作时，有的能维持向外部电路提供恒定电压，例如干电池、大型电力网、飞机直流电源等；有的能维持向外部电路提供恒定电流，例如光电池、晶体管稳流电源等。实际电源在电路中除向外部供给能量外，自身还要损耗一部分能量，为了描述这种情况，实际电源通常用理想电源和内阻组合来表示。一个电源可以用两种不同的电路模型来表示：一种是用电压形式来表示，称为电压源；另一种是用电流形式来表示，称为电流源。任何一个实际电源都可以等效为电压源或电流源两种电路模型，电压源和电流源的等效变换条件：负载端电压 U 和输出电流 I 不变。

2.2.1　电压源模型

根据作用不同，飞机电源可以分为主电源、辅助电源、应急电源、二次电源和地面电源，这些电源可以视为电压源。在飞机发明后半个世纪里，低压直流供电系统一直充当飞机主电源，电压开始为 $6\,V$、$12\,V$，后来逐渐发展为 $27\,V$，当主电源不供电时，可以用蓄电池作为辅助直流电源和应急电源。实际电源在考虑内部损耗情况下，用一个电动势 U_S 和一个内阻 R_0 串联电路来表示，称为电压源模型。如图 2.2.1a 所示。从图中看出

$$U=U_S-IR_0 \tag{2.2.1}$$

实际电压源伏安特性曲线如图 2.2.1b 所示。当电压源断路时，$I=0$，$U=U_{OC}=U_S$；当电压

源短路时 $I = I_S = \dfrac{U_S}{R_0}$，$U = 0$。由于电压源内阻 R_0 很小，$I_S = \dfrac{U_S}{R_0}$ 很大，实际电压源伏安特性曲线可以看成是一条微下斜直线。

如果忽略电压源内阻，即将 R_0 看成为零时，有 $U = U_S$，电压源输出电压恒等于电压源电动势。电压源的电动势恒定时，电压源输出电压 U 不随负载电流 I 变化而变化，此时电压源称为理想电压源或恒压源。理想电压源伏安特性曲线是一条水平线。稳压电源在其规定工作条件下可以认为是一个恒压源。

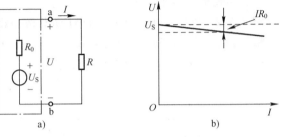

图 2.2.1 电压源模型及其伏安特性曲线
a）电压源模型 b）电压源伏安特性曲线

理想电压源有以下两个重要特点：

1）理想电压源两端的电压恒定不变，且与流过的电流无关。

2）理想电压源输出电流的大小由与其连接的外电路决定。

2.2.2 电流源模型

一个实际电源也可以等效成一个电流源形式，如图 2.2.2a 所示。由式（2.2.1）两边同时除以 R_0 得

$$\frac{U}{R_0} = \frac{U_S}{R_0} - I = I_S - I$$

即

$$I = I_S - \frac{U}{R_0} \tag{2.2.2}$$

电流源产生的电流为 $\dfrac{U_S}{R_0}$，电流源内阻 R_0 分流电流为 $\dfrac{U}{R_0}$，电阻 R 上电流为 $I = I_S - \dfrac{U}{R_0}$。负载 R 上的电压和流过的电流没有改变。

实际电流源伏安特性曲线如图 2.2.2b 所示。当电流源断路时，$I = 0$，$U = U_{OC} = I_S R_0$；当电流源短路时，$I = I_S = \dfrac{U_S}{R_0}$，$U = 0$。

电流源内阻 R_0 越小，在相同输出电压下，内阻 R_0 上的分流越大，输出电流 I 下降越多，伏安特性曲线越平坦。电流源内阻 R_0 越大，伏安特性曲线越陡直。当内阻 R_0 为无穷大时，内阻 R_0 上的分流为零，$I = I_S$。理想电流源伏安特性曲线是一条垂直线。晶体管在一定工作范围内可以近似地认为是一个恒流源。

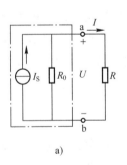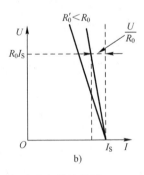

a）

图 2.2.2 电流源模型及其伏安特性曲线
a）电流源模型 b）电流源伏安特性曲线

理想电流源有以下两个重要特点：

1）理想电流源的输出电流恒定，与电源两端的电压无关。

2）理想电流源两端的电压大小由与其连接的外电路决定。

2.2.3 理想电源等效变换

电阻串、并联和混联都可用一个等效电阻替代，电源串联、并联时也可用一个等效电源替代，其方法如下：

1）n 个理想电压源串联，对外可等效为一个理想电压源，等效电压源的大小为 n 个串联电压源的代数和，如图 2.2.3 所示。

$$U_S = U_{S1} - U_{S2}$$

2）n 个理想电流源并联，对外可以等效为一个理想电流源，等效电流源的大小为 n 个并联电流源的代数和，如图 2.2.4 所示。

$$I_S = I_{S1} - I_{S2}$$

3）n 个理想电压源并联只能是在电压数值相等且方向相同情况下，对外可等效为一个电压源，其值仍为原值。其余情况不允许并联，否则违背基尔霍夫电压定律。

4）n 个理想电流源串联只能是在电流数值相等且方向相同情况下，对外可等效为一个电流源，其值仍为原值。其余情况不允许并联，否则违背基尔霍夫电流定律。

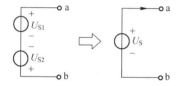 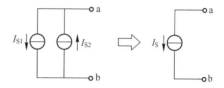

图 2.2.3 串联理想电压源等效变换图　　图 2.2.4 并联理想电流源等效变换图

5）在分析电路时，可以把与理想电压源并联的任意电路元件或电路断开或取走，对外电路没有影响，如图 2.2.5 所示。

6）在分析电路时，可以把与理想电流源串联的任意电路元件或电路短路或取走，对外电路没有影响，如图 2.2.6 所示。

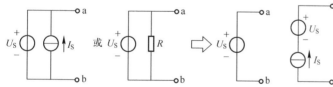 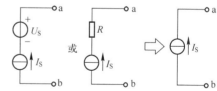

图 2.2.5 与理想电压源并联元件等效变换　　图 2.2.6 与理想电流源串联元件等效变换

2.2.4 电压源与电流源模型等效变换

任何一个实际电源对其外部电路来说，既有电压源模型，也有电流源模型，如图 2.2.7 所示。在一定条件下，它们可以相互等效变换。

电压源所示电路（见图 2.2.7a）中，端口电压电流关系为

$$U = U_S - IR_S$$

电流源所示电路（见图 2.2.7b）中，端口电压电流关系为

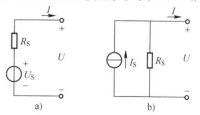

图 2.2.7 实际电源的两种模型

a）电压源模型　b）电流源模型

$$I = I_S - \frac{U}{R_S}$$

由此可见，电压源和电流源若要等效互换，其伏安特性方程必须相同，则其电路参数必须满足条件：

$$U_S = I_S R_S \quad \text{或} \quad I_S = \frac{U_S}{R_S}$$

等效变换原则：当电压源等效变换成电流源时，电流源等于电压源与其内阻的比值，两者内阻相等；当电流源等效变换成电压源时，电压源等于电流源与其内阻乘积，两者内阻相等。

在进行等效互换时，必须注意电压源极性与电流源方向之间的关系。两者参考方向要一致，即电压源极性上端正极下端负极，则等效电流源从下端流向上端，反之亦然。

实际电源两种模型等效互换只能保证其外部电路电压、电流和功率相同，对其内部电路并无等效可言。通俗地讲，当电路中某一部分用其等效电路替代后，未被替代部分的电压、电流应保持不变。

应用电源等效互换分析电路时应注意以下几点：

1）电源等效互换是电路等效变换的一种方法。这种等效是对电源输出电流 I、端电压 U 的等效。

2）有内阻 R_S 的实际电源，它的电压源模型与电流源模型可以等效互换；理想电压源与理想电流源之间不能等效互换。因为理想电压源的短路电流为无穷大，而理想电流源的开路电压为无穷大，两者都不能得到有限数值，故两者之间不存在等效变换条件。

特别提示

恒压源两端不能短路，因短路时其端电压为零，这与恒压源的特性不符。只有电压相等且极性相同的恒压源才能并联。凡是与恒压源并联的元件两端电压都等于恒压源电压值。

恒流源两端不能开路，因开路时发出电流必须是零，这与恒流源特性不符。只有电流相等且电流方向相同的恒流源才可以串联。凡是与恒流源串联的元件上的电流都等于恒流源电流值。

例 2.2.1 如图 2.2.8a 所示，已知 $U_{S1} = 4\,\text{V}$，$I_{S2} = 2\,\text{A}$，$R_2 = 12\,\Omega$，试等效化简该电路。

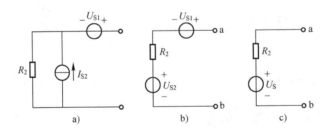

图 2.2.8 例 2.2.1 电路图

解： 图 2.2.8a 中，可把电流源 I_{S2} 与电阻 R_2 并联变换为电压源 U_{S2} 与电阻 R_2 串联，如图 2.2.8b 所示，其中 $U_{S2} = R_2 I_{S2} = (12 \times 2)\,\text{V} = 24\,\text{V}$。

图 2.2.8b 中，将电压源 U_{S2} 与 U_{S1} 的串联等效为电压源 U_S，如图 2.2.8c 所示，其中 $U_S = U_{S1} + U_{S2} = (24 + 4)\,\text{V} = 28\,\text{V}$。

例 2.2.2 如图 2.2.9a 所示，$U_{S1} = 6\,\text{V}$，$U_{S2} = 12\,\text{V}$，$R_1 = R_2 = 2\,\Omega$，求 a、b 两端的等效电压源模型及其参数。

解： 等效电路如图 2.2.9b 所示，$I_{S1} = \dfrac{U_{S1}}{R_1} = 3\,\text{A}$，$I_{S2} = \dfrac{U_{S2}}{R_2} = 6\,\text{A}$，$I_S = I_{S1} + I_{S2} = 9\,\text{A}$，$R_0 = R_1 /\!/$ $R_2 = 1\,\Omega$，$U_S = R_0 I_S = 9\,\text{V}$，电流源模型如图 2.2.9c 所示，电压源模型如图 2.2.9d 所示。

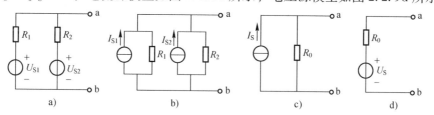

图 2.2.9 例 2.2.2 电路图

例 2.2.3 如图 2.2.10 所示，已知 $U_{S1} = 10\,\text{V}$，$I_{S1} = 15\,\text{A}$，$I_{S2} = 5\,\text{A}$，$R = 30\,\text{W}$，$R_2 = 20\,\text{W}$，求 I。

解： 图 2.2.10a 中，电压源 U_{S1} 与电流源 I_{S1} 并联可等效为电压源 U_{S1}；电流源 I_{S2} 与电阻 R_2 并联可等效变换为电压源 U_{S2} 与 R_2 串联，如图 2.2.10b 所示。

图 2.2.10b 中，电压源 U_{S1} 与 U_{S2} 串联可等效变换为电压源 U_S，如图 2.2.10c 所示，其中 $U_{S2} = I_{S2} R_2 = (5 \times 20)\,\text{V} = 100\,\text{V}$，$U_S = U_{S1} + U_{S2} = (100 + 10)\,\text{V} = 110\,\text{V}$。

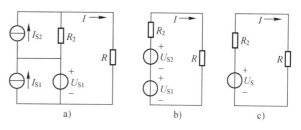

图 2.2.10 例 2.2.3 电路图

在图 2.2.10c 中，根据欧姆定律可得 $I = \dfrac{U_S}{R + R_2} = \dfrac{110}{30 + 20}\,\text{A} = 2.2\,\text{A}$。

例 2.2.4 如图 2.2.11a 所示，计算流过 $2\,\Omega$ 电阻的电流 I。

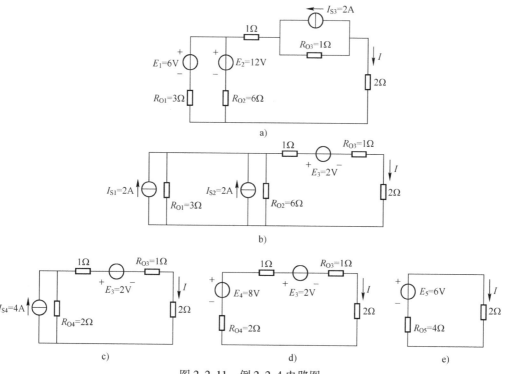

图 2.2.11 例 2.2.4 电路图

解：（1）将图 2.2.11a 中原来的电压源变换为电流源、原来的电流源变换为电压源，如图 2.2.11b 所示，则有

$$I_{S1} = \frac{E_1}{R_{01}} = 2 \text{ A}$$

$$I_{S2} = \frac{E_2}{R_{02}} = 2 \text{ A}$$

$$E_3 = I_{S3}R_{03} = 2 \text{ V}$$

（2）将两个电流源合并为一个电流源，如图 2.2.11c 所示，则有

$$I_{S4} = I_{S1} + I_{S2} = 4 \text{ V}$$

$$R_{04} = \frac{R_{01}R_{02}}{R_{01} + R_{02}} = 2 \text{ }\Omega$$

（3）将电流源变换为电压源，如图 2.2.11d 所示，则有

$$E_4 = I_{S4}R_{04} = 8 \text{ V}$$

（4）将两个电压源合并为一个电压源，如图 2.2.11e 所示，则有

$$E_5 = E_4 - E_3 = 6 \text{ V}$$

$$R_{05} = R_{03} + R_{04} + 1 \text{ }\Omega = 4 \text{ }\Omega$$

（5）应用欧姆定律计算电流 I 为

$$I = \frac{E_5}{R_{05} + 2 \text{ }\Omega} = 1 \text{ A}$$

【练习与思考】

1）电源模型间等效变换时，理想电压源的方向与理想电流源的方向有何对应关系？

2）试将图 2.2.8a 所示电路等效变换为电流源模型。

3）试将图 2.2.9a 所示电路等效变换为电压源模型。

2.3 支路电流法

支路电流法是分析电路最基本的方法。支路电流法的求解思路是以各支路电流为待求未知量，应用 KCL、KVL 列出与支路个数相同的方程构成方程组，然后联立求解。求出各支路电流后，支路电压、功率等其他变量也就迎刃而解。

1. 支路电流法的解题步骤

如图 2.3.1 所示电路为例，设支路电流 I_1、I_2、I_3 的参考方向如图中箭头所示，网孔为顺时针方向绕行。

该支路有两个结点 a 和 b，可分别列出两个 KCL 方程为

$I_1 + I_2 - I_3 = 0$ 或 $-I_1 - I_2 + I_3 = 0$。

以上两个方程相互不独立，只能选其一。对左右两个网孔列出 KVL 方程为

$$-U_{S1} - I_2R_2 + I_1R_1 = 0$$

$$U_{S2} + I_2R_2 + I_3R_3 = 0$$

由上式联立求解，即可求出 I_1、I_2 和 I_3。

综上所述，用支路电流法分析电路的一般步骤如下：

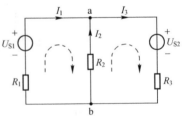

图 2.3.1 支路电流法电路图

1）首先审题，看清电路的结构、已知条件及待求量。

2）假定 b 条支路电流的参考方向。

3）若电路有 n 个结点，根据 KCL，列写（$n-1$）个独立电流方程。

4）设定网孔绕行方向，b 条支路，根据 KVL，列写 $b-(n-1)$ 个独立网孔电压方程。

5）联立方程组求解各支路电流。

6）根据各支路电流求解电压、功率等其他物理量。

2. 关于方程式独立性讨论

通过分析可知，列出足够而且独立的方程是使用支路电流法分析电路的关键。其一般规律如下：

如果电路有 n 个结点，列出（$n-1$）个独立的 KCL 方程。事实上，在列写 KCL 方程时，只要包含一个新的、前面方程中未曾出现过的支路电流，则这个方程必然是独立的。显而易见，去掉一个结点，而且是去掉任意一个，连接在这个结点上的电流在列方程时将出现一次，则其余（$n-1$）个结点 KCL 方程必然是独立的。

列写 KVL 方程时，每个回路中至少包含一个新的支路，则方程必然是独立的。对于平面电路而言，更普遍适用而又简单的方法是，按照网孔来列写 KVL 方程，所列方程必然独立。可以证明，对于 b 条支路、n 个结点的平面电路，网孔个数是 $b-(n-1)$ 个。一般选网孔作为独立回路，网孔的数目就等于总的独立回路数。

对于复杂电路，列出 KCL、KVL 独立方程的数目，总是等于支路电流的总数。

例 2.3.1 如图 2.3.2 所示，$U_{S1}=130\,\mathrm{V}$，$U_{S2}=117\,\mathrm{V}$，$R_1=1\,\Omega$，$R_2=0.6\,\Omega$，$R=24\,\Omega$，试用支路电流法求各支路电流。

解： 选定各支路电流参考方向如图 2.3.2 所示，列出结点 a 的 KCL 方程和两个网孔 Ⅰ 和 Ⅱ 的 KVL 方程分别为

$$\begin{cases} I_1+I_2-I=0 \\ R_1I_1-R_2I_2+U_{S2}-U_{S1}=0 \\ R_2I_2+RI-U_{S2}=0 \end{cases}$$

代入数据解方程组可得 $I_1=10\,\mathrm{A}$，$I_2=-5\,\mathrm{A}$，$I=5\,\mathrm{A}$。

例 2.3.2 如图 2.3.3 所示，$U_S=10\,\mathrm{V}$，$I_S=8\,\mathrm{A}$，$R_1=R_4=1\,\Omega$，$R_2=2\,\Omega$，$R_3=3\,\Omega$，求各支路电流。

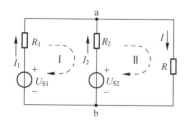

图 2.3.2 例 2.3.1 电路图

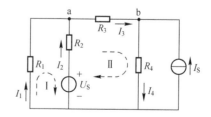

图 2.3.3 例 2.3.2 电路图

解： 该电路的支路数 $b=5$，结点数 $n=3$，选定各支路电流参考方向如图 2.3.3 所示。由于电流源 I_S 所在支路电流等于电流源 I_S 的电流值，且为已知量，因而应用基尔霍夫定律列出下列 4 个方程。

对结点 a：$I_1+I_2-I_3=0$。

对结点 b：$I_3-I_4+I_S=0$。

对回路Ⅰ：$R_1I_1-R_2I_2+U_S=0$。

对回路Ⅱ：$R_2I_2+R_3I_3+R_4I_4-U_S=0$。

联立以上 4 个方程求解可得

$$I_1=-4\,\text{A}, \quad I_2=3\,\text{A}, \quad I_3=-1\,\text{A}, \quad I_4=7\,\text{A}$$

特别提示

对于具有 n 个结点、b 条支路的电路，共有（$n-1$）个独立结点，相应地有 $n-1$ 个独立 KCL 方程，共有 $b-(n-1)$ 个独立回路（独立回路数恰好等于网孔数），相应地有 $b-(n-1)$ 个独立 KVL 方程。一般来说，电路中所列出独立 KVL 方程数加上独立 KCL 方程数正好等于支路数。

【练习与思考】

1）在用支路电流法分析电路时要用到几套正、负号？它们分别代表什么含义？

2）什么是独立回路？如何选取独立回路？

3）支路电流法的特点是什么？

视频
叠加定理

2.4　叠加定理

由线性元件组成的电路，称为线性电路。叠加性是线性电路的一个重要性质和基本特征。根据叠加定理可以推导出其他电路定理，从而简化电路的分析和计算。

1. 叠加定理描述

所谓叠加定理是指在线性电路中，当有多个电源作用时，任一支路电流或电压，可看作由各个电源单独作用时在该支路中产生的电流或电压代数和。当某一电源单独作用时，其他不作用电源应置为零（电压源电压为零，电流源电流为零），即电压源用短路代替，电流源用开路代替。

下面通过图 2.4.1a 所示电路的电流 I_2 为例，说明叠加定理在线性电路中的应用。

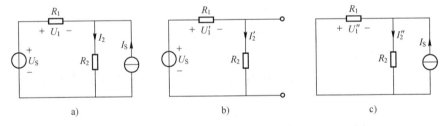

a)　　　　　　　　　　b)　　　　　　　　　　c)

图 2.4.1　叠加定理电路图

图 2.4.1a 是一个含有两个独立源的线性电路，使用支路电流法，可求得支路电流为

$$I_2=\frac{U_S+R_1I_S}{R_1+R_2}=\frac{U_S}{R_1+R_2}+\frac{R_1I_S}{R_1+R_2}$$

图 2.4.1b 是电压源 U_S 单独作用时的电路。此时，电流源置为零，即电流源用开路代替。可求得 U_S 单独作用时，该支路电流为

$$I_2'=\frac{U_S}{R_1+R_2}$$

图 2.4.1c 是电流源 I_S 单独作用时的电路。此时，电压源置为零，即电压源用短路代替。用分流公式求得 I_S 单独作用时，该支路电流为

$$I_2'' = \frac{R_1 I_S}{R_1 + R_2}$$

根据叠加定理，两个独立源共同作用时，该支路电流为

$$I_2 = I_2' + I_2'' = \frac{U_S}{R_1 + R_2} + \frac{R_1 I_S}{R_1 + R_2}$$

可见，采用支路电流法和叠加定理这两种不同方法求得的结果一致。叠加定理是分析线性电路的基础，线性电路的许多定理可以从叠加定理导出。

例 2.4.1　如图 2.4.2a 所示，试用叠加定理计算 3 Ω 电阻上的电压 U。

解：（1）12 V 电压源单独作用时产生的电压 U'，可由图 2.4.2b 所示电路求出。

$$U' = -\frac{3}{3+6} \times 12 \text{ V} = -4 \text{ V}$$

（2）3 A 电流源单独作用时产生的电压 U''，可由图 2.4.2c 所示电路求出。

$$U'' = \frac{6}{3+6} \times 3 \times 3 \text{ V} = 6 \text{ V}$$

（3）由叠加定理，12 V 电压源、3 A 电流源共同作用时产生的电压 U 为

$$U = U' + U'' = (-4 + 6) \text{ V} = 2 \text{ V}$$

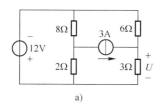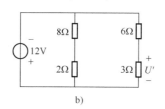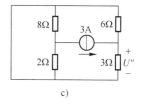

图 2.4.2　例 2.4.1 电路图

归纳叠加定理分析电路的一般步骤如下：

1）将复杂电路分解为含有一个（或几个）独立源单独（或共同）作用的分解电路。

2）分析各分解电路，分别求得各电流或电压分量。注意各分量的方向和极性。

3）将各电流或电压分量叠加得最后结果。

2. 应用叠加定理的几个具体问题

用叠加定理分析电路时，应注意以下几点：

1）叠加定理仅适用于线性电路，不适用于非线性电路。

2）叠加定理仅适用于电压、电流的计算，不适用于功率计算，因为功率与电流和电压不是线性关系。

3）当某一独立源单独作用时，其他独立源的参数都应置为零，即将电压源短路，电流源开路。

4）应用叠加定理求电压、电流时，应特别注意各分量的符号。若分量的参考方向与原电路中的参考方向一致，则该分量取正号，反之取负号。

5）叠加方式是任意的，可以一次使一个独立电源单独作用，也可以一次使几个独立电源同时作用，方式选择取决于对分析计算问题简便与否。

例 2.4.2　如图 2.4.3a 所示，求电压 U_{ab}、电流 I 和 6 Ω 电阻上的功率 P。

解：（1）3 A 电流源单独作用时产生的电压、电流分量，由图 2.4.3b 所示电路求出。

$$U_{ab}' = -\left(\frac{6 \times 3}{6+3} + 1\right) \times 3 \text{ V} = -9 \text{ V}$$

$$I' = -\frac{3}{3+6} \times 3 \text{ A} = -1 \text{ A}$$

（2）2 A 电流源、6 V 电压源及 12 V 电压源共同作用时产生的电压、电流分量，由图 2.4.3c 所示电路求出。

$$I'' = \frac{12+6}{6+3} \text{ A} = 2 \text{ A}$$

$$U''_{ab} = (-2 \times 3 + 12 + 2 \times 1) \text{ V} = 8 \text{ V}$$

（3）根据叠加定理，可计算出所有电源共同作用于电路时产生的电压 U_{ab} 和电流 I 分别为

$$U_{ab} = U'_{ab} + U''_{ab} = -1 \text{ V}$$

$$I = I' + I'' = 1 \text{ A}$$

（4）计算 6 Ω 电阻上的功率：$P = 6I^2 = 6 \text{ W}$。

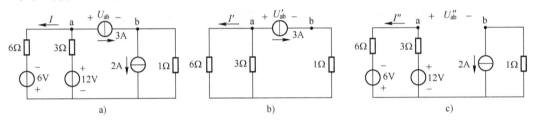

图 2.4.3　例 2.4.2 电路图

例 2.4.3　如图 2.4.4a 所示电路中，求 12 Ω 电阻上的电压 U。

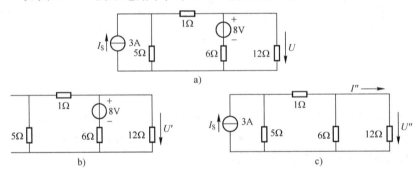

图 2.4.4　例 2.4.3 电路图

解：8 V 电压源单独作用时，计算电路如图 2.4.4b 所示。根据串联电阻分压公式，得出 12 Ω 电阻上的电压为

$$U' = \frac{(5+1) /\!/ 12}{(5+1) /\!/ 12 + 6} \times 8 \text{ V} = 3.2 \text{ V}$$

3 A 电流源单独作用时，计算电路如图 2.4.4c 所示。根据并联电阻分流公式，得出 12 Ω 电阻上的电流为

$$I'' = \frac{5}{5 + (1 + 6 /\!/ 12)} \times \frac{6}{6+12} \times 3 \text{ A} = 0.5 \text{ A}$$

12 Ω 电阻上的电压为

$$U'' = 6 \text{ V}$$

根据叠加定理，计算出所有电源共同作用于 12 Ω 电阻产生的电压为

$$U = U' + U'' = 9.2 \text{ V}$$

例 2.4.4　如图 2.4.5a 所示，用叠加定理求电流 I。

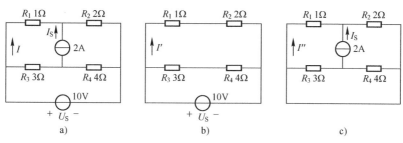

图 2.4.5　例 2.4.4 电路图

解： 10 V 理想电压源单独作用时，计算电路如图 2.4.5b 所示，$I' = \dfrac{U_S}{R_1 + R_2} = \dfrac{10}{3}$ A。

2 A 理想电流源单独作用时，计算电路如图 2.4.5c 所示，$I'' = \dfrac{R_2}{R_1 + R_2}(-I_S) = -\dfrac{4}{3}$ A。

$$I = I' + I'' = 2 \text{ A}$$

例 2.4.5　如图 2.4.6 所示电路中，已知 $U_S = 15$ V，$I_S = 5$ A，$R_1 = 3\ \Omega$，当 U_S 单独作用时，R_1 消耗的功率为 27 W。那么当 U_S 和 I_S 两个电源共同作用时，电阻 R_1 消耗的功率为多少？

解： $P = I^2 R_1$，求出 $I = 3$ A，进而推出 $R_2 = 2\ \Omega$。

I_S 单独作用时在 R_1 上产生的电压为 6 V。

U_S 单独作用时在 R_1 上产生的电压为 -9 V。

I_S 和 U_S 共同作用时在 R_1 上产生的电压为 -3 V。

R_1 上消耗的功率为 $P = \dfrac{U^2}{R_1} = 3$ W。

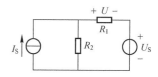

图 2.4.6　例 2.4.5 电路图

注：上面是根据 R_1 两端电压进行叠加，进而求出功率；或者可以根据 R_1 两端电流进行叠加，其中 R_1 上方向向右的电流为 2 A，方向向左的电流为 3 A，叠加后电流为 1 A，同样由 $P = I^2 R_1$，求出功率为 3 W。

特别提示

在应用叠加定理时，令某一电源单独作用时，其他电源要置零。所谓电源置零，是指将理想电压源用短路代替，理想电流源用开路代替。

在分电路求解完成进行变量叠加时，一定要注意各分电路中待求支路的电压和电流参考方向是否与原电路中一致，一致时，叠加分量前面取 "+" 号；相反时，则要取 "-" 号。

叠加定理只适用于线性电路，可用来分析计算电流和电压，不能用来计算功率，因为功率和电压、电流不是线性关系。

【练习与思考】

1）叠加定理适用于非线性电路吗？

2）什么叫电源的单独作用？在电路中如何去除电源？

3）叠加定理可用来计算功率吗？

2.5　戴维南定理

视频
戴维南定理

在电路分析中，对于结构比较复杂的电路，有时只需研究某一条支路电压、电流或功率，因此，对研究支路而言，电路其余部分就构成一个有源二端网络。戴维南定理是将一个线性有源二端网络等效为一个电压源的重要定理。

戴维南定理：任意一个含独立源的线性二端电阻网络 N，对其外部而言，都可以用一个电压源与电阻串联来等效，该电压源电压等于有源二端网络开路电压 U_{OC}，该串联电阻等于有源二端网络内部所有独立源均置零以后的等效电阻 R_0，如图 2.5.1 所示。

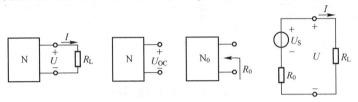

图 2.5.1　戴维南定理电路图

应用戴维南定理，不必求出电路中全部支路电流，只需保留待求支路，把其余部分看作有源二端网络，用等效电压源替换，然后在简化后的电路中求解即可。

如图 2.5.2a 所示，一个单相照明电路，要提供电能给荧光灯、风扇、电视机、计算机等许多家用电器。对其中任一电器来说，都是接在电源的两个接线端子上。如要计算通过其中一盏荧光灯的电流等参数，对荧光灯而言，接荧光灯的两个端子 a、b 的左边可以看作荧光灯的电源，此时电路中其他电器设备均为这一电源的一部分。如图 2.5.2b 所示，等效后的电路显然简单得多。

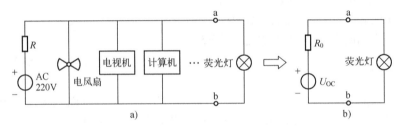

图 2.5.2　单相照明电路及其戴维南等效电路

a）单相照明电路　b）等效电路

求戴维南等效电路的步骤如下：

1）求出有源二端网络开路电压 U_{OC}。

2）将有源二端网络所有电压源短路、电流源开路，求出无源二端网络等效电阻 R_0。

3）画出戴维南等效电路图。

例 2.5.1　求如图 2.5.3 所示电路的戴维南等效电路。

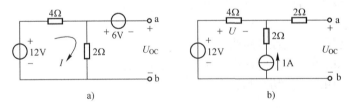

图 2.5.3　例 2.5.1 电路图

解： 对图 2.5.3a：（1）求有源二端网络的开路电压 U_{OC}。设回路绕行方向是顺时针方向，则有

$$I = \frac{12}{4+2} \text{A} = 2 \text{ A}$$

$2\,\Omega$ 电阻两端电压为 $U = RI = 4 \text{ V}$，则

$$U_{OC} = (-6+4) \text{ V} = -2 \text{ V}$$

（2）求内电阻 R_0。将电压源短路，得如图 2.5.4a 所示电路，据此可求得

$$R_0 = 4 /\!/ 2 \,\Omega = \frac{4 \times 2}{4+2} \,\Omega = \frac{4}{3} \,\Omega$$

戴维南等效电路如图 2.5.4b 所示。

对图 2.5.3b：（1）求有源二端网络的开路电压 U_{OC}。

由于回路中含有电流源，所以回路电流为 1 A，方向为逆时针方向。$4\,\Omega$ 电阻两端电压为

$$U = -RI = -(4 \times 1) \text{ V} = -4 \text{ V}$$

开路电压 U_{OC} 为

$$U_{OC} = -U + 12 \text{ V} = 16 \text{ V}$$

（2）将电压源短路、电流源开路，得到图 2.5.5a 所示电路，据此可求出电阻 $R_0 = 6\,\Omega$，戴维南等效电路如图 2.5.5b 所示。

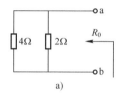 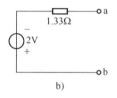 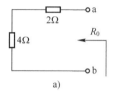 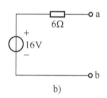

图 2.5.4　例 2.5.1a 戴维南等效过程　　　图 2.5.5　例 2.5.1b 戴维南等效过程

例 2.5.2　桥式电路如图 2.5.6 所示，已知 $R_1 = R_3 = 3 \text{ k}\Omega$，$R_2 = 6 \text{ k}\Omega$，$R_4 = 1.5 \text{ k}\Omega$，$U_S = 9 \text{ V}$，$R_L = 1 \text{ k}\Omega$，试用戴维南定理计算流过 R_L 的电流。

解：（1）断开所求电流支路，电路如图 2.5.7a 所示，求开路电压 U_{OC}。

$$I_1 = \frac{U_S}{R_1 + R_2} = 1 \text{ mA}$$

$$I_3 = \frac{U_S}{R_3 + R_4} = 2 \text{ mA}$$

则根据 KVL，可得

$$U_{OC} = I_1 R_2 - I_3 R_4 = 3 \text{ V}$$

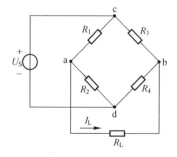 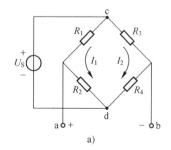 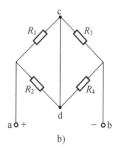

图 2.5.6　例 2.5.2 电路图　　　图 2.5.7　计算开路电压及等效电阻

（2）把图 2.5.7a 中所有独立电源置零，即将 U_S 短路，可得无源网络如图 2.5.7b 所示，则 ab 端等效电阻 R_0 为

$$R_0 = R_1 /\!/ R_2 + R_3 /\!/ R_4 = 3 \text{ k}\Omega$$

（3）根据所求得 U_{OC}、R_0，画出图 2.5.8 所示有源二端网络戴维南等效电路，并将 R_L 接于 ab 端，注意等效电源极性。

$$I_L = \frac{U_{OC}}{R_0 + R_L} = 0.75 \text{ mA}$$

例 2.5.3　如图 2.5.9 所示，试用戴维南定理计算 3 A 电流表中的电压 U。

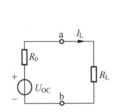

图 2.5.8　戴维南等效电路图

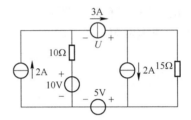

图 2.5.9　例 2.5.3 电路图

解：（1）将图 2.5.9 所示电路中 3A 电流源断开，得到图 2.5.10a 所示电路，于是戴维南等效电路开路电压为

$$E = U_{OC} = (2 \times 10 + 10 - 5 + 2 \times 15) \text{ V} = 55 \text{ V}$$

（2）将图 2.5.9 所示电路中所有电压源短路、所有电流源开路，得到图 2.5.10b 所示电路，于是戴维南等效电阻为

$$R_0 = (10 + 15) \ \Omega = 25 \ \Omega$$

（3）根据戴维南定理，图 2.5.9 电路等效为图 2.5.10c 所示电路，于是所求电压为

$$U = 3R_0 - E = 20 \text{ V}$$

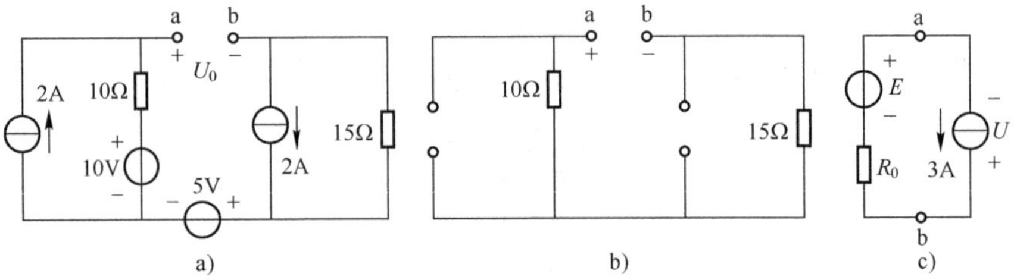

图 2.5.10　例 2.5.3 戴维南等效电路图

特别提示

在应用戴维南定理求等效电阻时，要将含源二端网络内部电源置零，这里电源指所有的理想电源，即将理想电压源用短路代替，将理想电流源用开路代替。其中受控源不能置零。

【练习与思考】

1）戴维南定理的作用是什么？

2）用戴维南定理求解图 2.5.9 所示电路中 15 Ω 电阻上的电压 U？

3）对一个不知内部情况的有源二端网络（黑盒子），试问如何用实验手段建立其戴维南等效电路？

4）一有源二端网络空载时，用高内阻电压表测得其端口电压为 10 V，若外接 3 Ω 电阻时其端电压为 6 V，则该网络的戴维南等效电路的数据为多少？

2.6　内容拓展及专创应用

2.6.1　戴维南定理

戴维南（Leon Charles Thevenin，1857-1926），法国电报工程师。戴维南定理于 1883 年发表在法国科学院刊物上，全文仅一页半，是在直流电源和电阻的条件下提出的。然而，由于其证明带有普遍性，实际上它适用于当时未知的其他情况，如含电流源、受控源以及正弦交流、复频域等电路，目前已成为一个重要的电路定理。当电路理论进入以模型为研究对象后，出现该定理的适用性问题。苏联教材中对该定理的证明与原论文相仿。50 余年后该定理的对偶形式由美国贝尔电话实验室工程师 E. L. Norton 提出，即诺顿定理。

2.6.2　工程实践

惠斯通电桥广泛应用于精确测量电阻，利用电桥与传感器融合测量温度、压力、张力、强度等物理量。设计应用戴维南定理在直流电桥中测量电阻的电路，要求电桥等效电路，对于任意一个阻值，对应确定的电压和电流并与测量电阻值相关。如图 2.6.1 所示为有源二端网络等效电阻的直接测量法。将被测有源网络内的所有独立源置零（去掉电流源 I_S 和电压源 U_S，其中电流源断路、电压源短路），然后用伏安法或者直接用万用表的欧姆档去测定负载。开路时 A、B 两点间的电阻，即为被测网络的等效内阻 R_0。应用万用表测量 A、B 开路电路 U_{OC}。注意：测量时首先注意电流表量程更换，改接线路时，关掉电源，电压源置零时不可将稳压源短接。其次，用万用表直接测 R_0 时，网络内的独立源必须先置零，以免损坏万用表。再次，欧姆档必须经调零后再进行测量。最后，戴维南等效电路的 R_0 参与测量计算时，需要用到调节电位器 R_L 提供电阻。调节电位器，使用万用表时转换开关要调节到相应量程档位上。

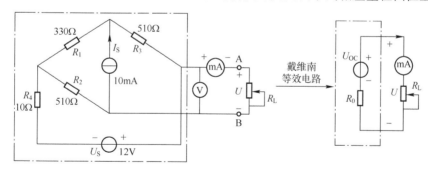

图 2.6.1　惠斯通电桥测量电路等效电路图

2.7　小结

1. 电阻等效变换

n 个电阻串联时，等效电阻为

$$R = R_1 + R_2 + \cdots + R_n = \sum_{k=1}^{n} R_k$$

分压公式为

$$\frac{U_1}{U} = \frac{R_1}{R} = \frac{R_1}{R_1 + R_2 + \cdots + R_n}; \quad \frac{U_2}{U} = \frac{R_2}{R} = \frac{R_2}{R_1 + R_2 + \cdots + R_n}; \quad \frac{U_k}{U} = \frac{R_k}{R} = \frac{R_k}{R_1 + R_2 + \cdots + R_n}$$

n 个电阻并联时，等效电阻为

$$\frac{1}{R} = \frac{1}{R_1} + \frac{1}{R_2} + \cdots + \frac{1}{R_n} = \sum_{k=1}^{n} \frac{1}{R_k}$$

分流公式为

$$\frac{I_1}{I} = \frac{\frac{1}{R_1}}{\frac{1}{R}} = \frac{G_1}{G}; \quad \frac{I_2}{I} = \frac{\frac{1}{R_2}}{\frac{1}{R}} = \frac{G_2}{G}; \quad \frac{I_k}{I} = \frac{\frac{1}{R_k}}{\frac{1}{R}} = \frac{G_k}{G}$$

2. 电压流与电流源等效变换

当实际电压源等效变换成实际电流源时，电流源等于电压源与其内阻的比值，电流源内阻等于电压源内阻；当实际电流源等效变换成实际电压源时，电压源等于电流源与其内阻的乘积，电压源内阻等于电流源内阻。在进行等效互换时，即电压源极性上端正极下端负极，则等效电流源从下端流向上端，反之亦然。

实际电源可以用电压源和电流源的电路模型来表示，故电压源和电流源之间可以进行等效交换。利用该等效变换，可以化简含有多个电源的电路，便于求解，但是待求支路不能参与变换。

3. 支路电流法

支路电流法是分析复杂电路的基本方法。其思路是以支路电流为待求未知量，应用 KCL、KVL 列出与支路个数相同的方程构成方程组，然后联立求出各支路电流。该方法分析思路简单，便于理解，但是如果电路中支路数多，则需要列写的方程数多，会增加求解的难度。

4. 叠加定理

叠加定理：在线性电路中，当有多个电源作用时，则任意一支路的电流或电压，可看作由各个电源单独作用时在该支路中产生的电流或电压的代数和。当某一电源单独作用时，其他不作用的电源应置为零（电压源电压为零、电流源电流为零），即电压源用短路代替、电流源用开路代替。叠加定理适用于含有多个电源共同作用的线性电路分析，可以令每个电源单独作用来求解支路电压和电流，然后对所有电压和电流进行叠加。应用叠加定理时需要注意一些问题，如电源置零的方法，叠加只能用于电压和电流而不能用于功率。

5. 戴维南定理

戴维南定理：任意一个含独立源线性二端电阻网络，对其外部而言，都可用一个电压源与电阻的串联等效代替，该电压源电压等于有源二端网络的开路电压，串联电阻等于有源二端网络内部所有独立源均置零以后的等效电阻。戴维南定理通常是在只需要求解复杂电路中的某一条支路电压或电流时应用的方法。其原理是任何一个含源二端网络都可以用电压源来进行等效，需要重点掌握等效电压源中理想电压源端电压和等效电阻的求解方法。

2.8 习题

一、单选题

1. 如图 2.8.1 所示电路，电源发出的功率为（　　　）。

A. 20 W　　　　　　B. 16 W　　　　　　C. 12 W　　　　　　D. 18 W

2. 电阻串联电路，各电阻两端电压与其自身电阻成（　　　）。

A. 反比 　　　　　　B. 串联 　　　　　　C. 正比 　　　　　　D. 不确定

3. 电阻并联电路，各电阻通过的电流与其自身电阻成（　　　）。

A. 不确定 　　　　　B. 并联关系 　　　　C. 正比 　　　　　　D. 反比

4. 如图 2.8.2 所示电路中，A、B 间等效电阻估算值（误差不超过 5 kΩ）为（　　　）。

A. 50 kΩ 　　　　　　B. 100 kΩ 　　　　　　C. 1 kΩ 　　　　　　D. 3.33 kΩ

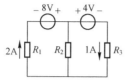
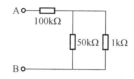

图 2.8.1　单选题 1 图　　　　　　　　　　　　图 2.8.2　单选题 4 图

5. 有额定电压 $U_N = 220\,V$、额定功率分别为 100 W 和 25 W 的两只白炽灯泡，将它们串联后接在 220 V 电源上，它们亮度情况是（　　　）。

A. 100 W 的白炽灯泡亮 　　　　　　　　　　B. 两只白炽灯泡亮度一样

C. 25 W 的白炽灯泡亮 　　　　　　　　　　D. 不确定

6. 如图 2.8.3 所示电路用等效理想电流源代替，该等效电流源参数为（　　　）。

A. 2 A 　　　　　　B. 4 A 　　　　　　C. −2 A 　　　　　　D. 4 A

7. 如图 2.8.4 所示，$U_{S1} = 4\,V$，$I_{S1} = 2\,A$，用等效理想电流源代替原电路，该等效电流源参数为（　　　）。

A. 6 A 　　　　　　B. 2 A 　　　　　　C. −2 A 　　　　　　D. −6 A

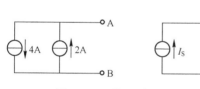
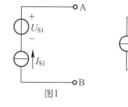

图 2.8.3　单选题 6 图　　　　　　　　　　图 2.8.4　单选题 7 图

8. 如图 2.8.5 所示电路，已知 $U_S = 12\,V$，$I_S = 2\,A$。A、B 两点间电压 U_{AB} 为（　　　）。

A. −18 V 　　　　　B. 18 V 　　　　　　C. −6 V 　　　　　　D. 6 V

9. 已知图 2.8.6a 所示电路中，$U_{S1} = 4\,V$，$I_{S1} = 2\,A$。用图 2.8.6b 所示理想电压源代替图 2.8.6a 所示电路，该等效电压源参数 U_S 为（　　　）。

A. −4 V 　　　　　　B. 4 V 　　　　　　C. −2 V 　　　　　　D. 2 V

10. 如图 2.8.7 所示电路，电压 U 等于（　　　）。

A. 0 V 　　　　　　B. 8 V 　　　　　　C. −28 V 　　　　　　D. 18 V

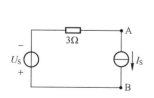
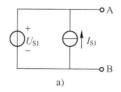
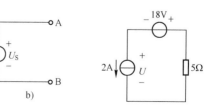

图 2.8.5　单选题 8 图　　　　　图 2.8.6　单选题 9 图　　　　　图 2.8.7　单选题 10 图

11. 以电路支路电流为未知量，应用 KCL 和 KVL 求解电路的方法，称为（　　）。

A. 支路电流法　　　　B. 回路电流法　　　　C. 结点电压法　　　　D. 网孔电流法

12. 在支路电流法分析中，用基尔霍夫电流定律列结点电流方程时，若电路中有 N 个结点，应列写的结点电流方程数为（　　）个。

A. $N+1$ 　　　　　　B. N 　　　　　　C. $N-1$ 　　　　　　D. 支路数

13. 如图 2.8.8 所示电路，已知电流 $I_1 = 1$ A，$I_3 = -2$ A，则电流 I_2 为（　　）。

A. -3 A　　　　　　B. -1 A　　　　　　C. 3 A　　　　　　D. 1 A

14. 叠加定理只适用于（　　）电路分析。

A. 线性　　　　　　B. 非线性　　　　　　C. 直流电路　　　　　　D. 交流电路

15. 运用叠加定理时，电压源不作用，应令其（　　），同时保留其内阻。

A. 断路　　　　　　B. 短路　　　　　　C. 不变　　　　　　D. 空载

16. 运用叠加定理时，电流源不作用，应令其（　　）。

A. 短路　　　　　　B. 不变　　　　　　C. 断路　　　　　　D. 空载

17. 如图 2.8.9 所示电路，各电阻值和 U_S 值均已知。欲用支路电流法求解流过电压源的电流 I，列出独立电流方程数和电压方程数分别为（　　）。

A. 3 和 4　　　　　　B. 3 和 3　　　　　　C. 4 和 3　　　　　　D. 4 和 4

18. 如图 2.8.10 所示电路，各电压、电流参数如图所示，可求得电路电流 I 为（　　）。

A. -5 A　　　　　　B. 3 A　　　　　　C. 5 A　　　　　　D. -3 A

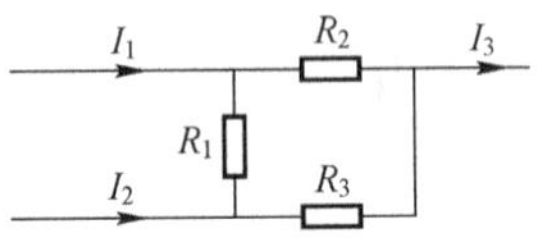

图 2.8.8　单选题 13 图 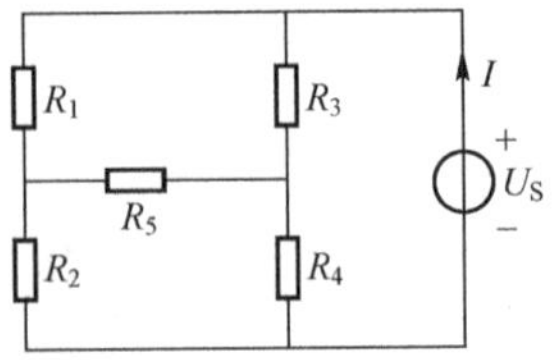　　　　　图 2.8.9　单选题 17 图 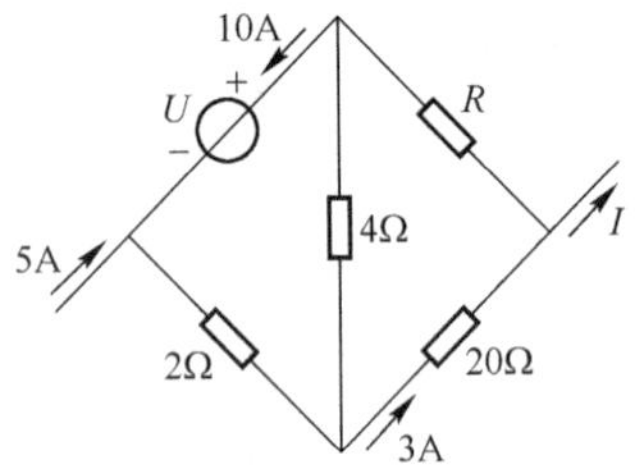　　　　　图 2.8.10　单选题 18 图

19. 已知图 2.8.11a 中 $U_{S1} = 4$ V，$U_{S2} = 2$ V。用图 2.8.11b 所示理想电压源代替图 2.8.11a 所示电路，该等效电压源参数 U_S 为（　　）。

A. 2 V　　　　　　B. 6 V　　　　　　C. -2 V　　　　　　D. -6 V

20. 如图 2.8.12 所示电路，已知 $U_S = 15$ V，$I_S = 5$ A，$R_1 = 3$ Ω，当 U_S 单独作用时，R_1 消耗功率为 27 W。那么当 U_S 和 I_S 两个电源共同作用时，电阻 R_1 消耗功率为（　　）。

A. 50 W　　　　　　B. 39 W　　　　　　C. 0 W　　　　　　D. 3 W

21. 戴维南定理中所指等效电路是指一个电阻和一个电压源串联组合，其中电阻等于有源二端网络的（　　）。

A. 外电路电阻　　　　B. 电源内阻　　　　C. 负载电阻　　　　D. 除源后的输入端电阻

22. 线性无源二端网络可以用一个（　　）等效表示。

A. 电阻　　　　　　B. 电感　　　　　　C. 电容　　　　　　D. 电源

23. 将一个复杂的电路等效为一个简单电路，实际上就是透过现象看本质的戴维南定理的真实诠释。如图 2.8.13 所示电路为一有源二端线性网络，它的戴维南等效电压源内阻 R_0 为（　　）。

A. $3\,\Omega$　　　　　　B. $2\,\Omega$　　　　　　C. $1.5\,\Omega$　　　　　　D. $-2\,\Omega$

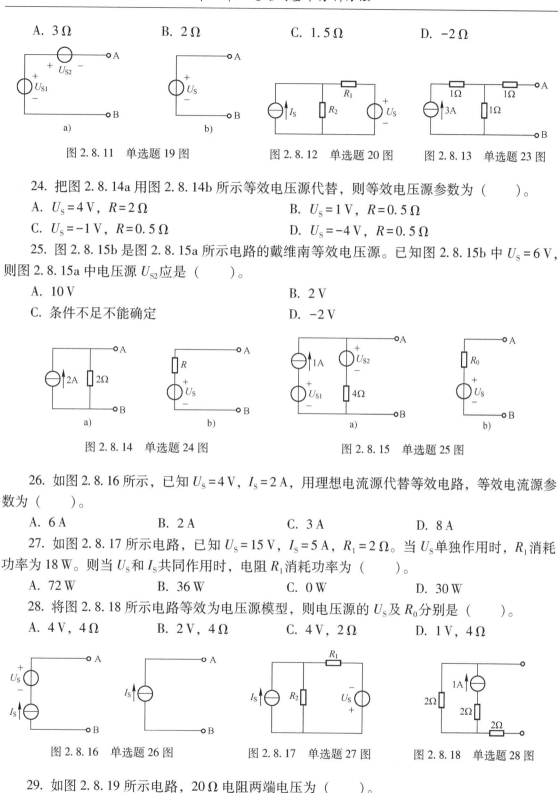

图 2.8.11　单选题 19 图　　　　图 2.8.12　单选题 20 图　　　　图 2.8.13　单选题 23 图

24. 把图 2.8.14a 用图 2.8.14b 所示等效电压源代替，则等效电压源参数为（　　）。

A. $U_S=4\,V$，$R=2\,\Omega$　　　　　　　　　B. $U_S=1\,V$，$R=0.5\,\Omega$

C. $U_S=-1\,V$，$R=0.5\,\Omega$　　　　　　　D. $U_S=-4\,V$，$R=0.5\,\Omega$

25. 图 2.8.15b 是图 2.8.15a 所示电路的戴维南等效电压源。已知图 2.8.15b 中 $U_S=6\,V$，则图 2.8.15a 中电压源 U_{S2} 应是（　　）。

A. $10\,V$　　　　　　　　　　　　　　　　B. $2\,V$

C. 条件不足不能确定　　　　　　　　　　　D. $-2\,V$

图 2.8.14　单选题 24 图　　　　　　　图 2.8.15　单选题 25 图

26. 如图 2.8.16 所示，已知 $U_S=4\,V$，$I_S=2\,A$，用理想电流源代替等效电路，等效电流源参数为（　　）。

A. $6\,A$　　　　　　B. $2\,A$　　　　　　C. $3\,A$　　　　　　D. $8\,A$

27. 如图 2.8.17 所示电路，已知 $U_S=15\,V$，$I_S=5\,A$，$R_1=2\,\Omega$。当 U_S 单独作用时，R_1 消耗功率为 $18\,W$。则当 U_S 和 I_S 共同作用时，电阻 R_1 消耗功率为（　　）。

A. $72\,W$　　　　　　B. $36\,W$　　　　　　C. $0\,W$　　　　　　D. $30\,W$

28. 将图 2.8.18 所示电路等效为电压源模型，则电压源的 U_S 及 R_0 分别是（　　）。

A. $4\,V$，$4\,\Omega$　　　B. $2\,V$，$4\,\Omega$　　　C. $4\,V$，$2\,\Omega$　　　D. $1\,V$，$4\,\Omega$

图 2.8.16　单选题 26 图　　　　图 2.8.17　单选题 27 图　　　　图 2.8.18　单选题 28 图

29. 如图 2.8.19 所示电路，$20\,\Omega$ 电阻两端电压为（　　）。

A. $8\,V$　　　　　　B. $2\,V$　　　　　　C. $10\,V$　　　　　　D. $4\,V$

30. 如图 2.8.20 所示电路，已知 $U_1=15\,V$，$U_2=13\,V$，$U_3=4\,V$，$R=2\,\Omega$，S 断开时，A、B 两点电压为（　　）。

A. 4 V   B. 12 V   C. 0 V   D. 18 V

31. 如图 2.8.21 所示电路，A、B 支路中的电流 I 是多少？（   ）。

A. 2 A   B. 1.75 A   C. 1.5 A   D. 1.25 A

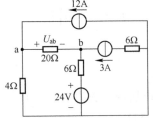 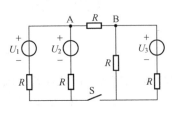 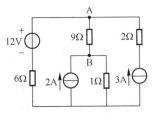

图 2.8.19   单选题 29 图   图 2.8.20   单选题 30 图   图 2.8.21   单选题 31 图

32. 如图 2.8.22 所示电路，$E_1 = 20$ V，$E_2 = 5$ V，$E_3 = 15$ V，$I_{S1} = 1$ A，$I_{S2} = 2$ A，ab 支路电流 I_{ab} 是多少？（   ）

A. 2.33 A   B. 2 A   C. 3.5 A   D. 1 A。

33. 如图 2.8.23 所示电路，A、B 两端等效电压源电动势及等效内阻各是多少？（   ）

A. 3 V，3 Ω   B. 2 V，3 Ω   C. 3 V，2.5 Ω   D. 2.5 V，3 Ω

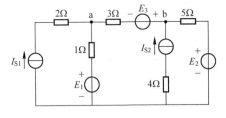 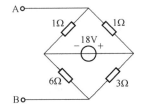

图 2.8.22   单选题 32 图   图 2.8.23   单选题 33 图

34. 如图 2.8.24 所示电路，等效电阻 R_{AB} 为（   ）。

A. 6 Ω   B. 1 Ω   C. 4 Ω   D. 2 Ω

35. 如图 2.8.25 所示电路，电阻 $R = 40$ Ω，则等效电阻 R_{AB} 为（   ）。

A. 10 Ω   B. 20 Ω   C. 30 Ω   D. 40 Ω

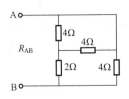 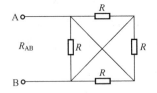

图 2.8.24   单选题 34 图   图 2.8.25   单选题 35 图

二、判断题

1. 如图 2.8.26 所示电路有 3 个结点、5 条支路。（   ）

2. 在直流电路中线性电阻两端电压 $U = RI$。（   ）

3. 如图 2.8.27 所示电路，$R = 2$ Ω，$I = 1$ A，利用欧姆定律可知 $U = 2$ V。（   ）

4. 电路中任一时刻，一个结点上电流的代数和恒等于零。（   ）

5. 流入任一闭合面电流之和等于从该闭合面流出电流之和。（   ）

6. 图 2.8.28 中，a、b 两端的开路电压 $U_{ab} = 0$。（   ）

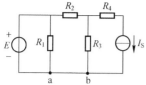
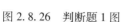

图 2.8.26　判断题 1 图

图 2.8.27　判断题 3 图

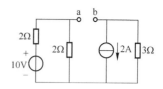

图 2.8.28　判断题 6 图

7. 图 2.8.29 所示电路中 $U_{ab} = 28$ V。（　　　）

8. 理想电压源和理想电流源之间不可以等效变换。（　　　）

9. 电压源与电流源可以等效变换，等效只对外部电路而言，对电源内部是不等效的。（　　　）

10. 电压源与电流源等效变换后要注意变换后电压和电流方向要保持一致。（　　　）

11. 一个理想电压源必须与 R_0 串联才能变成电流源。（　　　）

12. 在电路含有多个独立电源时，可利用叠加定理求解电路中的电压和电流。（　　　）

13. 如图 2.8.30 所示直流电路，$U_S = 12$ V，$I_S = 3$ A，$R_1 = 3$ Ω，$R_2 = 6$ Ω，流过电阻 R_2 的电流为 2.33 A。（　　　）

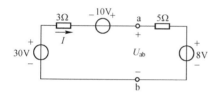

图 2.8.29　判断题 7 图

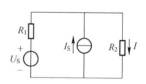

图 2.8.30　判断题 13 图

14. 利用叠加定理求得图 2.8.31 所示电路电压 U 为 10 V。（　　　）

15. 利用叠加定理求得图 2.8.32 所示电路中 I 等于 3 A。（　　　）

16. 如图 2.8.33 所示电路，其戴维南等效电路中等效电压源电压 $U_{OC} = 22$ V。（　　　）

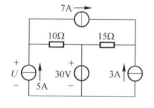

图 2.8.31　判断题 14 图

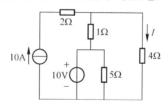

图 2.8.32　判断题 15 图

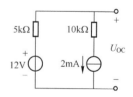

图 2.8.33　判断题 16 图

三、计算题

1. 求出如图 2.8.34 所示电路中未知的支路电流。

2. 用支路电流法求如图 2.8.35 所示电路中的电流 I。

3. 试用电源等效变换法求如图 2.8.36 所示电路中的电流 I。

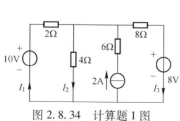

图 2.8.34　计算题 1 图

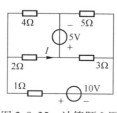

图 2.8.35　计算题 2 图

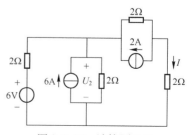

图 2.8.36　计算题 3 图

4. 试用电源等效变换法求如图 2.8.37 所示电路中的电压 U。

5. 试用支路电流法求如图 2.8.38 所示电路中的各支路电流。已知 $U_S = 10\,V$，$I_S = 5\,A$，$R_1 = 2\,\Omega$，$R_2 = 3\,\Omega$。

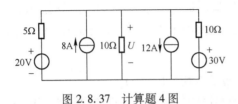

图 2.8.37　计算题 4 图　　　　　　图 2.8.38　计算题 5 图

6. 试用支路电流法求如图 2.8.39 所示电路中各支路电流。

7. 求如图 2.8.40 所示电路中 U_1、U_2、U_3各是多少？

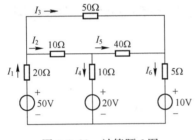
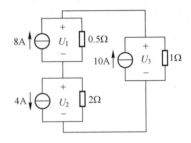

图 2.8.39　计算题 6 图　　　　　　图 2.8.40　计算题 7 图

8. 如图 2.8.41 所示电路，试用叠加定理计算电流 I。

9. 如图 2.8.42 所示，$R_2 = R_3$，当 $I_S = 0$ 时，$I_1 = 3\,A$，$I_2 = I_3 = 2\,A$。求当 $I_S = 6\,A$ 时的 I_1、I_2和 I_3。

10. 如图 2.8.43 所示电路，试用叠加定理和戴维南定理分别求解电流 I。

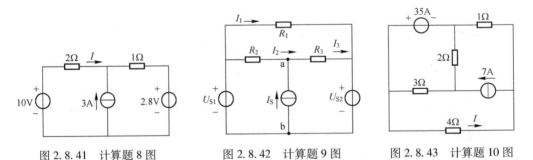

图 2.8.41　计算题 8 图　　图 2.8.42　计算题 9 图　　图 2.8.43　计算题 10 图

11. 如图 2.8.44 所示电路，试用戴维南定理求等效电路。

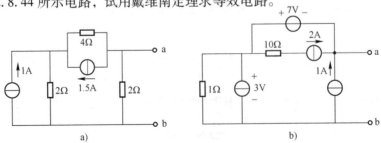

a)　　　　　　　　　b)

图 2.8.44　计算题 11 图

12. 如图 2.8.45 所示电路，试用戴维南定理求电流 I。

13. 如图 2.8.46 所示电路，试用叠加定理计算电流 I。

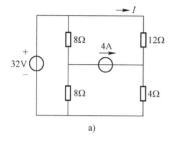
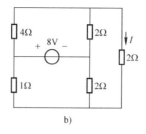

图 2.8.45　计算题 12 图

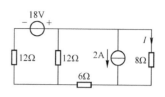

图 2.8.46　计算题 13 图

14. 如图 2.8.47 所示电路，用叠加定理求电压 U。

15. 如图 2.8.48 所示电路，求电流 I_4。

16. 如图 2.8.49 所示电路，用戴维南定理计算电流 I。

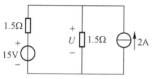

图 2.8.47　计算题 14 图

图 2.8.48　计算题 15 图

图 2.8.49　计算题 16 图

17. 如图 2.8.50 所示电路，用戴维南定理求电阻 R 等于 $2\,\Omega$ 时的电压 U。

18. 用戴维南定理计算如图 2.8.5 所示电路中的电流 I。

19. 如图 2.8.52 所示电路，求解 R_3 上的电流 I。

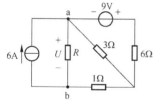

图 2.8.50　计算题 17 图

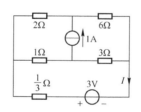

图 2.8.51　计算题 18 图

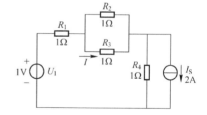

图 2.8.52　计算题 19 图

20. 求如图 2.8.53 所示电路中的电流 I。

21. 如图 2.8.54 所示电路，应用戴维南定理求解 $1\,\Omega$ 电阻上的电流 I。

22. 如图 2.8.55 所示电路，应用戴维南定理求解 $4\,\Omega$ 电阻上的电流 I。

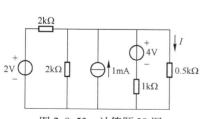

图 2.8.53　计算题 20 图

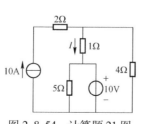

图 2.8.54　计算题 21 图

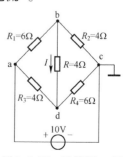

图 2.8.55　计算题 22 图

第3章 正弦交流电路

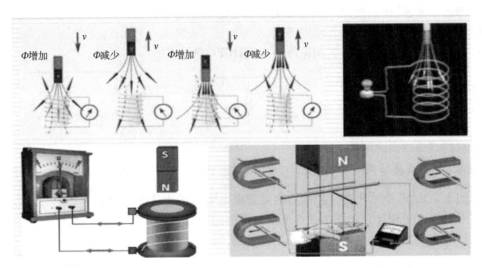

Φ增加   Φ减少   Φ增加   Φ减少

S N   N S

自从交流电之父——麦克·法拉第发现交流电，并将它无私地奉献给全人类以来，世界上大多数国家都采用交流供电系统。我国工业和生活用电都是交流电，很多直流电器的供电也是由交流电转换而来的。在航空军事领域，交流电扮演着重要角色。最初飞机采用的电源是低压直流电源，仅仅用于发动机点火。随着飞机性能和人工智能及自动化程度的提高，直流电源系统已经无法满足现代飞机高空、高速飞行和机载设备用电的需求，交流电源系统逐渐成为现代飞机电源的主流。目前绝大多数现役飞机都采用交流电源系统，交流电之所以有如此广泛的应用，其原因主要在于发电、输电及配电等方面的突出优势。由于交流电供电电路，其内部各部分电压和电流按正弦规律变化，所以称之为正弦交流电路。本章讨论正弦交流电路的基本概念、基本理论和基本方法，首先介绍正弦交流电三要素，说明正弦交流电的表示和运算较直流电复杂；引入正弦量相量表示法，从而使得正弦量可以在复数域中运算，运算后再将相量表示成正弦量，正弦量相量表示和运算是分析正弦交流电路的重要手段；介绍电阻、电容、电感元件在正弦激励下的模型，通过引入阻抗、有功功率、无功功率、视在功率和功率因数来分析正弦交流电路。通过本章学习，读者应理解表示正弦交流电的三要素，即幅值、频率（周期）和初相位的物理意义，掌握正弦量相量表示方法，并用相量分析正弦交流电路；掌握 R、L、C 三种基本元件及其串、并联的阻抗表示；理解阻抗、有功功率、无功功率、视在功率和功率因数等概念，并掌握其计算方法。

学习目标：

1. 理解正弦交流电的基本概念，掌握正弦量三要素以及正弦量表示方法，尤其是正弦量相量表示方法。

2. 理解 "变换" 思想，掌握应用相量法分析正弦交流电路。

3. 掌握单一参数在交流电路中的特点及其分析计算。掌握单一元件（电阻、电感或电容）在交流电路中的电压与电流关系及相量图。

4. 理解有功功率、无功功率、视在功率的物理意义。

5. 理解滤波电路、谐振电路的工作原理，了解其在生产、生活及航空军事领域的应用。

素养目标：

1. 相量法引入的本质是维度提升，相量法表示正弦量是用二维空间量对应表示一维空间变量，维度提升将极大简化问题。

2. 聚焦 "变换" 思想及有功无功矛盾体，引导学生用辩证思维方式看待问题，要 "透过现象看本质"。

3. 国家标准规定工业用户电气设备功率因数应大于 0.85，否则为电能浪费，要树立节能减排意识。自觉加装防倒转无功功率电度表，养成诚实守信习惯，树立法治意识。日常生活中要节约用电、用水，做到绿色环保。

4. 根据电力能源标准引入标准化工作的作用，培养学生在工作学习中 "尊重标准，向标准看齐" 的意识。

3.1　正弦交流电的基本概念

视频
正弦交流电的
基本概念

电路中电流及电压等物理量，就其随时间变化规律来看，主要分两大类：一类是直流电，其大小和方向都不随时间变化；另一类是交流电，其大小和方向都随时间做周期性变化，且在一个周期内，其平均值为零。在交流电中，正弦交流电应用最为广泛，其大小随时间按正弦规律变化，波形如图 3.1.1 所示。

以正弦交流电源为激励，正弦交流电流过的电路称为正弦交流电路。下面叙述的交流电和交流电路，如无特殊说明，通常指正弦交流电和正弦交流电路。

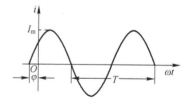

图 3.1.1　正弦交流电波形图

正弦交流电之所以获得广泛应用是因为：第一，交流电容易产生、转化和传输，即交流发电机构造简单、性能良好、效率高。交流电使用变压器改变电压大小，既能方便经济地实现远距离输电（升高交流电压），又能保证用电安全（降低交流电压）。第二，利用电子整流设备可以很方便地将交流电转化成直流电。第三，从分析计算角度看，正弦周期函数是最简单的周期函数。其他非正弦周期电量均可按傅里叶级数分解为直流分量及不同频率的正弦分量之和。因此，只要掌握正弦电路的分析方法，就可以用叠加定理去分析线性非正弦周期电流电路。

3.1.1　正弦交流电三要素

正弦交流电的物理量数值随时间按正弦规律变化。图 3.1.1 所示为正弦交流电流 i 的波形，其对应的数学表达式为

$$i = I_m \sin(\omega t + \varphi) \tag{3.1.1}$$

式（3.1.1）称为正弦电流瞬时值表达式。利用瞬时值表达式可以计算任一瞬时该正弦电

流的数值。该式表明，可用频率 f（周期 T 或角频率 ω）、幅值 I_m 和初相位 φ 表示正弦交流电的特性，这三个量称为正弦交流电三要素。

正弦交流电变化的快慢可用周期、频率或角频率来表示。

1. 周期 T

正弦量变化一个循环所需要的时间称为周期，用大写字母 T 来表示，单位是秒（s）。

2. 频率 f

单位时间内正弦量变化的次数称为频率。用小写字母 f 来表示，单位是赫兹（Hz），$1\,Hz =$ 1 周/s。根据上述定义可知，频率与周期互为倒数，即

$$f = \frac{1}{T} \tag{3.1.2}$$

在我国，发电厂提供的正弦交流电频率是 $f=50\,Hz$，周期 $T=\frac{1}{50}s=0.02\,s$。这一频率称为工业标准频率，简称工频。世界上还有很多国家工频也是 50 Hz，也有少数国家（如美国、日本）采用 60 Hz 工业频率。除了工业频率，其他领域采用不同频率。如电热方面，中频炉频率为 500~8000 Hz，高频炉频率为 200~300 kHz；无线通信频率为 30 kHz~30 GHz，有线通信频率为 300~5000 Hz。

3. 角频率 ω

正弦量变化的快慢用角频率 ω 来表示。正弦量变化一周相当于变化 2π 弧度，角频率 ω 就是正弦电量在单位时间（1 s）内变化的角度，即

$$\omega = \frac{2\pi}{T} = 2\pi f \tag{3.1.3}$$

角频率单位是弧度/秒（rad/s），工频交流电的角频率是 314 rad/s。

如图 3.1.1 所示交流电波形图，其横坐标轴既可以用时间 t（s）来表示，也可以用电角度 ωt 来表示，一个周期时间 T 与 2π 弧度相对应。

3.1.2 正弦交流电相位差

1. 相位和初相位

正弦交流电表达式中，$\omega t+\varphi$ 叫作交流电的相位角，简称相位。它反映正弦变量随时间变化的进程，决定它在每一瞬时的状态。当 $t=0$ 时，正弦电量的相位角 φ 称为初相角，又称初相位，它是确定交流电初始状态的物理量。由于正弦电是周期性变化的，所以初相角一般都在绝对值不超过 π 的范围内取值，取 $|\varphi| \leq \pi$。

2. 相位差

在同一线性电路中，若电源都是同频率正弦交流电，则各支路电流、电压也都是同频率的正弦交流电。但它们随时间变化的进程不同，为了描述同频率交流电随时间变化的进程，引入相位差的概念。

两个同频率正弦交流电的相位之差称为相位差，用字母 φ 来表示。例如，正弦电压 $u=U_m\sin(\omega t+\varphi_u)$，正弦电流 $i=I_m\sin(\omega t+\varphi_i)$，则 u 与 i 相位差为

$$\varphi = (\omega t+\varphi_u)-(\omega t+\varphi_i) = \varphi_u-\varphi_i \tag{3.1.4}$$

可见，两个同频率正弦交流电的相位差就是它们初相位之差。

假设有两个同频率正弦量 u 和 i 初相位分别是 φ_u 和 φ_i，则两个同频率正弦量的相位关系

有如下几种情况。

1）当 $\varphi_u > \varphi_i$ 时，相位差 $\varphi = \varphi_u - \varphi_i > 0$，波形如图 3.1.2a 所示。从波形图可见，$u$ 总是比 i 先达到零点和正的最大值，即 u 的变化领先于 i，称 u 在相位上超前 i 一个相位角 φ，或者说 i 滞后于 u 一个相位角 φ。

2）当 $\varphi_u < \varphi_i$ 时，相位差 $\varphi = \varphi_u - \varphi_i < 0$，波形如图 3.1.2b 所示。此时 u 滞后 i 一个相位角 φ，也就是 i 超前于 u 一个相位角 φ。

3）当 $\varphi_u = \varphi_i$ 时，它们之间相位差为 0，波形如图 3.1.2c 所示。此时 u 和 i 变化一致，同增同减，即同时达到正弦电量的零点和正、负最大值，称 u 和 i 同相。

4）当 $\varphi = \varphi_u - \varphi_i = \pm\pi$ 时，波形如图 3.1.2d 示，此时 u 与 i 的相位相反，称为反相。

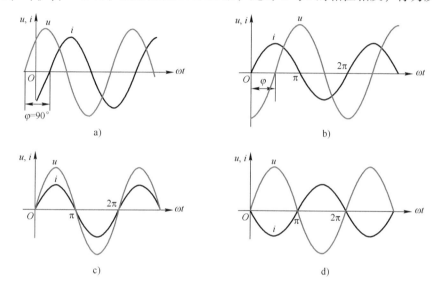

图 3.1.2　同频率正弦量的相位差

a）u 超前 i　b）i 超前 u　c）u 和 i 同相　d）u 和 i 反相

通过分析可知，当选择不同计时起点时，正弦交流电的初相角会不同，但是两个同频率正弦量之间的相位差则与计时起点无关。特别强调：不同频率正弦量之间没有确定的相位差，也无法确定它们之间的超前或滞后关系。因此，讨论它们之间的相位差没有意义。

3.1.3　正弦交流电有效值

正弦量大小通常用瞬时值、最大值和有效值三个物理量来表示。

1. 瞬时值

瞬时值是指某一时刻正弦量的大小，用小写字母表示，如 i、u 等，它们都是时间函数。

2. 最大值

最大值是指正弦量在一个周期中的最大瞬时值，它是交流电波形的振幅，通常用大写字母并加注下标 m 来表示，如 I_m、U_m 等。

3. 有效值

交流电 i 和直流电 I 分别流过阻值相同的电阻，如果在一个周期内它们所产生的热量相等，即其热效应相等，就称该直流电流数值是交流电流的有效值。交流电有效值用大写字母 I、U 表示。在实际应用中，用瞬时值或最大值来表示交流电在电路中产生的效果既不确切，又不方便，通常使用"有效值"来表示正弦交流电的实际效果。

正弦交流电 i 流过电阻 R 时，在一个周期 T 内消耗的电能为

$$W = \int_0^T p(t)\,\mathrm{d}t = \int_0^T i^2(t)R\,\mathrm{d}t$$

直流电流 I 在相同时间内消耗的电能为

$$W = PT = I^2 RT$$

根据定义，两者产生的热量相等，即

$$I^2 RT = \int_0^T i^2(t)R\,\mathrm{d}t$$

由此得到正弦交流电有效值为

$$I = \sqrt{\frac{1}{T}\int_0^T i^2(t)\,\mathrm{d}t} \tag{3.1.5}$$

由式（3.1.5）可知，交流电有效值又称为方均根值。需要指出，式（3.1.5）不仅适用于正弦交流电，而且适用于任何交流电有效值的计算。

对于正弦交流电流 $i = I_\mathrm{m}\sin(\omega t + \varphi_\mathrm{i})$，根据式（3.1.5），可算出电流有效值为

$$I = \sqrt{\frac{1}{T}\int_0^T I_\mathrm{m}^2 \sin^2(\omega t + \varphi_\mathrm{i})\,\mathrm{d}t} = \sqrt{\frac{I_\mathrm{m}^2}{2T}\int_0^T [1 - \cos(2\omega t + \varphi_\mathrm{i})]\,\mathrm{d}t} = \frac{I_\mathrm{m}}{\sqrt{2}} = 0.707 I_\mathrm{m} \tag{3.1.6}$$

以上关系同样适用于计算正弦电压的有效值，即

$$U = \frac{U_\mathrm{m}}{\sqrt{2}} = 0.707 U_\mathrm{m} \tag{3.1.7}$$

正弦交流电有效值分别是其最大值的 $\dfrac{1}{\sqrt{2}}$ 或 0.707 倍。

在实际应用中，一般说的交流电量的大小，都是指它的有效值。如民用交流电压是 220 V，低压动力电压是 380 V，均为有效值。各种交流电机、电气设备铭牌标注的电压、电流数值以及交流电压表、电流表示数等都是有效值。一般只有在分析电气设备，如电路元件耐压绝缘能力时，才用到最大值。因为电气设备，如晶体管、电容器等电子元器件都有一定的耐压值，当工作电压超过耐压值时，就会使设备或元器件绝缘材料被击穿损坏，所以在交流电路中工作的电气设备和元器件，其耐压值应当按高于交流电压最大值来选择。

特别提示

对正弦量的数学描述可采用 sin 函数或 cos 函数，本书统一规定采用 sin 函数。在进行交流电路分析和计算时，同一电路中的电压、电流和电动势只能有一个共同计时起点，所以通常用其中任一正弦量的初相位为零的瞬间作为计时起点，初相位为零的正弦量就称为参考正弦量，其他量的初相位就不一定为零。初相位和相位差的主值区间为 $[-\pi, +\pi]$。

【练习与思考】

1）已知 $u_\mathrm{ab}(t) = 100\sin\left(2\pi t + \dfrac{\pi}{2}\right)$ V（t 以 s 为单位），指出 u_ab 的幅值、有效值、周期、频率、角频率及初相位，并画出波形图。

2）已知 $u_1(t) = 30\sin(\omega t + 90°)$ V，$u_2(t) = 25\cos(\omega t - 45°)$ V，$u_3(t) = 20\sin\omega t$ V，试画出它们的波形图，并比较它们的相位。

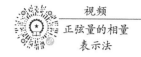

3.2　正弦量的相量表示法

在 3.1 节中看到正弦量可以用瞬时表达式（三角函数式）来表示，如 $U = U_m \sin(\omega t + \varphi_u)$、$i = I_m \sin(\omega t + \varphi_i)$，也可以用波形图表示，如图 3.1.1 所示。但是在正弦电路分析计算中，经常需要将几个同频率正弦量进行加减、乘除及微分和积分等运算。用上述两种方法描述正弦量并进行这些运算十分烦琐，很不方便。为了简化计算，在电路理论中，通常用相量来表示正弦量。相量表示法就是用复数来表示正弦量。

3.2.1　复数及其运算

1. 复数及其表示形式

一个复数 A 由实部和虚部组成，即

$$A = a + jb \tag{3.2.1}$$

这是复数代数形式，式中，$j = \sqrt{-1}$ 称为虚数单位，在数学中通常是用小写字母 i 来表示，但是在电路理论中，为了避免与电流符号混淆，改用 j 来表示。

通常用直角坐标系中的横轴表示复数实部，简称为实轴，以 +1 作为单位；纵轴表示复数虚部，简称虚轴，以 +j 为单位。实轴和虚轴构成复数坐标平面，简称复平面。于是任意一个复数都可以用复平面上一个确定的点来表示。例如，式 (3.2.1) 表示的复数与 $A(a,b)$ 点相对应，如图 3.2.1 所示。用有向线段连接坐标原点 O 和 A 点，在线段末端带有箭头符号，成为一个矢量，该矢量就与复数 A 对应，这种表示称为复数矢量。

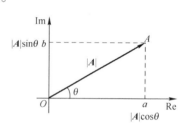

图 3.2.1　复数表示

图 3.2.1 中矢量 A 的模是

$$|A| = \sqrt{a^2 + b^2}$$

矢量与实轴的夹角 θ 称为辐角，即

$$\theta = \arctan \frac{b}{a}$$

复数实部 a 与虚部 b 分别是复数矢量在实轴和虚轴上的投影，即

$$\begin{cases} a = |A|\cos\theta \\ b = |A|\sin\theta \end{cases} \tag{3.2.2}$$

把式 (3.2.2) 代入式 (3.2.1)，就得到复数三角函数形式为

$$A = a + jb = |A|(\cos\theta + j\sin\theta) \tag{3.2.3}$$

根据欧拉公式有

$$\begin{cases} \cos\theta = \dfrac{e^{j\theta} + e^{-j\theta}}{2} \\ \sin\theta = \dfrac{e^{j\theta} - e^{-j\theta}}{2j} \end{cases}$$

可以得出复数的指数形式为

$$A = |\boldsymbol{A}| \mathrm{e}^{\mathrm{j}\theta} \tag{3.2.4}$$

在电路计算中，为简化书写，常将复数的指数形式写成

$$A = |\boldsymbol{A}| \angle \theta \tag{3.2.5}$$

式（3.2.5）称为复数的极坐标形式。

因此，一个复数可用代数式、指数式或极坐标式来表示，不同形式可以相互转换。在复数的上述表示形式中，代数式和极坐标式应用最多，且经常需要在代数式和极坐标式之间进行相互转换。例如，复数加减运算用代数形式，复数乘除运算用指数式或极坐标式。

实数和虚数可以看成复数的特例：实数是虚部为零、辐角为零或180°的复数，虚数是实部为零、辐角为90°或-90°的复数。

实部相等、虚部大小相等而符号相反的两个复数称为共轭复数。用 A^* 表示 A 的共轭复数，即

$$\begin{cases} A = a+\mathrm{j}b \\ A^* = a-\mathrm{j}b \end{cases}$$

2. 复数运算

设有两个复数

$$\begin{cases} A_1 = a_1+\mathrm{j}b_1 = |\boldsymbol{A}_1| \angle \theta_1 \\ A_2 = a_2+\mathrm{j}b_2 = |\boldsymbol{A}_2| \angle \theta_2 \end{cases}$$

（1）加、减运算

复数加、减运算使用代数形式比较方便，即将各复数实部和虚部分别相加或相减，即

$$A_1 \pm A_2 = (a_1 \pm a_2)+\mathrm{j}(b_1 \pm b_2)$$

对于复数 A_1 和 A_2 的加减运算，可在复平面上用作图法进行，如图 3.2.2a 所示。首先画出 A_1、A_2 对应的复数矢量，然后按照平行四边形法则画出对角线，即得到一个新的复数矢量 $\boldsymbol{A}$，该复数矢量 $\boldsymbol{A}$ 就是和矢量 (A_1+A_2)。显然，该矢量 $\boldsymbol{A}$ 在实轴上的投影是 (a_1+a_2)，在虚轴上的投影是 (b_1+b_2)。减法运算亦可以用平行四边形法则进行，因为 $A_1+A_2 = A_1+(-A_2)$，把矢量 A_1 和 $-A_2$ 用平行四边形法则相加，所得的矢量即为 A_1-A_2，如图 3.2.2b 所示。

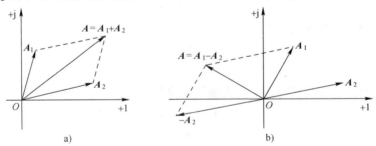

图 3.2.2 复数代数和图解法

（2）乘、除运算

两个复数进行乘、除运算时，采用极坐标形式较为方便。乘法运算法则是模相乘、辐角相加，除法运算法则是模相除、辐角相减，即

$$\begin{cases} A_1 \cdot A_2 = |\boldsymbol{A}_1| \angle \theta_1 \cdot |\boldsymbol{A}_2| \angle \theta_2 = |\boldsymbol{A}_1| \cdot |\boldsymbol{A}_2| \angle (\theta_1+\theta_2) \\ \dfrac{A_1}{A_2} = \dfrac{|\boldsymbol{A}_1| \angle \theta_1}{|\boldsymbol{A}_2| \angle \theta_2} = \dfrac{|\boldsymbol{A}_1|}{|\boldsymbol{A}_2|} \angle (\theta_1-\theta_2) \end{cases}$$

+j 和−j 可以写成下面的形式：

$$\begin{cases} +j = 0+j = 1\angle 90° \\ -j = 0-j = 1\angle -90° \end{cases}$$

一个复数乘以+j 或−j 是复数乘法的一个特例。任意复数 A 乘以+j，有

$$A \cdot (+j) = |A| \angle (\varphi+90°)$$

上式表明，任意一个复数矢量乘以+j，该矢量的模不变，辐角增加 90°，相当于矢量逆时针方向旋转 90°。同理，任意一个复数矢量乘以−j，该矢量的模不变，辐角减小 90°，相当于矢量顺时针方向旋转 90°。因此，j 称为旋转 90°的旋转因子。

3.2.2　正弦量的相量表示

1. 相量法

在正弦交流电路中，用复数表示正弦量，用于正弦交流电路分析计算的方法称为相量法。

设有一个正弦电压 $u = U_m\sin(\omega t+\varphi)$，其波形如图 3.2.3b 所示。图 3.2.3a 所示是一条旋转有向线段，该有向线段的长度为正弦量的振幅 U_m，它的初始位置（$t=0$ 时位置）与横轴正方向之间的夹角等于正弦量初相位 φ，有向线段以 ω 角速度绕坐标原点逆时针旋转。可以看出，有向线段在纵轴上的投影就是正弦电压 u。同时，该有向线段具有正弦量的三个要素，故可用来表示正弦量 $\dot{U}_m$。正弦量可用旋转有向线段表示，而有向线段可用复数表示，所以正弦量也可用复数来表示。如果用复数来表示正弦量，则复数的模即为正弦量的幅值或有效值，复数的辐角即为正弦量的初相位。

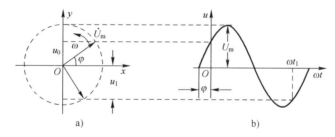

图 3.2.3　正弦量和相量的关系

2. 正弦量相量表示法

为了与一般复数相区别，把表示正弦量的复数称为相量，并用大写的字母上加"·"表示，于是表示正弦电压 $u = U_m\sin(\omega t+\varphi)$ 的相量为

$$\dot{U}_m = U_m(\cos\varphi+j\sin\varphi) = U_m \angle \varphi \tag{3.2.6}$$

或

$$\dot{U} = U(\cos\varphi+j\sin\varphi) = U \angle \varphi \tag{3.2.7}$$

以上两式中，$\dot{U}_m$ 是电压的幅值相量，$\dot{U}$ 是电压的有效值相量。

注意：相量只是用来表示正弦量，而不等于正弦量。

相量在复平面上的几何表示称为相量图。在相量图上能形象地看出各个正弦量的大小和相互之间的相位关系。

已知正弦电压 $u = 100\sqrt{2}\sin(\omega t+60°)$，则相应电压相量为 $\dot{U} = 100\angle 60°$，正弦电流 $i = 10\sqrt{2}\sin(\omega t-45°)$，则相应电流相量为 $\dot{I} = 10\angle -45°$，它们相量图如图 3.2.4 所示。

只有正弦量才能用相量表示，相量不能表示非正弦周期量。只有同频率正弦量才能画在同一相量图上，不同频率的正弦量不能画在同一相量图上，否则无法比较和计算。

例 3.2.1 分别写出 $u_A = 220\sqrt{2}\sin(314t)$ V，$u_B = 220\sqrt{2}\sin(314t - 120°)$ V，$u_C = 220\sqrt{2}\sin(314t + 120°)$ V 的相量，并画出相量图。

解： 一般用有效值相量表示如下，相量图如图 3.2.5 所示。

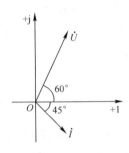

图 3.2.4　正弦量相量图

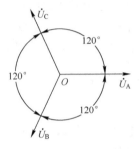

图 3.2.5　例 3.2.1 相量图

$$\begin{cases} \dot{U}_A = 220 \angle 0° \text{ V} \\ \dot{U}_B = 220 \angle -120° \text{ V} \\ \dot{U}_C = 220 \angle 120° \text{ V} \end{cases}$$

例 3.2.2 已知 $i_A = 10\sqrt{2}\sin(314t + 53.13°)$ A，$i_B = 5\sqrt{2}\sin(314t - 36.87°)$，求 $i = i_A + i_B$，并绘出相量图。

解： 把 i_A、i_B 用对应的相量表示，即

$$\begin{cases} \dot{I}_A = 10 \angle 53.13° \text{ A} = (6+j8) \text{ A} \\ \dot{I}_B = 5 \angle -36.87° \text{ A} = (4-j3) \text{ A} \end{cases}$$

设 i 对应的相量为 $\dot{I}$，则有

$$\dot{I} = \dot{I}_A + \dot{I}_B = (10+j5) \text{ A} = 11.18 \angle 26.57° \text{ A}$$

可得

$$i = 11.18\sqrt{2}\sin(314t + 26.57°) \text{ A}$$

相量图如图 3.2.6 所示。

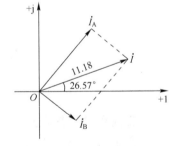

图 3.2.6　例 3.2.2 相量图

特别提示

正弦量的相量只是表示正弦量，而不等于正弦量。因为相量中只含有有效值和初相位两个要素，不含频率这个要素。正弦量的相量一般指其有效值相量，用大写字母上加 "·" 来表示；有时也用其最大值相量表示，即 $\dot{I}_m$ 或 $\dot{U}_m$。只有同一频率的正弦量才可以在同一个相量图中加以表示，也只有相同频率的正弦量之间才可以进行比较、计算。

【练习与思考】

1）写出下列相量所代表的正弦信号，已知角频率为 ω。

① $\dot{I}_m = (3+j4)$ A；② $\dot{U} = 8 \angle -45°$ V

2）指出下列各式的错误。

① $i = 6V \angle 45°$ A；② $U = 6\sin(314t + 60°)$ V

视频
单一参数的
交流电路

3.3　单一参数的交流电路

由于正弦交流电路稳态工作时的电流、电压都是随时间按正弦规律变化的，因此，正弦交流电路的分析计算不仅与电阻元件 R 有关，而且与电容元件 C 和电感元件 L 有关。即在分析计算正弦交流电路时，必须分析 R、C、L 单一参数特性及正弦响应特点。

3.3.1　电阻元件的正弦响应

1. 电压与电流的关系

在交流电路中，通过线性电阻的电流和电压，在任一瞬时都遵守欧姆定律。

如图 3.3.1a 所示电阻元件 R，其电压、电流为关联参考方向，则有

$$u = iR \tag{3.3.1}$$

若电流 $i(t) = I_m \sin\omega t$，则

$$u(t) = iR = RI_m \sin\omega t = U_m \sin\omega t \tag{3.3.2}$$

式（3.3.2）表明，电阻元件电流及其两端电压都是同频率正弦量。下面分别讨论它们之间的数值及相位关系。

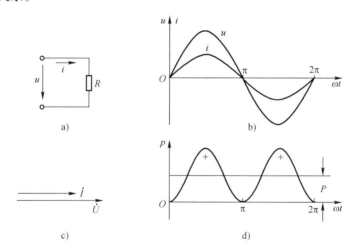

图 3.3.1　电阻元件电压、电流波形图、相量图及瞬时功率波形图
a）电阻元件　b）电压、电流波形图　c）相量图　d）瞬时功率波形图

数值关系：由式（3.3.2）可得电压、电流最大值之间关系为

$$U_m = RI_m$$

有效值之间关系为

$$U = RI$$

相位关系：电压 u 与电流 i 同相位。波形图如图 3.3.1b 所示。

综上所述，可得电阻元件电压、电流之间的相量关系式为

$$\dot{U} = R\dot{I} \tag{3.3.3}$$

式（3.3.3）同时表示电压与电流之间数值与相位之间的关系，相应相量图如图 3.3.1c 所示。

2. 功率

任意时刻的电压、电流瞬时值的乘积称为瞬时功率，用 p 表示。电阻上消耗的瞬时功率为

$$p = ui = U_m I_m \sin^2 \omega t = \frac{U_m I_m}{2}(1 - \cos 2\omega t) = UI(1 - \cos 2\omega t)$$

瞬时功率 p 的波形图如图 3.3.1d 所示。由于电压 u 和电流 i 同相，即同时为正或同时为负，因此瞬时功率 p 总是正值，说明电阻在每一瞬间都从电源吸收电能，电阻是耗能元件。

瞬时功率在一个周期内的平均值称为平均功率，用 P 表示。有

$$P = \frac{1}{T}\int_0^T p\,\mathrm{d}t = \frac{1}{T}\int_0^T UI(1 - \cos 2\omega t)\,\mathrm{d}t = UI = I^2 R = \frac{U^2}{R}$$

可见，电阻消耗的平均功率等于电压和电流有效值的乘积。

3.3.2 电感元件的正弦响应

1. 电压与电流的关系

如图 3.3.2a 所示电感元件，其电压、电流采用关联参考方向，已知其伏安关系为

$$u = L\frac{\mathrm{d}i}{\mathrm{d}t} \tag{3.3.4}$$

假定通过电感元件的电流是正弦电流，即

$$i(t) = I_m \sin \omega t$$

则电感元件两端电压为

$$u = L\frac{\mathrm{d}i}{\mathrm{d}t} = \omega L I_m \cos \omega t = \omega L I_m \sin(\omega t + 90°) = U_m \sin(\omega t + 90°) \tag{3.3.5}$$

由此可见，电感元件的电压和电流也是同频率正弦量，下面分别讨论它们之间的数值和相位关系。

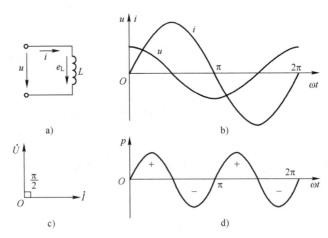

图 3.3.2　电感元件电压、电流波形图、相量图及瞬时功率波形图

a）电感元件　b）电压、电流波形图　c）相量图　d）瞬时功率波形图

数值关系：由式（3.3.5）可得电压、电流最大值以及有效值之间的关系分别为

$$\begin{cases} U_m = \omega L I_m \\ U = \omega L I \end{cases} \tag{3.3.6}$$

其中，$X_L = \omega L = 2\pi fL$ 是电感电压和电流有效值（或最大值）的比值，称为电感的电抗，简称感抗，其单位是欧姆（Ω）。

感抗与电源频率 f 成正比，它是表征电感元件对交流电流呈现阻力作用的一个物理量。利用电感线圈在高频时感抗大的特点，可做成扼流线圈，以阻止高频电流通过。

对于直流电流，因 $f = 0$，其感抗 $X_L = 0$，所以在直流稳态时，电感元件相当于短路。

相位关系：电感上电压与电流之间出现相位差，且电压超前电流 $90°$，或者说电感电流滞后电压 $90°$。其波形图如 3.3.2b 所示。综上所述，电感元件电流、电压关系的相量式为

$$\dot{U} = jX_L \dot{I} = j\omega L \dot{I} \tag{3.3.7}$$

相量图如图 3.3.2c 所示。

2. 功率

纯电感的瞬时功率为

$$p = ui = U_m I_m \sin\omega t \sin(\omega t + 90°) = U_m I_m \sin\omega t \cos\omega t = \frac{U_m I_m}{2}\sin 2\omega t$$

瞬时功率 p 的波形图如图 3.3.2d 所示。由于电压 u 超前电流 i 相位 $90°$，因此电压 u 与电流 i 的瞬时值在第一个和第三个 $\frac{1}{4}$ 周期内同时为正或同时为负，瞬时功率 p 为正值；在第二个和第四个 $\frac{1}{4}$ 周期内不同时为正或不同时为负，瞬时功率 p 为负值。在一个周期内，瞬时功率 p 一半为正、一半为负，说明电感从电源吸收的电能和向电源回送电能的量相等，电感是储能元件。显然，纯电感的平均功率为零，即

$$P = \frac{1}{T}\int_0^T p\,\mathrm{d}t = \frac{1}{T}\int_0^T UI\sin 2\omega t\,\mathrm{d}t = 0$$

纯电感负载在交流电路中不消耗能量，只是与电源进行能量互换，其互换能量的规模用无功功率来反映。无功功率等于瞬时功率的幅值，用符号 Q 表示，单位是乏（var）或千乏（kvar）。即

$$Q = UI = X_L I^2$$

与无功功率相对应，平均功率一般称为有功功率。

3.3.3 电容元件的正弦响应

1. 电压与电流的关系

图 3.3.3a 所示为电容元件，在电压、电流为关联参考方向时，其伏安关系式为

$$i = C\frac{\mathrm{d}u}{\mathrm{d}t} \tag{3.3.8}$$

若电容两端接入正弦电压 $u(t) = U_m \sin\omega t$，则通过电容元件的电流为

$$i = C\frac{\mathrm{d}u}{\mathrm{d}t} = \omega CU_m \cos\omega t = \omega CU_m \sin(\omega t + 90°) = I_m \sin(\omega t + 90°) \tag{3.3.9}$$

由式（3.3.9）可见，电容元件的电压和电流是同频率正弦量。它们的数值关系和相位关系如下。

数值关系：由式（3.3.9）可得

$$I_m = \omega CU_m \tag{3.3.10}$$

用有效值表示为

$$I = \omega CU = \frac{U}{X_C} \qquad (3.3.11)$$

式中，$X_C = \frac{1}{\omega C}$是电容电压与电流有效值（或最大值）的比值，称为电容电抗，简称容抗，其单位是欧姆（Ω）。

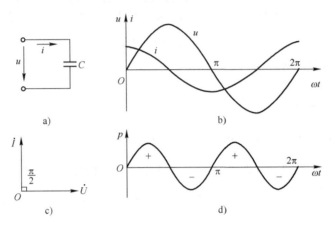

图 3.3.3　电容元件电压、电流波形图、相量图及瞬时功率波形图

a）电容元件　b）电压、电流波形图　c）相量图　d）瞬时功率波形图

容抗与电容 C、频率 f 成反比，是表征电容元件对交流电呈现阻力作用的物理量。电容元件对于高频电流呈现的容抗较小，使较高频率电流易于通过。对于直流电流，其频率 $f = 0$，所呈现的容抗 $X_C = \infty$，可视为开路。因此，电容元件具有隔断直流的作用，这种"隔直作用"在电子电路中经常用到。

相位关系：电容电流超前电压 90°，或称电容电压滞后电流 90°，波形如图 3.3.3b 所示。综上所述，可得出如下相量式：

$$\dot{U} = \dot{I}(-jX_C) = \dot{I}\frac{1}{j\omega C} = -j\,\dot{I}\,\frac{1}{\omega C} \qquad (3.3.12)$$

式（3.3.12）表示电容电流与电压有效值之间及相位之间的关系，其相量图如图 3.3.3c 所示。

2. 功率

纯电容的瞬时功率为

$$p = ui = U_m I_m \sin\omega t \sin(\omega t + 90°) = U_m I_m \sin\omega t \cos\omega t = \frac{U_m I_m}{2}\sin 2\omega t$$

瞬时功率 p 的波形图如图 3.3.3d 所示。由于电流 i 超前电压 u 相位 90°，因此电流 i 与电压 u 瞬时值在第一个和第三个 $\frac{1}{4}$ 周期内同时为正或同时为负，瞬时功率 p 为正值；在第二个和第四个 $\frac{1}{4}$ 周期内不同时为正或不同时为负，瞬时功率 p 为负值。在一个周期内，瞬时功率 p 一半为正、一半为负，说明电容从电源吸收的电能和向电源回送电能的量相等，电容是储能元件。显然，纯电容的平均功率为零，即

$$P = \frac{1}{T}\int_0^T p\mathrm{d}t = \frac{1}{T}\int_0^T UI\sin 2\omega t\mathrm{d}t = 0$$

纯电容负载在交流电路中不消耗能量，只是与电源进行能量互换，其互换能量的规模用无功功率来反映，即

$$Q = -UI = -X_C I^2$$

即电容性无功功率取负值，电感性无功功率取正值，以资区别。

例 3.3.1　电路如图 3.3.4a 所示，已知 $R = 3\,\Omega$，$L = 2\,\mathrm{H}$，$i_S = \sqrt{2}\sin 2t$，试求电压 u_1、u_2、u 及其有效值相量。

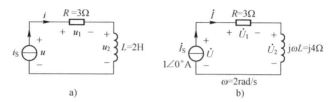

图 3.3.4　例 3.3.1 电路图

解：根据图 3.3.4a，可画出图 3.3.4b 所示相量模型。

已知 $\dot{I} = \dot{I}_S = 1\angle 0°$，则

$$\begin{cases} \dot{U}_1 = R\dot{I} = R\dot{I}_S = 3\angle 0°\ \mathrm{V} \\ \dot{U}_2 = \mathrm{j}\omega L\dot{I} = \mathrm{j}\omega L\dot{I}_S = \mathrm{j}4\ \mathrm{V} = 4\angle 90°\ \mathrm{V} \\ \dot{U} = \dot{U}_1 + \dot{U}_2 = (3 + \mathrm{j}4)\ \mathrm{V} = 5\angle 53.1°\ \mathrm{V} \end{cases}$$

相应电压的瞬时值表达式为

$$\begin{cases} u_1 = 3\sqrt{2}\sin 2t\ \mathrm{V} \\ u_2 = 4\sqrt{2}\sin(2t + 90°)\ \mathrm{V} \\ u = 5\sqrt{2}\sin(2t + 53.1°)\ \mathrm{V} \end{cases}$$

特别提示

电阻元件上的电压和电流频率相同、相位相同，电压与电流的最大值与有效值之间的关系为 $U_m = RI_m$ 或 $U = RI$。电感元件上的电压和电流频率相同、电压相位超前电流 $90°$，电压与电流的最大值与有效值之间的关系为 $U_m = \omega L I_m$ 或 $U = \omega L I$。电容元件上的电压和电流频率相同、电流相位超前电压 $90°$，电压与电流的最大值与有效值之间的关系为 $I_m = \omega C U_m$ 或 $I = \omega C U$。

【练习与思考】

1）在正弦电流电路中，如果选取关联参考方向，则下列 u、R、i 表达式中哪些正确，哪些错误，并改正。

①$i = \dfrac{U}{R}$；②$I = \dfrac{U}{R}$；③$i = \dfrac{u}{R}$；④$i = \dfrac{U_m}{R}$；⑤$\dot{I} = \dfrac{\dot{U}}{R}$

2）在正弦电流电路中，如果选取关联参考方向，则下列 u、L、i 表达式中哪些正确，哪些错误，并改正。

①$i = L\dfrac{\mathrm{d}U}{\mathrm{d}t}$；②$i = \dfrac{u}{\omega L}$；③$I = \dfrac{U}{\omega L}$；④$I = \dfrac{U}{\mathrm{j}\omega L}$；⑤$\dot{I} = \dfrac{\dot{U}}{\omega L}$；⑥$\dot{I} = \dfrac{U}{\mathrm{j}\omega L}$

3）在正弦电流电路中，如果选取关联参考方向，则下列 u、C、i 表达式中哪些正确，哪些错误，并改正。

① $i = \dfrac{u}{\omega C}$；② $I = \dfrac{U}{\omega C}$；③ $I = \omega CU$；④ $\dot{I} = j\omega C\,\dot{U}$；⑤ $\dot{I} = \dfrac{\dot{U}}{j\dfrac{1}{\omega C}}$；⑥ $i = \dfrac{u}{j\dfrac{1}{\omega C}}$；⑦ $i = \dfrac{\dot{U}}{-j\dfrac{1}{\omega C}}$

3.4 串联交流电路

3.4.1 电压和电流关系

如图 3.4.1a 所示 R、L、C 组成的串联交流电路，两端加上正弦交流电压 u 时，电路中必将产生交流电流 i，同时在各元件上分别产生电压 u_R、u_L 和 u_C。设图 3.4.1b 中电流为参考相量，则根据 KVL 的相量形式，有

$$
\begin{aligned}
\dot{U} &= \dot{U}_R + \dot{U}_L + \dot{U}_C \\
&= R\,\dot{I} + jX_L\,\dot{I} - jX_C\,\dot{I} \\
&= [R + j(X_L - X_C)]\dot{I} \\
&= (R + jX)\dot{I}
\end{aligned}
\tag{3.4.1}
$$

根据欧姆定律相量形式，R、L、C 三种元件电压、电流相量关系式为 $\dfrac{\dot{U}_R}{\dot{I}} = R$，$\dfrac{\dot{U}_L}{\dot{I}} = j\omega L = jX_L$，

$\dfrac{\dot{U}_C}{\dot{I}} = \dfrac{1}{j\omega C} = -jX_C$。在正弦交流电路中，电阻、电感、电容元件的电压相量和电流相量的比值是一个复数，通常定义该比值为复数阻抗，简称阻抗，用大写字母 Z 表示，单位为欧姆（Ω）。

以电流 $\dot{I}$ 为参考相量，作 $\dot{U}_R$、$\dot{U}_L$、$\dot{U}_C$ 相量图，如图 3.4.1c 所示，$\dot{U}_L + \dot{U}_C = \dot{U}_X$。由相量 $\dot{U}_R$、$\dot{U}_X$、$\dot{U}$ 组成的三角形称为电压三角形，如图 3.4.1d 所示。

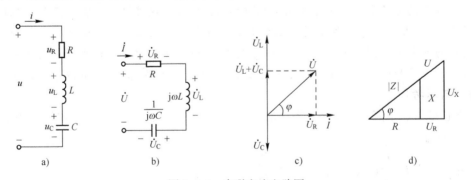

图 3.4.1 串联交流电路图

a）电路 b）相量形式 c）相量图 d）电压三角形和阻抗三角形

电压三角形的三个电压满足以下条件，即

$$
U = \sqrt{U_R^2 + U_X^2} = \sqrt{U_R^2 + (U_L - U_C)^2}
\tag{3.4.2}
$$

电压三角形中的 φ 是电压超前于电流的相位角，即阻抗角。由电压三角形得

$$\varphi = \arctan \frac{U_X}{U_R} = \arctan \frac{U_L - U_C}{U_R} \tag{3.4.3}$$

应用元件的 VCR（电压-电流关系）相量形式

$$\dot{U} = \left[R + j(X_L - X_C) \right] \dot{I} = (R + jX) \dot{I} = Z \dot{I} \tag{3.4.4}$$

式中，$Z = R + jX$ 是 RLC 串联电路的等效阻抗，其实部就是串联电路的电阻 R，虚部 X 是感抗 X_L 与容抗 X_C 之差，即 $X = X_L - X_C$，称为电抗，单位是欧［姆］（Ω）。显然，感抗和容抗总是正的，而电抗为一个代数量，可正可负。

若将电压三角形的三电压 U_R、U_X、U 分别除以电流 I，则得到由阻抗 R、X 和阻抗模 $|Z|$ 组成的三角形，称为阻抗三角形，如图 3.4.1d 所示。显然，电压三角形与阻抗三角形是相似三角形。在阻抗三角形中，有

$$\begin{cases} |Z| = \sqrt{R^2 + X^2} = \sqrt{R^2 + (X_L - X_C)^2} \\ \varphi = \arctan \dfrac{X}{R} = \arctan \dfrac{X_L - X_C}{R} \end{cases} \tag{3.4.5}$$

可见，电压超前于电流的相位角，即阻抗角 φ 的大小由电路参数决定，其正负取决于电抗 $X = X_L - X_C$ 的正负。

下面讨论电抗与电路性质的关系。

当电抗值不同时，电路呈现出以下三种不同状态。

1）当 $X > 0$，即 $X_L - X_C > 0$ 时，电路中的感抗大于容抗，此时阻抗角 $\varphi > 0$，电压超前电流，电路呈电感性。

2）当 $X < 0$，即 $X_L - X_C < 0$ 时，电路中的容抗大于感抗，阻抗角 $\varphi < 0$，电压滞后于电流，电路呈电容性。

3）当 $X = 0$，即 $X_L = X_C$ 时，表明感抗和容抗的作用相等，电压与电流同相，阻抗角 $\varphi = 0$，电路呈电阻性。此时电路如同纯电阻电路一样，这时电路的工作状态称为谐振。

注意：阻抗是在使用相量法计算电压与电流相量关系时得到的一个复数计算量，它不表示正弦量，所以不是相量。因此，只是用大写字母 Z 表示阻抗，并不在它的上面加点。

例 3.4.1　如图 3.4.1a 中 R、L、C 串联回路，已知 $X_L = X_C = 30\,\Omega$，$R = 10\,\Omega$，$\dot{U} = 20\angle 0°$ V，求该电路总阻抗 Z 和电流 $\dot{I}$ 的有效值以及电阻、电感和电容上的电压有效值。

解： $Z = R + j(X_L - X_C) = 10 + j(30 - 30)\,\Omega = 10\,\Omega = 10\angle 0°\,\Omega$

$$\dot{I} = \frac{\dot{U}}{Z} = \frac{20\angle 0°}{10\angle 0°}\,A = 2\angle 0°\,A$$

$$\dot{U}_R = R\dot{I} = 10 \times 2\angle 0°\,V = 20\angle 0°\,V$$

$$\dot{U}_L = jX_L\dot{I} = j30 \times 2\angle 0°\,V = 60\angle 90°\,V$$

$$\dot{U}_C = -jX_C\dot{I} = -j30 \times 2\angle 0°\,V = 60\angle -90°\,V$$

例 3.4.2　如图 3.4.2a 所示 R、L、C 组成的混联电路，$X_C = 50\,\Omega$，$X_L = R = 100\,\Omega$，$I_C = 2\,A$，求 I_R 和 U。

解： 由于 $\dot{I}_R = \dfrac{jX_L}{R + jX_L}\dot{I}$，根据复数运算规则得

$$I_R = \frac{X_L}{\sqrt{R^2 + X_L^2}} I = \frac{100}{\sqrt{100^2 + 100^2}} \times 2\,\text{A} = \sqrt{2}\,\text{A}$$

电路阻抗为

$$Z = -jX_C + \frac{R \cdot jX_L}{R + jX_L} = 50\,\Omega$$

电路中的电压为

$$U = |Z|I = 100\,\text{V}$$

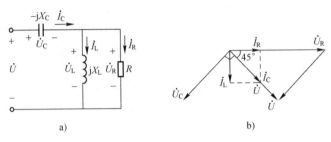

图 3.4.2 例 3.4.2 混联电路图

a) 电路的相量模型　b) 相量图

在没有指定参考相量时，通常串联电路以电流为参考相量，并联电路以电压为参考相量。对于混联电路，一般以并联支路的电压为参考相量，即 $\dot{U}_R = U_R \angle 0°$，电阻的电流与电压同相，电感电流滞后于电压90°；由于 $X_L = R$，$\dot{I}_C = \dot{I}_R + \dot{I}_L$，所以 $I_R = I_L = I_C \sin 45° = \sqrt{2}\,\text{A}$。由此可以画出 $\dot{U}_R$、$\dot{I}_R$、$\dot{I}_L$ 及 $\dot{I}_C$ 的相量，如图 3.4.2b 所示。根据元件 VCR 得 $U_R = RI_R = 141\,\text{V}$。由于电容电压滞后于电流90°，于是可以画出 $\dot{U}_C$，其中 $U_C = X_C I_C = 100\,\text{V}$，根据 $\dot{U} = \dot{U}_C + \dot{U}_R$ 可以画出总电压 $\dot{U}$ 的相量。显然 $\dot{U}$、$\dot{U}_C$、$\dot{U}_R$ 可组成等边直角三角形，所以 $U = U_C = 100\,\text{V}$。

3.4.2 功率

1. 瞬时功率

设图 3.4.3a 所示二端网络的端电压 u 和端口电流 i 参考方向关联，其表达式为

$$\begin{cases} i = \sqrt{2}\,I\sin(\omega t + \varphi_i) \\ u = \sqrt{2}\,U\sin(\omega t + \varphi_u) \end{cases}$$

端口电压超前于端口电流相位角 $\varphi = \varphi_u - \varphi_i$，为了简化计算，令 $\varphi_i = 0$，则

$$\begin{cases} i = \sqrt{2}\,I\sin\omega t \\ u = \sqrt{2}\,U\sin(\omega t + \varphi) \end{cases}$$

于是二端网络的瞬时功率为

$$p = ui = 2UI\sin(\omega t + \varphi)\sin\omega t = UI[\cos\varphi - \cos(2\omega t + \varphi)] \tag{3.4.6}$$

根据式（3.4.6）可以画出瞬时功率的波形图，如图 3.4.3b 所示。瞬时功率有正有负，说明二端网络和外电路有能量交换。这种现象是因为二端网络内既有电阻元件，也有储能元件电感和电容。

为了便于分析，将式（3.4.6）的第二项展开并整理得

$$p = UI\cos\varphi[1 - \cos(2\omega t)] + UI\sin\varphi\sin(2\omega t) \tag{3.4.7}$$

式（3.4.7）表明，瞬时功率由两个分量组成，第一个分量波形如图3.4.3c所示，其值大于或等于零，是网络内电阻吸收的瞬时功率，称为有功分量，其平均值为 $UI\cos\varphi$；第二个分量波形如图3.4.3d所示，为一交变分量，平均值为零，是网络内储能元件的瞬时功率，称为无功分量。

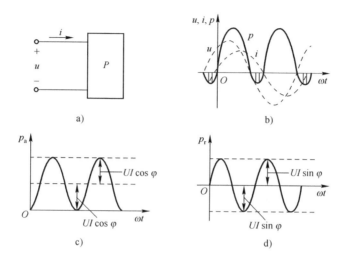

图 3.4.3 二端网络功率

a）二端网络 b）二端网络的瞬时功率

c）瞬时功率的有功分量 d）瞬时功率的无功分量

2. 平均功率

由网络瞬时功率的公式可以推出网络平均功率的计算公式，即

$$P = \frac{1}{T}\int_0^T p\,\mathrm{d}t = \frac{1}{T}\int_0^T UI\big[\cos\varphi - \cos(2\omega t + \varphi)\big]\mathrm{d}t = UI\cos\varphi = UI\lambda \qquad (3.4.8)$$

可见，平均功率等于瞬时功率的有功分量的平均值，故网络的平均功率又称为有功功率，满足功率守恒，则网络的有功功率等于网络内所有电阻消耗的有功功率的和，即

$$P = \sum P_R$$

在正弦交流电路中，网络有功功率不仅取决于网络端口的电压与电流有效值的乘积，还与电压、电流之间相位差 φ 有关。因此，在正弦交流电路中，需要采用功率表来测量有功功率。式（3.4.8）中，λ 按下式可得

$$\lambda = \cos\varphi \qquad (3.4.9)$$

λ 称为网络的功率因数，φ 称为功率因数角。一般地，$\varphi = \varphi_u - \varphi_i$，对于无源网络，$\varphi$ 等于网络的阻抗角。

3. 无功功率

网络瞬时功率的无功分量为一交变量，其平均值为零，表明网络内储能元件虽然不消耗能量，却与外界有能量交换。而瞬时功率最大值 $UI\sin\varphi$ 反映了这种能量交换的规模。将 $UI\sin\varphi$ 定义为网络的无功功率，记作 Q，即

$$Q = UI\sin\varphi = I^2(X_L - X_C) \qquad (3.4.10)$$

在正弦交流电路中，与有功功率类似，网络无功功率不仅取决于网络端口电压与电流有效值的乘积，还与电压、电流之间的相位差 φ 有关。无功功率满足功率守恒，即网络无功功率

等于网络内所有储能元件的无功功率和。

若网络为纯电感元件，即 $\varphi=\varphi_u-\varphi_i=90°$，则无功功率 $Q=UI=Q_L$（正无功）；若网络为纯电容元件，即 $\varphi=\varphi_u-\varphi_i=-90°$，则无功功率 $Q=-UI=-Q_C$（负无功）；若网络中既有电感元件也有电容元件，则无功功率为

$$Q=Q_L-Q_C \tag{3.4.11}$$

式（3.4.11）表明，网络内的电感和电容先自行进行能量交换，其多余部分再与外界进行交换。

在电工技术中，将网络端口电压与电流有效值的乘积称为视在功率，记作 S，即

$$S=UI \tag{3.4.12}$$

为了与有功功率区别，其单位使用伏安（V·A）或千伏安（kV·A）。

一般交流电气设备是按额定电压 U_N 和额定电流 I_N 来设计和使用的。变压器和一些交流电机的额定电压 U_N 和额定电流 I_N 的乘积，即额定视在功率 S_N 为

$$S_N=U_N I_N \tag{3.4.13}$$

它表示设备能够输出的最大平均功率。设备的额定视在功率又称为容量。应当注意，视在功率不守恒。

有功功率 P、无功功率 Q、视在功率 S 三者的关系为

$$\begin{cases} S=\sqrt{P^2+Q^2} \\ \cos\varphi=\dfrac{P}{S} \end{cases} \tag{3.4.14}$$

例 3.4.3 如图 3.4.1a 中 R、L、C 组成的串联回路，已知 $R=30\ \Omega$，$L=127\ \text{mH}$，$C=40\ \mu\text{F}$，电源电压 $u=220\sqrt{2}\sin(314t+20°)$ V。分别求下列问题：（1）感抗、容抗、阻抗；（2）电流的有效值 I 与瞬时值 $i(t)$；（3）各部分电压的有效值与瞬时值的表示式；（4）绘制相量图；（5）功率 P、Q 和 S。

解：（1）
$$X_L=\omega L=314\times127\times10^{-3}\ \Omega=40\ \Omega$$
$$X_C=\frac{1}{\omega C}=\frac{1}{314\times40\times10^{-6}}\ \Omega=80\ \Omega$$
$$Z=R+\text{j}(X_L-X_C)=(30-\text{j}40)\ \Omega=50\angle-53°\ \Omega$$

（2）
$$\dot{I}=\frac{\dot{U}}{Z}=\frac{220\angle20°}{50\angle-53°}\ \text{A}=4.4\angle73°\ \text{A}$$
$$i(t)=4.4\sqrt{2}\sin(314t+73°)\ \text{A}$$

（3）
$$\dot{U}_R=R\dot{I}=30\times4.4\angle73°=132\angle73°\ \text{V}$$
$$u_R=132\sqrt{2}\sin(314t+73°)\ \text{V}$$
$$\dot{U}_L=\text{j}X_L\dot{I}=\text{j}40\times4.4\angle73°\ \text{V}=176\angle163°\ \text{V}$$
$$u_L=176\sqrt{2}\sin(314t+163°)\ \text{V}$$
$$\dot{U}_C=-\text{j}X_C\dot{I}=-\text{j}80\times4.4\angle73°\ \text{V}=352\angle-17°\ \text{V}$$
$$u_C=352\sqrt{2}\sin(314t-17°)\ \text{V}$$
$$\dot{U}=\dot{U}_R+\dot{U}_L+\dot{U}_C$$
$$U\neq U_R+U_L+U_C$$

（4）绘制相量图（见图 3.4.4）

（5）$P = UI\cos\varphi = 220 \times 4.4 \times \cos(-53°)\,\text{var} = 580.8\,\text{var}$

$Q = UI\sin\varphi = 220 \times 4.4 \times \sin(-53°)\,\text{var} = -774.4\,\text{var}$

$$S = \sqrt{P^2 + Q^2} = UI = 968\,\text{V}\cdot\text{A}$$

特别提示

在交流串联电路中，总电压是各部分电压的相量和而不是代数和，所以总电压的有效值通常并不等于各部分电压的有效值之和，而且总电压的有效值有可能会小于电感电压或者电容电压的有效值。

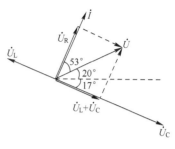

图 3.4.4　例 3.4.3 相量图

在感性负载两端并联电容时，并不是并联的电容值越大，功率因数就越大。因为当电容到达一定数值时，会使整个电路由感性变为容性，同时功率因数也会再由大变小。若在较高的功率因数上再进一步提高，则所需电容将很大，有时得不偿失。

【练习与思考】

1）对于 R、L、C 组成的串联正弦电流电路中，以下哪些式子是正确的？

① $\dfrac{u}{i} = R + j(X_L - X_C)$；　② $U = U_R + U_L + U_C$；　③ $\dot{U} = \dot{U}_R + \dot{U}_L + \dot{U}_C$；　④ $U = \sqrt{U_R^2 + U_L^2 + U_C^2}$；

⑤ $U = \sqrt{U_R^2 + (X_L - X_C)^2}$

2）对于 R、L、C 组成的串联正弦电流电路中，若 $X_L = X_C = R = 5\,\Omega$，所加电压 $U = 10\,\text{V}$，则流过电路中的电流 I 是多少？

3.5　正弦交流电路

3.5.1　阻抗串联和并联

1. 阻抗串联

如图 3.5.1 所示阻抗串联电路，电压、电流参考方向关联，应用基尔霍夫电压定律和欧姆定律得

$$\dot{U} = \dot{U}_1 + \dot{U}_2 = Z_1\dot{I} + Z_2\dot{I} = Z\dot{I}$$

其中，Z 是串联电路的等效阻抗，其计算公式为

$$Z = Z_1 + Z_2 \qquad (3.5.1)$$

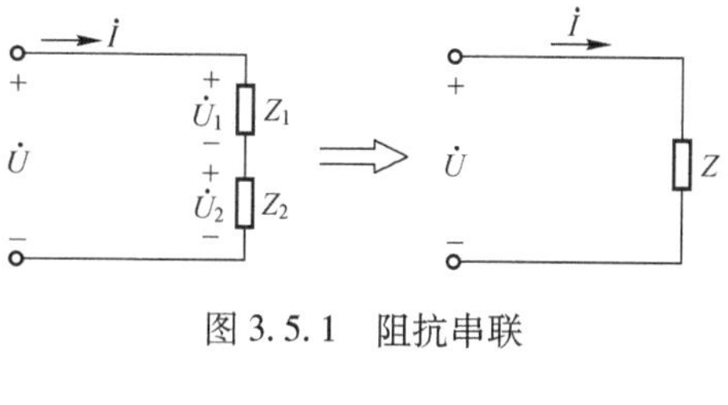

电路的电流为

$$\dot{I} = \frac{\dot{U}}{Z_1 + Z_2} \qquad (3.5.2)$$

图 3.5.1　阻抗串联

对每个阻抗运用欧姆定律得分压公式，即

$$\begin{cases} \dot{U}_1 = Z_1\dot{I} = \dfrac{Z_1}{Z_1 + Z_2}\dot{U} \\[2mm] \dot{U}_2 = Z_2\dot{I} = \dfrac{Z_2}{Z_1 + Z_2}\dot{U} \end{cases} \qquad (3.5.3)$$

可见，在正弦电流电路的相量分析法中，阻抗串联的计算公式、分压公式均与直流电路中

电阻串联的计算公式、分压公式相似。

注意：在正弦电流电路相量分析法中，$\dot{U} = \dot{U}_1 + \dot{U}_2 \neq U_1 + U_2$，电压、电流之和是相量和，而不是代数和，这与直流电路中电压、电流的求和运算不同。

2. 阻抗并联

如图 3.5.2 所示阻抗并联电路，电压、电流参考方向关联，应用基尔霍夫电流定律和欧姆定律得

$$\dot{I} = \dot{I}_1 + \dot{I}_2 = \frac{\dot{U}}{Z_1} + \frac{\dot{U}}{Z_2} = \frac{\dot{U}}{Z}$$

其中，Z 是并联电路的等效阻抗，其计算公式为

$$\frac{1}{Z} = \frac{1}{Z_1} + \frac{1}{Z_2} \text{ 或 } Z = \frac{Z_1 Z_2}{Z_1 + Z_2} \quad (3.5.4)$$

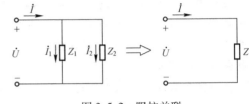

图 3.5.2　阻抗并联

电路的电压为

$$\dot{U} = Z \dot{I} = \frac{Z_1 Z_2}{Z_1 + Z_2} \dot{I} \quad (3.5.5)$$

对每一个阻抗应用欧姆定律得分流公式，即

$$\begin{cases} \dot{I}_1 = \dfrac{\dot{U}}{Z_1} = \dfrac{Z_2}{Z_1 + Z_2} \dot{I} \\[2mm] \dot{I}_2 = \dfrac{\dot{U}}{Z_2} = \dfrac{Z_1}{Z_1 + Z_2} \dot{I} \end{cases} \quad (3.5.6)$$

可见，在正弦电流电路的相量分析法中，两个阻抗并联的计算公式、分流公式在形式上也都与直流电路中电阻并联的计算公式、分压公式相似。

3.5.2　正弦交流电路分析

基尔霍夫定律是分析电路的基本定律，根据正弦量及其相量之间的关系，可得到基尔霍夫定律的相量形式。

根据 KCL，对任一结点的电流时域表达式为

$$\sum i = i_1 + i_2 + \cdots + i_k = 0$$

对于正弦电流来说，也满足 KCL，因此可写为

$$\begin{aligned} &\sqrt{2} I_1 \sin(\omega t + \varphi_1) + \sqrt{2} I_2 \sin(\omega t + \varphi_2) + \cdots + \sqrt{2} I_k \sin(\omega t + \varphi_k) \\ &= \text{Im}(\sqrt{2} \dot{I}_1 e^{j\omega t}) + \text{Im}(\sqrt{2} \dot{I}_2 e^{j\omega t}) + \cdots + \text{Im}(\sqrt{2} \dot{I}_k e^{j\omega t}) = 0 \end{aligned} \quad (3.5.7)$$

式中，Im 表示对括号中的复数取虚部。由于式（3.5.7）适用于任何时刻，因此，ωt 再经过 $\dfrac{\pi}{2}$ 时，式（3.5.7）照样成立，即

$$\begin{aligned} &\sqrt{2} I_1 \sin\left(\omega t + \varphi_1 + \frac{\pi}{2}\right) + \sqrt{2} I_2 \sin\left(\omega t + \varphi_2 + \frac{\pi}{2}\right) + \cdots + \sqrt{2} I_k \sin\left(\omega t + \varphi_k + \frac{\pi}{2}\right) \\ &= \sqrt{2} I_1 \cos(\omega t + \varphi_1) + \sqrt{2} I_2 \cos(\omega t + \varphi_2) + \cdots + \sqrt{2} I_k \cos(\omega t + \varphi_k) \\ &= \text{Re}(\sqrt{2} \dot{I}_1 e^{j\omega t}) + \text{Re}(\sqrt{2} \dot{I}_2 e^{j\omega t}) + \cdots + \text{Re}(\sqrt{2} \dot{I}_k e^{j\omega t}) = 0 \end{aligned} \quad (3.5.8)$$

式中，Re 表示对括号中的复数取实部。综合考虑式（3.5.7）和式（3.5.8），可得

$$\sqrt{2}\,\dot{I}_1 e^{j\omega t} + \sqrt{2}\,\dot{I}_2 e^{j\omega t} + \cdots + \sqrt{2}\,\dot{I}_k e^{j\omega t} = 0 \tag{3.5.9}$$

对式（3.5.9）两边同除以 $\sqrt{2}\,e^{j\omega t}$，可得 KCL 的相量形式为

$$\dot{I}_1 + \dot{I}_2 + \cdots + \dot{I}_k = \sum \dot{I} = 0 \tag{3.5.10}$$

式（3.5.10）表明，电路中任一结点上的电流相量代数和为零。

在正弦交流电路中，基尔霍夫电流定律表述如下：在正弦交流电路中的任一瞬间，连接在电路任一结点（或闭合面）上的各支路电流瞬时值的代数和为零。在正弦交流电路中，各电流、电压都是与电源同频率的正弦量，把这些正弦量用相量表示，便有连接在电路任一结点的各支路电流相量的代数和为零，即

$$\sum \dot{I} = 0 \tag{3.5.11}$$

这就是适用于正弦交流电路中的 KCL 相量形式。应用 KCL 时，一般对参考方向流出结点的电流相量取正号，反之取负号。

在正弦交流电路中，基尔霍夫电压定律表述如下：在交流电路的任一瞬间，任一回路的各支路电压瞬时值的代数和为零。把这些正弦量用对应的电压相量表示，便有在正弦交流电路中，任一回路的各支路电压相量的代数和为零，即

$$\sum \dot{U} = 0 \tag{3.5.12}$$

这就是适用于正弦交流电路中的 KVL 相量形式。应用 KVL 时，也需先对回路选一绕行方向，对参考方向与绕行方向一致的电压相量取正号，反之取负号。

例 3.5.1　如图 3.5.3 所示电路，已知 $\dot{U}_1 = 200\angle 0° \text{ V}$，$\dot{U}_2 = 250\angle 0° \text{ V}$，$Z_1 = Z_2 = Z_3 = 5+5j$，试用支路电流法求电流 I_3。

解： 根据相量 KCL 和 KVL 得

$$\dot{I}_1 + \dot{I}_2 - \dot{I}_3 = 0$$
$$\dot{U}_1 = Z_1 \dot{I}_1 + Z_3 \dot{I}_3$$
$$\dot{U}_2 = Z_2 \dot{I}_2 + Z_3 \dot{I}_3$$

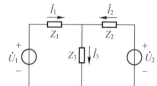

图 3.5.3　例 3.5.1 电路图

代入数据

$$\dot{I}_1 + \dot{I}_2 - \dot{I}_3 = 0, \quad (5+j5)\dot{I}_1 + (5+j5)\dot{I}_3 = 200\angle 0°, \quad (5+j5)\dot{I}_2 + (5+j5)\dot{I}_3 = 250\angle 0°$$

求解得

$$\dot{I}_3 = 15\sqrt{2}\angle -45° \text{ A}$$

特别提示

两个阻抗串联时，$Z = Z_1 + Z_2$，但是 $|Z| \neq |Z_1| + |Z_2|$。因为 $U \neq |U_1 + U_2|$，即 $I|Z| \neq I|Z_1| + I|Z_2|$。

【练习与思考】

1）在 n 个阻抗串联电路中，每个阻抗的电压是否一定小于总电压？

2）正弦交流电路中的所有元件是否满足功率平衡？

3.6　电路谐振

视频
电路谐振

在具有电感线圈和电容器的交流电路中，电路的电压相位和电流相位通常是不相同的。当调节电感线圈或电容器参数或电源频率时，可以使电路电压相位与电流相位相同，此时电路将

出现谐振现象。电路的谐振是一种客观现象，它既有有利的一面，也有不利的一面。对谐振现象进行分析，了解发生谐振的条件及谐振的特点，将有利于安全、合理地使用交流电路。

3.6.1 串联谐振

在电感线圈和电容器串联的交流电路中，当电路总阻抗角等于零时，电路电压相位与电流相位相同，电路出现谐振现象，此时谐振称为串联谐振。如图 3.4.2 所示，根据串联电路总阻抗角表达式

$$\varphi = \arctan \frac{X_L - X_C}{R} \tag{3.6.1}$$

可以得串联谐振的条件为

$$X_L = X_C \tag{3.6.2}$$

即

$$2\pi f L = \frac{1}{2\pi f C}$$

则串联谐振时电路的频率为

$$f_0 = f = \frac{1}{2\pi \sqrt{LC}} \tag{3.6.3}$$

可见，调节 L、C 或 f 都可以使 $X_L = X_C$，即使串联电路发生谐振。串联谐振具有以下特点：

1）串联电路的总阻抗值 $|Z| = \sqrt{R^2 + (X_L - X_C)^2}$，此时，$Z$ 为最小值，电路的电流达到最大值，即

$$I_0 = I = \frac{U}{R} \tag{3.6.4}$$

2）此时电路呈电阻性，电压与电流同相位，电阻 R 全部吸收电源发出的电能，全部能量互换都在电感 L 和电容 C 之间进行。

3）电感上的电压和电容上的电压分别为

$$\begin{cases} U_L = I_0 X_L = \dfrac{X_L}{R} U = \dfrac{2\pi f_0 L}{R} U \\ U_C = I_0 X_C = \dfrac{X_C}{R} U = \dfrac{1}{2\pi f_0 C R} U \end{cases}$$

即

$$U_L = U_C = \frac{X_L}{R} U = \frac{X_C}{R} U = QU \tag{3.6.5}$$

式中，$\dfrac{X_L}{R} = \dfrac{X_C}{R} = Q$ 称为串联电路的品质因数。当 $R \ll X_C = X_L$ 时，$Q \gg 1$，电感电压 U_L 和电容电压 U_C 都会远远超过电源电压 U，因此串联谐振又称为电压谐振。

发生串联谐振时，过高的电压将可能击穿电感线圈或电容器绝缘层，使设备损坏。因此，应避免在电力系统中发生串联谐振。

一些弱电流信号通过电路，使电路发生串联谐振时，与谐振频率同频率的弱电流信号在电感线圈及电容器上产生同频率高电压及大电流，该弱电流信号得到放大而被选出。此时，其他

频率的弱电流信号不被放大，其干扰作用很小。无线电工程中要对弱小信号进行接收时，常常应用串联谐振原理来解决选择信号和抑制干扰问题。

3.6.2　并联谐振

在电感线圈和电容器并联的交流电路中，当电路总阻抗角等于零时，电路电压相位与电流相位相同，电路出现谐振现象，此时谐振称为并联谐振。

如图 3.6.1 电路，根据电路定理得出

$$\dot{I} = \dot{I}_1 + \dot{I}_C = \frac{\dot{U}}{Z_1} + \frac{\dot{U}}{Z_C} = \frac{\dot{U}}{Z} \tag{3.6.6}$$

式中，Z 为电路总阻抗；Z_1、Z_C 分别为电感线圈支路、电容支路的阻抗。

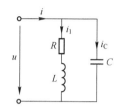

图 3.6.1　并联谐振图

$$\begin{cases} Z_1 = R + j\omega L \\ Z_C = -j\dfrac{1}{\omega C} \end{cases}$$

由式（3.6.6）得

$$Z = \frac{Z_1 Z_C}{Z_1 + Z_C} = \frac{R + j\omega L}{1 - \omega^2 LC + j\omega RC} \tag{3.6.7}$$

在电路发生谐振时，一般有 $R \ll \omega L$，忽略式（3.6.7）分子中 R，有

$$Z = \frac{j\omega L}{1 - \omega^2 LC + j\omega RC} = \frac{1}{\dfrac{RC}{L} + j\left(\omega C - \dfrac{1}{\omega L}\right)} \tag{3.6.8}$$

只要 $\omega C = \dfrac{1}{\omega L}$，电路总阻抗角等于零，电路发生谐振。即谐振的条件为

$$\omega C = \frac{1}{\omega L} \text{或} X_L = X_C \tag{3.6.9}$$

则并联谐振时电路的频率为

$$f_0 = f = \frac{1}{2\pi\sqrt{LC}} \tag{3.6.10}$$

可见，调节 L、C 或 f 都可以使电路的电压、电流相位相同而发生谐振。并联谐振具有以下特点：

1）谐振时电路呈电阻性，电压与电流同相位，电路的总电阻为最大值，由式（3.6.8）得

$$R_0 = Z = \frac{L}{RC} \tag{3.6.11}$$

此时电路电流达到最小值，为

$$I_0 = I = \frac{U}{R_0} = \frac{RC}{L}U \tag{3.6.12}$$

2）电感线圈、电容器支路的电流分别为

$$I_1 = I_C = \frac{X_C}{R}I_0 = \frac{X_L}{R}I_0 = QI_0 \tag{3.6.13}$$

式中，$\dfrac{X_C}{R}=\dfrac{X_L}{R}=Q$ 称为并联电路的品质因数。当 $R \ll X_L=X_C$ 时，$Q \gg 1$，电感线圈支路电流 I_1 和电容器支路电流 I_C 都会远远超过电路的总电流 I_0，因此并联谐振又称为电流谐振。交流电动机或电力变压器等电感性负载并联电容器使用时，可以提高电路功率因数。但是，如果发生并联谐振，那么极大电流通过负载，将使其损坏，应引起重视。并联谐振在电子电路中的应用较为广泛，通常作为选频电路和输出电路。

3.7 内容拓展及专创应用

3.7.1 非正弦周期信号电路的谐波分析

正弦信号是周期信号中最基本最简单的信号，可以用相量表示和分析，而其他周期信号是不能用相量表示的。对于这些非正弦周期信号，只要满足狄利克雷条件（狄利克雷条件就是周期函数在一个周期内包含有限个最大值和最小值，以及有限个第一类间断点），都可以展开成傅里叶级数，即把非正弦周期信号展开成许多不同频率的正弦信号，这种分析方法就称为谐波分析法。设一非正弦周期函数为 $f(t)$，其角频率为 ω，那么就可以将其分解为下列傅里叶级数：

$$f(t) = A_0 + A_{1m}\sin(\omega t + \varphi_1) + A_{2m}\sin(2\omega t + \varphi_2) + \cdots$$

$$= A_0 \sum_{k=1}^{\infty} A_{km}\sin(k\omega t + \varphi_k)$$

式中，A_0 称为直流分量；第二项的频率与周期函数的频率相同，称为基波分量或一次谐波分量；其余各项的频率分别为周期函数频率的整数倍，称为高次谐波分量，如 $k=2$，3，$\cdots$ 的各项分别称为二次谐波、三次谐波等。

非正弦周期电压和电流信号都可以进行如上的傅里叶级数展开。非正弦周期电压和电流信号的有效值，即方均根值与它的直流分量和各次谐波分量有如下关系：

$$U = \sqrt{U_0^2 + U_1^2 + U_2^2 + \cdots}$$

$$I = \sqrt{I_0^2 + I_1^2 + I_2^2 + \cdots}$$

当作用于电路中的电源为非正弦周期信号电源时，电路中的电压和电流都将是非正弦周期量。对于这样的线性电路可以利用谐波分析和叠加定理共同分析。

首先，将非正弦周期信号电源进行谐波分析，求出电源信号的直流分量和各次谐波分量；然后，求出非正弦周期信号电源的直流分量和各次谐波分量分别单独作用时在电路中所产生的电压和电流；最后，将属于同一支路的分量进行叠加得到实际电压和电流。

在计算过程中，对于直流分量，可以用直流电路计算方法，即电容相当于开路，电感相当于短路；对于各次谐波分量，可用交流电路相量分析法。注意容抗与频率成反比，感抗与频率成正比。尤其要注意的是，在最后进行叠加时，不能是相量相加，一定是瞬时值相加，因为直流分量和各次谐波分量的频率不同。

非正弦周期信号电路总的有功功率等于直流分量的功率和各次谐波分量的有功功率之和，即

$$P = P_0 + P_1 + P_2 + \cdots = U_0 I_0 + U_1 I_1 \cos\varphi_1 + U_2 I_2 \cos\varphi_2 + \cdots$$

3.7.2　工程实践

在无线电技术中，采用串联谐振电路的选择性来选择信号。本节设计一个调幅制收音机中波调谐电路，接收机通过接收天线接收到各种频率的电磁波信号，每一种频率的电磁波信号都要在天线回路中产生相应微弱的感应电压。为了达到选择各个频率信号的目的，通常在收音机中采用图 3.7.1a 所示输入电路作为接收机调谐电路，将需要收听信号从天线所收到的许多不同频率信号中筛选出来，对其他不需要信号则尽量抑制。输入调谐回路的主要组成部分是天线线圈 L_1、L_2 及可变电容器 C 组成的串联谐振电路。由于天线回路 L_1 与调谐回路 L_2C 之间有感应作用，于是在 L_2C 回路中便感应出和天线接收到的各种频率电磁波信号相对应的电压 u_{S1}、u_{S2}、u_{S3}，如图 3.7.1b 所示，图中电阻 R 为线圈 L_2 的电阻。由图 3.7.1b 可知，各种频率的电压 u_{S1}、u_{S2}、u_{S3} 与 RLC 电路串联构成回路。把调谐电路中电容 C 调节到某一值，恰好使该值对应的电路固有频率 f_0 等于天线接收到某电台的电磁波信号频率 f_1，则该信号使电路发生谐振，因此 L_2C 回路中频率 $f_1 = f_0$ 信号的电流达到最大值，电容 C 上频率为 f_1 的电压也很大，并送到下一级进行放大，就能收听到该电台广播节目。其他各种频率的信号虽然也在电路中出现，但由于其频率偏离了固有频率，不能发生谐振，电流很小，被调谐电路抑制掉。线圈电感 $L = 0.3\,\text{mH}$，电容 C 在 $30 \sim 300\,\text{pF}$ 之间可调。根据 $f = \dfrac{1}{2\pi\sqrt{LC}}$ 可知收音机收听频率范围为 $530 \sim 1678\,\text{kHz}$。

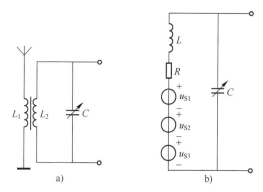

图 3.7.1　收音机调谐电路图
a）调谐电路　b）等效电路

3.8　小结

1. 正弦量的瞬时值与相量表达式

正弦电压的瞬时值表达式：$i = I_m \sin(\omega t + \varphi_i)$，这里，频率 f（周期 T 或角频率 ω）、幅值 I_m 和初相位 φ_i 称为正弦交流电三要素。

正弦电压的相量表达式：$\dot{U} = U(\cos\varphi + j\sin\varphi) = U\angle\varphi$，式中只包含正弦量的两个要素，即有效值和角频率。这也说明相量是用来表示正弦量而不能等于正弦量。

2. 电阻、电感和电容元件的电压、电流关系的相量表达式

电阻元件：$\dot{U} = R\dot{I}$，电阻元件的电压与电流同频同相。

电感元件：$\dot{U} = jX_L\dot{I} = j\omega L\dot{I}$，电感元件的电压与电流同频，电压超前电流 90°。

电容元件：$\dot{U} = \dot{I}(-jX_C) = \dot{I}\dfrac{1}{j\omega C} = -j\dot{I}\dfrac{1}{\omega C}$，电容元件的电压与电流同频，电压滞后电流 90°。

3. RLC 串联交流电路的阻抗、电压、电流关系及电路性质分析

阻抗：

$$Z = [R + j(X_L - X_C)],\ |Z| = \sqrt{R^2 + X^2} = \sqrt{R^2 + (X_L - X_C)^2},\ \varphi = \arctan\frac{X}{R} = \arctan\frac{X_L - X_C}{R}$$

电压关系：$\dot{U} = \dot{U}_R + \dot{U}_L + \dot{U}_C$。

电压电流关系：$\dot{U} = Z\dot{I}$。

电路性质：$X_L > X_C$ 时，电路呈感性；$X_L < X_C$ 时，电路呈容性；$X_L = X_C$ 时，电路呈阻性。

4. 交流电路的有功功率和无功功率的计算及功率因数的提高

有功功率：$P = UI\cos\varphi$，有功功率仅仅是电阻上的消耗功率。

无功功率：$Q = UI\sin\varphi = I^2(X_L - X_C)$，无功功率是指电源与电路之间进行能量交换的最大规模。

视在功率：$S = UI$，是指电气设备的容量。

功率因数：$\lambda = \cos\varphi = \dfrac{P}{S}$，是指电路实际消耗功率与电源发出功率的比值；功率因数过低将导致设备利用率低，电路能量损耗大，故一般在感性负载两端并联电容来提高电路功率因数。

5. 阻抗串并联

阻抗串联时有

$$Z = Z_1 + Z_2 , \quad \begin{cases} \dot{U}_1 = Z_1\dot{I} = \dfrac{Z_1}{Z_1 + Z_2}\dot{U} \\[3mm] \dot{U}_2 = Z_2\dot{I} = \dfrac{Z_2}{Z_1 + Z_2}\dot{U} \end{cases}$$

阻抗并联时有

$$\frac{1}{Z} = \frac{1}{Z_1} + \frac{1}{Z_2} \text{ 或 } Z = \frac{Z_1 Z_2}{Z_1 + Z_2} , \quad \begin{cases} \dot{I}_1 = \dfrac{\dot{U}}{Z_1} = \dfrac{Z_2}{Z_1 + Z_2}\dot{I} \\[3mm] \dot{I}_2 = \dfrac{\dot{U}}{Z_2} = \dfrac{Z_1}{Z_1 + Z_2}\dot{I} \end{cases}$$

6. 串并联谐振条件及电路特征

谐振条件：$\omega C = \dfrac{1}{\omega L}$ 或 $X_L = X_C$。

谐振频率：$f_0 = f = \dfrac{1}{2\pi\sqrt{LC}}$。

串联谐振特征：阻抗最小；电源电压不变时，电流有效值最大；电源与电路之间无能量交换，电感与电容之间进行完全能量补偿。

并联谐振特征：阻抗最大；电源电压不变时，电流有效值最小；电源与电路之间无能量交换，电感与电容之间进行完全能量补偿。

3.9 习题

一、单选题

1. 已知正弦交流电压 $u = 5\sin(314t - 30°)$ V 和正弦电流 $i = 15\sin(314t + 20°)$ A，则电压（　　）电流。

A. 超前   B. 滞后   C. 同相   D. 反相

2. 已知正弦交流电流 $i = 20\sin(314t + 25°)$ A，则初相位为（　　）。

A. 25°   B. 65°   C. 15°   D. 35°

3. 已知正弦交流电压 $u=50\sin(314t+50°)$ V 和正弦交流电流 $i=\sin(314t+10°)$ A，则电压和电流的相位差为（　　　）。

A. $60°$　　　　　　　B. $-50°$　　　　　　C. $40°$　　　　　　D. $-40°$

4. 用幅值（最大值）相量表示正弦电压 $u=220\sin(\omega t-90°)$ V 时，可写作（　　　）。

A. $\dot{U}_{\mathrm{m}}=220\angle-90°$ V

B. $\dot{U}_{\mathrm{m}}=220\sqrt{2}\angle-90°$ V

C. $\dot{U}_{\mathrm{m}}=\dfrac{220}{\sqrt{2}}\angle-90°$ V

D. $\dot{U}_{\mathrm{m}}=220\angle90°$ V

5. 一个周期内电路消耗电能的平均速度，即瞬时功率平均值，称为（　　　）。

A. 有功功率　　　　B. 无功功率　　　　C. 视在功率　　　　D. 瞬时功率

6. 感抗 X_{L} 在 L 一定时是频率函数，频率 f 越高，则 X_{L}（　　　）。

A. 越小　　　　　　B. 不变　　　　　　C. 不确定　　　　　D. 越大

7. 在直流稳态电路中，电感相当于（　　　）状态。

A. 短路　　　　　　B. 开路　　　　　　C. 电阻　　　　　　D. 断路

8. 将正弦电压 $u=10\sin(314t+30°)$ V 施加于感抗 $X_{\mathrm{L}}=5\,\Omega$ 的电感元件上，通过该元件的电流有效值为（　　　）A。

A. $\sqrt{2}$　　　　　　B. 2　　　　　　　　C. 5　　　　　　　　D. 10

9. 把 0.1 H 电感接到 $f=50$ Hz、电压有效值 $U=10$ V 的正弦电源上，则电流有效值 I 为（　　　）。

A. 100 A　　　　　　B. 10 A　　　　　　C. 218 mA　　　　　D. 318 mA

10. 将正弦电压 $u=10\sin(314t+30°)$ V 施加于容抗 $X_{\mathrm{C}}=5\,\Omega$ 的电容元件上，则通过该元件的电流 $i=$（　　　）。

A. $2\sin(314t+120°)$ A

B. $2\sin(314t+90°)$ A

C. $2\sin(314t-60°)$ A

D. $2\sin(314t+30°)$ A

11. 感抗 X_{C} 在 C 一定时是频率函数，若 f 越高，则 X_{C}（　　　）。

A. 越大　　　　　　B. 越小　　　　　　C. 不确定　　　　　D. 不变

12. 已知电路复阻抗 $Z=(4+\mathrm{j}3)\,\Omega$，则该电路功率因数为（　　　）。

A. 0.6　　　　　　　B. 0.8　　　　　　　C. 0.75　　　　　　D. 0.5

13. 已知电路复阻抗 $Z=(3-\mathrm{j}4)\,\Omega$，则该电路一定呈（　　　）。

A. 电阻性　　　　　B. 电阻-电感性　　C. 感性　　　　　　D. 容性

14. RLC 串联交流电路，当 $f=f_0$ 时，电路呈（　　　）。

A. 感性　　　　　　B. 纯电阻性　　　　C. 容性　　　　　　D. 阻抗性

15. 已知交流电路有功功率为 80 W，无功功率为 60 var，该电路视在功率为（　　　）。

A. 100 V·A　　　　B. 140 W　　　　　C. 100 W　　　　　D. 100 var

16. 如图 3.9.1 所示，在 RLC 并联电路中，施加正弦电压 u，当 $X_{\mathrm{L}}>X_{\mathrm{C}}$ 时，电压 u 与 i 相位关系应是 u（　　　）。

A. 超前于 i　　　　B. 滞后于 i　　　　C. 与 i 同相　　　　D. 不确定

17. 如图 3.9.2 所示正弦交流电路中，各电流有效值 I、I_1、I_2 的关系可表示为 $I=\sqrt{I_1^2+I_2^2}$ 的条件是（　　　）。

A. Z_1、Z_2 阻抗角相等

B. Z_1、Z_2 阻抗角相差 $90°$

C. Z_1、Z_2 无任何约束条件　　　　　　　　D. 不确定

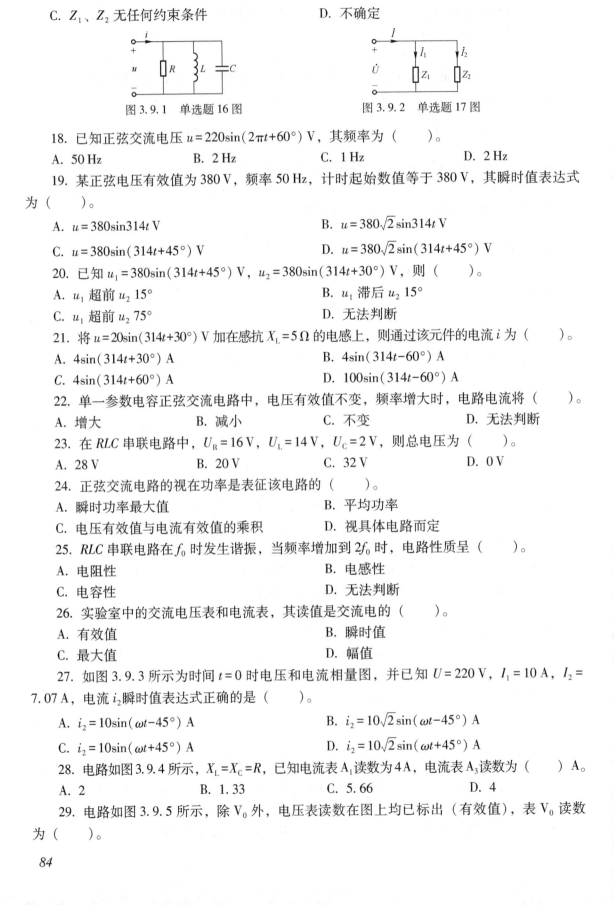

图 3.9.1　单选题 16 图　　　　　　　　　图 3.9.2　单选题 17 图

18. 已知正弦交流电压 $u=220\sin(2\pi t+60°)$ V，其频率为（　　）。

A. 50 Hz　　　　　B. 2 Hz　　　　　C. 1 Hz　　　　　D. 2 Hz

19. 某正弦电压有效值为 380 V，频率 50 Hz，计时起始数值等于 380 V，其瞬时值表达式为（　　）。

A. $u=380\sin314t$ V

B. $u=380\sqrt{2}\sin314t$ V

C. $u=380\sin(314t+45°)$ V

D. $u=380\sqrt{2}\sin(314t+45°)$ V

20. 已知 $u_1=380\sin(314t+45°)$ V，$u_2=380\sin(314t+30°)$ V，则（　　）。

A. u_1 超前 u_2 15°

B. u_1 滞后 u_2 15°

C. u_1 超前 u_2 75°

D. 无法判断

21. 将 $u=20\sin(314t+30°)$ V 加在感抗 $X_L=5\,\Omega$ 的电感上，则通过该元件的电流 i 为（　　）。

A. $4\sin(314t+30°)$ A

B. $4\sin(314t-60°)$ A

C. $4\sin(314t+60°)$ A

D. $100\sin(314t-60°)$ A

22. 单一参数电容正弦交流电路中，电压有效值不变，频率增大时，电路电流将（　　）。

A. 增大　　　　　B. 减小　　　　　C. 不变　　　　　D. 无法判断

23. 在 RLC 串联电路中，$U_R=16$ V，$U_L=14$ V，$U_C=2$ V，则总电压为（　　）。

A. 28 V　　　　　B. 20 V　　　　　C. 32 V　　　　　D. 0 V

24. 正弦交流电路的视在功率是表征该电路的（　　）。

A. 瞬时功率最大值

B. 平均功率

C. 电压有效值与电流有效值的乘积

D. 视具体电路而定

25. RLC 串联电路在 f_0 时发生谐振，当频率增加到 $2f_0$ 时，电路性质呈（　　）。

A. 电阻性

B. 电感性

C. 电容性

D. 无法判断

26. 实验室中的交流电压表和电流表，其读值是交流电的（　　）。

A. 有效值

B. 瞬时值

C. 最大值

D. 幅值

27. 如图 3.9.3 所示为时间 $t=0$ 时电压和电流相量图，并已知 $U=220$ V，$I_1=10$ A，$I_2=7.07$ A，电流 i_2 瞬时值表达式正确的是（　　）。

A. $i_2=10\sin(\omega t-45°)$ A

B. $i_2=10\sqrt{2}\sin(\omega t-45°)$ A

C. $i_2=10\sin(\omega t+45°)$ A

D. $i_2=10\sqrt{2}\sin(\omega t+45°)$ A

28. 电路如图 3.9.4 所示，$X_L=X_C=R$，已知电流表 A_1 读数为 4A，电流表 A_3 读数为（　　）A。

A. 2　　　　　B. 1.33　　　　　C. 5.66　　　　　D. 4

29. 电路如图 3.9.5 所示，除 V_0 外，电压表读数在图上均已标出（有效值），表 V_0 读数为（　　）。

A. 60 V　　　　　B. 80 V　　　　　C. 40 V　　　　　D. 160 V

图 3.9.3　单选题 27 图

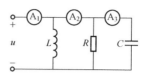

图 3.9.4　单选题 28 图

30. 电路如图 3.9.6 所示，除 A_0 外，电流表读数在图上均已标出（有效值），表 A_0 读数为（　　）。

A. 6 A　　　　　B. 8 A　　　　　C. 2 A　　　　　D. 3A

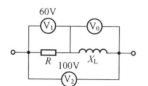

图 3.9.5　单选题 29 图

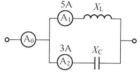

图 3.9.6　单选题 30 图

31. 如图 3.9.7 所示电路，$R = 40\,\Omega$，$L = 223\,\text{mH}$，$C = 79.6\,\mu\text{F}$，$u = 311\sin(314t)\,\text{V}$，有功功率 P 为（　　）W。

A. 774.4　　　　　B. 574.4　　　　　C. 900　　　　　D. 350

32. RLC 串联交流电路，当电源频率大于电路谐振频率时，电路性质为（　　）。

A. 纯电阻性　　　　B. 容性　　　　C. 感性　　　　D. 不确定性

33. 用相量表示正弦电压 $u = 537\sin(\omega t - 90°)\,\text{V}$ 时，可写作（　　）。

A. $\dot{U} = 537\angle -90°\,\text{V}$　　　　　　　B. $\dot{U} = 537\angle 90°\,\text{V}$

C. $\dot{U} = 380\angle -90°\,\text{V}$　　　　　　　D. $\dot{U} = 380\angle 90°\,\text{V}$

34. 如图 3.9.8 所示正弦交流电路，已知 $I = 8\,\text{A}$，$I_1 = 6\,\text{A}$，则 $I_2 =$（　　）。

A. 10 A　　　　　B. 14 A　　　　　C. 2 A　　　　　D. $4\sqrt{2}$ A

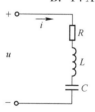

图 3.9.7　单选题 31 图

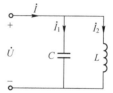

图 3.9.8　单选题 34 图

35. 以下关于谐振电路的描述中，正确的是（　　）。

A. 并联谐振又称为电流谐振，电路中总的视在功率为零

B. 串联谐振又称为电流谐振，电路中总的视在功率为零

C. 串联谐振又称为电压谐振，电路中总的无功功率为零

D. 并联谐振又称为电压谐振，电路中总的无功功率为零

二、判断题

1. 电容的有功功率为零。（　　　）

2. 在直流稳态电路中，电容相当于短路。（　　　）

3. 电感元件上的电压与电流相位相同。（　　　）

4. 电感元件上的瞬时功率始终大于或等于零。（　　　）

5. 纯电感是一个非耗能元件，它和电源之间仅进行能量交换。（　　　）

6. 把 $25\,\mu F$ 电容接在频率 $50\,Hz$、电压有效值 $10\,V$ 的正弦电源上，电流有效值为 $78.5\,mA$。（　　　）

7. RLC 串联谐振时，电路不存在无功功率。（　　　）

8. RLC 串联谐振时，电源只和电容元件进行能量交换。（　　　）

9. 电路发生谐振时，总电压和总电流相位差不为零。（　　　）

10. 世界上所有国家的电力标准频率均为 $50\,Hz$。（　　　）

11. 正弦量的三个要素指幅值、初相位和频率。（　　　）

12. 一般交流电流表和电压表的刻度是根据有效值来确定的。（　　　）

13. 串联阻抗具有分压作用。（　　　）

14. 串联阻抗的等效复阻抗等于各复阻抗之和。（　　　）

15. 并联阻抗具有分流作用。（　　　）

16. 正弦交流电路计算中各元件的伏安关系必须采用相量式表示。（　　　）

17. 若正弦量用相量表示，电路参数用复数阻抗表示，则直流电路中介绍的基本定律、定理及各种分析方法在正弦交流电路中都能使用。（　　　）

18. 对电源内阻抗为复数阻抗的正弦交流电路，负载获得最大有功功率的条件是负载阻抗等于电源内阻抗。（　　　）

19. 负载的功率因数越大，说明负载的有功功率与视在功率的比值越大。（　　　）

20. 两个复阻抗串联，则阻抗模大的负载消耗有功功率大。（　　　）

21. 电路发生串联谐振时阻抗最小，电流最大。（　　　）

22. 串联谐振又称为电压谐振，因为可以在电感和电容元件两端获得高于电源的电压。（　　　）

23. 并联谐振发生时电路中阻抗为近似最大值。（　　　）

24. 并联谐振又称为电流谐振。（　　　）

25. 电路发生并联谐振时，整个电路呈现电阻性。（　　　）

26. 电感元件的正弦交流电路中，消耗的有功功率等于零。（　　　）

27. 因为正弦量可以用相量来表示，所以说相量就是正弦量。（　　　）

28. 电压三角形是相量图，阻抗三角形也是相量图。（　　　）

29. 正弦交流电路的视在功率等于有功功率和无功功率之和。（　　　）

三、计算题

1. 已知两个同频正弦电流的相量分别为 $\dot{I}_1 = 5\angle 30°\,A$，$\dot{I}_2 = -10\angle -150°\,A$，其频率 $f = 50\,Hz$。试求：（1）两电流的瞬时值表达式；（2）两电流的相位差。

2. 已知某一支路的电压和电流分别为 $u = 10\sin(1000t - 30°)\,V$，$i = 50\cos(1000t - 50°)\,A$。试完成：（1）绘制两者的波形图，求出两者的有效值、频率和周期；（2）写出两者的相量表达式，求出相位差并且绘制相量图；（3）如果把电压 u 的参考方向反向，重新计算（1）、（2）。

3. 某一元件的电压和电流取关联的参考方向时，若分别为下列 4 种情况，则它可能是什么元件？

$$(1)\begin{cases}u=10\cos(10t+45°)\text{ V}\\i=5\sin(10t+135°)\text{ A}\end{cases}$$

$$(2)\begin{cases}u=10\cos t\text{ V}\\i=5\sin t\text{ A}\end{cases}$$

$$(3)\begin{cases}u=10\sin314t\text{ V}\\i=5\cos314t\text{ A}\end{cases}$$

$$(4)\begin{cases}u=10\sin(314t+45°)\text{ V}\\i=5\sin314t\text{ A}\end{cases}$$

4. 如图 3.9.9 所示 RLC 并联电路中, 电流表 A 和 A_1 读数均为 5 A, A_2 读数为 3 A。求电流表 A_3 的读数。

5. 如图 3.9.10 所示电路为用 3 个电流表测线圈参数的实验线路。已知电源频率 $f=50$ Hz, 图中电流表 A_1 和 A_2 的读数均为 10 A, A 的读数为 17.32 A。试求线圈电阻 R 和电感 L。

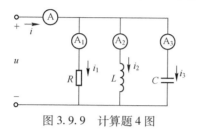

图 3.9.9　计算题 4 图

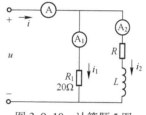

图 3.9.10　计算题 5 图

6. 在如图 3.9.11 所示交流电流中, 已知 $u=220\sqrt{2}\sin314t$ V, $R=100$ Ω, $C=33$ μF, $L=100$ mH, 求电路的总阻抗 Z 的阻抗模和阻抗角, 并指出该电路的性质为纯阻性、感性还是容性。(结果保留小数点后一位)

7. 在如图 3.9.12 所示交流电路中, 已知 $\dot{U}=100$ V, $Z_1=(20-\text{j}40)$ Ω, $Z_2=(40+\text{j}120)$ Ω, 则 $\dot{U}_1$ 的有效值和初相位为多少? $\dot{U}_2$ 的有效值和初相位为多少? (结果保留小数点后一位)

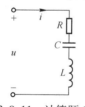

图 3.9.11　计算题 6 图

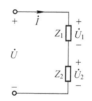

图 3.9.12　计算题 7 图

8. 如图 3.9.13 所示, 已知 $u=220\sqrt{2}\sin314t$ V, $L=500$ mH, $R=100$ Ω, $Z=(30+\text{j}40)$ Ω, 求电压 u_R。

9. 已知两个正弦交流电流 $i_1=8\sin(\omega t+60°)$ A 和 $i_2=6\sin(\omega t-30°)$ A, 计算电流 $i=i_1+i_2$ 为多少?

10. 电路如图 3.9.14 所示, 除 A_0 和 V_0 外, 其余电流表和电压表读数在图中都已标出 (都是正弦量的有效值), 求电流表 A_0 和电压表 V_0 的读数。

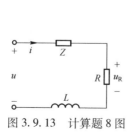

图 3.9.13　计算题 8 图

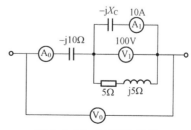

图 3.9.14　计算题 10 图

第4章 三相交流电路

思政引例

不畏浮云遮望眼，自缘身在最高层。

——王安石

鲍里斯·谢苗诺维奇·雅可比（M. H. Jacobi）　　　直流电动机（1834）

塞缪尔·莫尔斯（Samuel Finley Breese Morse）　　　有线电报机与电码（1837）

　　自从19世纪末俄罗斯学者多利沃·多布罗沃尔斯基始创三相电以来，三相电路就一直占据着交流电力系统的大部分领域。在生产和生活中，我们会发现采用三相四线制供电的同一栋楼内的灯有某一层或几层彻底熄灭，其他层的灯却能正常工作；有时也会发现某几层的灯突然暗下来，其他层的灯仍能够正常工作；有时还会发现某几层的灯彻底熄灭，而另外几层的灯均暗下来等不正常的现象。发生故障的原因是什么？如何解决？采用三相供电，是因为它与单相供电相比具有一系列优势：在发电方面，发出相同电能的情况下，三相发电机要比单相节省材料；在输电方面，相同距离、功率条件下，三相比单相输电节约大量的有色金属，更为经济；在用电方面，三相电动机具有结构简单、运行可靠、维护方便等优点。相比于工业和民用供电系统，飞机对于发电设备重量、体积、结构、效率及电动机起动、力矩、可靠性等有更高的要求，因此飞机的交流供电系统目前基本上都采用三相制。单相交流电路是对一个交流电源而言的。若将幅值相等、频率相同、相位互差120°的三个交流电动势连接起来组成三相交流电源，由三相交流电源供电的电路就是三相交流电路。本章由介绍三相电源的星形和三角形联结出发，引出相线、中性线（零线）、相电压和线电压的概念，导出相电压和线电压的关系。由于负载有对称和不对称之分，所以分别分析三相三线制和三相四线制接法，介绍三相交流电的分析方法；最后介绍安全用电及电力系统供电和配电知识，为理解电能产生、传输、变换和安全使用打下基础。

　　通过学习三相电源及三相负载的概念，修正学生头脑中数学和工程实际问题之间割裂的状态，建立起数学是解决工程问题的工具，工程问题要用数学语言来表述的概念，帮助学生进一步厘清大学期间各门课程之间的逻辑性和衔接性，提升学习动力。通过本章学习，读者应了解三相电源星形和三角形联结的特点，理解相电压和线电压的关系，理解三相电源电压对称和三相负载对称的含义，理解三相三线制和三相四线制以及中性线的作用；掌握三相电路的分析方法，注意相电压和线电压之间、相电流和线电流之间的关系以及计算三相功率时的三个"$\sqrt{3}$"；了解电力系统供电和配电的基本知识，理解保护接地与接零的意义和特点；了解三相电路在发电、输电、用电方面的作用和意义。

学习目标：

1. 了解三相电产生的基本原理，理解三相电对称性的特点。

2. 理解对称三相负载星形联结和三角形联结时线电压与相电压、线电流与相电流之间的关系。

3. 掌握三相四线制供电系统中单相及三相负载的正确连接方法，了解中性线的作用。

4. 掌握对称三相电路电压、电流及功率计算。

素养目标：

1. 以三相交流电路规范为主题，进行职业规范教育，比对"规范"和"不规范"行为，使学生树立标准意识、法治意识。

2. 理解三相电路的中性线作用，中性线为何不可以断开，寻求解决方案或思路，最后由实验进行验证或探究。让同学们深刻体会到"纸上得来终觉浅，绝知此事要躬行"的道理，培养正确的科学研究思维。

4.1　三相电源

　　三相交流电是民用、工业用电的主要电源，其发电方式多种多样。发电厂将水能（水力发电）、热能（火力发电）、核能（核能发电）、风能（风力发电）等转换成机械能，然后带动三相发电机旋转将机械能转换成电能。现今世界上绝大多数供电系统采用的都是三相制系统，这是因为三相制系统在发电、输电以及电能转换为机械能方面都具有明显的优越性。同样尺寸的三相交流发电机的额定容量要比单相交流发电机的额定容量大。三相输电比单相输电经济，生产上常用的三相异步电动机具有结构简单、价格便宜且性能优良等特点。由三相交流电源和三相负载连接而成的电路称为三相交流电路。了解由发电、输电、用电部分构成的三相电路具有重要实际意义。图 4.1.1 是三相交流发电机原理图，其主要组成部分是定子和转子。定子是固定的，图中 U_1U_2、V_1V_2、W_1W_2 是完全相同的三个定子绕组，彼此相差 120°，安放在定子铁心的槽内，分别称为 U 相、V 相和 W 相绕组，其中 U_1、V_1、W_1 是始端，U_2、V_2、W_2 是末端。转子是可以转动的，其上绕有励磁绕组，用直流激励。励磁绕组产生恒定磁场（方向如图中虚线所示）。选择合适的极面形状和励磁绕组的布置情况，可使空气隙中的磁感应强度按正弦规律分布。当原动机（汽轮机、水轮机等）带动转子匀速地按顺时针方向旋转时，每一相绕组依次切割磁力线，所以将分别感生出频率相同、幅值相等而相位依次相差 120°的正弦电动势。

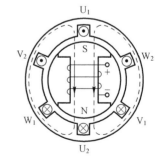

图 4.1.1　三相交流发电机原理图

　　三相电源是由三相交流发电机产生的，分别用 u_U、u_V、u_W 三个电压源表示。实际工程中，常用不同的颜色区别这三相电源，如黄色代表 U 相、绿色代表 V 相、红色代表 W 相。

以 U 相为参考正弦量，则其波形表示和相量图如图 4.1.2a、b 所示，电压公式为

$$\begin{cases} u_{\mathrm{U}} = E_{\mathrm{m}}\sin\omega t = U_{\mathrm{m}}\sin\omega t = U_{\mathrm{m}}\sin\omega t = \sqrt{2}\,U\sin\omega t \\ u_{\mathrm{V}} = E_{\mathrm{m}}\sin(\omega t - 120°) = U_{\mathrm{m}}\sin(\omega t - 120°) = \sqrt{2}\,U\sin(\omega t - 120°) \\ u_{\mathrm{W}} = E_{\mathrm{m}}\sin(\omega t + 120°) = U_{\mathrm{m}}\sin(\omega t + 120°) = \sqrt{2}\,U\sin(\omega t + 120°) \end{cases} \quad (4.1.1)$$

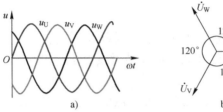

图 4.1.2 三相电源波形图和相量图

a）波形 b）相量图

这组电压称为对称三相电压，其相量表达式为

$$\begin{cases} \dot{U}_{\mathrm{U}} = \dfrac{U_{\mathrm{m}}}{\sqrt{2}} \angle 0° = U \angle 0° \\[2mm] \dot{U}_{\mathrm{V}} = \dfrac{U_{\mathrm{m}}}{\sqrt{2}} \angle -120° = U \angle -120° \\[2mm] \dot{U}_{\mathrm{W}} = \dfrac{U_{\mathrm{m}}}{\sqrt{2}} \angle 120° = U \angle 120° \end{cases} \quad (4.1.2)$$

通常规定各相电动势的参考方向为由绕组末端指向始端，于是各相相电压的参考方向就由绕组的始端指向末端。由于发电机绕组上内阻抗电压降较其相电压小得多，可以忽略不计，所以相电压和对应电动势基本上相等。

通过计算可以得出对称三相电源的特点为

$$\begin{cases} \dot{U}_{\mathrm{U}} + \dot{U}_{\mathrm{V}} + \dot{U}_{\mathrm{W}} = 0 \\ u_{\mathrm{U}} + u_{\mathrm{V}} + u_{\mathrm{W}} = 0 \end{cases} \quad (4.1.3)$$

三相电源中每相电压依次出现正幅值（或相应零值）的顺序称为相序。图 4.1.2b 所示的三相电压的相序称为正序或顺序，即 U 相超前 V 相 120°、V 相超前 W 相 120°。任意两相相序对调，就变成负序或逆序，本书中若无特别说明，三相电源均指正序。

4.1.1 三相电源星形联结

如图 4.1.3 所示，如果将三相电源的三个末端 U_2、V_2、W_2 连接在一起形成一个公共点 N，而从三相电源的三个首端 U_1、V_1、W_1 向外引出三条输出线，这就构成三相电源星形（Y）联结。公共点 N 称为中性点，由中性点引出的线称为中性线，也称为零线。由三个首端引出的线称为相线。相线与中性线之间的电压称为相电压，分别用 $\dot{U}_{\mathrm{U}}$、$\dot{U}_{\mathrm{V}}$ 和 $\dot{U}_{\mathrm{W}}$ 表示；相线与相线之间的电压称为线电压，分别用 $\dot{U}_{\mathrm{UV}}$、$\dot{U}_{\mathrm{VW}}$ 和 $\dot{U}_{\mathrm{WU}}$ 表示。经常用 U_{P} 表示相（Phase）电压的有效值，U_{L} 表示线（Line）电压的有效值。

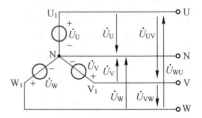

图 4.1.3 三相电源星形联结

若三相电动势对称，则三相电压对称。通常以 U 相为参考，$\dot{U}_U = U_P \angle 0°$，$\dot{U}_V = U_P \angle -120°$，$\dot{U}_W = U_P \angle 120°$，相量图如图 4.1.4 所示，根据基尔霍夫电压定律，线电压与相电压的关系为

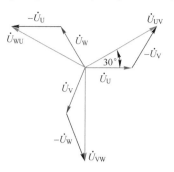

$$\begin{cases} \dot{U}_{UV} = \dot{U}_U - \dot{U}_V \\ \dot{U}_{VW} = \dot{U}_V - \dot{U}_W \\ \dot{U}_{WU} = \dot{U}_W - \dot{U}_U \end{cases} \quad (4.1.4)$$

根据图 4.1.4 相量图，将式（4.1.4）进一步化简得到

$$\begin{cases} \dot{U}_{UV} = \dot{U}_U - \dot{U}_V = \sqrt{3}\, U_P \angle 30° = \sqrt{3}\, \dot{U}_U \angle 30° \\ \dot{U}_{VW} = \dot{U}_V - \dot{U}_W = \sqrt{3}\, U_P \angle -90° = \sqrt{3}\, \dot{U}_V \angle 30° \quad (4.1.5) \\ \dot{U}_{WU} = \dot{U}_W - \dot{U}_U = \sqrt{3}\, U_P \angle 150° = \sqrt{3}\, \dot{U}_W \angle 30° \end{cases}$$

图 4.1.4　三相电源星形联结相量图

由此可见，三相电源星形联结时，若相电压是对称的，那么线电压也一定是对称的，并且，在数值上线电压是相电压的 $\sqrt{3}$ 倍，在相位上线电压超前于相应相电压 30°。

4.1.2　三相电源三角形联结

如图 4.1.5 所示，如果将三相电源三个首、尾端依次相接，组成一个回路，再从三个连接点向外引出三条输出线，这就构成三相电源的三角形（△）联结。

三角形联结的三相电源，其线电压等于相应相电压，即

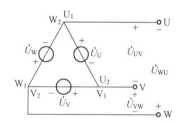

$$\begin{cases} \dot{U}_{UV} = \dot{U}_U \\ \dot{U}_{VW} = \dot{U}_V \quad (4.1.6) \\ \dot{U}_{WU} = \dot{U}_W \end{cases}$$

图 4.1.5　三相电源三角形联结

【练习与思考】

1）发电机的三相绕组连成星形时，如将 U_1、V_1、W_1 连成一点（作为中性点），是否也可产生对称三相电源？如误将 U_1、V_1、W_1 连成一点，是否也可产生对称三相电压？

2）三相电源星形联结时，若线电压 $u_{VU} = 380° \sqrt{2} \sin(\omega t + 30°)$ V，写出线电压、相电压的相量表达式，并绘制相量图。

4.2　三相负载的联结

视频
三相负载的联结

由三相电源供电的负载称为三相负载。三相负载一般可分为两种，一种三相负载是一个整体，各相必须同时接在三相电源上才能工作，如三相电动机、大功率三相电阻炉等，这类负载的特点是每相的阻抗相等（不仅大小相等，而且阻抗角也相同），称为对称三相负载；另一种负载如电灯、家用电器等，它们只需由单相电源供电即可工作，但为了使三相电源供电均衡，许多这样的单相负载实际上是大致平均分配到三相电源的三个相上，这类负载三个相的阻抗一般不可能相等，属于不对称三相负载。三相负载的基本连接方式有星形和三角形两种。如图 4.2.1 所示为负载星形联结示意图。

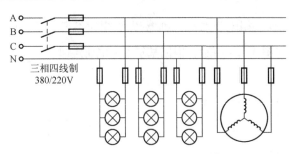

图 4.2.1　负载星形联结示意图

4.2.1　负载星形联结

图 4.2.2 所示电路中，将三个负载 Z_U、Z_V、Z_W 一端连在一起接到电源的中性线上，另一端分别连到电源的三根相线上，这种连接方式称为负载星形联结。此电路用四根导线把电源和负载连接起来，称为三相四线制电路。若把中性线去掉，只用三根线连接电源和负载，则称为三相三线制电路。

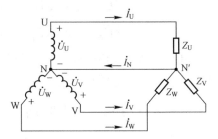

图 4.2.2　负载星形联结

在三相电路中，三根相线中的电流称为线电流，用 $\dot{I}_U$、$\dot{I}_V$、$\dot{I}_W$ 表示。中性线中的电流称为中性线电流，用 $\dot{I}_N$ 表示。每相负载中的电流称为相电流，每相负载两端的电压称为负载相电压。很显然，负载为星形联结时，每相负载的相电流等于线电流。

1. 对称负载星形联结三相电路

所谓对称负载是指三相负载复阻抗相同，即 $Z_U = Z_V = Z_W$，亦即 $|Z_U| = |Z_V| = |Z_W| = Z$，$\varphi_U + \varphi_V + \varphi_W = \varphi$。

由于三相电源相电压是对称的，所以接上对称负载时，各相电流 $\dot{I}_U$、$\dot{I}_V$、$\dot{I}_W$ 也是对称的，即各相电流有效值相等，相位互差 120°。所以计算对称三相电路，只需计算一相即可。

例如：

$$\dot{I}_U = \frac{\dot{U}_U}{Z_U} = \frac{U_P \angle 0°}{|Z_U| \angle \varphi_U} = \frac{U_P \angle 0°}{|Z| \angle \varphi} = I_P \angle -\varphi$$

根据对称性，可得

$$\dot{I}_V = \dot{I}_U \angle -120° = I_P \angle -\varphi -120°$$

$$\dot{I}_W = \dot{I}_U \angle +120° = I_P \angle -\varphi +120°$$

电压、电流的相量图如图 4.2.3 所示。

此时，中性线电流 $\dot{I}_N = \dot{I}_U + \dot{I}_V + \dot{I}_W = 0$，即对称三相电路中的中性线电流为零。也就是说，将中性线断开并不会影响电路的工作状态。因此，三相对称负载星形联结时可采用三相三线制，如三相异步电动机、三相电炉只需要三根线与电源相连。

2. 不对称负载星形联结三相电路

当三相负载不对称时，各相负载中的电流为

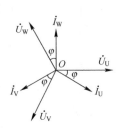

图 4.2.3　电压、电流相量图

$$\begin{cases} \dot{I}_{\mathrm{U}} = \dfrac{\dot{U}_{\mathrm{U}}}{Z_{\mathrm{U}}} = \dfrac{U_{\mathrm{P}} \angle 0^{\circ}}{|Z_{\mathrm{U}}| \angle \varphi_{\mathrm{U}}} = \dfrac{U_{\mathrm{P}}}{|Z_{\mathrm{U}}|} \angle (0^{\circ} - \varphi_{\mathrm{U}}) \\[3mm] \dot{I}_{\mathrm{V}} = \dfrac{\dot{U}_{\mathrm{V}}}{Z_{\mathrm{V}}} = \dfrac{U_{\mathrm{P}} \angle -120^{\circ}}{|Z_{\mathrm{V}}| \angle \varphi_{\mathrm{V}}} = \dfrac{U_{\mathrm{P}}}{|Z_{\mathrm{V}}|} \angle (-120^{\circ} - \varphi_{\mathrm{V}}) \\[3mm] \dot{I}_{\mathrm{W}} = \dfrac{\dot{U}_{\mathrm{W}}}{Z_{\mathrm{W}}} = \dfrac{U_{\mathrm{P}} \angle 120^{\circ}}{|Z_{\mathrm{W}}| \angle \varphi_{\mathrm{W}}} = \dfrac{U_{\mathrm{P}}}{|Z_{\mathrm{W}}|} \angle (120^{\circ} - \varphi_{\mathrm{W}}) \end{cases} \quad (4.2.1)$$

可见，其相电流不再对称，故中性线电流也不再等于零，所以中性线不可省去。例如，照明与动力混合用的三相低压供电系统通常采用三相四线制。中性线的作用就是强制使电源中性点的电位等于负载中性点的电位，使三相不对称负载承受对称的电源相电压。

特别提示

中性线省去后，三个相电流便借助于各相线及各相负载互成回路。任一瞬间三相电流符合基尔霍夫电流定律。

中性线的作用在于使不对称负载的相电压保持对称。为此，《电力安全工作规程 电力线路部分》中规定：在三相四线制供电系统中，不准在中性线安装开关和熔断器。

例 4.2.1 如图 4.2.4a 所示对称三相电路，负载的每相阻抗 $Z = (6+\mathrm{j}8)\ \Omega$，每个相线阻抗 $Z_{\mathrm{L}} = (1+\mathrm{j})\Omega$，电源线电压有效值为 380 V，求负载各相电流、每条相线中的电流以及负载各相电压。

解： 由已知 $U_{\mathrm{L}} = 380\ \mathrm{V}$，得

$$U_{\mathrm{P}} = \frac{U_{\mathrm{L}}}{\sqrt{3}} = \frac{380}{\sqrt{3}}\ \mathrm{V} = 220\ \mathrm{V}$$

由于负载对称，所以可以单独计算一相。画出 U 相电路如图 4.2.4b 所示。

设 $\dot{U}_{\mathrm{U}} = 220 \angle 0^{\circ}\ \mathrm{V}$，则

$$\dot{I}_{\mathrm{UN}} = \frac{\dot{U}_{\mathrm{U}}}{Z_{\mathrm{L}} + Z} = \frac{220 \angle 0^{\circ}}{(6+\mathrm{j}8) + (1+\mathrm{j})}\ \mathrm{A} = 19.3 \angle -52.1^{\circ}\ \mathrm{A}$$

U 相负载相电压为

$$\dot{U}_{\mathrm{UN}} = \dot{I}_{\mathrm{UN}} Z = 19.3 \angle -52.1^{\circ} \times (6+\mathrm{j}8)\ \mathrm{V} = 193 \angle 1^{\circ}\ \mathrm{V}$$

因为负载是星形联结，所以

$$\dot{I}_{\mathrm{U}} = \dot{I}_{\mathrm{UN}} = 19.3 \angle -52.1^{\circ}\ \mathrm{A}$$

而 V 相和 W 相电流、电压可根据对称性推得

$$\dot{I}_{\mathrm{V}} = \dot{I}_{\mathrm{VN}} = 19.3 \angle -172.1^{\circ}\ \mathrm{A}, \quad \dot{U}_{\mathrm{VN}} = 193 \angle -119^{\circ}\ \mathrm{V}$$

$$\dot{I}_{\mathrm{W}} = \dot{I}_{\mathrm{WN}} = 19.3 \angle 67.9^{\circ}\ \mathrm{A}, \quad \dot{U}_{\mathrm{WN}} = 193 \angle 121^{\circ}\ \mathrm{V}$$

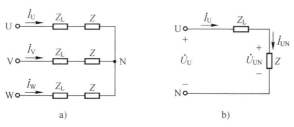

图 4.2.4 例 4.2.1 电路图

例 4.2.2 如图 4.2.5 所示，电源电压对称，每相电压 $U_P = 220\,V$，负载为电灯组，其电阻分别为 $R_U = 5\,\Omega$，$R_V = 10\,\Omega$，$R_W = 20\,\Omega$。电灯的额定电压为 I_{VZ}。求：

(1) 负载相电压、负载中流过的电流及中性线电流。

(2) U 相短路而中性线未断开时，各相负载的相电压和负载中流过的电流。

(3) U 相短路而中性线又断开时，各相负载的相电压和负载中流过的电流。

(4) U 相断开而中性线未断开时，各相负载的相电压和负载中流过的电流。

(5) U 相断开而中性线又断开时，各相负载的相电压和负载中流过的电流。

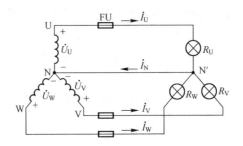

图 4.2.5 例 4.2.2 电路图

解： (1) 负载的相电压对称，其有效值为 220 V。各相负载中流过的电流分别为

$$\begin{cases} \dot{I}_U = \dfrac{\dot{U}_U}{R_U} = \dfrac{220\angle 0^\circ}{5\angle 0^\circ}\,A = 44\angle 0^\circ\,A \\[3mm] \dot{I}_V = \dfrac{\dot{U}_V}{R_V} = \dfrac{220\angle -120^\circ}{10\angle 0^\circ}\,A = 22\angle -120^\circ\,A \\[3mm] \dot{I}_W = \dfrac{\dot{U}_W}{R_W} = \dfrac{220\angle 120^\circ}{20\angle 0^\circ}\,A = 11\angle 120^\circ\,A \end{cases}$$

中性线电流为

$$\dot{I}_N = \dot{I}_U + \dot{I}_V + \dot{I}_W = (44\angle 0^\circ + 22\angle -120^\circ + 11\angle 120^\circ)\,A = 29.1\angle -19^\circ\,A$$

(2) U 相短路，中性线又尚未断开时，由于短路电流极大，将 U 相中的熔断器 FU 熔断，因此 U 相中无电流流过。V 相和 W 相未受影响，即

$$\dot{U}_V = 220\angle -120^\circ\,V, \quad \dot{U}_W = 220\angle 120^\circ\,V$$

$$\dot{I}_V = 22\angle -120^\circ\,A, \quad \dot{I}_W = 11\angle 120^\circ\,A$$

(3) U 相短路，中性线又断开时（见图 4.2.6），负载的中性点 N 即为 U 点，各相负载的相电压为 $\dot{U}'_U = 0$，$\dot{U}'_V = \dot{U}_{VU}$，$U'_V = 380\,V$，$\dot{U}'_W = \dot{U}_{WU}$，$U'_W = 380\,V$。此时，电灯组上所加电压已超过电灯的额定电压，这是不允许的。

(4) U 相断开，中性线又尚未断开时，V 相和 W 相未受影响。

(5) U 相断开，中性线又断开时，该电路已成为单相电路，即 V 相的电灯组和 W 相的电灯组串联接

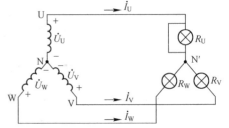

图 4.2.6 U 相短路无中性线

在线电压 $U_{VW} = 380\text{ V}$ 的电源上，两相负载中的电流相同，两相电压的有效值分别为

$$U_V = \frac{R_V}{R_V + R_W} U_{VW} = \frac{10}{10+20} \times 380\text{ V} = 127\text{ V}$$

$$U_W = \frac{R_W}{R_V + R_W} U_{VW} = \frac{20}{10+20} \times 380\text{ V} = 254\text{ V}（该相电压高于电灯的额定电压）$$

从上面这个例子可以看出：

1）负载不对称而又没有中性线时，负载的相电压就不对称，势必引起有的相电压过高，高于负载的额定电压；有的相电压过低，低于负载的额定电压。这都是不容许的，因此要求三相负载的相电压必须对称。

2）中性线的作用就在于使星形联结的不对称负载承受对称的相电压。因此，中性线上不能安装熔断器或开关。

4.2.2 负载三角形联结

负载三角形联结的三相电路一般可用图 4.2.7 所示的电路来表示，各相负载的相电流及线电流在图中分别用 $\dot{I}_{UV}$、$\dot{I}_{VW}$、$\dot{I}_{WU}$ 和 $\dot{I}_U$、$\dot{I}_V$、$\dot{I}_W$ 表示。很显然，负载为三角形联结时，由于各相负载都直接接在电源的线电压上，所以负载的相电压等于电源的线电压。因此，不论负载对称与否，其相电压总是对称的。但相电流和线电流是不一样的。

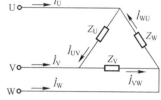

图 4.2.7 三相负载三角形联结

1. 对称负载三角形联结三相电路

当负载对称，即 $Z_U = Z_V = Z_W = Z = |Z| \angle \varphi$ 时，由于负载相电压是对称的，故相电流也是对称的。设相电流 $\dot{I}_{UV} = \dfrac{\dot{U}_{UV}}{Z_U} = I_P \angle 0° \text{ A}$，则 $\dot{I}_{VW} = I_P \angle -120° \text{ A}$，$\dot{I}_{WU} = I_P \angle 120° \text{ A}$，电源的线电流为

$$\begin{cases} \dot{I}_U = \dot{I}_{UV} - \dot{I}_{WU} = \sqrt{3} I_P \angle -30° = \sqrt{3} \dot{I}_{UV} \angle -30° \\ \dot{I}_V = \dot{I}_{VW} - \dot{I}_{UV} = \sqrt{3} I_P \angle -150° = \sqrt{3} \dot{I}_{VW} \angle -30° \\ \dot{I}_W = \dot{I}_{WU} - \dot{I}_{VW} = \sqrt{3} I_P \angle 90° = \sqrt{3} \dot{I}_{WU} \angle -30° \end{cases} \quad (4.2.2)$$

式（4.2.2）表明，对称负载三角形联结时，线电流也是对称的，且在数值上线电流是相电流的 $\sqrt{3}$ 倍，在相位上线电流滞后于相应的相电流 30°。相量图如图 4.2.8 所示。

2. 不对称负载三角形联结三相电路

当负载不对称时，尽管负载的相电压是对称的，但相电流不再对称，因此，线电流也不再对称，数值上不能简单地套用 $\sqrt{3}$ 倍的关系，只能逐相分别进行计算。

【练习与思考】

1）低压供电系统多采用三相四线制的原因是什么？在此供电制下，线电流、相电流一定对称吗？中性性电流一定为零吗？试举例说明。

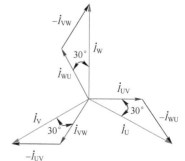

图 4.2.8 三角形联结对称电流相量图

2）在三相四线制电路中，为什么中性线上不能接开关，也不能接熔断器？

3）三相四线制供电系统中，中性线上的电流等于三相负载电流之和，所以中性线的截面积应选得比相线的截面积更大，这种说法对吗？

4）三相不对称负载三角形联结时，若有一相断路，对其他两相的工作情况有影响吗？

视频
三相功率

4.3　三相功率

4.3.1　三相功率计算

在三相电路中，无论负载为星形联结还是三角形联结，三相负载所吸收的有功功率都等于各相有功功率之和，即

$$P = P_U + P_V + P_W = U_U I_{UV} \cos\varphi_U + U_V I_{VW} \cos\varphi_V + U_W I_{WU} \cos\varphi_W \tag{4.3.1}$$

式中，φ_U、φ_V、φ_W 分别为 U、V、W 相负载的相电压和相电流之间的相位差。

负载对称时，由于各相电压、电流的有效值相等，且各相电压与电流的相位差也相等，因而各相平均功率也相等，此时，三相平均功率为

$$P = 3P_P = 3U_P I_P \cos\varphi \tag{4.3.2}$$

式中，P_P 为一相的有功功率；φ 为负载相电压和相电流之间的相位差。在工程实际中，要同时测得负载的相电压和相电流有时会有些困难，下面推导有功功率与线电压和线电流之间的关系。

当对称负载为星形联结时

$$U_L = \sqrt{3} U_P, \quad I_L = I_P$$

当对称负载为三角形联结时

$$U_L = U_P, \quad I_L = \sqrt{3} I_P$$

无论对称负载是星形联结还是三角形联结，将上述关系代入式（4.3.2），则得

$$P = \sqrt{3} U_L I_L \cos\varphi \tag{4.3.3}$$

需要特别注意的是，式（4.3.3）仅适用于对称负载的情况，式中的 φ 仍然是相电压与相电流的相位差。

同理，三相电路的无功功率亦等于各相无功功率之和，即

$$Q = Q_U + Q_V + Q_W = U_U I_{UV} \sin\varphi_U + U_V I_{VW} \sin\varphi_V + U_W I_{WU} \sin\varphi_W \tag{4.3.4}$$

负载对称时，三相电路的无功功率为

$$Q = 3U_P I_P \sin\varphi = \sqrt{3} U_L I_L \sin\varphi \tag{4.3.5}$$

三相电路的视在功率为

$$S = \sqrt{P^2 + Q^2} \tag{4.3.6}$$

负载对称时，三相电路的视在功率为

$$S = 3U_P I_P = \sqrt{3} U_L I_L \tag{4.3.7}$$

特别提示

计算三相功率时 φ 是负载相电压和相电流之间的相位差，即阻抗角或功率因数角，而不是线电压和线电流之间的相位差。

例 4.3.1　图 4.3.1 所示电路中，电源的线电压对称，有效值为 380 V，试求下列几种情况

下的相电流、线电流及功率。

（1）$R_1 = R_2 = R_3 = 100\,\Omega$。

（2）$R_1 = R_2 = 100\,\Omega$，$R_3 = \infty$。

（3）$R_1 = 25\,\Omega$，$R_2 = 50\,\Omega$，$R_3 = 100\,\Omega$。

（4）U 相熔断器烧断，但 $R_1 = R_2 = R_3 = 100\,\Omega$。

解： 设线电压 $\dot{U}_{UV} = 380\angle 0°\,\text{V}$。

（1）由 $R_1 = R_2 = R_3 = 100\,\Omega$ 可知三相电路的负载是对称的，所以只需求一相的相电流。又由于负载是三角形联结，所以相电压等于线电压，相电流为

$$\dot{I}_{UV} = \frac{\dot{U}_{UV}}{R_1} = \frac{380\angle 0°}{100}\,\text{A} = 3.8\angle 0°\,\text{A}$$

$$\dot{I}_{VW} = \frac{\dot{U}_{VW}}{R_2} = \frac{380\angle -120°}{100}\,\text{A} = 3.8\angle -120°\,\text{A}$$

$$\dot{I}_{WU} = \frac{\dot{U}_{WU}}{R_3} = \frac{380\angle 120°}{100}\,\text{A} = 3.8\angle 120°\,\text{A}$$

线电流为

$$\dot{I}_U = \sqrt{3}\,\dot{I}_{UV}\angle -30° = \sqrt{3}\times 3.8\angle 0°\times\angle -30°\,\text{A} = 6.58\angle -30°\,\text{A}$$

$$\dot{I}_V = \sqrt{3}\,\dot{I}_{VW}\angle -30° = 6.58\angle -150°\,\text{A}$$

$$\dot{I}_W = \sqrt{3}\,\dot{I}_{WU}\angle -30° = 6.58\angle 90°\,\text{A}$$

三相总的有功功率　　　$P = \sqrt{3}\,U_L I_L\cos\varphi = \sqrt{3}\times 380\times 6.58\times 1\,\text{W} = 4.33\,\text{kW}$

（2）当 $R_1 = R_2 = 100\,\Omega$，$R_3 = \infty$ 时，相当于 U、W 相断路，此时

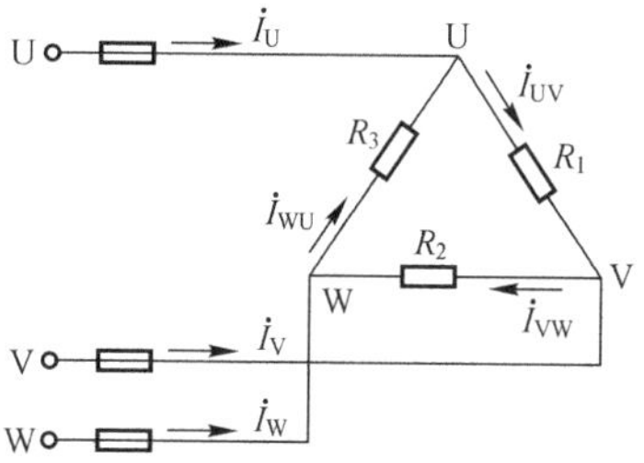

$$\dot{I}_U = \dot{I}_{UV} = \frac{\dot{U}_{UV}}{R_1} = \frac{380\angle 0°}{100}\,\text{A} = 3.8\angle 0°\,\text{A}$$

$$\dot{I}_{VW} = \frac{\dot{U}_{VW}}{R_2} = \frac{380\angle -120°}{100}\,\text{A} = 3.8\angle -120°\,\text{A}$$

$$\dot{I}_{WU} = 0$$

图 4.3.1　例 4.3.1 电路图

$$\dot{I}_V = \dot{I}_{VW} - \dot{I}_{UV} = (3.8\angle -120° - 3.8\angle 0°)\,\text{A} = 6.58\angle -150°\,\text{A}$$

$$\dot{I}_W = \dot{I}_{WU} - \dot{I}_{VW} = (0 - 3.8\angle -120°)\,\text{A} = 3.8\angle 60°\,\text{A}$$

三相总的有功功率

$$P = U_{UV}I_{UV}\cos\varphi_1 + U_{VW}I_{VW}\cos\varphi_2 + U_{WU}I_{WU}\cos\varphi_3$$
$$= (380\times 3.8\times 1 + 380\times 3.8\times 1)\,\text{W} = 2.89\,\text{kW}$$

（3）当 $R_1 = 25\,\Omega$，$R_2 = 50\,\Omega$，$R_3 = 100\,\Omega$ 时，相电流和线电流分别为

$$\dot{I}_{UV} = \frac{\dot{U}_{UV}}{R_1} = \frac{380\angle 0°}{25}\,\text{A} = 15.2\angle 0°\,\text{A}, \quad \dot{I}_U = \dot{I}_{UV} - \dot{I}_{WU} = 17.4\angle -10.9°\,\text{A}$$

$$\dot{I}_{VW} = \frac{\dot{U}_{VW}}{R_2} = \frac{380\angle -120°}{50}\,\text{A} = 7.6\angle -120°\,\text{A}, \quad \dot{I}_V = \dot{I}_{VW} - \dot{I}_{UV} = 20.1\angle -161°\,\text{A}$$

$$\dot{I}_{WU}=\frac{\dot{U}_{WU}}{R_3}=\frac{380\angle120°}{100}A=3.8\angle120°\ A,\quad \dot{I}_W=\dot{I}_{WU}-\dot{I}_{VW}=10.1\angle79.1°\ A$$

三相总的有功功率

$$P=U_{UV}I_{UV}\cos\varphi_1+U_{VW}I_{VW}\cos\varphi_2+U_{WU}I_{WU}\cos\varphi_3=10.1\ kW$$

（4）U 相熔断器烧断，$R_1=R_2=R_3=100\ \Omega$，得

$$\dot{I}_{UV}=\dot{I}_{WU}=\frac{\dot{U}_{VW}}{R_1+R_3}=\frac{-380\angle-120°}{100+100}A=1.9\angle60°\ A$$

$$\dot{I}_{VW}=\frac{\dot{U}_{VW}}{R_2}=\frac{380\angle-120°}{100}A=3.8\angle-120°\ A$$

$$\dot{I}_U=0,\quad \dot{I}_V=\dot{I}_{VW}-\dot{I}_{UV}=(3.8\angle-120°-1.9\angle60°)A=5.7\angle-120°\ A$$

$$\dot{I}_W=-\dot{I}_V=-5.7\angle-120°\ A=5.7\angle60°\ A$$

三相总的有功功率

$$P=U_{VW}I_V\cos\varphi=380\times5.7\times\cos0°\ W=2.17\ kW$$

例 4.3.2 当使用工业用三相电阻炉时，常常采取改变电阻丝的接法来调节加热温度。有一台三相电阻炉，其每相电阻为 8.68 Ω，试计算：

（1）当线电压为 380 V 时，电炉连成三角形和星形的功率各是多少？

（2）当线电压为 220 V 时，电炉连成三角形的功率是多少？

解：（1）当线电压为 380 V 时，若负载为三角形联结，则相电流为

$$I_{UV}=I_{VW}=I_{WU}=\frac{U_{UV}}{R}=\frac{380}{8.68}A=43.8\ A$$

三相总的有功功率为

$$P=I_{UV}^2R+I_{VW}^2R+I_{WU}^2R=3I_{UV}^2R=3\times43.8^2\times8.68\ W=49.9\ kW$$

若负载为星形联结，则相电流分别等于线电流，即

$$I_{UV}=I_{VW}=I_{WU}=I_U=I_V=I_W=\frac{U_U}{R}=\frac{380/\sqrt{3}}{8.68}A=25.4\ A$$

三相总的有功功率为

$$P=I_U^2R+I_V^2R+I_W^2R=3I_U^2R=3\times25.4^2\times8.68\ W=16.8\ kW$$

（2）当线电压为 220 V，负载为三角形时，相电流为

$$I_{UV}=I_{VW}=I_{WU}=\frac{220}{8.68}A=25.4\ A$$

三相总的有功功率为

$$P=3I_{UV}^2R=3\times25.4^2\times8.68\ W=16.8\ kW$$

由例 4.3.2 可以看出：

1）同样大小的电源电压下，三角形联结消耗功率是星形联结的 3 倍。

2）电源电压为 220 V 时（线电压），负载常用三角形联结。电源电压为 380 V 时（线电压），负载常用星形联结，这样两种情况的功率是一样的。

特别提示

负载如何连接，应视负载的额定电压而定。通常三相四线制电路中，若负载的额定电压等于电源的线电压，应做三角形联结；若负载的额定电压等于电源的相电压，应做星形联结。

三相异步电动机绕组可以连接成星形，也可以连接成三角形，需依电源线电压的大小而定。而照明负载一般都连接成星形。照明负载应比较均匀地分配在各相中，以使整个系统的负载平衡。

4.3.2　三相功率测量

在三相三线制电路中，不论对称与否，都可以使用两只功率表的方法测量三相功率。两只功率表的电流线圈分别串接于任意两根相线中，电压线圈则分别并联在本相线与第三根相线之间，两只功率表的读数的代数和就是三相电路总功率。两只功率表的一种连接方式如图 4.3.2 所示。

证明： 以任何形式连接的三相负载都可以等效变换为星形联结形式，因此三相负载的瞬时功率可写为

$$P = P_U + P_V + P_W$$

因为三相三线制电路中，$i_U + i_V + i_W = 0$，所以

$$i_W = -i_U - i_V$$

将以上两式代入平均功率表达式得

$$P = \frac{1}{T} \int_0^T p \, dt = \frac{1}{T} \int_0^T \left[u_U i_U + u_V i_V + u_W (-i_U - i_V) \right] dt$$

$$= \frac{1}{T} \int_0^T (u_{UW} i_U + u_{VW} i_V) \, dt = U_{UW} I_U \cos\varphi_1 + U_{VW} I_V \cos\varphi_2 \tag{4.3.8}$$

式中，φ_1 是线电压 $\dot{U}_{UW}$ 与线电流 $\dot{I}_U$ 之间的相位差；φ_2 是线电压 $\dot{U}_{VW}$ 与线电流 $\dot{I}_V$ 之间的相位差。

式（4.3.8）正是图 4.3.2 中两个功率表读数的代数和，即为三相电路的总功率。

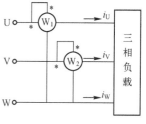

图 4.3.2　二瓦计法接线图

上述测量方法中功率表的接线只触及相线，而与负载和电源的连接方式无关。这种方法习惯上称为二瓦计法。一般来讲，在二瓦计法中，单独一只功率表的读数是没有意义的。除对称三相电路外，二瓦计法不适用于三相四线制电路，因为此时 $i_U + i_V + i_W \neq 0$。

【练习与思考】

1）对称三相电路的功率可用式（4.3.3）计算，式中的 φ 是由什么决定的？

2）三相电动机铭牌上标有 220 V/380 V 额定电压和 △/丫 联结，电动机绕组在不同的电源线电压时（220 V 或 380 V）应接成什么形式？在不同的连接形式下，三相电动机的功率有无变化？

4.4　内容拓展及专创应用

4.4.1　电能生产、输送、分配和消费

电力系统中电能生产、输送、分配和消费是同时进行的，而电能在这些过程中是以三相电形式存在。发电是将水力、火力、风力和核能等形式能量转化成电能。输电是将发电机电能经变压器转换为 35 kV 以上高压电再远距离输送到降压变电所。配电是将电能降到设备所需的低压后分配给各个用户。电力系统根据用电设备重要程度的不同，将用户分成 3 个等级，不同等

级用户对供电的质量和可靠性等要求不同。

一般将电力网中 1 kV 及以上的电压称为高压，其电压等级有 1 V、3 V、6 V、10 V、35 V、110 V、220 V、330 V 和 550 kV 等；将 1 kV 以下的电压称为低压，有 220 V、380 V 和安全电压 12 V、24 V、36 V 等。

4.4.2 工程实践

根据三相电源和负载的连接方式及电压、电流和功率计算方法，设计某学校实验楼的配电系统示意图。其中低压配电线路由配电室（配电箱）、低压线路和用户线路组成。通常一个低压配电线路负责几十甚至几百用户的供电。为了有效地管理线路，提高供电可靠性，一般采用分级供电方式。按照用户地域或空间分布，将用户划分成供电区和片，通过干线、支线向区、片供电，然后向用户供电，图 4.4.1 所示为某学校实验楼供电示意图。用户负载有两种，一种是车间、实验室等需要使用三相电的场所（动力负载），另一种是行政办公和居民生活等需要使用单相电的场所（照明负载）。比较大的学校，可能设总配电室和多个分配电室。三相电通过干线进入实验楼后，经总配电箱再到各层配电箱，然后经分支线到各房间配电箱。通常在总配电箱将三相电分成 3 个独立的单相电源，供给各层配电箱电能，再送到各房间配电箱和照明负载。在分配照明负载时，要对负载大小进行估计，使三相负载尽可能平衡。对于动力用电（如消防水泵、实验用三相电动机等），一般由总配电箱直接引入，而不与照明用电混用。

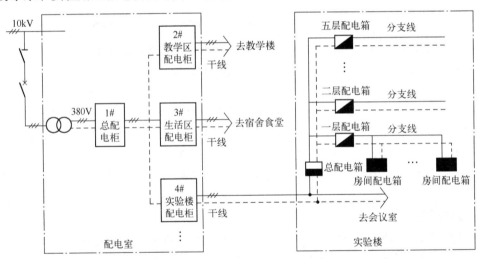

图 4.4.1 某学校实验楼供电示意图

4.5 小结

1. 三相电源

三相电源是三个同幅值、同频率而相位彼此相差 120°的正弦交流电源，按特定连接方式分为星形和三角形两种。

星形联结三相电源，其相电压和线电压均对称，且线电压等于相电压的 $\sqrt{3}$ 倍，线电压相位超前相电压 30°。

三角形联结三相电源，其线电压等于相电压。

2. 负载星形和三角形联结

负载为星形联结的三相电路，无论负载是否对称，只要有中性线，负载相电压就等于电源的相电压，负载相电流等于电路线电流，即 $\dot{I}_{\mathrm{P}} = \dot{I}_{\mathrm{L}}$。中性线电流等于各线电流的相量之和，即 $\dot{I}_{\mathrm{N}} = \dot{I}_{\mathrm{U}} + \dot{I}_{\mathrm{V}} + \dot{I}_{\mathrm{W}}$。若负载对称，则中性线电流为零，中性线可以不接；若负载不对称，则中性线不可缺少，它的作用是使不对称负载的相电压对称。中性线上不允许接开关和熔断器。

负载为三角形联结的三相电路，负载相电压等于电源线电压。若负载对称，则线电流等于相电流的 $\sqrt{3}$ 倍，线电流相位滞后相电流 30°。

3. 三相功率

三相电路总功率称为三相功率，它等于各相功率之和，即 $P = P_{\mathrm{U}} + P_{\mathrm{V}} + P_{\mathrm{W}}$。当负载对称时，有 $P = 3U_{\mathrm{P}}I_{\mathrm{P}}\cos\varphi = \sqrt{3}\,U_{\mathrm{L}}I_{\mathrm{L}}\cos\varphi$。其中，$\varphi$ 是相电压和相电流的相位差。

4.6　习题

一、单选题

1. 三相对称负载是指（　　）。

A. $Z_1 = Z_2 = Z_3$　　　　B. $|Z_1| = |Z_2| = |Z_3|$　　　　C. $\varphi_1 = \varphi_2 = \varphi_3$　　　　D. $Z_1 \neq Z_2 \neq Z_3$

2. 对称三相电路有功功率 $P = \sqrt{3}\,U_{\mathrm{L}}I_{\mathrm{L}}\cos\varphi$，其中 φ 为（　　）。

A. 线电压与相电压之间的相位差　　　　　　　　B. 线电压与线电流之间的相位差

C. 相电压与相电流之间的相位差　　　　　　　　D. 相电压与线电流之间的相位差

3. 三相负载电路在 △ 或 Y 联结时，三相总功率 $P = \sqrt{3}\,U_{\mathrm{L}}I_{\mathrm{L}}\cos\varphi$（　　）。

A. 只适应于对称负载　　　　　　　　　　　　　B. 只适应于无中性线的三相负载

C. 适用于对称负载和不对称负载　　　　　　　　D. 只适用于有中性线的三相负载

4. 已知 Y 对称联结电路，每相电阻为 $10\ \Omega$，感抗为 $150\ \Omega$，线电压有效值为 $380\ \mathrm{V}$，试求每相电流大小为（　　）。

　　A. 1.46 A　　　　　B. 2.52 A　　　　　　　C. 1.37 A　　　　　D. 1.2 A

5. 如图 4.6.1 所示三相电路中，有两组三相对称电阻性负载，若电压表读数为 $380\ \mathrm{V}$，电流表读数为（　　）。

　　A. 44 A　　　　　B. 22 A　　　　　　　　　C. 33 A　　　　　D. 4.4 A

6. 如图 4.6.2 所示电路，若中性线未断开，测得 $I_1 = 2\ \mathrm{A}$，$I_2 = 4\ \mathrm{A}$，$I_3 = 4\ \mathrm{A}$，则中性线电流为（　　）。

　　A. 5 A　　　　　　B. 4 A　　　　　　　　　C. 2 A　　　　　D. 8 A

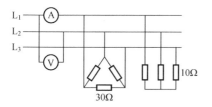

图 4.6.1　单选题 5 图　　　　　　　　　图 4.6.2　单选题 6 图

7. 电源星形联结时，线电压是相电压的 $\sqrt{3}$ 倍，且（　　）。

A. 线电压落后相应相电压 30°　　　　　　　　B. 相电压与线电压同相

C. 不确定　　　　　　　　　　　　　　　　　D. 线电压超前相应相电压 30°

8. 当三相发电机的三个绕组接成星形时，若线电压 $u_{AB} = 380\sqrt{2}\sin\omega t$ V，则相电压 $u_A = ($　　$)$。

A. $220\sqrt{2}\sin(\omega t+150°)$ V　　　　　　　B. $220\sqrt{2}\sin(\omega t-30°)$ V

C. $220\sqrt{2}\sin(\omega t-150°)$ V　　　　　　　D. $220\sqrt{2}\sin(\omega t+90°)$ V

9. 当三相交流发电机的三个绕组接成星形时，若线电压 $u_{23} = 380\sqrt{2}\sin\omega t$ V，则相电压 $\dot{U}_1 = ($　　$)$。

A. $220\angle150°$ V　　　　　　　　　　　　B. $220\angle90°$ V

C. $220\angle-150°$ V　　　　　　　　　　　D. $220\angle-30°$ V

10. 某三相电路 A、B、C 三相有功功率分别为 P_A、P_B、P_C，则该三相电路总有功功率 P 为（　　）。

A. $\sqrt{P_A^2+P_B^2+P_C^2}$　　　　　　　　B. 不确定

C. $\sqrt{P_A+P_B+P_C}$　　　　　　　　　　D. $P_A+P_B+P_C$

11. 三相电动势尾端相连称为丫联结，而首端拉出的线称为（　　）。

A. 端线　　　　　　B. 中线　　　　　　　　C. 零线　　　　　　D. 地线

12. 三相电源三角形联结时，（　　）。

A. 相电压等于线电压　　　　　　　　　　　B. 线电压大于相电压

C. 相、线电压符合一定的比例关系　　　　　D. 线电压小于相电压

13. 不对称三相负载，每相绕组额定电压为 220 V，对称三相电源线电压为 380 V，三相绕组应采用（　　）。

A. 星形联结带中性线　　　　　　　　　　　B. 三角形联结

C. 星形联结不带中性线　　　　　　　　　　D. 不确定

14. 在电源对称的三相四线制电路中，不对称三相负载星形联结，负载各相相电流（　　）。

A. 不一定对称　　　B. 不对称　　　　　　　C. 对称　　　　　　D. 为零

15. 星形联结有中性线三相不对称负载，接于对称三相四线制电源，则各相负载电压（　　）。

A. 不对称　　　　　B. 不一定对称　　　　　C. 对称　　　　　　D. 不确定

16. 一台三相电动机，每相绕组额定电压为 380 V，对称三相电源线电压为 380 V，则三相绕组应采用（　　）。

A. 星形联结带中性线　　　　　　　　　　　B. 三角形联结

C. 星形联结不带中性线　　　　　　　　　　D. 不确定

17. 三相负载三角形联结时，三相负载上的三相电压（　　）。

A. 不对称　　　　　B. 为零　　　　　　　　C. 始终三相对称　　D. 不确定

18. 三相负载三角形联结时，线电流与相电流的关系，下面哪一个说法正确（　　）。

A. 线电流等于相电流　　　　　　　　　　　B. 线电流小于相电流

C. 线电流是相电流的 $\sqrt{3}$ 倍，且超前相应的相电流 30°

D. 线电流是相电流的 $\sqrt{3}$ 倍，且滞后相应的相电流 30°。

19. 电路的视在功率等于总电压与（　　）的乘积。

A. 总阻抗　　　　　　B. 总电流　　　　　　　　C. 总电阻　　　　　　D. 总电源

20. 对三相电路而言，若负载对称，则每一相的有功功率（　　）。

A. 不相等　　　　　　B. 等于三相功率　　　　　C. 相等　　　　　　　D. 不确定

21. 不论负载三角形联结还是星形联结，总的有功功率必然等于各相有功功率（　　）。

A. 之和　　　　　　　B. 之差　　　　　　　　　C. 之积　　　　　　　D. 不确定

22. 对称三相负载的无功功率 $Q = \sqrt{3}\,U_L I_L \sin\varphi$，其中 φ 为（　　）。

A. 线电压与线电流的相位差　　　　　　　　　B. 线电压与相电流的相位差

C. 相电压与相电流的相位差　　　　　　　　　D. 不确定

23. 对于三相对称电源，下面哪一个不是各相电动势应满足的条件（　　）。

A. 频率相同　　　　B. 幅值相同　　　　　　　C. 相位相等　　　　D. 相位互差 120°

24. 对称星形负载接于三相四线制电源，如图 4.6.3 所示。若电源线电压为 380 V，当在 D 点断开时，U_1 为（　　）。

A. 190 V　　　　　　B. 220 V　　　　　　　　C. 380 V　　　　　　D. 440 V

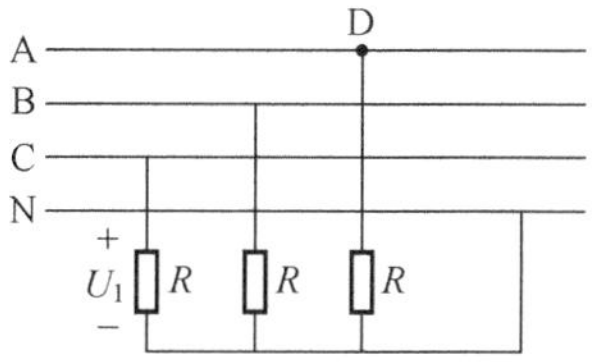

图 4.6.3　单选题 24 图

二、判断题

1. 三相交流发电机绕组星形联结，不一定要引出中性线。（　　）

2. 对称三相电路总功率 $P = \sqrt{3}\,U_L I_L \cos\varphi$，其中功率因数角 φ 为线电压与线电流之间的相位差。（　　）

3. 在保护接零电路中，中性线也应装熔断器。（　　）

4. 在电源中性点不接地的低压供电系统中，电气设备均需采用保护接地。（　　）

5. 中性线的作用在于使丫联结的不对称负载的相电压对称。（　　）

6. 在三相正弦电路中，若要求负载相互不影响，则负载应接成△且线路阻抗很小，或者接成丫且中性线阻抗很小。（　　）

7. 三相四线制供电系统的一相负载断开，其他相电压不变。（　　）

8. 三相四线制供电系统中性线上允许接入熔断器和开关。（　　）

9. 三相电动机，当电源线电压为 380 V 时，电动机要求接成丫，如果错将其接成△，则电动机可能会因功率过大而烧毁。（　　）

10. 对称三相电源的电压瞬时值之和不一定为零。（　　）

11. 负载星形联结的三相交流电路，线电流与相电流大小相等。（　　）

12. 三相四线制电路中，当负载为星形联结时，三个相电压相互对称，三个相电流也相互对称。（　　）

13. 三相交流发电机绕组星形联结时，不一定要引出中性线。（　　）

14. 三相四线制供电电源的线电压超前于相应的相电压30°。（　　）

15. 负载星形联结的三相电路中，线电流等于相电流。（　　）

16. 负载星形联结的三相电路中，中性线的作用是保证负载不对称的情况下各相负载仍能获得对称的三相电压。（　　）

17. 负载三角形联结的三相电路的线电压等于相电压。（　　）

18. 负载三角形联结的三相电路的线电流等于相电流。（　　）

19. 三相负载的有功功率等于各相负载有功功率之和。（　　）

20. 对于三相对称线性负载，三相瞬时功率为定值。（　　）

三、计算题

1. 有三根额定电压为220 V、功率为1 kW的电热丝，接到线电压为380 V的三相电源上，应采用何种接法？如果这三根电热丝每根的额定电压为380 V、功率为1 kW，又该采用何种接法？

2. 三角形联结的三相对称感性负载由 $f = 50$ Hz，$U_L = 220$ V 的三相对称交流电源供电，已知电源供出的有功功率为3 kW，线电流为10 A，求各相负载的 R、L 参数。

3. 一对称三相负载，其每相电阻 $R = 8 \Omega$，感抗 $X_L = 6 \Omega$。如果将负载星形联结，接于线电压 $U_L = 380$ V 的三相电源上，试求相电压、相电流及线电流。

4. 三角形联结的三相对称感性负载由 50 Hz、220 V 的三相对称交流电源供电，已知电源供出的有功功率为3 kW，负载线电流为10 A，假设各相负载的等效阻抗为串联形式，则等效感抗是多少？（结果保留小数点后两位）

5. 三相交流对称电源呈三角形联结时的相电流为10 A，则线电流为多少？（结果保留小数点后两位）

6. 如图4.6.4所示，已知三相对称电源的 $U_L = 380$ V，每只白炽灯的额定电压为220 V，额定功率为100 W，三相负载为星形联结。求：（1）开关S闭合时，流过白炽灯的电流 I_1、I_2、I_3 各为多少？（2）S断开时，A灯和B灯两端电压各为多少？A灯和B灯能否正常发光？

7. 如图4.6.5所示对称三相电路中，$R = 100 \Omega$，电源线电压为380 V。求：（1）电压表和电流表的读数是多少？（2）三相负载消耗的功率 P 是多少？

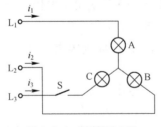
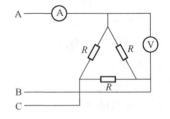

图4.6.4　计算题6图　　　　　图4.6.5　计算题7图

第5章 一阶电路暂态分析

思政引例

不以规矩，不能成方圆。

——孟子

光电器件

光纤

无源光连接

激光器件

音乐喷泉

光电子通信

国家游泳中心（水立方/冰立方）

在自然界中，各种事物的运动过程通常存在着不同稳态之间的暂态。例如，高铁列车从静止开始加速到匀速运动的过程，某型航空飞机从地面上升到某一高度匀速飞行的过程，这些过程相对稳态来讲都属于暂态过程。在电路中，同样存在着暂态过程，又称为暂态。当电源（激励）电压为恒定值时，电路中各部分电压或电流（响应）也是恒定的，电路的这种工作状态称为稳定状态，简称稳态。当电路中含有储能元件时，电路从一个稳态过渡到另一个稳态会出现暂态过程。暂态电路被广泛应用在航空军事、生产生活等各个领域。如飞机电路中用来实现延时控制，以及通信信号特殊波形的产生。但在电力系统中，暂态过程的出现可能产生比稳定状态大得多的过电压或过电流，若不采取一定的保护措施，就会损坏电气设备，引起不良后果。因此研究电路暂态过程，目的在于掌握规律以便在实际应用中用其"利"，克其"弊"。

本章从分析暂态过程产生的条件和原因，确定储能元件的初始值，用经典分析方法导出 RC 一阶电路的零输入响应、零状态响应及全响应。利用三要素法分析 RL 一阶电路的零输入响应、零状态响应及全响应，强化三要素法的具体应用。最后分析微分电路和积分电路的条件和功能。通过本章学习，读者应了解电路产生暂态过程的原因和条件；理解电路初始值、稳态值、时间常数、零输入响应、零状态响应、全响应等基本概念；掌握初始值的计算、RC 和 RL 一阶电路的零输入响应、零状态响应及全响应的计算；能熟练运用三要素法求解电路；理解暂态过程中电压和电流随时间变化的规律和物理意义，以及时间常数对暂态过程的影响；了解微分电路和积分电路的原理及应用。充分利用暂态过程的特性为人类服务，同时避免它造成危害和损失。

学习目标：

1. 掌握换路定则及暂态过程初始值的确定方法。
2. 理解一阶电路的零输入响应、零状态响应和全响应分析方法。
3. 明确一阶电路的暂态响应与时间常数的关系。
4. 熟练掌握 RC 一阶电路的响应。
5. 熟练掌握 RL 一阶电路的响应。
6. 熟练掌握利用三要素法求解一阶电路的方法。

素养目标：

1. 电力系统中，暂态过程产生比稳定状态大得多的过电压或过电流。若不采取保护措施，就会损坏电气设备，引起不良后果。实际应用中用其"利"，克其"弊"，培养学生去伪存真、尊重科学的精神。

2. 聚焦零输入、零状态和全响应分析方法，引导学生理解量变与质变辩证关系，激发学生平时多努力，由量变产生质变，从而使能力产生质的飞跃。

视频
暂态过程与
换路定则

5.1　暂态过程与换路定则

5.1.1　电路的稳态和暂态

所谓稳定状态，是指电路中电流和电压等物理量在给定激励条件下已达到某一稳定值。事实上，电路中还存在着另一种状态，即当电路结构发生变化（例如电路接通、断开、短路等）以及电路参数或电源突然改变时，电路工作状态将发生变化，其中电压、电流等物理量将从原来的稳定值变化到新的稳定值。电路从一个稳定状态转变到另一个稳定状态需要经历一个过程。例如，图 5.1.1 所示电路，当开关 S 投向 b 时，电路未接通电源且处于稳定状态，即电阻 R 中电流为 0，电容器上电压 $u_C = 0$。当开关 S 投向 a 时，电路与直流电压源 U 接通，电压源开始对电容器 C 充电，电容电压 u_C 由零逐渐增加，最后维持在 U。而充电电流则先从零突然增至 $\dfrac{U}{R}$，随后逐渐减小至零，充电结束。可见，开关动作后，电容电压及电流要经过一段时间才达到稳定值。为叙述方便，把由电路结构、参数和电源变化所引起电路状态的变化统称为换路。当电路换路时，在含有储能元件的电路中，一般不能从原来状态立刻变化到新的状态，而是要经历一个过程，这个过程即暂态过程，在工程上称为过渡过程。

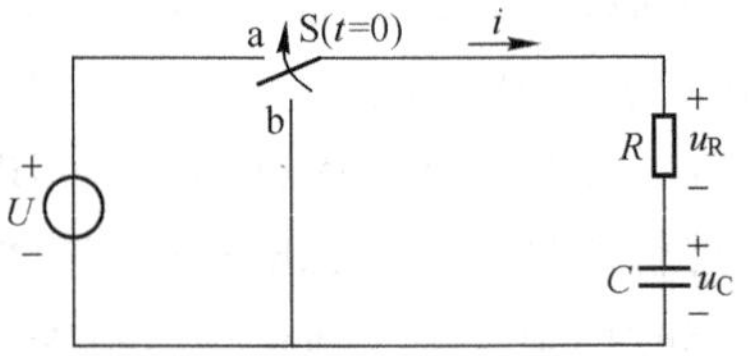

图 5.1.1　RC 电路换路

5.1.2　暂态过程产生的原因

电路中的暂态过程是由于换路引起的。然而，并不是所有电路在换路时都产生暂态过程。换路只是产生暂态过程的外在原因，它必须通过电路本身内因才能起作用。例如，一个电阻与电源接通时，电阻中通过的电流和电阻两端的电压几乎立刻就可达到新的稳定值，这就是说纯电阻性电路中电流、电压可以发生突变，即电路换路时，没有暂态过程。那么，产生暂态过程的内因是什么呢？那就是电路中存在储能元件：电感元件和电容元件。

　　储能元件的能量不能突变，这是产生暂态过程的根本原因。能量只能是从一种形式转换成另一种形式，从一个储能元件传递给另一个储能元件。在转换和传递过程中，能量积累或衰减都需要一定的时间，否则将意味着无穷大功率的存在，即 $P=\dfrac{\mathrm{d}W}{\mathrm{d}t}\to\infty$。显然，这与实际情况不符。通常，功率是有限的，能量只能做连续变化。正如火车、汽车速度不能突变，是因为它们的动能不能突变；电动机温度不能突变，是因为它们的热能不能突变。电路中电感元件储存的磁场能量为 $W_{\mathrm{L}}=\dfrac{1}{2}Li_{\mathrm{L}}^{2}$，电容元件储存的电场能量为 $W_{\mathrm{C}}=\dfrac{1}{2}Cu_{\mathrm{C}}^{2}$，同样基于能量不能突变的道理，电感元件中的电流 i_{L} 和电容元件两端的电压 u_{C} 也都是不能发生突变的。i_{L} 和 u_{C} 不能突变也可以从另外一个角度来说明，如果 i_{L} 可以突变，则电感元件两端电压 $u_{\mathrm{L}}=L\dfrac{\mathrm{d}i_{\mathrm{L}}}{\mathrm{d}t}\to\infty$；如果 u_{C} 可以突变，则电容元件电流 $i_{\mathrm{C}}=C\dfrac{\mathrm{d}u_{\mathrm{C}}}{\mathrm{d}t}\to\infty$。显然，这在客观上是不可能的。

5.1.3　换路定则与电路初始值确定

　　电感线圈中的电流 i_{L} 和电容两端的电压 u_{C} 不能突变，它们都是时间的连续函数。设 $t=0$ 为换路时刻，而以 $t=0_{-}$ 表示换路前的终止时刻，$t=0_{+}$ 表示换路后的初始时刻。那么，从 $t=0_{-}$ 到 $t=0_{+}$，即换路前后瞬间，电感元件中的电流和电容元件两端的电压不能突变，这一规律就称为换路定则。

　　如果用 $i_{\mathrm{L}}(0_{-})$ 和 $i_{\mathrm{L}}(0_{+})$ 分别表示换路前后瞬间电感元件中的电流；用 $u_{\mathrm{C}}(0_{-})$ 和 $u_{\mathrm{C}}(0_{+})$ 分别表示换路前后瞬间电容元件两端的电压，则换路定则的数学表达式为

$$i_{\mathrm{L}}(0_{-})=i_{\mathrm{L}}(0_{+})$$
$$u_{\mathrm{C}}(0_{-})=u_{\mathrm{C}}(0_{+})$$

（5.1.1）

　　换路定则仅适用于换路瞬间，根据它可确定 $t=0_{+}$ 时电路中的电流 $i_{\mathrm{L}}(0_{+})$ 和电压 $u_{\mathrm{C}}(0_{+})$，即暂态过程的初始值。初始值是电路暂态过程分析的三要素之一。

　　特别提示

　　只有在换路瞬间通过电容的电流和电感的电压为有限值的条件下，换路定则才成立。在换路的瞬间，除电容两端的电压 $u_{\mathrm{C}}(0_{+})$、电感的电流 $i_{\mathrm{L}}(0_{+})$ 外，其他电流和电压均可能跃变，其换路后初始值在 $t=0_{+}$ 时的等效电路中用电路的分析方法求得。

　　换路前，若 $u_{\mathrm{C}}(0_{-})\neq0$，换路瞬间（$t=0_{+}$ 等效电路中），电容元件可用一理想电压源替代，其电压为 $u_{\mathrm{C}}(0_{+})$。换路前，若 $i_{\mathrm{L}}(0_{-})\neq0$，换路瞬间（$t=0_{+}$ 等效电路中），电感元件可用一理想电流源替代，其电流为 $i_{\mathrm{L}}(0_{+})$。

　　例 5.1.1　已知电路如图 5.1.2 所示，$I_{\mathrm{S}}=10\mathrm{mA}$，$R_1=R_3=1\mathrm{k}\Omega$，$R_2=2\mathrm{k}\Omega$。当 $t=0$ 时将开关 S 闭合，求换路后瞬间各元件上的电压及各支路电流值（设换路前电路已处于稳态）。

　　解： 由题意在 $t=0_{-}$ 时电路已处于稳态，电容不能通过直流电流可视为断路，而电感两端不存在直流电压可视为短路。由此可画出 $t=0_{-}$ 时电路如图 5.1.3a 所示。

　　由图 5.1.3a 所示电路可算出

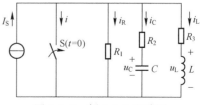

图 5.1.2　例 5.1.1 电路图

$$u_C(0_-) = \frac{R_1 R_3}{R_1 + R_3} I_S = 5\,\text{V}$$

$$i_L(0_-) = \frac{R_1}{R_1 + R_3} I_S = 5\,\text{mA}$$

根据换路定则，可得

$$u_C(0_+) = u_C(0_-) = 5\,\text{V}$$

$$i_L(0_+) = i_L(0_-) = 5\,\text{mA}$$

据此可画出 $t = 0_+$ 时的等效电路，如图 5.1.3b 所示。

根据 KCL、KVL 和欧姆定律，由图 5.1.3b 计算其他初始值，数据列于表 5.1.1 中。

表 5.1.1　初始值

t	i_L	u_C	i_C	i_R	i	u_L	u_R
$t = 0_-$	5 mA	5 V	0	5 mA	0	0	5 V
$t = 0_+$	5 mA	5 V	−2.5 mA	0	7.5 mA	−5 V	0

由上例可见，虽然电容元件上的电压不能突变，但其中电流 i_C 可以突变；电感元件中的电流不能突变，但其两端电压 u_L 可以突变；电阻元件上电压和电流均可以突变。

另外，当储能元件没有能量时，即 $u_C(0_-) = 0$、$i_L(0_-) = 0$，在换路后的瞬间，电容元件相当于短路，而电感元件相当于断路。当储能元件有初始储能时，如 $u_C(0_-) = U_0$ 和 $i_L(0_-) = I_0$，则换路后，电容元件可看成一个电压为 U_0 的电压源，电感元件可看成一个电流为 I_0 的电流源。图 5.1.3b 就是根据上述方法画出的。

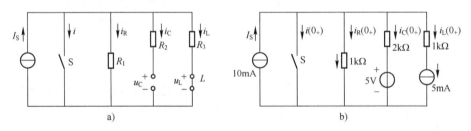

图 5.1.3　例 5.1.1 电路换路等效图

a) $t = 0_-$ 电路　b) $t = 0_+$ 电路

例 5.1.2　如图 5.1.4 所示电路，已知 $R = 4\,\Omega$，$L = 0.1\,\text{H}$，$U_S = 24\,\text{V}$，电压表的内阻 $R_V = 10\,\text{k}\Omega$，量程为 100 V。在开关打开（$t = 0_+$）时电路中的电流 i_L 为多大？试计算开关打开时，电压表两端的电压，并分析电压表有无损坏的危险？

解： 因 $t = 0_-$ 时，电感相当于短路，故 $u_L(0_-) = 0$。所以 $i_L(0_-) = \dfrac{U_S}{R} = 6\,\text{A}$。

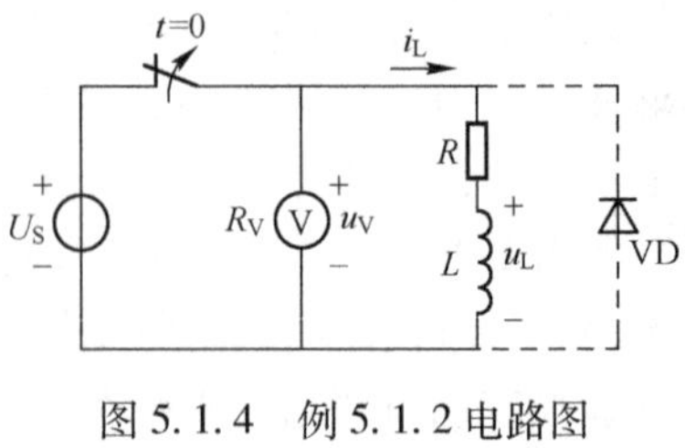

图 5.1.4　例 5.1.2 电路图

根据换路定则，电感中的电流不能突变，即

$$i_L(0_+) = i_L(0_-) = 6\,\text{A}$$

但此时因开关断开，所以，电感中的电流只能通过电压表而形成回路，因此，电压表两端的电压为 $u_V(0_+) = R_V i_L(0_+) = -10 \times 10^3 \times 6\,\text{V} = -60 \times 10^3\,\text{V}$，即 $u_V(0_+) = -60\,\text{kV}$。

可见，在开关打开瞬间，电压表两端会承受 60 kV 高压，而表的量程只有 100 V，所以，电压表会被损坏。为安全起见，实验时遇到类似情况，应在开关断开前，先把电压表移去。另外，为了避免电感元件脱离电源时会在其两端产生瞬时过电压，对电气设备造成损坏，可在电感两端反向并联一个二极管来限制过电压，如图 5.1.4 中虚线所示。换路前，二极管 VD 因承受反向电压而截止。而当 S 断开时，电感 L 产生自感电动势使二极管 VD 承受正向电压而导通，二极管 VD 起到续流作用，$u_{VD}(0_+) = -0.7\ \text{V}$，这样就避免了电感线圈两端产生过电压。

5.1.4　研究暂态过程的意义及方法

电路中的暂态过程所经历时间虽然很短暂，但研究暂态过程在工程技术上却有十分重要的意义。因为利用电路暂态过程可以实现信号产生、信号波形变换、电子继电器的延时动作等。但是，电路暂态过程也有其不利的一面，例如，某些电路在接通或断开时会产生过高的电压和过大的电流，这种电压和电流称为过电压和过电流。而过电压可能会击穿电气设备的绝缘，过电流可能产生过大的机械力或引起电气设备和器件的局部过热，从而使其遭受机械损坏或热损坏。因此，研究暂态过程的目的就是充分利用电路中暂态过程特性来满足技术上对电气线路和电气装置的性能要求，同时又要避免它所产生的危害。

暂态过程分析最基本的方法是经典法。其实质是根据欧姆定律和基尔霍夫定律列出表征该电路工作状态的、以时间为自变量的微分方程，然后利用已知的初始条件求解。只有一个储能元件或通过简化可化成一个储能元件的电路，称为一阶电路，其暂态过程可以用一阶微分方程来描述。对于一阶电路，还可采用三要素法来快速求解。

【练习与思考】

1）什么叫暂态过程？产生暂态过程的原因和条件是什么？

2）什么叫换路定则？它的理论基础是什么？它有什么用途？

3）什么叫初始值？什么叫稳态值？在电路中如何确定初始值及稳态值？

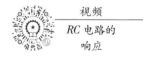

视频
RC 电路的
响应

5.2　RC 电路的响应

5.2.1　RC 电路的零输入响应

零输入响应是指发生换路后，电路的电源输入为零，仅由储能元件的初始储能在电路中所引起的响应。分析 RC 电路的零输入响应就是分析电容器的放电过程。电路如图 5.2.1 所示，开关 S 在 a 位置时，电容已充电到 $u_C = U$，电路处于稳态。在 $t = 0$ 时，将开关 S 从 a 点投向 b 点，电路的输入为零。这时，电容 C 将通过电阻 R 放电，把原来储存的电场能量消耗在电阻上，放电电流 i 和电容两端电压 u_C 将逐渐减小至零，电路达到的稳定

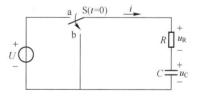

图 5.2.1　RC 电路的零输入响应

状态，这就是 RC 电路的放电过程。由于该电路响应完全是靠电容所储存的电场能来激励的，没有外界的能量输入，因此，这时电路中的响应称为零输入响应。下面讨论换路后电路中的电压和电流随时间变化的规律。

根据 KVL，列出 $t \geqslant 0$ 时表征电路工作状态的方程式为

$$u_C + Ri = 0 \tag{5.2.1}$$

在图 5.2.1 所示关联参考方向下, i 和 u_C 之间的关系是

$$i = C\frac{\mathrm{d}u_C}{\mathrm{d}t} \tag{5.2.2}$$

将式 (5.2.2) 代入式 (5.2.1) 可得

$$RC\frac{\mathrm{d}u_C}{\mathrm{d}t} + u_C = 0 \tag{5.2.3}$$

根据数学分析知识可知, 式 (5.2.3) 为一阶线性常系数齐次微分方程, 其通解具体如下:

$$u_C = Ae^{pt} \tag{5.2.4}$$

式中, A 是积分常数。将上述通解 u_C 代入式 (5.2.3), 整理微分方程的特征方程为

$$RCp + 1 = 0 \tag{5.2.5}$$

其特征根为

$$p = -\frac{1}{RC} \tag{5.2.6}$$

因此, 微分方程式 (5.2.3) 的通解为

$$u_C = Ae^{-\frac{t}{RC}} \tag{5.2.7}$$

再根据该电路初始条件确定积分常数 A。由换路定则可得初始条件 $u_C(0_+) = u_C(0_-) = U$, 将 u_C 初始值代入式 (5.2.7), 得积分常数 $A = U$, 所以

$$u_C = Ue^{-\frac{t}{RC}} \tag{5.2.8}$$

令

$$\tau = RC \tag{5.2.9}$$

则

$$u_C = Ue^{-\frac{t}{\tau}} \tag{5.2.10}$$

由此可求出电阻上电压和电路中电流分别为

$$u_R = -Ue^{-\frac{t}{\tau}}$$

$$i = \frac{u_R}{R} = -\frac{U}{R}e^{-\frac{t}{\tau}} \tag{5.2.11}$$

式 (5.2.11) 中的负号表示电阻上的电压和电流的实际方向与图 5.2.1 中选定的参考方向相反。将式 (5.2.10) 引申为 RC 电路的零输入响应为

$$u_C(t) = u_C(0_+)e^{-\frac{t}{\tau}} \tag{5.2.12}$$

u_C、u_R 和 i 零输入响应曲线如图 5.2.2 所示。由图可见, 在电容 C 通过电阻 R 放电的过程中, u_C 不能突变, 而是随时间按指数规律衰减到零。放电电流 i 随着电容上电压 u_C 的减小按指数规律逐渐减小至零。电阻两端电压 u_R 与电流成正比, 按指数规律逐渐减小至零。

下面着重讨论一下式 (5.2.9) 中的 τ。当 R 的单位是 Ω、C 的单位是 F 时, τ 的单位为 s。因为 τ 具有时间量纲, 所以 τ 称为时间常数。τ 值的大小决定 RC 电路暂态过程进行的快慢程度。τ

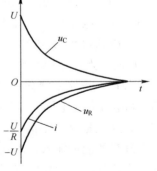

图 5.2.2 u_C、u_R 和 i 零输入响应曲线

越大，u_C 衰减越慢。这是因为在电容电压为定值情况下，若 R 不变，τ 越大，意味着 C 越大，则电容中储存的电荷越多；若 C 不变，τ 越大，意味着 R 越大，则放电电流越小。两者都将促使电容放电速度变慢。因此，改变电路参数 R、C 的大小，即可改变时间常数 τ 的大小，从而影响暂态过程的长短。

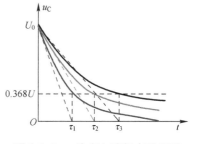

图 5.2.3　τ 决定电路暂态过程图

当 $t=\tau$ 时，由式（5.2.10）得

$$u_C = U e^{-\frac{t}{\tau}} = U e^{-1} = 0.368U$$

据此，时间常数 τ 含义理解为电容电压 u_C 从 U 衰减到 $0.368U$ 时所需要时间，如图 5.2.3 所示。在放电过程中，当时间 t 为 τ 的不同倍数时，电容两端电压 u_C 大小见表 5.2.1。

表 5.2.1　不同时刻下 u_C 值

t	τ	2τ	3τ	4τ	5τ
$u_C = U e^{-\frac{t}{\tau}}$	$0.368U$	$0.135U$	$0.05U$	$0.018U$	$0.007U$

从理论上讲，需要经过无限长的时间，电路的暂态过程才能结束。但是，由表 5.2.1 中可以看出，当 $t=3\tau$ 时，u_C 就下降到其初始值的 5%；当 $t=5\tau$，u_C 就下降到其初始值的 0.7%。因此，工程上认为，电路换路后，经过 $t=(3\sim5)\tau$ 时间，暂态过程将结束。从这个意义上讲，时间常数 τ 越小，暂态过程持续时间就越短。

5.2.2　RC 电路的零状态响应

零状态响应是指发生换路后，储能元件初始储能为零，只有电源激励作用下产生的响应。分析 RC 电路的零状态响应就是分析电容器的充电过程。电路如图 5.2.4 所示。设开关 S 断开时电容 C 中没有储存能量，电容上的初始电压为零，这种情况称为电路的零初始状态，简称零状态。当 $t=0$ 时，开关 S 闭合，直流电源将通过电阻 R 对电容 C 进行充电。在此过程中，电路中的响应称为零状态响应。

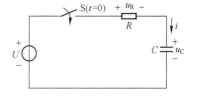

图 5.2.4　RC 电路的零状态响应

当电路中开关 S 接通后，根据 KVL 列回路电压方程为

$$u_C + Ri = U \tag{5.2.13}$$

在图 5.2.4 所示关联参考方向下，电流的表达式为

$$i = C\frac{\mathrm{d}u_C}{\mathrm{d}t} \tag{5.2.14}$$

将式（5.2.14）代入式（5.2.13），得

$$RC\frac{\mathrm{d}u_C}{\mathrm{d}t} + u_C = U \tag{5.2.15}$$

式（5.2.15）是一阶常系数线性非齐次微分方程，其通解是由特解 u_C' 和与式（5.2.15）相对应的齐次微分方程的通解（又称补函数）u_C'' 两部分组成，即

$$u_C = u_C' + u_C'' \tag{5.2.16}$$

特解 u_C' 可根据电路的稳定状态，即 $t=\infty$ 时求得，即

$$u_C' = U \tag{5.2.17}$$

对应的齐次微分方程的通解与式（5.2.7）相同，即

$$u_C'' = Ae^{-\frac{t}{RC}} = Ae^{-\frac{t}{\tau}} \tag{5.2.18}$$

因此，式（5.2.15）的解为

$$u_C = u_C' + u_C'' = U + Ae^{-\frac{t}{\tau}} \tag{5.2.19}$$

根据 u_C 的初始值来确定常数 A。已知 $u_C(0_+) = u_C(0_-) = 0$，由换路定则，将 $u_C(0_+)$ 代入式（5.2.19），得

$$u_C(0_+) = U + A = 0$$

则

$$A = -U \tag{5.2.20}$$

将 $A = -U$ 代入式（5.2.19），得到电容上的充电电压为

$$u_C = U - Ue^{-\frac{t}{\tau}} = U(1 - e^{-\frac{t}{\tau}}) \tag{5.2.21}$$

由此，可求出充电电流和电阻 R 两端的电压 U 分别为

$$i = C\frac{\mathrm{d}u_C}{\mathrm{d}t} = \frac{U}{R}e^{-\frac{t}{\tau}}$$

$$u_R = iR = Ue^{-\frac{t}{\tau}} \tag{5.2.22}$$

由（5.2.21）引申为 RC 电路的零状态响应为

$$u_C(t) = u_C(\infty)(1 - e^{-\frac{t}{\tau}}) \tag{5.2.23}$$

u_C、u_R 和 i 零状态响应曲线如图 5.2.5 所示。由图可见，在充电过程中，电容电压 u_C 随时间按指数规律逐渐增大，最后趋于电源电压值 U。而充电电流 i 随着电容电压 u_C 的增加按指数规律逐渐衰减至零。电阻 R 两端电压 u_R 与电流成正比，按指数规律逐渐衰减至零。

当 $t = \tau$ 时，有

$$u_C = U(1 - e^{-\frac{t}{\tau}}) = U(1 - e^{-1}) = 0.632U$$

因此，RC 充电电路的时间常数 τ，可以理解为电容从零状态开始充电，其电压 u_C 从零上升到稳态值 U 的 63.2% 所需要的时间。

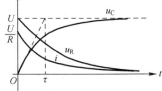

图 5.2.5　u_C、u_R 和 i 零状态响应曲线

5.2.3　RC 电路的全响应

前面分析了 RC 电路的零输入响应和零状态响应。所谓零输入响应就是在外界输入为零的情况下，仅靠电容的初始储能作为激励所产生的响应。而零状态响应就是在电容的初始储能为零的情况下靠直流电源作为激励所产生的响应。然而，实际工程中，还会遇到电路中储能元件有初始储能，即 $u_C(0_-) \neq 0$ 或 $i_L(0_-) \neq 0$，同时电路还受到电源激励的情况。这时，电路中既有电源的作用，又有储能元件初始储能的作用，电路响应是两种激励共同作用的结果，因此，这时电路中的响应称为全响应。根据叠加定理，电路全响应等于零输入响应和零状态响应之和。即

$$\underbrace{u_C}_{\text{全响应}} = \underbrace{U(1 - e^{-\frac{t}{\tau}})}_{\text{零状态响应}} + \underbrace{U_0 e^{-\frac{t}{\tau}}}_{\text{零输入响应}} \tag{5.2.24}$$

在图 5.2.6 所示电路中，换路前开关 S 合在 a 处，电路已处于稳定，由此可知 $u_C(0_-) = U_0$。换路后，$u_C(\infty) = U$，在 $t \to \infty$ 的过程中，电容器上的电压由初始值 U_0 逐渐变化到稳定值 U。当电容上的初始电压 $U_0 < U$（电源电压）时，为电容充电过程；当 $U_0 > U$ 时，为电容放电过程。u_C 及其分量的变化曲线如图 5.2.7 所示。

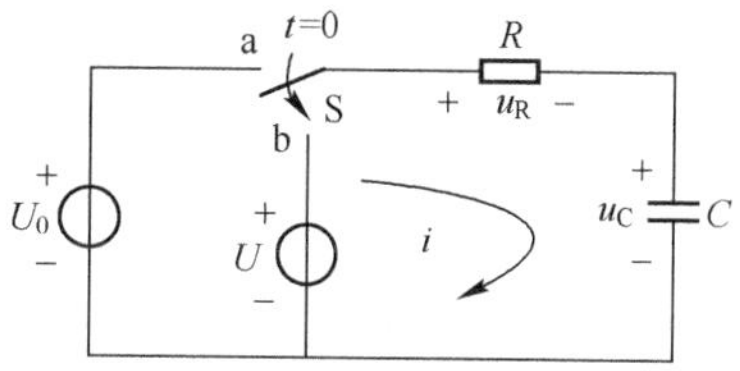

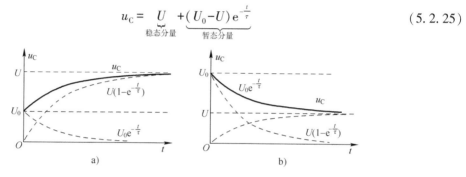

图 5.2.6 RC 电路的全响应

式（5.2.24）中，$U(1-e^{-\frac{t}{\tau}})$ 是相应于电容器无初始储能时电路与电源接通（RC 充电）时的响应，即零状态响应。而 $U_0 e^{-\frac{t}{\tau}}$ 则是相应于电源短路（即电源不作用）只靠电容的初始储能作用（RC 放电）时的响应，即零输入响应。

将式（5.2.24）中等号右边重新整理，可变成如下形式：

$$u_C = \underbrace{U}_{\text{稳态分量}} + \underbrace{(U_0 - U)e^{-\frac{t}{\tau}}}_{\text{暂态分量}} \qquad (5.2.25)$$

图 5.2.7 u_C 分解零状态和零输入响应

a）$U_0 < U$ 零状态 b）$U_0 > U$ 零输入

式（5.2.25）中，U_0 为电容上的初始电压，即 $u_C(0_+) = u_C(0_-) = U_0$。$U$ 是电路达到稳态后的电容电压，称为稳态分量，又称稳态值，即 $u(\infty) = U$。而 $(U_0 - U)e^{-\frac{t}{\tau}}$ 这部分电压将随时间的延续而消失，故称为暂态分量。可见，RC 电路的全响应 u_C 表示为稳态分量与暂态分量之和，即

$$u_C(t) = u_C(\infty) + [u_C(0_+) - u_C(\infty)] e^{-\frac{t}{\tau}} \qquad (5.2.26)$$

这里也分两种情况，当 $U_0 < U$ 时，为电容充电过程；当 $U_0 > U$ 时，为电容放电过程。u_C 及其分量的变化曲线如图 5.2.8 所示。

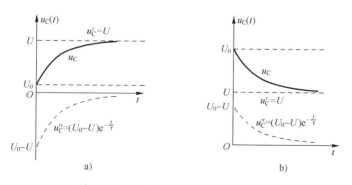

图 5.2.8 u_C 分解稳态分量与暂态分量

a）$U_0 < U$ 电容充电 b）$U_0 > U$ 电容放电

【练习与思考】

1）在 RC 电路中，欲使暂态过程进行速度不变而又要使初始电流小些，电容和电阻应该怎样选择？

2）理论上暂态过程需要多长时间？而在工程实际中，通常认为暂态过程大约为多长时间？

3）什么叫零状态响应和零输入响应？什么叫全响应？

4）时间常数的大小对暂态过程有什么影响？为什么？

5）RC 电路的全响应可分解成哪两种形式？它们的物理意义是什么？

视频
一阶电路的
三要素法

5.3 一阶电路的三要素法

由前面对 RC 电路的暂态分析可知，描述 RC 电路的动态特征方程是一阶常系数微分方程，这种可用一阶常系数微分方程来描述的电路称为一阶动态电路，简称一阶电路。事实上，只含有一个动态元件（电容或电感）的电路都是一阶电路。对于一阶电路的暂态分析，可以采用三要素法。

通过前面 RC 电路的全响应分析可知，全响应 u_C 可表示为稳态分量与暂态分量之和，即

$$u_C(t) = u_C(\infty) + [u_C(0_+) - u_C(\infty)]e^{-\frac{t}{\tau}} \tag{5.3.1}$$

式（5.3.1）反映 RC 电路的暂态全响应的组成形式。由于 RC 电路的零状态响应和零输入响应是全响应的特例，故它们也可以用此式来求解，只要将相应的项置零即可。$u_C(0_+)$ 为零即为零状态响应，$u_C(\infty)$ 为零就是零输入响应。更重要的是，式（5.3.1）反映了一阶电路暂态响应的组成形式。因此，该式也适合求解由 R、L 组成的一阶电路的暂态响应。为此，将式（5.3.1）可改写为一般形式，即

$$f(t) = f(\infty) + [f(0_+) - f(\infty)]e^{-\frac{t}{\tau}} \tag{5.3.2}$$

式（5.3.2）中的 $f(t)$ 表示一阶线性电路暂态过程中的任一电压或电流，只要知道初始值 $f(0_+)$、稳态值 $f(\infty)$ 和时间常数 τ 这三个要素，就可以直接求出暂态过程中电压或电流表达式。利用上述三个要素求解暂态响应的方法称为三要素法。式（5.3.2）称为三要素公式。由于利用三要素法求解一阶线性电路暂态响应简便、快速，故式（5.3.2）又称为快速公式。下面举例说明三要素法的应用。

例 5.3.1 电路如图 5.3.1 所示。开关 S 合在 a 端，电路已处于稳定状态。已知 $R_1 = 1\text{k}\Omega$，$R_2 = 2\text{k}\Omega$，$R_3 = 2\text{k}\Omega$，$C = 1\mu\text{F}$，电流源 $I_S = 5\text{mA}$。当 $t = 0$ 时，将开关 S 从 a 端合向 b 端，求换路后（$t \geq 0$）电容器上的电压 u_C 及电流 i。

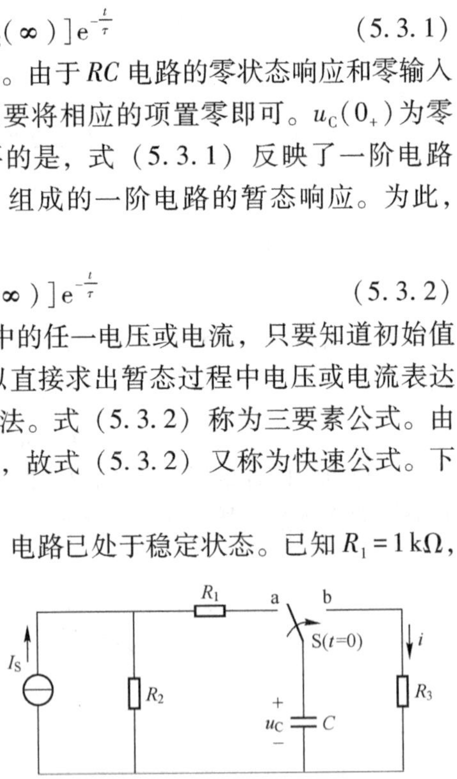

解：（1）求初始值。换路前，电路已处于稳定状态，电容相当于断路，所以，电容两端的电压就等于电阻 R_2 两端的电压，即

图 5.3.1 例 5.3.1 电路图

$$u_C(0_-) = I_S R_2 = 10\text{V}$$

根据换路定则，得

$$u_C(0_+) = u_C(0_-) = 10\text{V}$$

（2）求稳态值。换路后，电容通过电阻 R_3 放电，最后到达稳态（$t \to \infty$）时，电容上的

电压全部放完，即

$$u_C(\infty) = 0$$

（3）求电路的时间常数。电路的时间常数由换路后的电路确定，即

$$\tau = R_3 C = 2 \times 10^{-3} \text{ s}$$

根据三要素法的公式，可求得

$$u_C(t) = u_C(\infty) + [u_C(0_+) - u_C(\infty)] e^{-\frac{t}{\tau}} = 10 e^{-500t} \text{ V}$$

$$i = C \frac{\mathrm{d}u_C}{\mathrm{d}t} = -5 e^{-500t} \text{ mA}$$

u_C 及电流 i 随时间变化的曲线如图 5.3.2 所示。

例 5.3.2 图 5.3.3 所示电路中，已知 $U_1 = 18$ V，$U_2 = 8$ V，$R_1 = R_2 = 4 \text{ k}\Omega$，$C = 50 \text{ μF}$，$t < 0$ 时开关 S 在 a 的位置且电路已处于稳态，$t = 0$ 时，开关由 a 合到 b 的位置，用三要素法求换路后（$t \geq 0$）电容器上的电压 u_C。

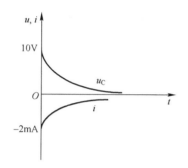

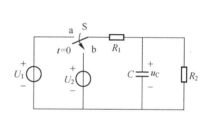

图 5.3.2 例 5.3.1 u_C 及 i 随时间变化曲线 　　图 5.3.3 例 5.3.2 电路图

解：（1）确定初始值。先根据换路定则求 $u_C(0_+)$。由题意，$t < 0$ 时开关 S 在 a 位置且电路已处于稳态，故有 $u_C(0_-) = \dfrac{R_2}{R_1 + R_2} U_1 = 9$ V，根据换路定则，得

$$u_C(0_+) = u_C(0_-) = 9 \text{ V}$$

（2）确定稳态值。当 $t \geq 0$ 开关由 a 合到 b 的位置，电路达到稳态时，电容器相当于断路，所以

$$u_C(\infty) = \frac{R_2}{R_1 + R_2} U_2 = 4 \text{ V}$$

（3）确定时间常数。电路的时间常数由换路后的电路确定。对于 RC 电路，$\tau = RC$，它由储能元件参数 C 和电阻 R 决定。

$$\tau = (R_1 // R_2) C = \frac{R_1 R_2}{R_1 + R_2} C = 0.1 \text{ s}$$

（4）将以上求出的三要素值代入式（5.3.2），得

$$u_C = (4 + 5 e^{-10t}) \text{ V}$$

例 5.3.3 图 5.3.4 所示电路中，已知 $U = 6$ V，$R_1 = 10 \text{ k}\Omega$，$R_2 = 20 \text{ k}\Omega$，$C = 1000 \text{ pF}$，开关 S 已打开很久，在 $t = 0$ 时将开关 S 合上，求 $t \geq 0$ 时的 u_C、u_0 及电流 i。

解：（1）确定初始值。先根据换路定则求 $u_C(0_+)$。由

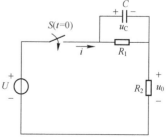

图 5.3.4 例 5.3.3 电路图

题意，开关 S 已打开很久，故有 $u_C(0_-)=0$，根据换路定则，得

$$u_C(0_+)=u_C(0_-)=0$$

再根据 $u_C(0_+)$ 来求 $u_0(0_+)$ 和 $i(0_+)$。因为 $u_C(0_+)=0$，即换路后电容器相当于短路，所以

$$u_0(0_+)=U=6\,\mathrm{V}$$

$$i(0_+)=\frac{U}{R_2}=0.3\,\mathrm{mA}$$

（2）确定稳态值。当开关 S 合上很久后，电路达到稳态时，电容器相当于断路，所以

$$u_C(\infty)=\frac{R_1}{R_1+R_2}U=2\,\mathrm{V}$$

$$u_0(\infty)=U-u_0(\infty)=4\,\mathrm{V}$$

$$i(\infty)=\frac{U}{R_1+R_2}=0.2\,\mathrm{mA}$$

（3）确定时间常数。电路的时间常数由换路后的电路确定。对于 RC 电路，$\tau=RC$，它由储能元件参数 C 和电阻 R 决定。本题中，只有一个储能元件，故电容 C 直接可得，而电阻 R 的求法：将换路后电路中的储能元件 C 移去，剩下的有源二端网络去除电源后的输入端电阻就是所要求的电阻 R，即戴维南定理中的等效电阻。因此

$$\tau=(R_1\,/\!/\,R_2)C=\frac{R_1R_2}{R_1+R_2}C=\frac{2}{3}\times10^{-5}\,\mathrm{s}$$

（4）将以上求出的三要素值代入式（5.3.2），得

$$u_C=(2-2\mathrm{e}^{-1.5\times10^5 t})\,\mathrm{V}$$

$$u_0=(4+2\mathrm{e}^{-1.5\times10^5 t})\,\mathrm{V}$$

$$i=(0.2+0.1\mathrm{e}^{-1.5\times10^5 t})\,\mathrm{mA}$$

u_C、u_0 及电流 i 的变化曲线如图 5.3.5 所示。

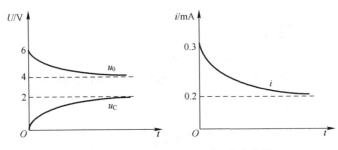

图 5.3.5 例 5.3.3 u_C、u_0 及 i 变化曲线

例 5.3.4 图 5.3.6 是一种测速装置的原理电路。图中 A、B 为金属导体，A、B 相距为 1 m，当子弹匀速地击断 A 再击断 B 时，测得 $u_C=8\,\mathrm{V}$，求子弹的速度。

解： 由图可知，$u_C(0_-)=0$；当子弹击断 A 后，相当于开关打开（换路），电源开始给电容充电。可求得三要素：

$$u_C(0_+)=u_C(0_-)=0$$

$$u_C(\infty)=10\,\mathrm{V}$$

$$\tau=RC=1\,\mathrm{ms}$$

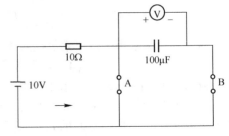

图 5.3.6 例 5.3.4 电路图

$u_C(t)$ 的变化规律为

$$u_C(t) = u_C(\infty) + [u_C(0_+) - u_C(\infty)] e^{-\frac{t}{\tau}} = 10(1 - e^{-\frac{t}{\tau}}) \text{ V}$$

因 $t = t_1$ 时 B 被击断，这时有

$$u_C(t_1) = 10(1 - e^{-\frac{t_1}{\tau}}) = 8 \text{ V}$$

解得

$$t_1 = 1.6 \text{ ms}$$

最后得子弹的速度为

$$v_0 = \frac{S}{t_1} = \frac{1}{1.6 \times 10^{-3}} \text{ m/s} = 625 \text{ m/s}$$

例 5.3.5　如图 5.3.7 所示电路，已知 $I_S = 9$ mA，$R_1 = 6$ kΩ，$R_2 = 3$ kΩ，$C = 2$ μF，电路原先处于稳定状态，在 $t = 0$ 时将开关 S 合上，求 $t \geqslant 0$ 时的 $u_C(t)$、$i_C(t)$ 及电流 $i_2(t)$。

解：（1）确定初始值。先根据换路定则求 $u_C(0_+)$。由题意，开关 S 已打开很久，故有 $u_C(0_-) = 54$ V，根据换路定则，得

$$u_C(0_+) = u_C(0_-) = 54 \text{ V}$$

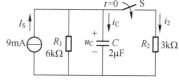

图 5.3.7　例 5.3.5 电路图

再根据 $u_C(0_+)$ 来求 $i_C(0_+)$ 和 $i_2(0_+)$。因为 $u_C(0_+) = 54$ V，即换路后电容器相当于电压源，所以

$$i_C(0_+) = -i_2(0_+) = -18 \text{ mA}$$

$$i_2(0_+) = \frac{54 \text{ V}}{R_2} = 18 \text{ mA}$$

（2）确定稳态值。当开关 S 合上很久后，电路达到稳态时，电容器相当于断路，所以

$$u_C(\infty) = I_S(R_1 /\!/ R_2) = 18 \text{ V}$$

$$i_C(\infty) = 0$$

$$i_2(\infty) = \frac{R_1}{R_1 + R_2} I_S = 6 \text{ mA}$$

（3）确定时间常数。电路的时间常数由换路后的电路确定。对于 RC 电路，$\tau = RC$，它由储能元件参数 C 和电阻 R 决定。本题中，只有一个储能元件，故电容 C 直接可得，而电阻 R 的求法：将换路后电路中的储能元件 C 移去，剩下的有源二端网络去除电源后的输入端电阻就是所要求的电阻 R，即戴维南定理中的等效电阻。因此

$$t = (R_1 /\!/ R_2) C = \frac{R_1 R_2}{R_1 + R_2} C = 4 \text{ ms}$$

（4）将以上求出的三要素值代入式（5.3.2），得

$$u_C(t) = 18 + 36 e^{-250t} \text{ V}$$

$$i_C(t) = -18 e^{-250t} \text{ mA}$$

$$i_2(t) = 6 + 12 e^{-250t} \text{ mA}$$

特别提示

三要素法通常用于一阶线性电路在阶跃或直流激励下任意响应的求解。任一 RC 电路，换路后 C 两端以外的电路部分可以简化为电源模型，与 C 构成最简单的 RC 电路，因此简化电源模型的等效电阻 R（即戴维南等效电阻）就是时间常数中的电阻。RL 电路的时间常数 $\tau = \dfrac{L}{R}$，式中电阻 R 的求法与 RC 电路相同，均为除源等效法。

通过以上对 RC 电路时域响应的分析，总结运用三要素法应注意以下几点：

1）三要素法只适用于一阶电路，即电路中只含一个储能元件（一个电容或一个电感），或可以经过简化成只有一个储能元件的电路。

2）初始值的求法如下。

① 求换路前的电容电压 $u_C(0_-)$ 或电感电流 $i_L(0_-)$。

② 根据换路定则确定换路后电容的初始电压或电感的初始电流，即 $u_C(0_+) = u_C(0_-)$，$i_L(0_+) = i_L(0_-)$。

③ 求出其他要求的初始值。

3）稳态值的求法如下。

电路处于直流稳态时，电容元件相当于开路，即 $i_C(\infty) = 0$。电容上的电压由电容两端的电路来确定。

电路处于直流稳态时，电感元件相当于短路，即 $u_L(\infty) = 0$。当 RL 串联电路与理想电压源接通时，$i_L(\infty) = \dfrac{U}{R}$；当 RL 串联电路短接时，$i_L(\infty) = 0$。

4）时间常数 τ 的计算。

时间常数 τ 由换路后的电路确定。对于 RC 电路，$\tau = RC$，式中的 τ 由储能元件参数和电阻参数决定。储能元件参数 C 的获得分两种情况：如只有一个储能元件，其参数可直接得到；如有多个储能元件，若多个储能元件能等效成一个储能元件，则该等效储能元件的值就是所要求的值。而电阻 R 是将储能元件移去后剩下的有源二端网络去源后的输入端电阻，即戴维南定理中的等效电阻。

对于 RL 电路，$\tau = \dfrac{L}{R}$，储能元件参数 L 的获取与上述 C 的获取方法类似，电阻 R 的含义和求法与 RC 电路一样。

【练习与思考】

1）什么叫一阶电路？

2）三要素法只适用于哪种电路？

3）时间常数 τ 由换路前还是换路后的电路确定？

视频
RL 电路的
响应

5.4 RL 电路的响应

由储能元件电感 L 和电阻 R 所组成电路在换路时会产生暂态过程。对于电路只有一个储能元件 L 的一阶电路，可利用三要素法分析其暂态过程。为此，必须求出相应的初始值、稳态值和时间常数，其中，初始值和稳态值的求法在前面已介绍过，因此，本节重点先引出 RL 电路的时间常数 τ，然后用三要素法分析 RL 串联电路的暂态过程。

5.4.1 *RL* 电路的零输入响应

图 5.4.1 为一个 *RL* 串联电路。换路前开关 S 接通 a 点，电路已处于稳态，且电感中有初始储能。当 $t=0$ 时将开关 S 转向 b 点，电路中没有电源作用，故称电路中的响应为零输入响应。

根据 KVL，列出 $t \geqslant 0$ 时表征电路运行状态的方程式为

$$u_L + u_R = 0 \tag{5.4.1}$$

因为 $u_L = L\dfrac{di}{dt}$，$u_R = Ri$，所以式（5.4.1）可写成

$$L\frac{di}{dt} + Ri = 0 \tag{5.4.2}$$

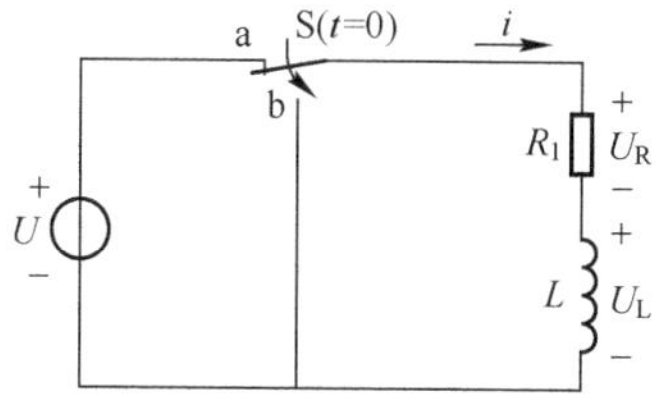

图 5.4.1 *RL* 电路的零输入响应

式（5.4.2）是一阶常系数齐次线性微分方程，其通解与式（5.2.3）的通解具有相同的形式，即 $i = Ae^{-\frac{t}{\tau}}$。

将 $i = Ae^{-\frac{t}{\tau}}$ 代入式（5.4.2），得

$$L\left(-\frac{1}{\tau}\right)Ae^{-\frac{t}{\tau}} + RAe^{-\frac{t}{\tau}} = Ae^{-\frac{t}{\tau}}\left(-\frac{L}{\tau} + R\right) = 0 \tag{5.4.3}$$

要使式（5.4.3）为 0，必须使 $\left(-\dfrac{L}{\tau} + R\right) = 0$，即 *RL* 串联电路的时间常数为

$$\tau = \frac{L}{R} \tag{5.4.4}$$

式中，τ 具有时间的量纲。当 R 单位为 Ω、L 的单位为 H 时，τ 的单位为 s，因此称 τ 为 *RL* 电路的时间常数。其作用与 *RC* 电路的时间常数一样。τ 越大，i_L 衰减越慢。这是因为在电感电流为定值的情况下，若 R 不变，τ 越大，意味着 L 越大，则电感中储能越多；若 L 不变，τ 越大，意味着 R 越小，则电感放电电路消耗功率（$i_L^2 R$）越小。两者都将促使放掉这些能量所需的时间变长。因此，改变电路参数 R 和 L，即可改变时间常数 τ，从而影响暂态过程的长短。

由图 5.4.1 得出 *RL* 电路的零输入响应为

$$i_L(t) = i_L(0_+)e^{-\frac{t}{\tau}} \tag{5.4.5}$$

引申出 *RL* 电路的零状态响应为

$$i_L(t) = i_L(\infty)\left(1 - e^{-\frac{t}{\tau}}\right) \tag{5.4.6}$$

知道时间常数 τ 以后，一阶 *RL* 串联电路可利用三要素法求解。对图 5.4.1 所示电路求解如下。

（1）求电流的初始值 $i_L(0_+)$

因为换路前（开关 S 动作前）电路处于稳态，电感对直流相当于短路，则有

$$i_L(0_-) = \frac{U}{R}$$

根据换路定则，有

$$i_L(0_+) = i_L(0_-) = \frac{U}{R}$$

（2）求电流的稳态值 $i_L(\infty)$

电路到达稳态后，储存在电感中的磁场能量已放完，所以，电流的稳态值 $i_L(\infty) = 0$。

（3）将 $i_L(0_+)$、$i_L(\infty)$ 和 τ 代入式（5.3.2），可求得电流

$$i_L(t)=i_L(\infty)+[i_L(0_+)-i_L(\infty)]\mathrm{e}^{-\frac{t}{\tau}}=\frac{U}{R}\mathrm{e}^{-\frac{t}{\tau}} \tag{5.4.7}$$

由 $u_R=Ri$，$u_L=L\dfrac{\mathrm{d}i}{\mathrm{d}t}$，可以得出 u_R 和 u_L 的表达式为

$$u_R=Ri=U\mathrm{e}^{-\frac{t}{\tau}}$$

$$u_L=L\frac{\mathrm{d}i}{\mathrm{d}t}=-U\mathrm{e}^{-\frac{t}{\tau}} \tag{5.4.8}$$

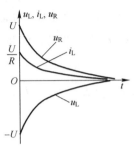

由式（5.4.7）引申出 RL 电路的全响应为

$$i_L(t)=i_L(\infty)+[i_L(0_+)-i_L(\infty)]\mathrm{e}^{-\frac{t}{\tau}}$$

RL 电路的零输入响应曲线如图5.4.2所示。

图5.4.2　RL 电路的零输入响应曲线

5.4.2　RL 电路的零状态响应

在图5.4.3中，换路前电感中无初始储能，即 $i_L(0_-)=0$ 电路处于零初始状态。当 $t=0$ 时开关S接通，电路与电源 U 接通，此时，电路响应称为 RL 串联电路的零状态响应。

下面用三要素法分析该电路的暂态过程。

1）求电流初始值 $i_L(0_+)=0$。

因为电路是零初始状态，则 $i_L(0_-)=0$。根据换路定则，$i_L(0_+)=i_L(0_-)=0$。

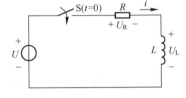

2）求电流的稳态值 $i_L(\infty)$。

图5.4.3　RL 电路的零状态响应

由于电路到达稳态时，L 相当于短路，则 $i_L(\infty)=\dfrac{U}{R}$。

3）求电路的时间常数 $\tau=\dfrac{L}{R}$。

4）将 $i_L(0_+)$、$i_L(0_\infty)$ 和 τ 代入三要素公式（5.3.2），得零状态响应为

$$i_L(t)=i_L(\infty)+[i_L(0_+)-i_L(\infty)]\mathrm{e}^{-\frac{t}{\tau}}=\frac{U}{R}(1-\mathrm{e}^{-\frac{t}{\tau}})$$

$$u_L=L\frac{\mathrm{d}i}{\mathrm{d}t}=U\mathrm{e}^{-\frac{t}{\tau}}$$

$$u_R=Ri=U(1-\mathrm{e}^{-\frac{t}{\tau}})$$

RL 电路的零状态响应曲线如图5.4.4所示。由图可见，当电路达到新的稳态时，电感上电压为零，电感 L 对直流相当于短路，所以，电阻上电压 u_R 就等于电源电压 U。

例5.4.1　图5.4.5所示电路中，已知 $U=220\,\mathrm{V}$，$R_1=24\,\Omega$，$R_2=20\,\Omega$，$L=0.22\,\mathrm{H}$，设开关S断开前电路已于稳态，求：（1）断开后的电流 i；（2）经过多长时间电流降至8A。

解：（1）这是一个求解电路在非零初始状态下受到电源激励时的全响应问题。在 $t=0$ 时将开关S断开，运用三要素法求电流的表达式。

1）确定初始值，即

$$i(0_+)=i(i_-)=\frac{U}{R_2}=11\,\mathrm{A}$$

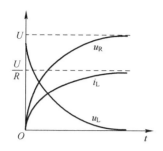

图 5.4.4 *RL* 电路的零状态响应曲线

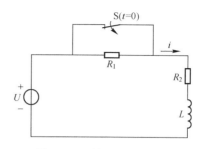

图 5.4.5 例 5.4.1 电路图

2）确定稳态值，即

$$i(\infty) = \frac{U}{R_1 + R_2} = 5 \text{ A}$$

3）确定电路的时间常数，即

$$\tau = \frac{L}{R_1 + R_2} = 0.5 \times 10^{-2} \text{ s}$$

4）将 $i(0_+)$、$i(\infty)$ 和 τ 代入式（5.3.2），得全响应公式为

$$i(t) = i(\infty) + [i(0_+) - i(\infty)] e^{-\frac{t}{\tau}} = (5 + 6e^{-200t}) \text{ A}$$

电流 i 变化的曲线如图 5.4.6 所示。

（2）根据电流 i 的变化规律求电流降至 8 A 所需的时间。由题意，得

$$5 + 6e^{-200t} = 8$$

$$t = 0.00347 \text{ s}$$

即经过 0.00347 s，电流将降至 8 A。

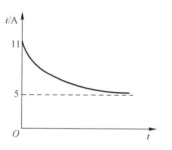

图 5.4.6 例 5.4.1 全响应 i 变化曲线

【练习与思考】

1）*RL* 电路的时间常数是什么？

2）三要素法适用于一阶 *RL* 电路吗？

3）*RL* 串联电路与直流电压源接通时，为使暂态过程加快，应采取什么办法？

5.5 内容拓展及专创应用

5.5.1 动态电路的暂态分析方法

分析动态电路的暂态响应采用以下两种方法：

1）时域分析法，即根据电路基本定律写出关于电压和电流的微分方程，然后求解该微分方程。这种方法必须根据电压和电流及各阶导数的初始值确定积分常数，而当含有多个动态元件时，确定这些初始值的工作量是相当大的。

2）复频域分析法，即先利用拉普拉斯变换将时域内复杂的微分方程变换为复频域内简单的代数方程，从而求出待求响应的象函数，再取拉普拉斯反变换求出待求响应的时域函数。这种方法特别适用于对高阶动态电路的过渡过程进行分析。

5.5.2 工程实践

根据一阶动态电路的瞬态分析方法，设计一个照相闪光灯装置。闪光灯是利用 RC 电路换路瞬间电容器的电压不能突变以及时间常数短的特点，瞬间产生强电流，使闪光灯动作。如图 5.5.1a 所示的电路是由直流电压源 U_S、大阻值限流电阻 R_1 和一个与闪光灯并联的电容器 C 组成，闪光灯用电阻 R_2 表示。开关处于位置"1"时，时间常数 $\tau_1 = R_1 C$ 很大，电容器充电较慢。电容器的端电压由零逐渐增加到 U_S，而其电流逐渐由 $I_1 = \dfrac{U_S}{R_1}$ 下降到零，充电时间近似地需要 $t_1 = 5\tau_1 = 5R_1 C$，如图 5.5.1b 所示。当开关 S 由位置"1"切换到"2"时，电容器的电压不能突变，通过 R_2 放电，放电时间常数 $\tau_2 = R_2 C$。由于闪光灯的电阻 R_2 阻值小，即 R_2 放电时间常数很小，电容器的电压通过 R_2 很快放电完毕，在很短的时间里产生很大的放电电流，使闪光灯闪亮，其峰值电流 $I_2 = \dfrac{U_S}{R_2}$，如图 5.5.1c 所示，放电时间近似为 $t_2 = 5\tau_2 = 5R_2 C$。

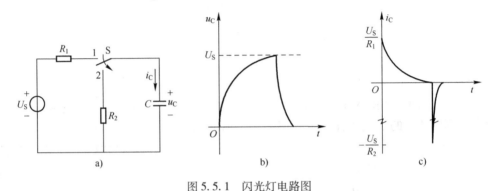

图 5.5.1 闪光灯电路图

5.6 小结

1. 暂态过程

含有储能元件的电路从一个稳定状态转变到另一个稳定状态的过程称为电路暂态过程。产生暂态过程的内在原因是电路中有储能元件，外部原因是换路。其实质是能量不能突变。暂态过程相对于稳态来说时间短暂。

2. 换路定则

电容两端电压 u_C 和电感线圈中电流 i_L 都不能突变，电容电压和电感电流在换路前和换路后的瞬间应保持不变，这就是换路定则。

$$i_L(0_-) = i_L(0_+)$$
$$u_C(0_-) = u_C(0_+)$$

3. 一阶电路的暂态响应

（1）零状态响应

电路中储能元件初始状态为零时，仅由外施激励引起的响应。

对于 RC 电路：$u_C(t) = u_C(\infty)(1 - e^{-\frac{t}{\tau}})$。

对于 RL 电路：$i_L(t) = i_L(\infty)(1-e^{-\frac{t}{\tau}})$。

（2）零输入响应

电路中外施激励为零时，仅由储能元件初始储能引起的响应。

对于 RC 电路：$u_C(t) = u_C(0_+)e^{-\frac{t}{\tau}}$。

对于 RL 电路：$i_L(t) = i_L(0_+)e^{-\frac{t}{\tau}}$。

（3）全响应

电路中外施激励和储能元件初始储能共同引起的响应。全响应=稳定分量+暂态分量。

对于 RC 电路：$u_C(t) = u_C(\infty) + [u_C(0_+) - u_C(\infty)]e^{-\frac{t}{\tau}}$。

对于 RL 电路：$i_L(t) = i_L(\infty) + [i_L(0_+) - i_L(\infty)]e^{-\frac{t}{\tau}}$。

4. 经典法求解电路暂态过程的步骤

1）列出电路换路后表征电路运行状态的微分方程。

2）求出待求量的稳态分量，即微分方程的特解。

3）求出特求量的暂态分量，即微分方程的补函数。

4）根据换路定则确定初始值，从而定出积分常数，最后得到电路的暂态响应。

5. 一阶电路的三要素法

只含有一个动态元件（电容或电感）的电路都是一阶电路。对于一阶电路的暂态分析可采用三要素法。三要素法公式为

$$f(t) = f(\infty) + [f(0_+) - f(\infty)]e^{-\frac{t}{\tau}}$$

式中，$f(t)$ 为待求量；$f(0_+)$ 为初始值，根据换路前的电路求出 $f(0_-)$，由换路定则确定 $f(0_+)$；$f(\infty)$ 为稳态值，由换路后的直流稳态电路（将电容视为开路，电感视为短路）求得；τ 为电路的时间常数，由换路后的电路求出，对于 RC 电路，$\tau = RC$，对于 RL 电路，$\tau = \dfrac{L}{R}$。

5.7 习题

一、单选题

1. 以下 4 个元件，耗能元件为（　　）。

A. 电阻元件　　　　B. 电源元件　　　　C. 电感元件　　　　D. 电容元件

2. 当线性电感线圈中通过恒定电流时，其上电压为零，故电感元件可视为（　　）。

A. 故障　　　　B. 断路　　　　C. 短路　　　　D. 损坏

3. 当线性电感元件中的电流增大时，磁场能量增大，在此过程中电能转化为（　　）储存起来。

A. 磁场能　　　　B. 电场能　　　　C. 电能　　　　D. 电功率

4. 当电容元件两端加恒定电压时，其中电流为零，故电容元件可视为（　　）。

A. 故障　　　　B. 开路　　　　C. 短路　　　　D. 不确定

5. 当电容元件两端的电压降低时，电场能量减小，在此过程中电容向电源返还能量，可见电容元件是（　　）。

A. 电阻元件　　　　B. 耗能元件　　　　C. 储能元件　　　　D. 电源元件

6. 在暂态电路中，换路瞬间，下列说法正确的是（　　　）。

A. 电阻电流不能突变 　　　B. 电容电压不能突变

C. 电容电流不能突变 　　　D. 电阻电压不能突变

7. 电容端电压和电感电流不能突变的原因是（　　　）。

A. 电场能量和磁场能量的变化率均为有限值

B. 同一元件的端电压和电流不能突变

C. 电容端电压和电感电流都是有限值

D. 电容端电压和电感电流都受换路定则制约

8. 如图 5.7.1 所示电路在换路前处于稳定状态，在 $t=0$ 瞬间将开关 S 闭合，则 $i(0_+)$ 为（　　　）。

A. 0 A 　　　B. 0.6 A 　　　C. 0.3 A 　　　D. −0.3 A

9. 在如图 5.7.2 所示电路中，开关 S 在 $t=0$ 瞬间闭合，若 $u_C(0_-)=4\,\text{V}$，则 $u_R(0_+)=$（　　　）。

A. 4 V 　　　B. 0 V 　　　C. 8 V 　　　D. −4 V

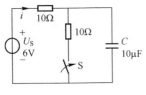 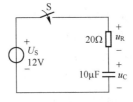

图 5.7.1　单选题 8 图　　　　图 5.7.2　单选题 9 图

10. 储能元件的初始储能在电路中产生的响应（即零输入响应）（　　　）。

A. 仅有稳态分量 　　　B. 仅有暂态分量

C. 既有稳态分量，又有暂态分量 　　　D. 仅有稳态分量，没有暂态分量

11. 在如图 5.7.3 所示电路中，开关 S 在 $t=0$ 瞬间闭合，若 $u_C(0_-)=0\,\text{V}$，则 $i_1(0_+)$ 为（　　　）。

A. 1.2 A 　　　B. 0 A 　　　C. 0.6 A 　　　D. −0.6 A

12. 在如图 5.7.4 所示电路中，开关 S 在 $t=0$ 瞬间闭合，则 $i_2(0_+)$ 为（　　　）。

A. 0.1 A 　　　B. 0.05 A 　　　C. 0 A 　　　D. −0.1 A

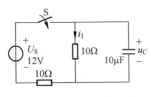 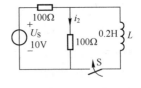

图 5.7.3　单选题 11 图　　　　图 5.7.4　单选题 12 图

13. 时间常数越大，暂态持续的时间（　　　）。

A. 不受影响 　　　B. 越小 　　　C. 越长 　　　D. 不确定

14. 图 5.7.5a 所示电路为一已充电到 $u_C=8\,\text{V}$ 的电容器对电阻 R 放电的电路，当电阻分别为 $1\,\text{k}\Omega$、$6\,\text{k}\Omega$、$3\,\text{k}\Omega$ 和 $4\,\text{k}\Omega$ 时，得到 4 条 $u_C(t)$ 曲线如图 5.7.5b 所示，其中对 $4\,\text{k}\Omega$ 电阻放电的 $u_C(t)$ 曲线是（　　　）。

A. a 　　　B. b 　　　C. c 　　　D. d

15. 如图 5.7.6 所示电路，在开关 S 闭合后的时间常数 τ 为（　　）。

A. $(R_1+R_2)C$　　　B. R_1C　　　C. $(R_1/\!/R_2)C$　　　D. R_2C

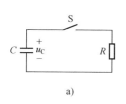 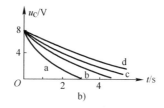

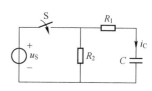

图 5.7.5　单选题 14 图　　　　　　　　　　　图 5.7.6　单选题 15 图

16. RC 电路在零输入条件下，时间常数的意义是（　　）。

A. 响应的初始值 U 衰减到 $0.632U$ 时所需的时间

B. 响应的初始值 U 上升到 $0.368U$ 时所需的时间

C. 暂态过程所需的时间

D. 响应的初始值 U 衰减到 $0.368U$ 时所需的时间

17. 一阶线性电路是指（　　）线性电路，微分方程是一阶常系数线性微分方程。

A. 含有一个储能元件或可等效为一个储能元件

B. 含有一个储能元件电容

C. 含有一个储能元件电感

D. 含有一个耗能元件电阻

18. 如图 5.7.7 所示电路，当开关 S 在位置 a 时已达稳定状态，在 $t=0$ 时将开关 S 瞬间合到位置 b，则在 $t>0$ 后电流 i_C（　　）。

A. 与图示方向相同且逐渐增大

B. 与图示方向相反且逐渐衰减到零

C. 与图示方向相同且逐渐减少

D. 与图示方向相反且逐渐增大

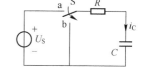

图 5.7.7　单选题 18 图

19. 如图 5.7.8 所示电路，换路前已处于稳态，换路时开关断开，电路时间常数为（　　）。

A. $1\,\mu s$　　　　　B. $4\,\mu s$　　　　　C. $2\,\mu s$　　　　　D. $3\,\mu s$

20. 电路如图 5.7.9 所示，换路前电路已处于稳态，当开关在 $t=0$ 时刻打开时，电流 $i(0_+)$ 为（　　）。

A. 3 A　　　　　B. 0.75 A　　　　　C. 1.5 A　　　　　D. 2 A

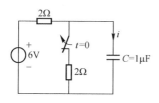 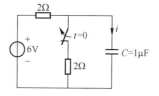

图 5.7.8　单选题 19 图　　　　　　　　　图 5.7.9　单选题 20 图

21. 三要素公式为 $f(t)=f(\infty)+[f(0_+)-f(\infty)]e^{-\frac{t}{\tau}}$，其中 $f(0_+)$ 指（　　）。

A. 暂态值　　　　B. 稳态值　　　　C. 初始值　　　　D. 最大值

22. 在换路瞬间，下列各项中除 (   ) 不能跃变外，其他全可跃变。

A. 电感电压   B. 电容电压   C. 电容电流   D. 电阻电流

23. RC 电路初始储能为零，而由初始时刻施加于电路的外部激励引起的响应称为 (   ) 响应。

A. 暂态   B. 零输入   C. 零状态   D. 全响应

24. RC 电路外部激励为零，而由初始储能引起的响应称为 (   ) 响应。

A. 暂态   B. 零输入   C. 零状态   D. 全响应

25. RC 电路初始储能不为零，由初始时刻施加于电路的外部激励引起的响应称为 (   ) 响应。

A. 暂态   B. 零输入   C. 零状态   D. 全响应

26. 根据三要素法，图5.7.10中指数曲线的表达式为 (   ) V。

A. $u_C(t) = -15 + 10e^{-\frac{t}{3}}$

B. $u_C(t) = -15 - 10e^{-\frac{t}{3}}$

C. $u_C(t) = -15 + 10e^{-3t}$

D. $u_C(t) = -10 + 15e^{-3t}$

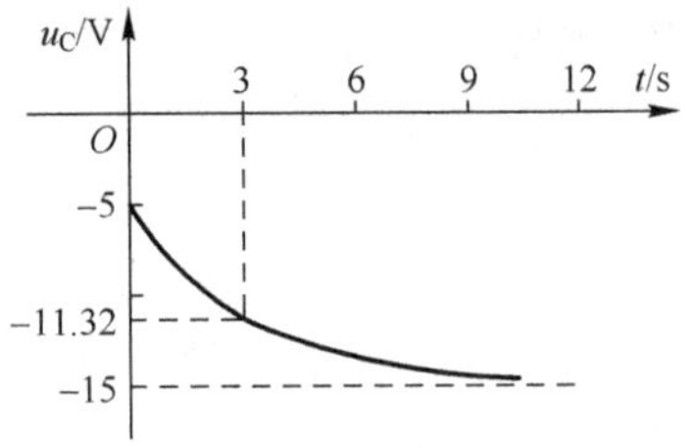

27. 如图5.7.11所示电路在开关S闭合后的时间常数 τ 为 (   )。

A. L/R_1 B. $L/(R_1+R_2)$ C. R_1/L D. L/R_2

28. 如图5.7.12所示电路原已稳定，$t=0$ 时开关S闭合，S闭合后瞬间电流 $i(0_+)$ 为 (   )。

A. 0 A   B. 1 A   C. 0.8 A   D. 2 A

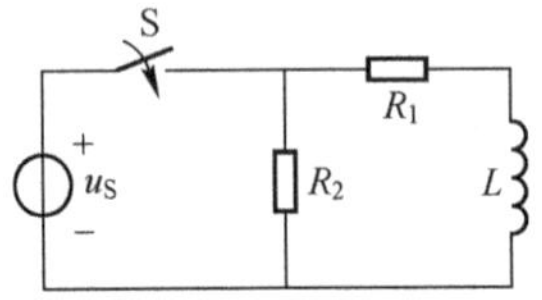

图5.7.11 单选题27图 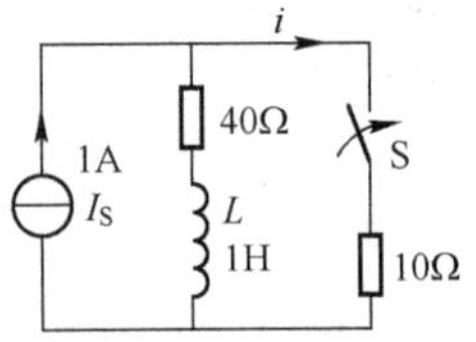   图5.7.12 单选题28图

29. 一阶电路时间常数 τ 取决于 (   )。

A. 激励信号和初始状态   B. 激励信号和稳定状态

C. 电路参数   D. 电路结构和参数

30. 在计算如图5.7.13所示电路过渡过程中时，时间常数 τ 为 (   )。

A. R_1C B. R_2C C. $(R_1+R_2)C$ D. $(R_1 \mathbin{/\!/} R_2)C$

31. 如图5.7.14所示电路在换路前处于稳定状态，在 $t=0$ 瞬间将开关S闭合，则 $i(0_+)$ 为 (   )。

A. 0 A   B. 0.6 A   C. 0.3 A   D. 0.4 A

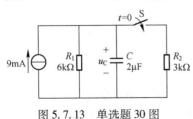

图5.7.13 单选题30图 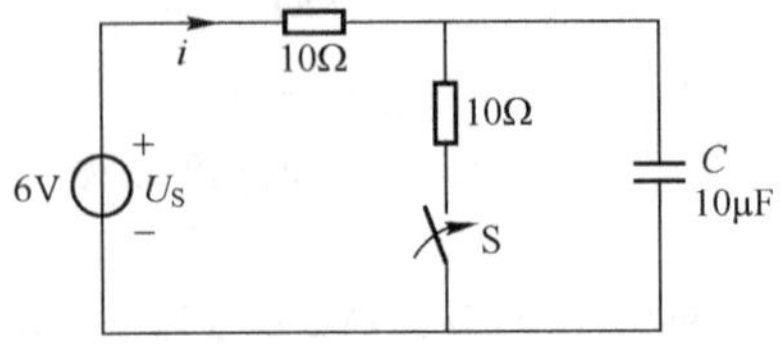   图5.7.14 单选题31图

32. 在如图 5.7.15 所示电路中，开关 S 在 $t=0$ 瞬间闭合，若 $u_C(0_-)=4\ \text{V}$，则 $u_R(0_+)$ 为（ ）。

    A. 4 V   B. 0   C. 8 V   D. 16 V

33. 如图 5.7.16 所示电路原已稳定，$t=0$ 时将开关 S 闭合。已知 $R=1\ \text{k}\Omega$，$R_1=2\ \text{k}\Omega$，$R_2=2\ \text{k}\Omega$，$C=5\ \mu\text{F}$，$U_S=5\ \text{V}$。S 闭合后的 $U_C(t)$ 表达式为（ ）。

    A. $2\text{e}^{-200t}\ \text{V}$ B. $2\text{e}^{-0.05t}\ \text{V}$ C. $5\text{e}^{-0.05t}\ \text{V}$ D. $5\text{e}^{-200t}\ \text{V}$

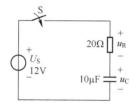 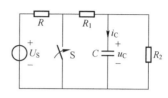

图 5.7.15   单选题 32 图   图 5.7.16   单选题 33 图

34. 如图 5.7.17 所示电路原已稳定，$t=0$ 时将开关 S 闭合后的 $U_C(t)$ 表达式为（ ）。

    A. $(5-5\text{e}^{-5t})\ \text{V}$ B. $(15-5\text{e}^{-5t})\ \text{V}$ C. $(15+5\text{e}^{-5t})\ \text{V}$ D. $(5+5\text{e}^{-5t})\ \text{V}$

35. 电路如图 5.7.18 所示，用三要素法求换路后的电压 u_C 为（ ）。

    A. $(5+15\text{e}^{-10t})\ \text{V}$ B. $(5-15\text{e}^{-10t})\ \text{V}$ C. $(-5+15\text{e}^{-10t})\ \text{V}$ D. $(-5-15\text{e}^{-10t})\ \text{V}$

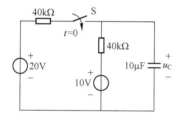 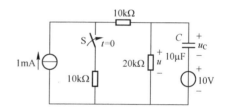

图 5.7.17   单选题 34 图   图 5.7.18   单选题 35 图

二、判断题

1. 全响应即为电源激励、电容元件的初始状态均不为零时电路的响应。根据叠加定理，全响应可视为零输入响应和零状态响应的叠加。（   ）

2. RL 电路的零状态响应中"时间常数"是电感电流上升到稳态值所需要的时间。（   ）

3. 用三要素法时，求电路中电感电压的初始值，可以由换路前的电路求取。（   ）

4. 换路定则仅适用于换路瞬间。（   ）

5. 换路瞬间只有电容上的电压和电感中的电流不能发生跃变，其他各电量都可发生跃变。（   ）

6. RL 电路暂态过程的时间常数与电阻值成正比，与电感量成反比。（   ）

7. 在电路的暂态过程中，电路的时间常数越大，则电流和电压的增长或衰减越快。（   ）

8. 只有一个储能元件的电路称为一阶电路。（   ）

9. 一阶电路暂态分析三要素法的一般公式，只适用于求解储能元件电容和电感换路后随时间变化的规律。（   ）

10. 如图 5.7.19 所示电路原已处于稳态，在 $t=0$ 时，将开关 S 断开，求得 u_C 的初始值为 15 V，稳态值为-2 V。（　　）

三、计算题

1. 电路如图 5.7.20 所示，电路在换路前处于稳态，试求换路后电流 i 的初始值 $i(0_+)$ 和稳态值 $i(\infty)$。

2. 在如图 5.7.21 所示电路中，假设换路前电路处于稳态，试求换路后电流及 i_L 及 i_R 的初始值 $i_L(0_+)$ 和 $i_R(0_+)$。

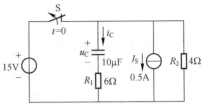

图 5.7.19　判断题 10 图

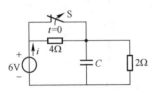

图 5.7.20　计算题 1 图

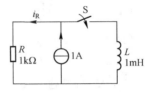

图 5.7.21　计算题 2 图

3. 如图 5.7.22 所示电路原已稳定，$t=0$ 时将开关 S 闭合。已知 $R=1\,\Omega$，$R_1=2\,\Omega$，$R_2=3\,\Omega$，$C=5\,\text{mF}$，$U_S=6\,\text{V}$。求 S 闭合后的 $u_C(t)$ 和 $i_C(t)$。

4. 如图 5.7.23 所示电路原已稳定，$t=0$ 时开关 S 由 a 换接到 b。已知 $R_1=1\,\Omega$，$R_2=R_3=2\,\Omega$，$L=2\text{H}$，$U_S=2\,\text{V}$。求换路后的电流 $i_L(t)$ 及电压 $u_L(t)$。

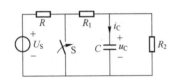

图 5.7.22　计算题 3 图

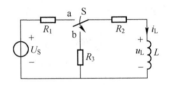

图 5.7.23　计算题 4 图

5. 如图 5.7.24 所示，已知 $U_1=18\,\text{V}$，$U_2=8\,\text{V}$，$R_1=4\,\text{k}\Omega$，$R_2=4\,\text{k}\Omega$，$C=50\,\text{mF}$，$t<0$ 时开关 S 在 a 的位置且电路已处于稳态，$t=0$ 时，开关由 a 合到 b 的位置，用三要素法求 $t\geqslant0$ 时的 $u_C(t)$ 表达式。

6. 如图 5.7.25 所示，$I=20\,\text{mA}$，$R_1=6\,\text{k}\Omega$，$R_2=6\,\text{k}\Omega$，$R_3=12\,\text{k}\Omega$，$C=4\,\mu\text{F}$。在开关 S 闭合前电路已处于稳态。求开关闭合以后电容上的电压 u_C。

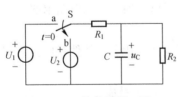

图 5.7.24　计算题 5 图

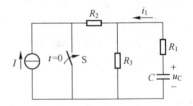

图 5.7.25　计算题 6 图

7. 如图 5.7.26 所示电路原已稳定，$t=0$ 时将开关 S 闭合。已知 $R_1=6\,\Omega$，$R_2=3\,\Omega$，$C=1\text{F}$，$U_S=9\,\text{V}$。求开关 S 闭合后电容上的电压 $u_C(t)$。

8. 如图 5.7.27 所示，S 闭合前电路已处于稳态。当 $t=0$ 时 S 闭合，则电容电压初始值是多少？

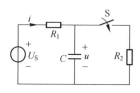

图 5.7.26　计算题 7 图

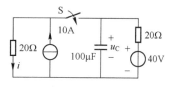

图 5.7.27　计算题 8 图

9. 如图 5.7.28 所示电路原已处于稳态，用三要素法求开关 S 闭合后电容电压的表达式。

10. 如图 5.7.29 所示电路中，在换路前已经处于稳态，$t=0$ 时换路，试求换路后瞬间电流 i_L 的初始值和稳态值。

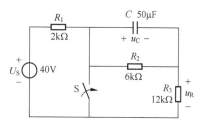

图 5.7.28　计算题 9 图

11. 如图 5.7.30 所示电路中，开关 S 原为闭合状态，在 $t=0$ 时断开。试求断开 S 的瞬间通过电感线圈 L 上的电流初始值及电阻 R 上的电压初始值。

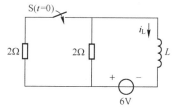

图 5.7.29　计算题 10 图

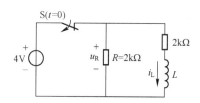

图 5.7.30　计算题 11 图

12. 如图 5.7.31 所示电路中，当开关 S 处于闭合状态时，电路已处于稳态，$t=0$ 时将 S 断开。试求换路后的时间常数 τ 及 $t=\tau$ 时电容器上的电压 $u_C(t)$。

13. 如图 5.7.32 所示电路中，开关 S 在 a 点时，电路已处于稳态；$t=0$ 时 S 由 a 点到 b 点。试求 $u_C(t)$ 并绘制其随时间变化的曲线。

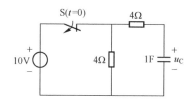

图 5.7.31　计算题 12 图

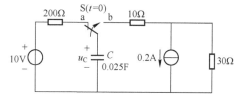

图 5.7.32　计算题 13 图

14. 如图 5.7.33 所示电路中，开关 S 闭合前，电感初始储能为零，在 $t=0$ 时合上开关。试用三要素法求电路中 i_L 的响应，以及 $t=3$ ms 时的电流值。

15. 如图 5.7.34 所示电路中，换路前电路已经稳定，$t=0$ 时开关 S 由 a 点换向 b。试求换路后的 i_L 和 u_L。

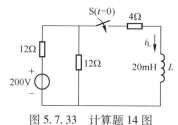

图 5.7.33　计算题 14 图

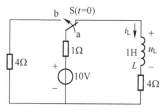

图 5.7.34　计算题 15 图

第6章 半导体器件

思政引例

敏而好学，不耻下问。

——孔子

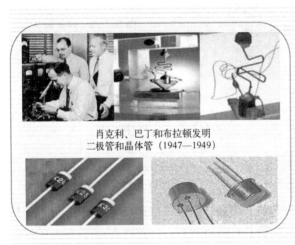

肖克利、巴丁和布拉顿发明
二极管和晶体管（1947—1949）

第二代：晶体管计算机（1954）
晶体管：800只
速度：10万次/s

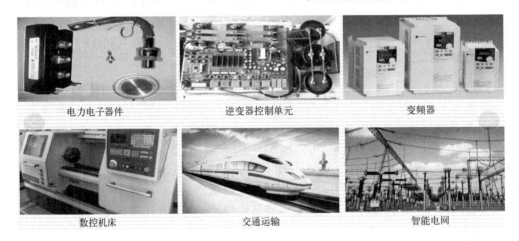

电力电子器件　　　　　　逆变器控制单元　　　　　　变频器

数控机床　　　　　　　　交通运输　　　　　　　　智能电网

人们经常使用充电器给手机电池充电，在收音机、电视机和计算机等电器上都有能发出红、绿等光线的指示灯。扬声器能将微弱的声音输入变成响度非常大的声音输出。计算机的内存具有记忆功能，只要不掉电，它就能记住信息而经久不忘。所有这些功能实现都是通过相应的半导体器件来完成的。海湾战争以来的高技术局部战争表明，现代战争形态正由机械化战争向信息化战争转变。为打赢信息化战争，全球各主要军事大国正在进行军事转型和军事变革。目前，各国军队武器装备趋向智能化，如攻击兵器具有远程打击、精确制导和隐蔽突防等能力，作战平台具有信息智能传感检测、目标探测及制导、信息攻击与防护等能力。指挥控制趋向人工智能，通过 C4ISR 系统把战场上各军种武器系统、作战平台等合成为有机整体，构成陆、海、空、天、电五维一体的战场。在这种现代化、智能化战争中，空中力量具有全球到达、速战速决、协同作战、火力强劲、生存率高等显著特点，从而使它在夺取制空权和制信息权、对地攻击、快速反应等方面发挥重要作用。随着现代电子技术飞速发展，电子信息技术对空军武器装备的影响越来越大，航电系统也是决定飞机作战性能的关键因素，这充分反映空军武器装备的发展越来越依赖于军事电子工业的发展。电子技术作为发展电子工业的关键技术起着举足轻重的作用。

PN 结及二极管单向导电性，如同哲学上事物普遍联系的观点。从半导体掺杂特性，到载流子在内外电场作用下运动，再到 PN 结形成过程和导电特性，让学生了解事物之间是普遍联系的。温度对晶体管静态工作点的影响，如同哲学上量变与质变的辩证关系。晶体管特性曲线，随着温度升高，静态工作点沿直流负载线上移，进入饱和区后晶体管放大电路失去放大作用。由于温度量变，放大电路从放大区进入饱和区，发生了质的变化。从半导体结构出发，本章介绍半导体中两种载流子（自由电子和空穴）和产生载流子的两种方式（本征激发和掺杂）以及载流子的两种运动形式（漂移运动和扩散运动），由此引出半导体器件的关键部分——PN 结及其单向导电特性。二极管包含一个 PN 结，具有单向导电性，可看作一个无触点开关，被广泛用于整流、限幅电路。特殊类型二极管有稳压二极管、发光二极管和光电二极管，应了解其工作原理及特性。晶体管包含两个 PN 结，工作在放大区、截止区和饱和区，利用其特性可制成放大元件和开关元件。通过学习本章，读者应了解半导体导电机理，理解 PN 结单向导电性，理解二极管和晶体管的工作原理、特性和主要参数及其简单应用。

学习目标：

1. 理解半导体基本知识，掌握 PN 结单向导电性。
2. 掌握半导体二极管结构、特性、参数、分析模型及应用。
3. 掌握晶体管结构和工作原理，掌握特性曲线及主要参数。
4. 掌握发光二极管、光电二极管、光电晶体管和光电耦合器等半导体器件特性及应用。
5. 了解半导体器件在航空航天领域中的主要应用。

素养目标：

1. 结合电子元器件工艺痛点，了解我国电子元器件工艺关键技术及二极管结构、分析模型及应用，培养学生科学精神、航空情怀。

2. 从先进电子元器件生产工艺流程及痛点，正确看待内因和外因的关系，培养学生为国奋斗、坚定不移解决卡脖子技术的理想目标。

3. 从半导体掺杂特性，到载流子在内外电场作用下运动，再到 PN 结形成过程和导电特性，让学生了解事物之间存在普遍联系的观点。引导学生学会从事物普遍联系观点中理解概念，提高辩证思维能力。

6.1　半导体基础知识

视频
半导体基础
知识

半导体电子器件都是由导电性能介于导体与绝缘体之间的半导体材料制造而成的。常用半导体材料主要有硅（Si）、锗（Ge）和砷化镓（GaAs）等。半导体除了在导电能力方面与导体和绝缘体不同外，还具有不同于其他物质的特点。例如，当半导体受到外界光和热激发时，其导电能力将发生显著的变化，体现对光照和温度变化敏感性，分别称为光敏特性和热敏特性。又如在纯净半导体中掺入微量"杂质"元素，此杂质半导体导电能力将发生极其显著的变化，这一现象称为"掺杂"特性。因此，可利用半导体光敏特性制成各种光电器件，如光敏电阻、光电管等；利用半导体热敏特性制成各种热敏元件，如温度传感器。另外，由于半导体对温度变化敏感性，半导体器件工作将受到温度变化的严重影响，半导体器件的温度特性，是分析和设计电子电路时要考虑的重要问题。利用半导体的掺杂特性，可制成各种半导体器件，如二极管、晶体管、场效应晶体管、晶闸管及各种电力电子器件。

6.1.1 本征半导体

本征半导体就是纯净（不含杂质）而且具有完整晶体结构的半导体。最常用的本征半导体为硅（Si）和锗（Ge）。硅和锗的原子结构都是由带正电的原子核和带负电的价电子组成的，核外价电子分层排列，围绕原子核运动，其最外层轨道上的电子，称为价电子，均为四个，故都是四价元素。价电子直接影响半导体的导电性能。将原子核和内层电子看成一个整体，用带+4电荷的正离子核表示，如图6.1.1a所示。原子核所带正电荷量与价电子所带负电荷量相等，原子呈中性。

在硅（锗）的晶体中，原子在空间排列成规则晶格。原子之间间距相等。每一原子价电子与相邻原子一个价电子组成一个电子对，这对价电子是两个相邻原子所共有，形成相邻原子间的共价键结构，每一个原子与相邻四个原子组成四个共价键结构。晶体共价键结构示意图如图6.1.1b所示。

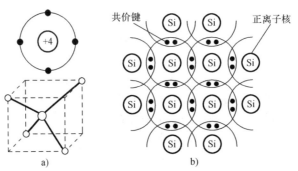

图 6.1.1 硅晶体共价键结构

a）四价硅原子 b）硅晶体共价键

在共价键结构中，价电子主要受到共价键的束缚力，但不如绝缘体中价电子受到原子核的束缚力那样强。当本征半导体受到热或光激发获得一定能量后，价电子即可摆脱共价键的束缚成为自由电子，这一现象称为本征激发。温度越高、光照越强，晶体中产生的自由电子就越多，导电能力也就越强。

在价电子受到本征激发成为自由电子的同时，在共价键中留下空位，称为空穴。自由电子和空穴成对出现，因为自由电子带负电，所以可以认为空穴带正电，本征半导体中的自由电子和空穴数量相等。半导体在外电场的作用下，其内部的自由电子逆电场方向做定向运动形成电子电流，而邻近原子的价电子很容易挣脱共价键的束缚来填补空穴，因而产生新的空穴。填补空穴的运动不断进行下去，在半导体中就形成与价电子的填补运动方向相反的空穴移动。可以认为空穴的移动就形成顺电场方向的空穴电流，如图 6.1.2 所示。由于规定电流方向与正电荷运动方向一致，所以总电流等于电子电流和空穴电流的代数和。自由电子和空穴在半导体中都是导电粒子，称它们为载流子。因此，半导体中同时存在着自由电子和空穴的导电机制，这既是半导体导电方式的最大特点，也是半导体与金属导体在导电机理上的本质区别。

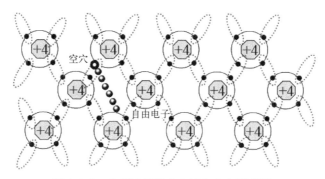

图 6.1.2　本征半导体中电子和空穴形成图

6.1.2　杂质半导体

在本征半导体中掺入微量有用的杂质元素，将使半导体的导电性能发生显著变化。掺入杂质的半导体称为杂质半导体，按所掺杂质元素的不同，杂质半导体可分为 N 型半导体和 P 型半导体两种。

1. N 型半导体

在本征半导体硅（锗）中，掺入微量五价元素，如磷（P），磷原子就取代晶体中原来硅（锗）原子的某些位置。由于掺入的磷原子浓度极低，因此整个晶体结构不变，如图 6.1.3 所示。在磷原子的五个价电子中，只需要四个就能和相邻四个硅原子组成四个共价键，多余的一个价电子因为不需要构成共价键，所以在常温下很容易挣脱磷原子核的束缚而成为自由电子。这样，掺入的每一个磷原子均能提供一个自由电子，而失去了一个价电子的磷原子就成为带正电的正离子。因其不能自由移动，不能参与形成电流，所以不是载流子，记为正离子 P^+。

另外，硅（锗）在常温下因本征激发还将产生少量的自由电子-空穴对。通常，掺入杂质磷元素所产生的自由电子数量远远超过因本征激发所产生的自由电子-空穴对数量。例如，室温下硅晶体中本征激发产生的自由电子浓度约为 $10^{10}/\text{cm}^3$，硅晶体中硅原子数约为 $10^{22}/\text{cm}^3$，若掺入百万分之一的磷，则杂质浓度为 $10^{22}/\text{cm}^3 \times 10^{-6} = 10^{16}/\text{cm}^3$，自由电子浓度也为 $10^{16}/\text{cm}^3$，与掺杂前相比，自由电子浓度增加约一百万倍。该杂质半导体中，自由电子是多数载流子（简称多子），空穴则是少数载流子（简称少子）。因自由电子带负电，所以把这种以自由电子导电为主的杂质半导体称为 N 型半导体，或称为电子型半导体。

2. P 型半导体

若在本征半导体硅（锗）中，掺入微量三价元素，如硼（B）。由于硼原子只有三个价电子，当它与相邻的四个硅原子构成四个共价键时，因缺少一个价电子便会出现一个空位，这个空位可被邻近硅原子的价电子填补，于是硼原子变为负离子 B^-，如图 6.1.4 所示。在室温下，硅（锗）原子中的价电子几乎能填满杂质元素硼（B）原子中的所有空位，而硅（锗）半导体中产生与杂质硼（B）元素原子数相同的空穴。

另外，处于共价键结构上硅（锗）原子还会因本征激发产生自由电子-空穴对。但是因掺杂而产生的空穴数远远大于自由电子-空穴对数量，显然，在该杂质半导体中，空穴是多数载流子，自由电子是少数载流子。因空穴带正电，所以把这种以空穴导电为主的杂质半导体称为 P 型半导体，或称为空穴型半导体。

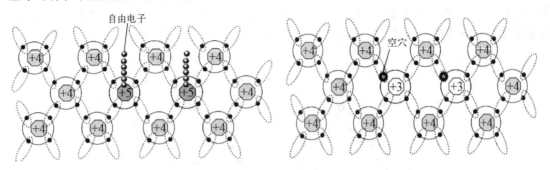

图 6.1.3　N 型半导体　　　　　　　　　图 6.1.4　P 型半导体

由以上分析可见，在 N 型半导体或 P 型半导体中，多数载流子主要是由掺杂产生，掺入杂质越多（以不破坏半导体晶体结构为度），多数载流子数目就越多。少数载流子则是由本征激发而产生，温度越高，本征激发越强烈，少数载流子数目就越多。

特别提示

杂质半导体中的杂质原子必须是微量的，且有用，否则将改变半导体的晶体结构。

在杂质半导体中，多子浓度基本上取决于所掺杂质原子浓度，而少子浓度很低，且随杂质原子浓度升高而降低，随温度升高而升高。在杂质半导体（N 型半导体或 P 型半导体）中，有多子和少子，但整块杂质半导体对外并不显电性，而呈中性。

视频
PN 结

6.2　PN 结

6.2.1　PN 结的形成

杂质半导体增强了半导体的导电能力，但并不能直接用来制造半导体器件。利用特殊工艺方法，即掺杂工艺，将一块半导体晶体（硅片或锗片）的两边分别掺杂生成 P 型半导体和 N 型半导体，两者的交界面就称为 PN 结。这个 PN 结具有单一型（N 型或 P 型）半导体所不具有的新的独特物理特性，使半导体导电性能发生质的变化。利用此特性可制造出各种半导体器件，故 PN 结是构成许多半导体器件的基本结构。

如图 6.2.1 所示为一块杂质的半导体晶片，它的两边用掺杂工艺分别形成 P 型半导体（记为 P 区）和 N 型半导体（记为 N 区）。图中黑色小点●表示自由电子，空心小圈○表示空穴。P 区中空穴是多数载流子，自由电子是少数载流子，而 N 区中，电子是多子，空穴是少子。P 区内的空穴浓度高，N 区中的自由电子浓度高，它们将越过 P 区和 N 区交界面分

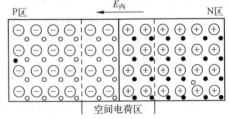

图 6.2.1　PN 结形成

别向对方区域扩散，这种多数载流子因浓度差而形成的运动称为扩散运动。多数载流子扩散到对方区域后被复合，但扩散运动使得在交界面的两侧分别留下不能移动的正负离子，形成一个空间电荷区。这个处于交界面的空间电荷区就称为 PN 结。这个空间电荷区由于正负离子的存

在，又形成了一个方向由 N 区指向 P 区的电场，称为内电场 $E_内$。而空间电荷区内的多数载流子因向对方区域扩散而消耗殆尽，故又称为耗尽层。随着扩散运动的进行，空间电荷区的正负离子不断增多，内电场不断增强，其电场力对多数载流子的扩散运动产生阻挡作用，故又称为阻挡层。在内电场的作用下，P 区和 N 区的少数载流子又会越过交界面向对方区域运动，这种少数载流子在内电场作用下形成的运动称为漂移运动，漂移运动的结果使得空间电荷区因正负离子减少（中和）而变窄，内电场削弱，对多数载流子扩散的阻挡作用减弱，最终扩散运动和漂移运动达成动态平衡，PN 结宽度保持一定，空间电荷区保持相对稳定状态，至此，PN 结结构就稳定了。

6.2.2 PN 结的特性

PN 结的主要特性为单向导电性。在 PN 结两端加不同极性外电压的方式称为偏置方式，所加电压也称为偏置电压。

1. PN 结正向偏置

图 6.2.2a 表示给 PN 结外加正向电压。P 区接电源正极，N 区接负极，称为 PN 结正向偏置（P 区电位高于 N 区电位），简称正偏。外加正向电压形成的外电场方向由 P 区指向 N 区，与内电场方向相反。当外电场足够强大而完全克服内电场的作用时，PN 结变窄导致空间电荷区变窄直至消失，其阻挡层的阻挡作用不复存在，多数载流子在外电场作用下扩散运动大为增强，从而形成较大的扩散电流。由于外部电源不断提供电荷，使得 PN 结的扩散电流得以维持，且与外电路间形成持续不断的回路电流。该电流称为 PN 结的正向电流，这样，PN 结就处于正向导通状态。正向导通时，通过 PN 结的正向电流大，PN 结呈现的正向电阻小（低阻），因而 PN 结两端导通电压降即正向电压较小。

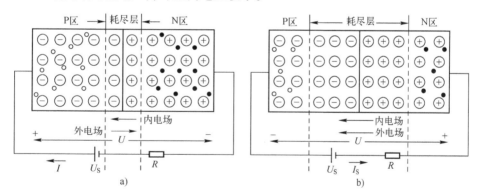

图 6.2.2 PN 结单向导电性

a）正向导通 b）反向截止

2. PN 结反向偏置

图 6.2.2b 表示给 PN 结外加反向电压。P 区接电源负极，N 区接电源正极，称为 PN 结反向偏置（N 区电位高于 P 区电位），简称反偏。外加反向电压形成的外电场方向由 N 区指向 P 区，与内电场方向相同，PN 结变宽，空间电荷区的阻挡作用更强。多数载流子的扩散运动被阻挡层完全遏制。相反，少数载流子在内外电场共同作用下，漂移运动加强，形成反向漂移电流。由于少数载流子浓度很低，故反向电流很微弱，且基本不随外加反向电压增大而增大，该电流也因此被称为反向饱和电流。此时，PN 结处于反向截止状态（忽略反向饱和电流）。反

向截止时，通过 PN 结的反向电流极小，PN 结呈现的反向电阻很大（高阻）。由于少数载流子因本征激发产生，其数目与温度有关，故反向电流会随温度上升而增加。由此可知，温度是影响 PN 结反向电流的主要因素。

由以上分析可知，在 PN 结上加正向电压时，PN 结呈现低电阻，正向电流大，PN 结处于导通状态。在 PN 结上加反向电压时，PN 结呈现高电阻，反向电流很小且与温度有关，若忽略此电流，则 PN 结处于截止状态。PN 结的这种特性称为单向导电性，即正向导通，反向截止。

3. PN 结电容效应

当 PN 结上所加的外部电压变化时，PN 结空间电荷区的正负电荷量会随之发生变化，而且聚集在 PN 结附近的多数载流子（电子和空穴）的浓度分布也会发生变化，这就犹如电容的充放电效应一样，所以把 PN 结的这种性能称为电容效应。如果把这种效应有意扩大，可以制成变容二极管器件，实际上它是一种电压控制的电容，在通信和无线电中经常应用到。

特别提示

PN 结正向电流可视为由多子的扩散运动形成的。

PN 结反向电流可视为由少子的漂移运动形成的。

当环境温度升高时，少子浓度升高，反向电流增大，故温度对反向电流影响很大，这是导致半导体器件温度稳定性差的根本原因。

【练习与思考】

1）半导体中的空穴是①半导体晶格中的缺陷；②电子脱离共价键后留下的空位；③带正电的离子。上述三种说法哪种是正确的？

2）N 型半导体可以是纯净半导体加入以下哪种物质后形成的？①电子；②硼元素（三价）；③锑元素（五价）。

3）PN 结是如何形成的？

4）P 型半导体带正电，N 型半导体带负电，这种说法对吗？

视频
二极管

6.3　二极管

6.3.1　基本结构

半导体二极管是由 PN 结加上相应的电极、引线及管壳封装而成的。二极管按结构不同可分为点接触型、面接触型和平面型三大类。根据所用晶片材料的不同，可制作成硅或锗二极管。图 6.3.1 是它们的结构示意图。

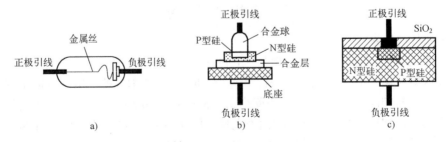

图 6.3.1　二极管结构示意图

a）点接触型二极管　b）面接触型二极管　c）平面型二极管

1）点接触型二极管——PN 结面积小，结电容小，常用于检波和变频等高频电子电路。

2）面接触型二极管——PN 结面积大，常用于大电流整流电路。

3）平面型二极管——往往用于集成电路制造工艺中。PN 结面积可大可小，用于高频整流和开关电路中。

图 6.3.2 是二极管的符号，符号中的箭头方向表示正向电流的方向。通常把二极管的阳极称为正极，用 A 表示，阴极称为负极，用 K 表示。

图 6.3.2　二极管符号图

6.3.2　伏安特性

半导体二极管实质上是一个 PN 结，其基本特性也就是 PN 结单向导电性，可以用伏安特性来描述。图 6.3.3 为二极管的伏安特性曲线（该曲线一般可通过实验方法得到），可分为正向特性和反向特性两大部分。正向特性 OA 段反映二极管外加正向电压时，通过二极管的电流与二极管两端电压之间的

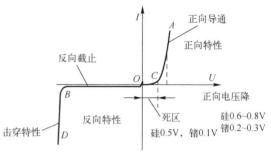

图 6.3.3　二极管特性曲线

特性关系。当正向电压较小时，即图中 OC 段，外加电场较弱，还不足以克服 PN 结的内电场，内电场起到阻挡层的作用，阻碍多数载流子的扩散运动，因此，正向电流几乎为零。这时二极管虽然外加正向电压，但并未正向导通，这一特性称为死区特性，这一段（OC 段）所对应的电压称为死区电压，用 U_{on} 表示。通常硅管的死区电压约为 0.5 V，锗管的死区电压约为 0.1 V。当正向电压大于死区电压后，即图中 CA 段，外加电场较强，已克服 PN 结内电场，阻挡层消失，多数载流子扩散运动大大增强。正向电流随外加正向电压增大而迅速增大，二极管处于正向导通状态，故 CA 段的特性称为正向导通特性。二极管正向导通时呈现低阻状态，两端正向电压降变化不大，硅管为 0.6~0.8 V，一般取 0.7 V，锗管为 0.2~0.3 V，一般取 0.2 V。

反向特性 OD 段反映二极管外加反向电压时电流与电压的关系。当反向电压不超过一定范围时，如图 6.3.3 中 OB 段，二极管中 PN 结处于反向截止状态。二极管中只有很小反向饱和电流（少数载流子漂移形成），大小几乎不变，这一特性称为反向截止特性（反向饱和电流因为很小，往往忽略不计）。在 OB 段，二极管呈现出很高的反向电阻（高阻），一般硅管反向饱和电流为 10 μA 以下，而锗管反向饱和电流可达几百微安。当二极管外加反向电压超过反向击穿电压 $U_{(BR)}$ 时（图 6.3.3 中 B 点所对应的电压），反向电流会急剧增加，二极管单向导电性被破坏。这一现象称为反向击穿，故图中 BD 段的特性称为反向击穿特性，B 点所对应的电压称为反向击穿电压。反向击穿这一特殊现象可以理解为：当外加电压超过击穿电压后，外加电压已太过强大，导致半导体共价键结构中的价电子获得足够大的能量，挣脱掉共价键的束缚而成为自由电子。大量价电子在瞬间成为自由电子而使反向电流急剧增加。普通二极管反向击穿后，会导致 PN 结温度急剧增高而造成永久性损坏。

由以上分析可知，二极管伏安特性分成正向特性和反向特性两部分。正向特性由死区特性和正向导通特性两段构成，反向特性由反向截止特性和反向击穿特性两段组成。

PN 结特性受到温度变化带来的影响，反映在伏安特性上就是：在正向特性部分，当温度升高时，在同样正向电流下，二极管两端电压 U 下降，伏安特性曲线向左移。温度每升高

1℃，正向电压减小2~2.5 mV；在反向特性部分，当温度升高时，反向饱和电流增加，故反向特性曲线下移，而反向击穿电压减小，如图6.3.4所示。

6.3.3 主要参数

二极管特性除了可用伏安特性曲线表示外，还可用参数来反映其性能，二极管的参数也是正确选择和使用二极管的依据。

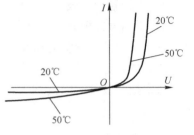

图 6.3.4 温度变化特性曲线

1. 最大整流电流 I_{OM}

最大整流电流 I_{OM} 是指二极管长时间使用时，允许流过二极管的最大正向平均电流。实际工作中若电流超过该值时，会引起 PN 结过热而损坏。大功率二极管在使用时，应安装规定散热面积的散热器后方可在此参数值下工作。

2. 最高反向工作电压 U_{RM}

最高反向工作电压 U_{RM} 是保证二极管不被反向击穿而允许施加的最高反向电压，一般规定 U_{RM} 为反向击穿电压 U_{BR} 的 $\frac{1}{2}$ 或 $\frac{2}{3}$。

3. 最大反向电流 I_{RM}

最大反向电流 I_{RM} 是指在室温下，二极管加最高反向工作电压 U_{RM} 时的二极管电流，I_{RM} 越小，二极管的单向导电性越好。硅管的反向电流较小，一般在几微安以下，而锗管的反向电流较大，为硅管的几十到几百倍，硅管的温度稳定性也比锗管好。

4. 最高工作频率 f_{max}

由于 PN 结电容效应影响，当工作频率超过 f_{max} 后，二极管单向导电性变差，所以用该参数值表征半导体器件工作频率的高低。通常将最高工作频率高于 1 MHz 器件称为高频器件，它们一般是点接触型工艺制造，以便减小 PN 结面积，降低电容效应。而工作频率低于 1 MHz 的器件称为低频器件。

一般半导体器件手册中都给出不同型号管子参数，在使用时，应特别注意不要超过最大整流电流和最高反向工作电压，否则管子容易损坏。

6.3.4 二极管的应用

二极管的应用非常广泛，常用于整流、检波、限幅、钳位、整形、隔离和元件保护等方面。其中，整流就是将大小和方向随时间变化的交流电压变成单一方向、脉动直流电压的过程。手机电池充电器就是通过整流二极管来实现具体应用。调制方式通常分为调幅、调频和调相三种。所谓调幅是指载波（高频正弦波）的振幅随调制信号的变化而变化。检波通常称为解调，是调制逆过程，即从已调波提取调制波过程。对于调幅波来讲，是从它的振幅变化提取调制信号的过程，即从调幅波包络中提取调制信号过程。因此，有时把这种检波称为包络检波。收音机收听调幅广播就是通过检波电路完成检波任务的具体运用。限幅就是将输出电压幅值限制在一定数值范围之内。限幅可以削去部分输入波形，以限制输出电压幅度，因此限幅器又称为削波器。钳位就是将电路中某点的电位钳制在某一数值上。保护就是保护电路中某些元器件，防止受到过电压而损坏。由于二极管的单向导电特性，在电路分析中，可近似将它作为开关，正向导通时相当于开关合上，反向截止时相当于开关断开。根据实际情况有时要考虑正向导通管压降，硅管导通的管压降为 0.6~0.8 V，锗管导通的管压降为 0.2~0.3 V。

例 6.3.1 如图 6.3.5 所示电路，忽略管压降和考虑二极管导通管压降 0.7 V 两种情况下，求 U_{AB}。

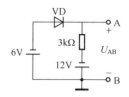

解： 取 B 点作参考点，断开二极管，分析二极管阳极和阴极间的电压。阳极受 6V 电源控制，电位为 -6 V，因 $3k\Omega$ 电阻上无电流，故阴极电位为 -12 V。$U_{AB}>U_{on}$，二极管导通。若忽略管压降，二极管可看作短路，$U_{AB} = -6$ V；考虑二极管导通管压降为 0.7 V，$U_{AB} = -6.7$ V。

图 6.3.5 例 6.3.1 电路图

例 6.3.2 如图 6.3.6 所示电路，二极管导通管压降为 0.7 V，求 U_o。

解： 取 U_o 下端作参考点，断开二极管，$V_{VD+} = 3$ V，$V_{VD-} = \dfrac{2}{2+3} \times 5$ V $= 2$ V，因 $V_{VD+} > V_{VD-}$，所以二极管 VD 导通，二极管导通管压降为 0.7 V，$U_o = 2.3$ V。

例 6.3.3 如图 6.3.7 电路，考虑二极管导通管压降为 0.7 V，求 U_{AB}。

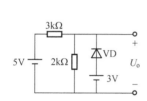

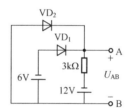

图 6.3.6 例 6.3.2 电路图

图 6.3.7 例 6.3.3 电路图

解： 取 B 点作参考点，断开两个二极管，分析两个二极管上的电位差，电位差大的二极管先导通。$V_{VD_{1+}} = -6$ V，$V_{VD_{2+}} = 0$ V，$V_{VD_{1-}} = V_{VD_{2-}} = -12$ V，$U_{AK1} = 6$ V，$U_{AK2} = 12$ V，因 $U_{AK2} > U_{AK1}$，所以 VD_2 优先导通，VD_2 导通后，VD_1 截止。考虑二极管导通管压降为 0.7 V，$U_{AB} = -0.7$ V。

例 6.3.4 二极管双向限幅电路如图 6.3.8a 所示，其中二极管看作理想工作状态（忽略正向导通电压降），$U_{S1} = 2$ V，$U_{S2} = -2$ V，$u_i = 5\sin 100t$ V，试画出输入-输出信号波形。

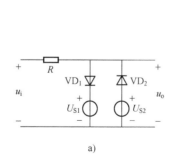

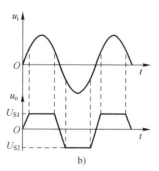

a)   b)

图 6.3.8 二极管双向限幅电路图
a) 电路图   b) 波形图

解： 对该限幅电路，当 u_i 处于正半周时，VD_2 由于加反向电压而始终截止，其中在 $u_i < U_{S1}$ 时，VD_1 也截止，此时，两个二极管支路断开，$u_o = u_i$。而在 $u_i > U_{S1}$ 时，VD_1 导通（忽略正向导通电压降，相当于短路），输出被限幅在 $u_o = U_{S1}$。当 u_i 处于负半周时，VD_1 由于加反向电压而始终截止。而在 $u_i > U_{S2}$ 时，VD_2 也截止，此时两二极管支路断开，$u_o = u_i$。而在 $u_i < U_{S2}$ 时，VD_2 导通（忽略正向导通电压降，相当于短路），输出被限幅在 $u_o = U_{S2}$。由此，可以对应画出输入-输出波形，如图 6.3.8b 所示。

二极管的一个重要用途是整流，整流电路的作用是把交流电变成直流电。整流电路又可以分为半波、全波和桥式整流等几种，图 6.3.9 是半波整流电路，图中 u_i 为正弦波，如图 6.3.9b 上部分所示，当 u_i 为正半周时，二极管 VD 导通，在负载电阻上得到正弦波的正半周信号。当 u_i 为负半周时，二极管 VD 截止，负半周信号不能输出到负载电阻。最后在负载上得到的是一个单向脉动电压。整流电路的输出波形图如图 6.3.9b 下部分所示。

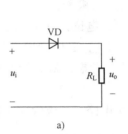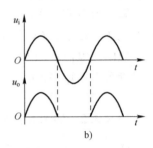

图 6.3.9 二极管半波整流电路

a）电路图 b）波形图

例 6.3.5 如图 6.3.9 所示，$u_i(t) = 10\sqrt{2}\sin 314t$，$R_L = 4\,\Omega$，求输出电压平均值，并选择整流二极管。

解： 1）由于整流后的输出电压是脉动直流电压，通常它的大小用平均值来表示，记为 U_o，半波整流波形在一个周期内积分平均值为

$$U_o = \frac{1}{T}\int_0^T u_i \mathrm{d}t = \frac{1}{2\pi}\int_0^T U_i \sin\omega t \mathrm{d}\omega t = \frac{\sqrt{2}}{\pi} U_i \approx 0.45 U_i$$

本题中因为 $U_i = 10\,\mathrm{V}$，所以 $U_o \approx 0.45 U_i = 4.5\,\mathrm{V}$。

2）选择整流二极管主要是选择其参数。由于在负半周时二极管不导通，这时加在二极管上最大反向电压为 $10\sqrt{2}\,\mathrm{V}$。在二极管导通期间，流过二极管的电流就是流过负载电阻 R_L 的电流 I_L。

$I_L = \dfrac{4.5}{4}\,\mathrm{A} = 1.125\,\mathrm{A}$，所以选 $I_{OM} > 1.125\,\mathrm{A}$ 和 $U_{RM} > 14.4\,\mathrm{V}$ 的二极管，通过查阅二极管手册，整流二极管 2CZ12A 能满足要求。

特别提示

二极管特性与环境温度有关。当环境温度升高时，正向特性曲线将左移，反向特性曲线将下移，反向饱和电流将增加，而反向击穿电压将降低。

一般地，硅二极管所允许结温比锗二极管的高（硅管最高结温约为 150℃，锗管约为 90℃），故大功率二极管几乎均为硅管。

二极管正向特性曲线不是直线，而是近似为指数曲线，故二极管是一个非线性器件。

【练习与思考】

1）二极管的正向电阻小，反向电阻大，对吗？

2）点接触型二极管的主要特点是什么？

3）当温度升高后，二极管的正向电压增大，反向电流减小，对吗？

4）二极管的单向导电性有什么应用？

6.4　特殊二极管

6.4.1　稳压二极管

稳压二极管是特殊二极管，其特殊制造工艺使其可以在一定条件下工作在反向击穿区。它的符号和伏安特性曲线如图 6.4.1 所示。其伏安特性曲线中的反向击穿区特别陡峭，也即进入击穿区后，电流急速增大时电压几乎不再增加，近似为理想电压源特性。

稳压二极管的主要参数如下：

1）稳定工作电流 I_Z——从稳压管击穿段特性可见，靠近横轴附近（电流较小时）的电压还是易于变动的，所以，要使稳压管具有稳压作用，其工作电流要达到一定的量值，称为稳定工作电流，如图 6.4.1b 所示。

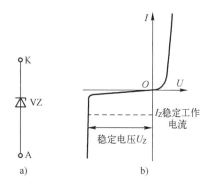

图 6.4.1　稳压二极管符号及其伏安特性曲线
a）稳压二极管符号　b）伏安特性曲线

2）稳定电压 U_Z——在稳定工作电流 I_Z 下，所对应的反向工作电压值，如图 6.4.1b 所示。

3）最大耗散功率 P_{ZM}——稳压管不会因为过热而损坏的最大功率损耗值，它取决于 PN 结的面积和散热等条件。反向工作时，PN 结的最大功率损耗为 $P_{ZM} = I_{Zmax} U_Z$，由 P_{ZM} 和 U_Z 可以决定最大工作电流 $I_{Zmax} = \dfrac{P_{ZM}}{U_Z}$。

图 6.4.2 是由稳压管 VZ 和限流电阻 R 组成的稳压电路，输入电压为 U_i，输出电压为 $U_o = U_i - I_R R$。当因电网电压波动或负载变化引起 U_o 增加时，稳压管电压 U_Z 也趋于增加，从稳压管的反向击穿特性可知，流过稳压管的电流 I_W 会大幅增加，于是电阻 R 上的电流 $I_R = I_L + I_W$ 也大幅增加，电阻上的电压降增大，致使 U_o 下降，从而使 U_o 得以稳定。稳压过程如下：

$$U_o \uparrow \rightarrow U_Z \uparrow \rightarrow I_W \uparrow \rightarrow U_R \uparrow \rightarrow U_o \downarrow \ (U_o = U_i - U_R)$$

反之，如果 U_o 有减小趋势，通过稳压管特性引起流过电阻 R 的电流减小，而使 U_o 趋于稳定。该电路稳压的实质是利用稳压管端电压较小的变化，会引起流过它的电流有很大变化这一特点，通过限流电阻上电压的调整作用来实现稳定输出电压的目的。

例 6.4.1　图 6.4.2 中，已知输入电压 $U_i = 8\,\text{V}$，稳压管 $U_Z = 5\,\text{V}$，$I_Z = 5\,\text{mA}$，最大耗散功率 $P_{ZM} = 1\,\text{W}$，R_L 上流过电流最小值 $I_{Lmin} = 10\,\text{mA}$，最大值 $I_{Lmax} = 100\,\text{mA}$，试选择电阻 R，使得稳压电路能正常工作。

解：电阻 R 两端的电压为 $U_i - U_Z$，流过电阻 R 的电流为 I_R，则

$$I_R = \frac{U_i - U_Z}{R}$$

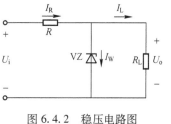

图 6.4.2　稳压电路图

根据 KCL 有 $I_W = I_R - I_L$，而 R 取值必须满足：

1）当 I_L 最小时，应该使流过稳压管的电流 $I_W < I_{Zmax} = \dfrac{P_{ZM}}{U_Z} = \dfrac{1}{5}\,A = 200\,mA$。

2）当 I_L 最大时，应该使流过稳压管的电流 $I_W \geqslant I_Z = 5\,mA$，即

$$I_R - I_{Lmin} < I_{Zmax} = 200\,mA$$

$$I_R - I_{Lmax} > 5\,mA$$

即：当输入电压不变时，负载电流最小时，流过稳压二极管的电流最大。此时 I_W 不应超过 $I_{Zmax} = 200\,mA$，由此可计算出稳压电阻的最小值，实际选用的稳压电阻应大于最小值。

当输入电压不变时，负载电流最大时，流过稳压二极管的电流最小。此时 I_W 不应小于 $I_Z = 5\,mA$，由此可以计算出稳压电阻的最大值，实际选用的稳压电阻应小于最大值。

代入数据计算可得电阻 R 的取值范围为

$$R > R_{min} = \dfrac{8-5}{10+200}\,k\Omega = 14.3\,\Omega, \quad R < R_{max} = \dfrac{8-5}{100+5}\,k\Omega = 28.6\,\Omega$$

因此可以取 $R = 20\,\Omega$。

6.4.2 光电二极管

光电二极管的结构与二极管类似，但在它的 PN 结处，通过管壳上的玻璃窗口能接收外部的光照。这种器件 PN 结在反向偏置状态下工作，它的反向电流随着光照强度的增加而上升。

图 6.4.3a 是光电二极管的符号，A 表示阳极，K 表示阴极。图 6.4.3b 是它的特性曲线。其主要特点是在一定反向电压范围内反向电流与光照度成正比，其灵敏度典型值为 $0.1\,\mu A/lx$（每勒克斯微安）数量级，特性中 I 与 U 是光电二极管的电流和电压，参变量是光照度。光电二极管可以用来作为光照度测量，是将光信号转换为电信号的常用器件，常用在光控电路中。

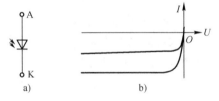

图 6.4.3　光电二极管符号及其伏安特性曲线

a）光电二极管符号　b）伏安特性曲线

6.4.3 发光二极管

发光二极管通常是在其 PN 结中掺入元素周期表中Ⅳ、Ⅴ族元素的化合物（如砷化镓、磷化镓等）制成的。当正向导通且电流足够大时，能发出清晰的光束，这是由于电子与空穴直接复合而放出能量的结果。光的颜色由做成 PN 结的材料和发光波长而定，而波长与材料浓度有关。图 6.4.4 是发光二极管的符号。发光二极管常用来作为显示器件，除单个使用外，常做成七段数码管和矩阵阵列应用，其工作电压一般要在 2 V 左右才开始发光，工作电流一般在几毫安到十几毫安之间。发光二极管的另一个重要应用是将电信号变为光信号，通过光缆传输，然后用光电二极管接收，复现电信号，这在数码信号的远程传输中应用得很广。

图 6.4.4　发光二极管符号

特别提示

稳压管正常稳压区在其反向击穿区内。

为保证稳压管安全地起到稳压作用，要求通过稳压管的工作电流 I_{VZ}，满足 $I_Z \leqslant I_{VZ} \leqslant I_{ZM}$ 的关系。

【练习与思考】

1）稳压管工作时所加外部电压与整流二极管有何不同？

2）光电二极管和发光二极管有什么应用？

6.5　晶体管

双极晶体管通常称为晶体管，是最重要的一种半导体器件。晶体管由两个 PN 结构成，由于两者间相互影响，晶体管表现出单个 PN 结所不具备的功能——电流放大作用，因其 PN 结应用完全不同于二极管质的变化。本节围绕晶体管电流放大作用这一核心来讨论它的结构、工作原理、特性曲线及主要参数。

6.5.1　晶体管结构及类型

晶体管的种类较多，按功率大小分为大功率管和小功率管；按工作频率高低分为高频管和低频管；按制造晶体管基片的半导体材料不同，可分为硅管和锗管等。

晶体管的基本结构就是在一块半导体基片上（硅或锗），根据不同掺杂方式制作出三个掺杂区域，形成两个 PN 结，对外引出三个电极。图 6.5.1 为晶体管结构示意图及对应晶体管符号。晶体管共有两种类型，即 NPN 型和 PNP 型，它们的结构相似、工作原理相同，但电流方向相反，图 6.5.1a 所示结构为 NPN 型晶体管，图 6.5.1b 所示为 PNP 型晶体管。箭头方向代表对应电极的电流方向。

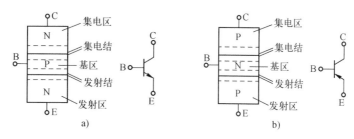

图 6.5.1　晶体管类型和符号

a）NPN 型管的结构和符号　b）PNP 型管的结构和符号

6.5.2　晶体管电流分配与放大作用

NPN 型晶体结构图如图 6.5.2 所示，两种类型晶体管从结构上都有三个区，分别称为发射区（E 区）、基区（B 区）和集电区（C 区），对外分别引出三个电极，分别称为发射极 E、基极 B 和集电极 C，三个掺杂区域形成两个 PN 结，称为发射结和集电结。三个区即 E 区、B 区和 C 区，无论在几何尺寸及掺杂浓度上，并不对称，其特点为发射区掺杂浓度最高，基区掺杂浓度最低且几何尺寸上最薄，集电区几何面积最大，正是这些特点构成晶体管具有电流放大作用的内在机理。即虽然发射区和集电区均是同类型半导体，但发射区掺杂浓度高，与基区接触面积小（有利于发射区发射载流子）。而集电区掺杂浓度低，又与基区接触面积大（有利于集电区收集载流子）。基区很薄，且掺杂浓度极低（有利于减少载流子的复合机会）。晶体管内部结构的特殊性为晶体管能够起电流放大作用创造了内部条件，是引起电流放大的内因。晶体管外形及引脚如图 6.5.3 所示。

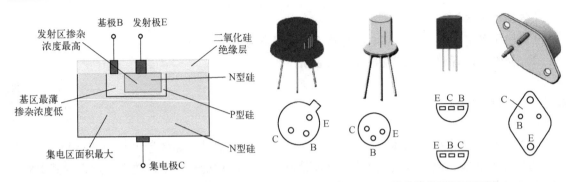

图 6.5.2 NPN 型晶体管结构图　　　　图 6.5.3 晶体管外形及引脚图

如图 6.5.4 所示，以 NPN 型晶体管为例，来说明晶体管电流分配与放大作用。晶体管的电流放大作用表现为小的基极电流可以控制大的集电极电流，为此，需满足发射结加正向电压、集电结加反向电压的外部条件。

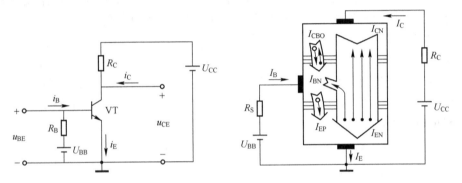

图 6.5.4 NPN 型晶体管放大电路及载流子运动图

1. 发射结加正向电压，发射区多数载流子的扩散运动形成 I_E 电流

发射结由 U_{BB} 通过 R_B 加上正向电压，发射区因掺杂浓度最高，大量自由电子（多子）在正向电压作用下形成扩散运动，越过发射结进入基区形成发射极电流 I_{EN}。基区的多子空穴也向发射区扩散形成电流 I_{EP}。由于基区掺杂浓度最低，故空穴扩散形成的电流 I_{EP} 很小，近似分析时可忽略不计，可见扩散运动形成发射极电流 I_E，即发射极电流 I_E 等于发射区的自由电子向基区扩散而形成的扩散电流 I_{EN}。

2. 扩散到基区的多数载流子复合形成 I_B 电流

由发射区进入基区的自由电子，在集电结反向电场作用下，将继续漂移至集电结，因为基区掺杂浓度最低，且很薄，所以只有极小部分自由电子与空穴复合，从而形成极小的复合电流 I_{BN}，基区复合掉的空穴由 U_{BB} 电源正极提供正电荷并因此形成基极电流 I_B，即基极电流近似地等于复合电流 I_{BN}。

3. 集电结加反向电压，收集发射区多数载流子形成 I_C 电流

由于 U_{CC} 大于 U_{BB}，故 U_{CC} 通过 R_C 给集电结加上反向电压，由于集电结反偏且结面积较大，集电结的内电场被加强，收集自由电子的能力大大增强，故由发射区扩散至基区的自由电子在内电场作用下产生漂移运动，越过集电结到达集电区形成集电极电流 I_{CN}。与此同时，集电区的少子空穴在内电场作用下参与漂移运动，但由于少子数量很少，近似分析时，由它形成的电流 I_{CBO} 可以忽略不计。由上可见，在 U_{CC} 电源作用下，漂移运动形成集电极电流 I_C，即集电极

电流 I_C 近似地等于漂移电流 I_{CN}。

　　上述分析可归纳如下：在发射结正向电压作用下，发射区向基区扩散形成的电子电流为 I_{EN}，基区向发射区扩散形成的空穴电流为 I_{EP}，基区内复合运动形成的电流为 I_{BN}。在集电结反向电压作用下，发射区自由电子扩散至基区，被复合极少一部分后又向集电区漂移，形成电子电流为 I_{CN}，集电区向基区漂移形成的空穴电流为 I_{CBO}。

　　由晶体管外部看，流入晶体管的电流应等于流出晶体管的电流，故有

$$I_E = I_B + I_C \tag{6.5.1}$$

由集电区看，有

$$I_C = I_{CN} + I_{CBO} \tag{6.5.2}$$

由基区看，有

$$I_B + I_{CBO} + I_{CN} = I_{EN} + I_{EP} \tag{6.5.3}$$

由发射区看，有

$$I_E = I_{EN} + I_{EP} \tag{6.5.4}$$

另外，把基极 B 作为一个结点，则有

$$I_B + I_{CBO} = I_{EP} + I_{BN} = I'_B \tag{6.5.5}$$

　　电流 I_{CN} 与 I'_B 之比称为共射直流电流放大系数 $\bar{\beta}$，根据式（6.5.2）和式（6.5.5）可得

$$\bar{\beta} = \frac{I_{CN}}{I'_B} = \frac{I_C - I_{CBO}}{I_B + I_{CBO}} \tag{6.5.6}$$

　　$\bar{\beta}$ 的物理意义：集电区收集的发射区多数载流子（自由电子）数目与基区流失的多数载流子（空穴）数目之比，该比值对晶体管而言是确定的，是由晶体管三个掺杂区的工艺条件决定的，一旦晶体管做好，$\bar{\beta}$ 值就基本不变。由式（6.5.6）可得

$$I_C = \bar{\beta}I_B = (1 + \bar{\beta})I_{CBO} = \bar{\beta}I_B + I_{CEO} \tag{6.5.7}$$

式中，I_{CEO} 称为集-射间的穿透电流，物理意义：基极开路时，在 U_{CC} 作用下的集电极与发射极之间形成的电流，而 I_{CBO} 则是发射极开路时集电结的反向饱和电流。因 I_{CEO} 很小，近似计算时可以忽略不计，故

$$I_C \approx \bar{\beta}I_B \tag{6.5.8}$$
$$I_E \approx (1 + \bar{\beta})I_B \tag{6.5.9}$$

　　由式（6.5.8）可知，若晶体管发射结电压发生微小的变化而引起 I_B 的变化，产生 ΔI_B，则必然引起 I_C 的变化，产生 ΔI_C，ΔI_C 与 ΔI_B 之比称为共射交流电流放大系数，记作 β，即

$$\beta = \frac{\Delta I_C}{\Delta I_B} \tag{6.5.10}$$

　　一般情况下，晶体管有 $\beta \approx \bar{\beta}$，因此，在近似分析计算时不对 β 和 $\bar{\beta}$ 加以区分。晶体管的电流放大作用的内在本质，即以微小的基极变化电流 ΔI_B 来控制产生较大的集电极变化电流 ΔI_C，$\Delta I_C \approx \beta \Delta I_B$，一般晶体管 β 取值范围为 50~200，晶体管因此被称为电流控制型器件。

6.5.3　晶体管特性曲线及主要参数

　　晶体管特性曲线是指各个电极间电压与电流之间的关系，即晶体管伏安特性，分为输入特性曲线和输出特性曲线，它们是晶体管内部载流子运动及电流分配关系在管子外部的表现。晶体管特性曲线反映管子的技术性能，是分析放大电路技术指标的主要依据。特性曲线可通过实验测试得到，也可通过晶体管特性图示仪测量来直观地显示出来。

图 6.5.5 所示电路中，基极 B、发射极 E、电源 U_{BB} 和电阻 R_B 组成输入回路，待放大输入信号 u_i 接在基极 B 和发射极 E 之间输入回路中，静态分析时，输入信号 u_i 等于零。集电极 C、发射极 E、集电极电源 U_{CC} 和电阻 R_C 组成输出回路，输出信号 u_o 从集电极 C 和发射极 E 之间取出。由此可见，发射极是输入输出公共支路，因而晶体管这种接法称为共发射极接法，这样组成的放大电路称为共发射极组态放大电路，简称共射放大电路（或共 E 电路）。这是最常用的放大电路，以下讨论的是共射组态下晶体管伏安特性曲线。除了共射放大电路外，还有共基极接法的共基极放大电路（简称共 B 电路）和共集电极接法的共集放大电路（简称共 C 电路）。

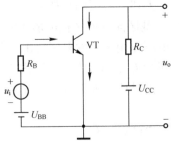

图 6.5.5 基本共射放大电路

1. 输入特性曲线

输入特性曲线描述的是在 U_{CE} 一定的情况下，输入回路中基极电流 I_B 与发射结电压 U_{BE} 之间的关系，即

$$I_B = f(U_{BE})\big|_{U_{CE}=常数} \tag{6.5.11}$$

当 $U_{CE}=0$ 时，相当于集电极与发射极短路，即发射结与集电结并联。因此，输入特性曲线与 PN 结的伏安特性相类似。因发射结正向偏置，故共射输入特性曲线类似于 PN 结的伏安特性曲线的正向特性，如图 6.5.6 中标注 $U_{CE}=0$ 的那条曲线。当 U_{CE} 增大时，曲线将右移，如图 6.5.6 中标注 0.5 V 和 ≥1 V 的曲线。这是因为，随着 U_{CE} 的增大，集电结收集发射区扩散至基区多数载流子自由电子的能力加强。基区中空穴与自由电

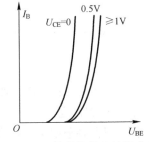

图 6.5.6 晶体管输入特性曲线

子复合机会在减少，因此要获得同样的 I_B，就必须加大 U_{BE}，使发射区向基区注入更多自由电子。U_{CE} 增大到一定值（如 1 V）以后，集电结反向电压所建立的电场已足够强，可以将发射区扩散至基区的绝大部分自由电子都收集到集电区，因而再增大 U_{CE}，I_C 也不再明显增大，即 I_B 已基本不变。因此 U_{CE} 超过 1 V 后，曲线不再明显右移而基本重合。故可以近似地用 $U_{CE}=1$ V 的输入特性曲线来表示 U_{CE} 大于 1 V 后的所有曲线。当晶体管正常工作时，实际 U_{CE} 都大于 1 V，而发射结的正向电压降 U_{BE}，硅管为 0.6~0.8 V，锗管为 0.2~0.3 V。

2. 输出特性曲线

输出特性曲线描述的是在基极电流 I_B 一定情况下，输出回路中集电极电流 I_C 与管压降 U_{CE} 之间关系，即

$$I_C = f(U_{CE})\big|_{I_B=常数} \tag{6.5.12}$$

对于每一个确定 I_B，都会对应一条曲线，所以输出特性是一簇曲线，如图 6.5.7 所示。当 I_B 确定时，所对应的某一条曲线，反映 I_C 随 U_{CE} 变化的特性。当 U_{CE} 从零逐渐增大时，集电结电场逐渐增强，收集发射区扩散至基区多数载流子自由电子的能力迅速增强，表现为 I_C 随 U_{CE} 增大而迅速增大。而当 U_{CE} 增大到一定数值后，集电结电场已足

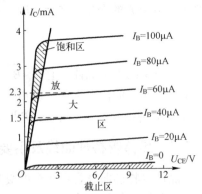

图 6.5.7 晶体管输出特性曲线

以将发射区扩散至基区的多数载流子（自由电子）的绝大部分收集至集电区，即使 U_{CE} 再增

大，其收集载流子数目已基本不变，即 I_C 几乎不再增大，呈现恒流特性。此时 I_C 只随 I_B 变化而变化。

从输出特性曲线可以看出，晶体管有三个工作区域，分别是放大区、截止区和饱和区。

（1）放大区

放大区是指各输出特性曲线上大致为水平的区域。在这个区域内，$U_{CE}>U_{BE}$，$U_{BE}>U_{on}$，U_{CE} 对 I_C 的影响很小，I_C 已不随 U_{CE} 的增大而增大，呈现出恒流特性。此时 I_C 几乎仅仅决定 I_B，体现 I_B 对 I_C 线性控制作用，即 $I_C=\beta I_B$ 和 $\Delta I_C=\beta\Delta I_B$。所以这个区域也称为线性区。晶体管工作在放大区的基本特征为发射结正偏（$U_{BE}>U_{on}$），集电结反偏。

（2）截止区

截止区是指输出特性曲线上，对应 $I_B=0$ 那条曲线以下的区域。在这个区域内，$U_{BE}\leqslant U_{on}$，$U_{CE}>U_{BE}$。$I_B=0$ 时，$I_C=I_{CEO}$，因 I_{CEO} 很小（小功率硅管的 I_{CEO} 在 $1\,\mu A$ 以下，锗管的 I_{CEO} 也小于数十微安），在近似分析计算时，可把 I_{CEO} 忽略不计，即认为 $I_C=I_{CEO}\approx0$，此时可认为晶体管处于截止状态。晶体管工作在截止区的基本特征为发射结反偏（$U_{BE}\leqslant U_{on}$），集电结反偏。

（3）饱和区

饱和区是指输出特性曲线左侧 I_C 近似于直线上升（包括弯曲处）的部分。在这个区域内，U_{CE} 较小，$U_{CE}<U_{BE}$，$U_{BE}>U_{on}$，集电结电场较弱，集电区收集发射区扩散至基区的多数载流子（自由电子）的能力较小。此时 I_C 随 U_{CE} 增大而增大，但随 I_B 增大而增大得很少或者不再增加，集电极电流 I_C 和基极电流 I_B 关系呈现饱和状态，晶体管失去电流放大作用，$I_C=\beta I_B$ 关系不再成立，即 $I_C\neq\beta I_B$。晶体管工作在饱和区的基本特征为发射结正偏，集电结正偏（包括零偏）。

由晶体管组成的放大电路正常工作时，一般均应保证晶体管工作在放大区，即处于放大状态。否则，晶体管工作在截止区（处于截止状态）或者工作在饱和区（处于饱和状态），均会导致放大电路中信号发生失真，这也是放大电路正常工作时要避免的情况。对于 NPN 晶体管放大应满足 $U_{BE}>0$，$U_{BC}<0$，即 $V_C>V_B>V_E$；对于 PNP 晶体管放大应满足 $U_{EB}>0$，$U_{CB}<0$，即 $V_C<V_B<V_E$。

3. 晶体管主要参数

特性曲线和主要参数是选用晶体管和分析、设计、调整电路的主要依据，也是表征晶体管性能的主要指标。

（1）共发射极电流放大系数

1）直流电流放大系数 $\bar{\beta}$——晶体管接成共发射极电路，在静态工作情况下，集电极电流 I_C 和基极电流 I_B 之比，称为共发射极直流电流放大系数，即 $\bar{\beta}=\dfrac{I_C}{I_B}$。

2）交流电流放大系数 β——晶体管接成共发射极电路，在动态工作情况下，基极电流的变化 ΔI_B，将引起集电极电流的变化 ΔI_C，ΔI_C 与 ΔI_B 的比值称为共发射极交流电流放大系数，即 $\beta=\dfrac{\Delta I_C}{\Delta I_B}$。

$\bar{\beta}$ 和 β 两者含义不同，但在晶体管输出特性曲线放大区中，$\bar{\beta}$ 和 β 数值相差不大，在实际应用中，两者常常不加区分，认为 $\beta\approx\bar{\beta}$。故在估算中，常用 β 来代表晶体管电流放大系数。

（2）极间反向电流

1）I_{CBO}——发射极开路时，集电结加反向电压时集电极与基极间的反向饱和电流。

2) I_{CEO}——基极开路时，集电结与发射极间的穿透电流。$I_{CEO} = (1+\beta)I_{CBO}$。同一型号的管子反向电流越小，性能越稳定。选用管子时，I_{CBO}和I_{CEO}应尽量小。硅管比锗管的极间反向电流小 2~3 个数量级，因此硅管的温度稳定性要比锗管好。

（3）极限参数

极限参数是指为使晶体管安全工作对应的电压、电流和功率损耗的限制。

1）集电极最大允许电流 I_{CM}——当晶体管 I_C 增大到一定数值时 β 值将减小，当 β 值下降到正常值的 2/3 时集电极电流，称为集电极最大允许电流 I_{CM}。当晶体管工作电流 I_C 超过 I_{CM} 时，β 明显下降，导致晶体管工作不正常。小功率晶体管的 I_{CM} 约为几毫安，大功率管可达数安。

2）反向击穿电压 $U_{BR(CEO)}$——基极开路时，集电极与发射极之间的反向击穿电压，即最大允许电压。晶体管工作时，如果 $U_{CE} > U_{BR(CEO)}$，集电极电流 I_C 将急剧增大，这种现象称为击穿。

3）集电极最大允许耗散功率 P_{CM}——晶体管正常工作时，集电结反偏，反向电阻较大，集电极电流 I_C 通过集电结时会产生功率损耗 $P_C = I_C U_{CE}$，并导致结温升高。晶体管允许结温规定了它的最大耗散功率 P_{CM}。根据 $P_{CM} = I_C U_{CE}$，可在输出特性曲线上绘出晶体管的最大功耗曲线，简称 P_{CM} 线，如图 6.5.8 所示，曲线左下方为安全工作区，右上方为过损耗区。P_{CM} 受到结温限制，结温又与环境温度、管子散热条件有关。器件手册上给出的 P_{CM} 值一般是常温（25℃）下的允许值。硅管集电结结温上限为 150℃，锗管为 70℃，使用时应注意不得超过，否则管子会烧坏。

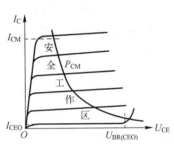

图 6.5.8　晶体管安全工作区

综合考虑极限参数 I_{CM}、$U_{BR(CEO)}$ 和 P_{CM}，可以在晶体管输出特性曲线上划出一个区域，称为晶体管的安全工作区。如图 6.5.8 所示，晶体管在此区域工作时，既能实现正常性能指标，又不会发生损坏。

例 6.5.1　已知放大电路中，测得晶体管三个电极电位 $V_1 = 6.4\,V$，$V_2 = 14.3\,V$，$V_3 = 15\,V$，请判断它们是 NPN 型还是 PNP，是硅管还是锗管，并确定 E、B、C。

解：$V_3 - V_2 = 0.7\,V$，故为硅管；V_1 为集电极电位，最低，故为 PNP 晶体管；1 为集电极 C，2 为基极 B，3 为发射极 E。

例 6.5.2　用万用表测得晶体管的管压降为 $U_{BE} = 0\,V$，$U_{CE} = 4\,V$，请说明管子是 NPN 还是 PNP，是硅管还是锗管，并说明它们工作什么区域？

解：$U_{BE} = 0\,V$，管子工作在截止区，无法判断是硅管还是锗管；$U_{CE} = 4\,V > 0$，$U_{CE} \geq U_{BE}$，故为 NPN 晶体管。

特别提示

一般地，发射极和集电极不能互换使用。晶体管并不是两个 PN 结的简单组合，它不能用两个二极管来简单代替。

在对放大电路进行分析时，不管是 NPN 型管还是 PNP 型管，各电极电流参考方向均规定为从晶体管基极和集电极流进，从发射极流出。

在模拟电路中，晶体管多工作在放大状态，而作为放大器件使用。若用基极电流控制晶体管使其在截止状态和饱和状态之间转换，则可将晶体管集电极和发射极之间视为受基极电流控制的电子开关，多用于数字电路中。晶体管集电极和发射极之间可作为受基极电流控制的可变电阻。当基极电流从零逐渐增大时，集电极和发射极之间等效电阻将从无穷大逐渐减小为零。

在选择晶体管时，应选择 β 较大和 I_{CBO} 较小的管子。因晶体管输入特性曲线不是直线，晶体管的电流放大系数 β 也不是常数，故晶体管是一非线性器件。若环境温度升高，晶体管输入特性曲线会左移，β 增大，I_{CBO} 增大，则最终将导致 I_C 增大。在使用晶体管时，应确保管子工作在安全工作区内。

【练习与思考】

1）晶体管可以用两个二极管构成吗？

2）晶体管 β 越大越好吗？

3）晶体管 A 的 $\beta = 200$，$I_{CEO} = 100 \mu A$，晶体管 B 的 $\beta = 50$，$I_{CEO} = 10 \mu A$，则哪个管子好些？

4）NPN 型和 PNP 型晶体管的区别是什么？

5）晶体管输入特性和二极管特性相似吗？

6）晶体管输出特性分为哪几个区？哪个区集电极电流几乎不变？

6.6　内容拓展及专创应用

6.6.1　电子技术发展历史浏览

自从电子管特别是半导体管问世以来，电子技术发展突飞猛进、日新月异，电子器件的不断更新，大致经历了四个发展阶段。

第一代（1906—1946 年）：电子管时代。

英国科学家汤姆孙（J. J. Thomson，1856—1940 年）在 1895—1897 年间经过反复实验，证明了电子的存在。其后，英国科学家弗莱明（J. A. Fleming）发明具有单向导电作用的二极电子管。1906 年，美国人德福雷斯特（L. De. forest）发明了具有放大作用的三极电子管。电子管出现大大地推动无线电技术的发展。1925 年，英国人贝尔德（J. J. Baird）首先发明了电视。1936 年，黑白电视机正式问世。

第二代（1947—1957 年）：晶体管时代。

1947 年 12 月，贝尔电话实验室布拉顿（W. H. Brattain）、巴丁（J. Bardeen）和肖克利（W. B. Shockley）发明了半导体晶体管，并于 1948 年公布于世。与电子管相比，它具有体积小、重量轻、耗电少、寿命长等优点，很快应用于通信、计算机等领域，从而使电子技术正式进入半导体时代。

第三代（1958—1970 年）：中小规模集成电路时代。

1958 年出现固体组件——集成电路（IC），即将电阻、二极管和晶体管以及它们之间连接导线一起制作在一块半导体硅片上。20 世纪 60 年代初，只限于小规模集成电路（每个硅片上只有几十个元器件）。随着半导体集成技术发展，集成度（每个硅片所包含元器件的个数）越来越高，后来又出现中规模集成电路（每个硅片上有几百个元器件）。

第四代（1971 至今）：大规模和超大规模集成电路及人工智能时代。

到了 20 世纪 70 年代，出现大规模集成电路（每个硅片上有几千个到几万个元器件），到了 20 世纪 80 年代又出现超大规模集成电路（每个硅片上有几十万个以上元器件），电子技术进入了崭新的集成电路时代。另外，每进入一个新的时代，老一代的元器件并不是完全地被淘汰了。例如，在超大功率的广播电视发射设备中，大功率电子管并未完全退出历史舞台，仍有其用武之地。在目前计算机系统中，除了使用大规模和超大规模集成电路外，中小规模集成电路甚至二极管和晶体管等分立元器件仍然在继续被使用。

随着电子技术发展，电子产品综合性能越来越高，人工智能程度越来越高。例如，1946年在美国宾夕法尼亚大学研制成功的世界上第一台电子计算机 ENIAC，共用 18000 个电子管，重达 30 t，功耗为 150 kW，占地面积为 170 m^2。而现在用集成电路制成同样功能电子计算机，重量不到 300 g，功耗仅为 0.5 W。再如，2001 年由美国 Intel 公司推出 Pentium4（奔腾 4）微处理器，内含 4200 万只晶体管，采用超级流水线、跟踪性指令缓存等一系列新技术来面向网络功能和图像功能，提升多媒体性能。继 Pentium4 不久又推出 Itanium（安腾），Itanium 是具有超强处理能力的处理器，外部数据总线和地址总线均为 64 位，内含 2.2 亿只晶体管，集成度是 Pentium4 的 5 倍多。Itanium 在 Pentium 基础上又引入三级缓存、多个执行部件和多个通道、数量众多寄存器等多项新技术，在三维图形处理、多任务操作、运算速度、人工智能等各个方面的性能均得到提高。

6.6.2　工程实践

根据稳压二极管的正向单向导电性和反向稳压特性，设计一个浪涌保护电路，实现元器件保护或限制作用。稳压管的反向特性是在反向电压低于反向击穿电压时，反向电阻很大，反向漏电流极小。但是，当反向电压临近反向电压的临界值时，反向电流骤然增大，称为击穿。在这一临界击穿点上，反向电阻骤然降至很小值。尽管电流在很大范围内变化，而二极管两端电压基本上稳定在击穿电压附近，从而实现二极管稳压功能。图 6.6.1 中的稳压二极管 VZ 作为过压保护器件。只要电源电压 U_S 超过二极管的稳压值 U_Z 就导通，使继电器 K 吸合，负载 R_L 与电源分开，起到保护元器件作用。

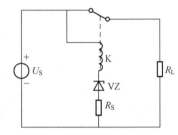

图 6.6.1　浪涌保护电路

6.7　小结

1. 半导体基础知识

半导体材料硅和锗，都是四价元素，分子结构共价键。掺入少量三价或五价元素形成 P 型和 N 型半导体。半导体具有热敏特性、光敏特性和掺杂特性。半导体中两种载流子（自由电子和空穴）均能参与导电。本征半导体，自由电子和空穴总是成对出现，数量相等。杂质半导体分为 N 型和 P 型两种，两种载流子数量不等。N 型半导体，自由电子是多子，空穴是少子。P 型半导体，空穴是多子，自由电子是少子。若将 P 型和 N 型半导体制作在一起，则当扩散运动和漂移运动达到动态平衡时，在分界面处就形成 PN 结。PN 结具有单向导电性。

2. 半导体二极管

半导体二极管实质上是一个 PN 结，具有 PN 结的单向导电性。其伏安特性分成正向特性和反向特性两部分，正向特性由死区特性和正向导通特性构成，反向特性由反向截止特性和反向击穿特性组成。二极管常用于整流、限幅等方面。理想状态下二极管正向导通管压降为零，考虑电压降状态下硅管导通的管压降为 0.6~0.8 V，锗管为 0.2~0.3 V。

3. 稳压二极管

稳压二极管是特殊的二极管，正常工作时应加反向工作电压，且大于反向击穿电压值，使之工作于反向击穿区，才能起稳压作用，稳压值就是击穿电压值。

4. 晶体管

晶体管分为 NPN 和 PNP 两类，是电流控制型器件。工作时多数载流子和少数载流子均参与导电。晶体管伏安特性分为输入特性和输出特性。晶体管输出特性曲线上有三个区域：放大区、饱和区和截止区。放大区条件：发射结正偏，集电结反偏。饱和区条件：发射结正偏，集电结正偏。截止区条件：发射结反偏（包括零偏），集电结反偏。晶体管正常工作时，一般工作在放大区，即处于放大状态。

6.8 习题

一、单选题

1. P 型半导体的多数载流子是电子，因此它应（ ）。

A. 不带电   B. 带负电   C. 不确定   D. 带正电

2. 如图 6.8.1 所示，VD_1、VD_2 均为理想二极管，当输入信号 $u_i = 7\sin\omega t$ V 时，输出电压 u_o 最大值为（ ）。

A. 4 V   B. 3 V   C. 1 V   D. 7 V

3. 如图 6.8.2 所示，VD_1、VD_2 均为硅管（正向电压降为 0.7 V），VD 为锗管（正向电压降为 0.3 V），$U = 6$ V，忽略二极管的反向电流，则流过 VD_1、VD_2 的电流分别为（ ）。

A. 0 mA，2.5 mA   B. 5.6 mA，0 mA   C. 6 mA，0 mA   D. 0 mA，3 mA

4. 当温度升高时，半导体的导电能力将（ ）。

A. 增强   B. 减弱   C. 不变   D. 不一定

5. PN 结具有单向导电性，其反向截止时（ ）。

A. 完全没有电流   B. 电流较小，可以忽略

C. 电流很大   D. 无法判断

6. 对电路中 NPN 型硅管进行测试，测得 $U_{BE}>0$，$U_{BC}>0$，$U_{CE}>0$，则此管工作在（ ）。

A. 放大区或截止区   B. 放大区   C. 截止区   D. 饱和区

7. 如图 6.8.3 所示，稳压二极管 VZ_1、VZ_2 的稳定电压分别为 5 V 和 7 V，其正向电压可忽略不计，则 U_o 为（ ）。

A. 2 V   B. 5 V   C. 0 V   D. 7 V

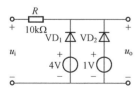

图 6.8.1　单选题 2 图

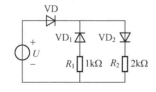

图 6.8.2　单选题 3 图

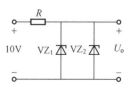

图 6.8.3　单选题 7 图

8. PN 结在外加正向电压作用下，内电场（ ），扩散电流（ ）漂移电流。

A. 增强，大于   B. 增强，小于   C. 削弱，大于   D. 削弱，小于

9. 将 PN 结加适当的正向电压，则空间电荷区将（ ）。

A. 变宽　　　　　　 B. 变窄　　　　　　 C. 不变　　　　　　 D. 无法判断

10. 如图 6.8.4 所示，二极管 VD 为理想元件，$U_S = 5\ V$，则电压 $U_o = ($　　$)$。

A. 5 V　　　　　　 B. $U_S/2$　　　　　 C. 0 V　　　　　　 D. 不确定

11. 如图 6.8.5 所示，二极管为同一型号的理想元件，电阻 $R = 4\ k\Omega$，电位 $V_A = 1\ V$，$V_B = 3\ V$，则电位 V_F 等于（　　）。

A. 1 V　　　　　　 B. 3 V　　　　　　 C. 12 V　　　　　　 D. $-3\ V$

12. 如图 6.8.6 所示，输入信号 $u_i = 6\sin t\ V$ 时，二极管 VD 承受的最高反向电压为（　　）。

A. 6 V　　　　　　 B. 3 V　　　　　　 C. 9 V　　　　　　 D. 0 V

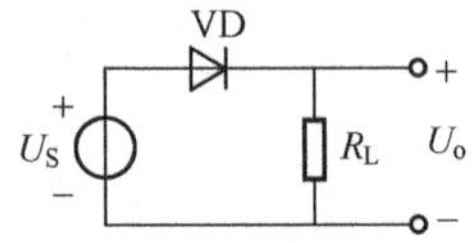

图 6.8.4　单选题 10 图 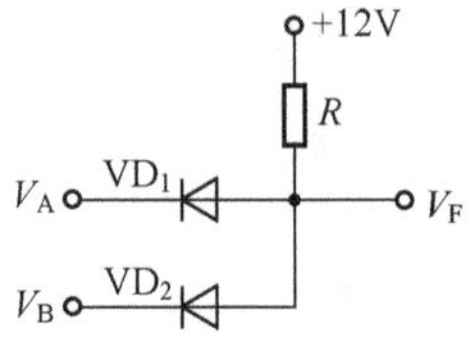　　　　　　图 6.8.5　单选题 11 图 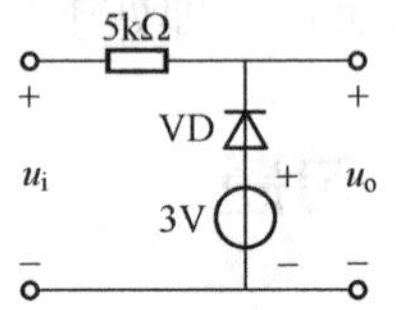　　　　　　图 6.8.6　单选题 12 图

13. 二极管两端电压大于（　　）电压时，二极管才导通。

A. 击穿电压　　　　 B. 死区　　　　　 C. 饱和　　　　　 D. 0 V

14. 若用万用表测量二极管正、反向电阻的方法来判断二极管好坏，好的管子应为（　　）。

A. 正向电阻大，反向电阻小　　　　　　 B. 正、反向电阻相等

C. 反向电阻远大于正向电阻　　　　　　 D. 正、反向电阻都很大

15. 稳压管反向击穿后，其结果为（　　）。

A. 永久性损坏

B. 只要流过稳压管电流不超过规定值允许范围，管子无损

C. 由于击穿而导致性能下降

D. 由于击穿而导致短路

16. 如图 6.8.7 所示，稳压管的稳定电压 $U_Z = 6\ V$，电源 $U_S = 4\ V$，则负载 R_L 两端电压 U_o 为（　　）。（稳压管正向电压降视为 0 V）

A. 10 V　　　　　　 B. 6 V　　　　　　 C. 0 V　　　　　　 D. $-4\ V$

17. 能够进行光电转换的二极管是（　　）。

A. 发光二极管　　　 B. 光电二极管　　　 C. 稳压二极管　　　 D. 普通二极管

18. 半导体中的载流子为（　　）。

A. 电子　　　　　　 B. 空穴　　　　　　 C. 正离子　　　　　 D. 电子和空穴

19. 如图 6.8.8 所示电路，二极管 VD_1、VD_2、VD_3 的工作状态为（　　）。

A. VD_1、VD_2 截止，VD_3 导通　　　　　 B. VD_1 截止，VD_2、VD_3 导通

C. VD_1、VD_2、VD_3 均导通　　　　　　 D. VD_1、VD_2、VD_3 均截止

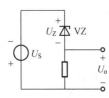

图 6.8.7　单选题 16 图

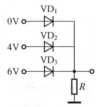

图 6.8.8　单选题 19 图

20. PNP 型和 NPN 型晶体管，其发射区和集电区均为同类型半导体（N 型或 P 型），所以在实际使用中发射极与集电极（　　）。

A. 可以调换使用

B. 不可以调换使用

C. PNP 型可以调换使用，NPN 型则不可以调换使用

D. 不确定

21. 晶体管处于饱和状态时，集电结和发射结的偏置情况为（　　）。

A. 发射结反偏，集电结正偏　　　　　　B. 发射结、集电结均反偏

C. 发射结、集电结均正偏　　　　　　　D. 发射结正偏，集电结反偏

22. 如图 6.8.9 所示，晶体管处于（　　）。

A. 饱和状态　　　　B. 放大状态　　　　C. 截止状态　　　　D. 不确定

23. 已知某晶体管处于放大状态，测得其三个极的电位分别为 2 V、2.7 V 和 6 V，则 2.7 V 所对应的电极为（　　）。

A. 发射极　　　　　B. 基极　　　　　　C. 集电极　　　　　D. 不确定

24. 如图 6.8.10 所示，二极管 VD 为理想元件，当输入信号 $u_i = 12\sin t$ V 时，输出电压最大值为（　　）。

A. 12 V　　　　　B. −6 V　　　　　C. 0 V　　　　　D. 6 V

25. 如图 6.8.11 所示，二极管 VD_1、VD_2 为理想元件，则在电路中（　　）。

A. VD_1 起钳位作用，VD_2 起隔离作用　　　B. VD_1 起隔离作用，VD_2 起钳位作用

C. VD_1、VD_2 均起钳位作用　　　　　　　D. VD_1、VD_2 均起隔离作用

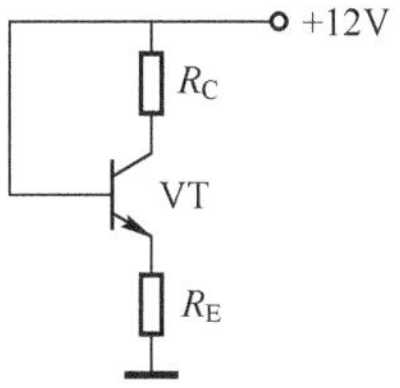

图 6.8.9　单选题 22 图 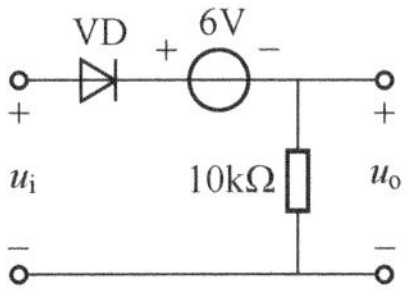　　　图 6.8.10　单选题 24 图 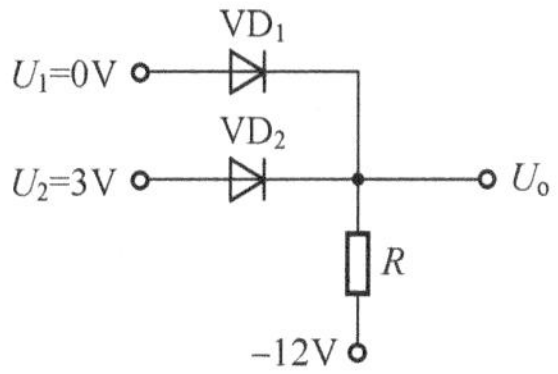　　　图 6.8.11　单选题 25 图

26. 工作在放大状态的晶体管，各极的电位应满足（　　）。

A. 发射结正偏，集电结反偏　　　　　　B. 发射结反偏，集电结正偏

C. 发射结、集电结均反偏　　　　　　　D. 发射结、集电结均正偏

27. 某晶体管处于放大状态，测得其三个极的电位分别为 3.7 V、9 V 和 3 V，则 3.7 V 所对应的电极为（　　）。

A. 发射极　　　　　B. 集电极　　　　　C. 基极　　　　　D. 不确定

28. 如图 6.8.12 所示，稳压管的稳定电压 $U_Z = 6$ V，电源 $U_S = 3$ V，则负载 R_L 两端电压 U_o 为（　　）。（管压降可视为 0 V）

A. 9 V　　　　　B. 6 V　　　　　C. −3 V　　　　　D. 0 V

29. 如图 6.8.13 所示，二极管 VD_1、VD_2 均为理想元件，则电压 $U_o = $（　　）。

A. 6 V　　　　　B. 0 V　　　　　C. −12 V　　　　　D. 12 V

30. 如图 6.8.14 所示，$U_{CC} = 12$ V，晶体管 VT 的电流放大系数 $\beta = 50$，$R_B = 300$ kΩ，$R_C = 3$ kΩ，晶体管 VT 处于（　　）。

A. 放大状态　　　　B. 截止状态　　　　C. 饱和状态　　　　D. 开关状态

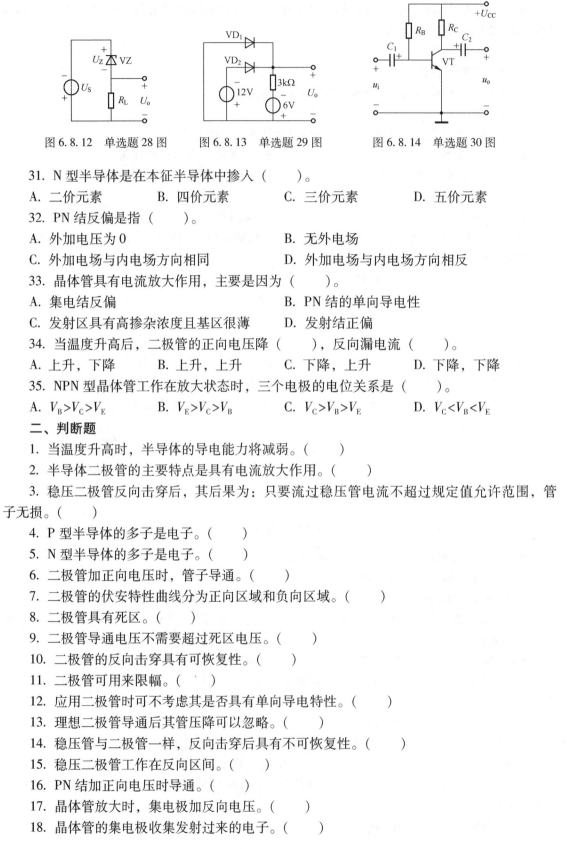

图 6.8.12　单选题 28 图　　　　图 6.8.13　单选题 29 图　　　　图 6.8.14　单选题 30 图

31. N 型半导体是在本征半导体中掺入 (　　　)。

A. 二价元素　　　　　　B. 四价元素　　　　　　C. 三价元素　　　　　　D. 五价元素

32. PN 结反偏是指 (　　　)。

A. 外加电压为 0　　　　　　　　　　　　B. 无外电场

C. 外加电场与内电场方向相同　　　　　D. 外加电场与内电场方向相反

33. 晶体管具有电流放大作用，主要是因为 (　　　)。

A. 集电结反偏　　　　　　　　　　　　B. PN 结的单向导电性

C. 发射区具有高掺杂浓度且基区很薄　　D. 发射结正偏

34. 当温度升高后，二极管的正向电压降 (　　　)，反向漏电流 (　　　)。

A. 上升，下降　　　　B. 上升，上升　　　　C. 下降，上升　　　　D. 下降，下降

35. NPN 型晶体管工作在放大状态时，三个电极的电位关系是 (　　　)。

A. $V_B > V_C > V_E$　　　B. $V_E > V_C > V_B$　　　C. $V_C > V_B > V_E$　　　D. $V_C < V_B < V_E$

二、判断题

1. 当温度升高时，半导体的导电能力将减弱。(　　　)

2. 半导体二极管的主要特点是具有电流放大作用。(　　　)

3. 稳压二极管反向击穿后，其后果为：只要流过稳压管电流不超过规定值允许范围，管子无损。(　　　)

4. P 型半导体的多子是电子。(　　　)

5. N 型半导体的多子是电子。(　　　)

6. 二极管加正向电压时，管子导通。(　　　)

7. 二极管的伏安特性曲线分为正向区域和负向区域。(　　　)

8. 二极管具有死区。(　　　)

9. 二极管导通电压不需要超过死区电压。(　　　)

10. 二极管的反向击穿具有可恢复性。(　　　)

11. 二极管可用来限幅。(　　　)

12. 应用二极管时可不考虑其是否具有单向导电特性。(　　　)

13. 理想二极管导通后其管压降可以忽略。(　　　)

14. 稳压管与二极管一样，反向击穿后具有不可恢复性。(　　　)

15. 稳压二极管工作在反向区间。(　　　)

16. PN 结加正向电压时导通。(　　　)

17. 晶体管放大时，集电极加反向电压。(　　　)

18. 晶体管的集电极收集发射来的电子。(　　　)

19. 晶体管的输入特性曲线与二极管的反向特性曲线一致。（　　）

20. 晶体管的输出特性曲线分为放大区、饱和区和截止区。（　　）

21. 自由电子-空穴对在本征半导体中是成对出现的。（　　）

22. 本征半导体的自由电子-空穴对与温度无关。（　　）

23. N 型半导体中的多子是空穴。（　　）

24. 杂质半导体主要靠多子导电。（　　）

25. PN 结在无光照、无外加电压时，结电流为零。（　　）

26. 在 P 型半导体中如果掺入足够量的五价元素，可将其改型为 N 型半导体。（　　）

三、计算题

1. 如图 6.8.15 所示，VD 为理想二极管，$u_i = 6\sin\omega t$ V，则输出电压的最大值是多少？

2. 如图 6.8.16 所示，稳压管 VZ 正向电压降视为零，它的稳定电压为 7 V，则回路中的电流 I 为多少？

3. 图 6.8.17 所示电路中二极管为理想二极管，已知 $E = 3$ V，$u_i = 5\sin\omega t$ V。试画出电压 u_o 波形。

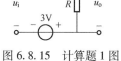

图 6.8.15　计算题 1 图

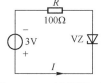
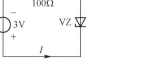

图 6.8.16　计算题 2 图

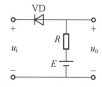

图 6.8.17　计算题 3 图

4. 如图 6.8.18 所示，VD_1、VD_2 均为锗管（正向电压降 0.3 V），VD 为硅管（正向电压降 0.7 V），$U = 10$ V，忽略二极管的反向电流，则流过 VD_1、VD_2 的电流分别为多少？

5. 如图 6.8.19 所示，二极管 VD_1、VD_2 为理想元件，则 VD_1、VD_2 的工作状态分别为什么？

6. 电路如图 6.8.20 所示，设二极管的正向导通电压降和反向电流均为零，$R = 3$ kΩ，$U_{S1} = 6$ V，$U_{S2} = 12$ V，试求：（1）输出电压 U_o；（2）$U_{S1} = 12$ V，$U_{S2} = 6$ V，则 $U_o = ?$

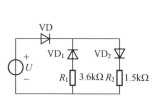

图 6.8.18　计算题 4 图

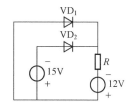

图 6.8.19　计算题 5 图

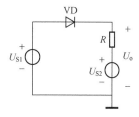

图 6.8.20　计算题 6 图

7. 电路如图 6.8.21 所示，已知 $U_{S1} = 16$ V，$U_{S2} = 12$ V，$R_1 = 2$ kΩ，$R_2 = 4$ kΩ，VD_1 和 VD_2 均可视为理想二极管，试判断 VD_1 和 VD_2 的工作状态，并计算电压 $U_o = ?$

8. 如图 6.8.22 所示，稳压管的型号为 2CW59，其参数 $U_Z = 10$ V，$I_Z = 5$ mA，$I_{ZM} = 20$ mA，另外 $u_i = 24$ V，$R = 500$ Ω，求：（1）求稳压管的最大耗散功率 P_{ZM}；（2）若负载电阻 R_L 为 3 kΩ，则稳压管能否正常工作？（3）若输出端开路，则将会出现何种后果？（4）为确保稳压管能够安全地工作于稳压区，试求负载电阻 R_L 的取值范围。

9. 如图 6.8.23 所示，晶体管电流放大系数 $\beta = 100$，$R_{B1} = 500$ kΩ，$R_{B2} = 50$ kΩ，$R_C = 3$ kΩ，$U_{BB1} = 5$ V，$U_{BB2} = 1.5$ V，$U_{CC} = 12$ V，发射结的正向导通电压降 $u_{BE} = 0.7$ V，试分别判断当开关

合至 a、b 和 c 时晶体管的工作状态。

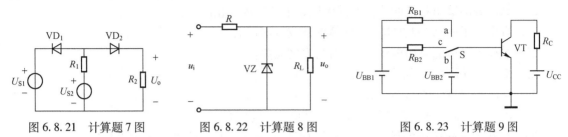

图 6.8.21　计算题 7 图　　　图 6.8.22　计算题 8 图　　　图 6.8.23　计算题 9 图

10. 在放大电路中，经测得两只晶体管的①、②、③这三个电极电位 V_1、V_2、V_3 分别如下：（1）$V_1 = 3.3\,\text{V}$、$V_2 = 2.6\,\text{V}$、$V_3 = 12\,\text{V}$；（2）$V_1 = 3\,\text{V}$、$V_2 = 3.2\,\text{V}$、$V_3 = 12\,\text{V}$，试分别判断各管是 NPN 型管还是 PNP 型管，是硅管还是锗管，并确定各晶体管的各电极名称。

11. 已知放大电路中某晶体管三个极的电位分别为 $2\,\text{V}$、$2.7\,\text{V}$ 和 $9\,\text{V}$，如图 6.8.24 所示，试判别该晶体管的引脚及管子的类型。

12. 现有两个稳压管 VZ_1 和 VZ_2，稳定电压分别是 $4.5\,\text{V}$ 和 $9.5\,\text{V}$，正向电压降都是 $0.5\,\text{V}$，试求图 6.8.25 各电路中的输出电压 U_o。

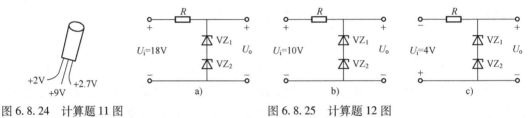

图 6.8.24　计算题 11 图　　　　　图 6.8.25　计算题 12 图

13. 已知某晶体管处于放大状态，测得其三个极的电位分别为 $6\,\text{V}$、$6.7\,\text{V}$ 和 $9\,\text{V}$，试辨别三个电极，并说明该晶体管的类型。

14. 测得电路中晶体管三个极的电位分别为 $V_E = 0\,\text{V}$、$V_B = -0.3\,\text{V}$ 和 $V_C = -4.7\,\text{V}$，则该管为哪种类型的晶体管？

15. 试判断如图 6.8.26 所示各电路是否可能具有电流放大作用并说明其理由。

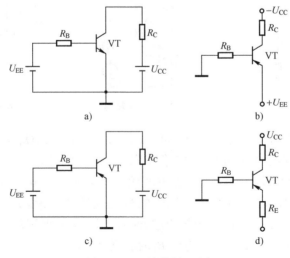

图 6.8.26　计算题 15 图

第7章 基本放大电路

思政引例

黑发不知勤学早，白首方悔读书迟。

——颜真卿

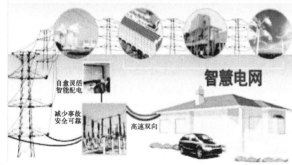

在第二次世界大战之前，电子管一直占据着电子技术领域的统治地位，它的发明者德福雷斯特惊喜地认为"发现了一个看不见的空中帝国"。然而电子管在第二次世界大战中却将自己的缺点暴露无遗，体积大、能耗高、寿命短、噪声强，都严重制约着它的实际应用和价值。因此基于迫切的战时需要，各国科学家都开始更加深入地研究晶体管及其放大电路。1947 年 12 月 23 日，美国贝尔电话实验室的肖克利、巴丁和布拉顿博士发现了晶体管的电流放大作用，这一发现在人类科技史上具有划时代意义。正是晶体管的产生，推动全球范围内的半导体电子工业发展，集成电路及超大规模集成电路应运而生，使电子技术进入飞速发展时代。3 位杰出科学家因此获得了 1956 年诺贝尔物理学奖。晶体管是双极结型晶体管（Bipolar Junction Transistor，BJT）的简称，由两个背靠背连接的 PN 结（发射结和集电结）构成，在两个 PN 结上加不同的偏置电压，PN 结所处状态也会随之改变，从而导致晶体管呈现出不同的特性和功能。双极性晶体管之所以具有电流放大的作用，是其内部结构特点和外加电压共同作用的结果。双极性晶体管的内部结构是其具有放大作用的根本，外加电压是双极性晶体管具有放大功

能的条件。在人生发展过程中要正确对待内因和外因的关系，辩证地看待机遇，要在勤奋努力修好内功的基础上寻求发展的机会。

在教室里上课，坐在后排的同学们能够清楚地听到教师课堂授课的声音，是因为教室里有扬声器，扬声器是如何放大声音的？收音机、电视机都要将接收到的电台信号进行放大，才能带动扬声器发出声音。那么，收音机是如何将接收到的微弱电台信号放大的？电视机是如何将电视台发送的信号进行放大的？学完本章内容之后，这些奥秘将不再陌生。在模拟电路中常利用放大电路的放大作用来放大微弱信号，而在数字电路中则常把它作为开关元件来使用。放大电路是将微弱电信号放大到所需数量级，且功率增益大于 1 的电子电路。对放大电路的基本要求是波形尽可能不失真并具有足够的放大倍数。要使波形不失真，只有建立合适的工作点，使晶体管始终工作在放大区，不进入截止区和饱和区。从电压放大电路的组成和作用出发，本章介绍放大电路的性能要求，重点介绍放大电路的静态分析和动态分析方法。首先根据放大电路的直流通路进行静态分析，以保证放大电路具有合适的静态工作点；然后，根据交流通路采用微变等效电路分析法进行动态分析，计算电压放大倍数、输入电阻和输出电阻。讨论静态工作点的稳定问题以及射极输出器的工作特点。以放大电路输出功率、效率和非线性失真为主线，逐步提出解决功率放大电路矛盾的措施。共发射极基本放大电路，放大倍数的绝对值比较大，但是输入电阻比较小；共集电极基本放大电路（射极输出器），放大倍数小于或等于 1，但是其输入电阻比较大，输出电阻比较小。从这里可以看到，专业知识里面也蕴藏着一些做人的道理。一个人总会有一些优点，也存在一些不足，在生活中要注意善于扬长避短，发挥自己应有的作用。

学习目标：

1. 掌握放大电路的组成及其作用，理解晶体管结构和工作原理，掌握其伏安特性曲线及主要参数。

2. 掌握基本放大电路的静态分析和动态分析方法，掌握静态和动态参数计算。

3. 理解温度变化对静态工作点的影响，掌握基本放大电路稳定静态工作点原理及作用。

4. 掌握共集电极电路的基本特点和工作原理。

5. 理解功率放大电路的组成原则和工作原理，了解集成功率放大电路的主要应用。

素养目标：

1. 晶体管输入特性，刚开始基极电压的变化并未引起基极电流的明显变化，但超过死区电压时，基极电流就会剧烈改变。由量变引起质变的哲学思想，激励学生不断学习，日积月累，定会厚积薄发，取得成就。

2. 交流小信号放大只有建立在正确的直流偏置平台上才能实现，寓意着国家的繁荣富强为每个人的成功搭建了直流平台，勉励启发学生每个人要想从"小我"变成"大我"。实现人生价值的升华放大，必须把个人的奋斗目标与国家命运紧紧相连，培养学生的爱国情怀。

3. 温度对晶体管静态工作点影响，晶体管特性曲线，温度升高，静态工作点沿直流负载线上移，进入饱和区后晶体管失去放大作用。由于温度量变，放大电路从放大区进入饱和区，发生了质的变化。以此引申"不以恶小而为之，不以善小而不为"的人生哲理，教育学生树立正确的人生观和价值观。

视频
放大电路的
组成及其性
能指标

7.1 放大电路的组成及其性能指标

7.1.1 放大电路的组成

所谓放大，就是通过放大电路将微弱的电信号不失真地放大到所需要的数值。从表面上看，放大电路是把输入信号放大了，但放大实质只是进行能量的控制或转换，而不是能量的放大。因此放大电路中必须有进行能量控制的器件，如晶体管、场效应晶体管，并有提供能量的直流电源。放大电路只是将小能量的输入信号，转换成大能量的信号输出给负载而已。例如，扬声器就是一种最简单的放大电路，它可以将讲话人的声音放大成较强的声音。利用扬声器放大声音，是放大电路的一种典型应用。其原理框图如图 7.1.1a 所示。传声器（传感器）将微弱的声音转换成电信号，经过放大电路放大成足够强的电信号后，驱动扬声器（负载），使其发出较原来强得很多的声音，扬声器所获得的能量（或输出功率）远远大于传声器送出的能量（或输入功率）。如图 7.1.1b 所示，传声器将声音转换为电信号，提供给放大电路，相当于信号源，放大电路将放大以后的电信号送给扬声器，扬声器相当于负载，负载上获得的增大的能量来源于直流电源。可以说，放大电路放大的本质是能量的控制和转换，是在输入信号作用下，通过放大电路将直流电源的能量转换成负载所获得的能量，使负载从电源获得的能量大于信号源所提供的能量。因此，电子电路放大的基本特征是功率放大，即负载上总是获得比输入信号大得多的电压或电流，或兼而有之。这样在放大电路中必须存在能够控制能量的元件，即有源元件，晶体管和场效应晶体管就是这样的有源元件。

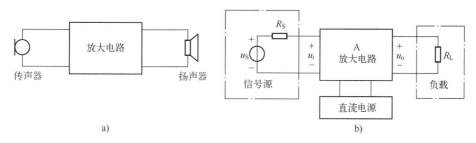

图 7.1.1 放大电路构成示意图

a）扬声器示意图 b）放大电路结构

放大电路的作用是将微弱的信号进行放大。为了使放大电路不失真地放大信号，在组成放大电路时必须遵循以下几项原则：

1）必须有为放大管及其他元器件提供能量的直流电源，且静态工作点合适，保证晶体管工作在放大区，场效应晶体管工作在恒流区。即晶体管必须工作在放大区，发射结正偏，集电结反偏。

2）动态信号应能够作用于放大管的输入回路。即输入信号应加到 PN 结上。

3）负载上应能够获得放大了的动态信号，且对实用放大电路要求共地、无断路或短路。即输出信号应加到负载上。

图 7.1.2 所示为基本共射放大电路的组成原理图。图中，放大管 VT 是 NPN 型晶体管，它是放大电路的核心器件，其作用是进行电流放大。U_{BB} 是基极直流电源，其作用是使晶体管的发射结处于正向偏置状态，同时与 R_B 共同为晶体管的基极提供合适的静态工作电流。集电极

直流电源 U_{CC} 的作用是使晶体管的集电结处于反向偏置状态，同时充当放大电路的能源。集电极负载电阻 R_C 是将晶体管的电流放大作用转换为电压的形式。C_1 为输入耦合电容，其作用是隔直通交，一方面隔断交流信号源与放大电路之间的直流联系，另一方面为待放大的交流信号提供交流通路。C_2 为输出耦合电容，同样起着隔直通交的作用，一方面隔断负载与放大电路之间的直流联系，另一方面为已放大的交流信号提供交流通路，使交流信号有效地作用到负载上。在如图 7.1.2 所示的基本共射放大电路中，用了两组直流电源，这既不实用也不方便。因而在实际应用中，常将 U_{BB} 用 U_{CC} 来代替。另外，为了简化电路，通常在电路中将输入、输出和直流电源的公共端作为电路的参考点，也称为接"地"，实际一般为连接机壳，用符号"⊥"表示。这样 U_{CC} 不必用直流电源的图形符号画出，而只标出电位值和极性即可。简化后的电路如图 7.1.3 所示。

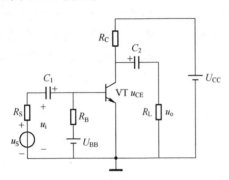 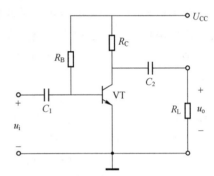

图 7.1.2　基本共射放大电路　　　　图 7.1.3　单管共射放大电路

例 7.1.1　试分别指出如图 7.1.4a 和 b 所示放大电路中的错误（设 $U_{CC} > U_{BB}$）。

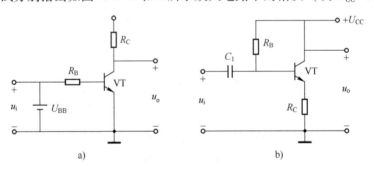

图 7.1.4　例 7.1.1 电路图

解：图 7.1.4a 中交流输入信号被 U_{BB} 短路，输入信号没有加到 PN 结上。

图 7.1.4b 中缺少 R_C。因为输出信号被 U_{CC} 短路，其值恒为零。

7.1.2　放大电路的主要性能指标

放大电路中的放大器件可以是晶体管，也可以是场效应晶体管或集成运算放大器等，它们统称为有源器件。另外还有电阻、电容等无源元件以及为放大电路提供静态值的直流电源。放大电路的输入端为信号源，即放大对象，输出端接负载 R_L。为了测试放大电路的性能指标，一般是在放大电路的输入端加上正弦电压信号，正弦电压信号可以用相量 $\dot{U}_S$ 表示，如图 7.1.5 所示，它可以看成一个二端网络，左边为输入端口，右边为输出端口。$\dot{U}_S$ 为正弦波信号源，

R_S 为信号源内阻。放大电路的输入电压为 $\dot{U}_\mathrm{i}$，输入电流为 $\dot{I}_\mathrm{i}$。放大电路的输出电压为 $\dot{U}_\mathrm{o}$，输出电流为 $\dot{I}_\mathrm{o}$，R_L 为负载电阻。不同放大电路在 $\dot{U}_\mathrm{s}$ 和 R_L 相同的条件下，$\dot{U}_\mathrm{i}$、$\dot{I}_\mathrm{i}$、$\dot{U}_\mathrm{o}$、$\dot{I}_\mathrm{o}$ 会不同，说明不同放大电路从信号源获得的 $\dot{U}_\mathrm{i}$、$\dot{I}_\mathrm{i}$ 均不同，且放大以后的 $\dot{U}_\mathrm{o}$、$\dot{I}_\mathrm{o}$ 也不同，反映了不同放大电路的性能是不同的。放大电路的主要性能指标有放大倍数、输入电阻和输出电阻。

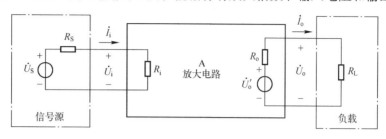

图 7.1.5　放大电路的主要性能指标

1. 电压放大倍数

$$A_\mathrm{u} = \frac{\dot{U}_\mathrm{o}}{\dot{U}_\mathrm{i}} \tag{7.1.1}$$

工程上常用电压增益来表示放大器的放大能力，它是取对数后的电压放大倍数，用 dB（分贝）作单位。

$$A_\mathrm{u} = 20\lg\left|\frac{\dot{U}_\mathrm{o}}{\dot{U}_\mathrm{i}}\right| \tag{7.1.2}$$

由式（7.1.2）可知，放大倍数为 10 时相当于电压增益为 20 dB。还常用负分贝数表示衰减，比如用 −20 dB 表示信号被衰减到 1/10。

2. 输入电阻

放大电路与信号源相连就成为信号源的负载，必然从信号源索取电流，电流的大小表明放大电路对信号源的影响程度。输入电阻 R_i 是从放大电路输入端看进去的等效电阻，定义为输入电压 $\dot{U}_\mathrm{i}$ 和输入电流 $\dot{I}_\mathrm{i}$ 之比，即

$$R_\mathrm{i} = \frac{\dot{U}_\mathrm{i}}{\dot{I}_\mathrm{i}} \tag{7.1.3}$$

R_i 越大，表明放大电路从信号源索取的电流越小，放大电路所得到的输入电压 $\dot{U}_\mathrm{i}$ 越接近信号源电压 $\dot{U}_\mathrm{S}$，即信号源内阻上的电压越小，信号电压损失越小。

3. 输出电阻

任何放大电路的输出都可以等效为一个有内阻的电压源，从放大电路输出端看进去的等效内阻称为输出电阻 R_o，定义为输入端信号源电压为零时，输出端加电压源 $\dot{U}_\mathrm{o}$ 与产生的端口电流 $\dot{I}_\mathrm{o}$ 之比，即

$$R_\mathrm{o} = \frac{\dot{U}_\mathrm{o}}{\dot{I}_\mathrm{o}}\bigg|_{\dot{U}_\mathrm{i}=0} \tag{7.1.4}$$

R_o 越小，负载电阻 R_L 变化时，$\dot{U}_\mathrm{o}$ 的变化越小，表明放大电路的带负载能力越强。

另外，若 $\dot{U}'_{\mathrm{o}}$ 为空载时的输出电压，$\dot{U}_{\mathrm{o}}$ 为带负载后的输出电压，则

$$R_{\mathrm{o}} = \left. \frac{\dot{U}_{\mathrm{o}}}{\dot{I}_{\mathrm{o}}} \right|_{\dot{U}_{\mathrm{i}}=0} \tag{7.1.5}$$

则输出电阻为

$$R_{\mathrm{o}} = \left(\frac{\dot{U}'_{\mathrm{o}}}{\dot{U}_{\mathrm{o}}} - 1 \right) R_{\mathrm{L}} \tag{7.1.6}$$

式（7.1.6）是通过实验测量 R_{o} 常用的公式。

除上述性能指标外，放大电路的性能指标还有通频带、最大不失真输出电压、最大输出功率与效率等。

特别提示

若为 PNP 型晶体管，则直流电源的极性必须反接，才能满足晶体管的放大条件。输出电阻不应包含负载电阻 R_{L}，输入电阻不应包含信号源的内阻 R_{S}。

求输出电阻时，应将交流电压信号源短路，但要保留其内阻。输入电阻 R_{i} 和输出电阻 R_{o} 均指放大电路在中频段内的交流（动态）等效电阻。

【练习与思考】

1）组成放大电路的基本原则是什么？

2）放大电路的主要性能指标有哪些？

视频
放大电路的
分析

7.2 放大电路的分析

图 7.1.3 所示为共发射极放大电路，放大电路中既有直流电源又有交流信号源。即电路中各电压和电流都是由直流和交流两部分叠加而成的。直流部分是为正常放大而设置的，交流则是放大的对象。为了使放大电路分析不致太过复杂，对放大电路的分析分为静态分析和动态分析两种情况。静态就是指放大电路没有输入信号时的工作状态。动态就是指放大电路有输入信号后的工作状态。静态分析是要确定放大电路的静态值（直流量）I_{B}、I_{C}、U_{BE} 和 U_{CE}，称为放大电路的静态工作点 Q，图解法中常记作 I_{BQ}、I_{CQ}、U_{BEQ} 和 U_{CEQ}。动态分析是要确定放大电路的电压放大倍数 A_{u}、输入电阻 R_{i} 和输出电阻 R_{o} 等。放大电路对信号的放大能力和质量与静态值息息相关，静态工作点 Q 决定了放大电路动态工作情况是否正常。

7.2.1 静态分析

当交流输入信号 $U_{\mathrm{i}} = 0$ 时，电路所处的状态称为静态。此时，电路中只有直流电源，在直流电源的作用下，会产生出直流电压和直流电流，称为静态值。为了使放大电路不失真地放大信号，必须设置合适的静态工作点。如果静态工作点设置得过高或过低，都会使放大电路产生非线性失真。所谓静态工作点合适，是指静态时各电极电压和电流都有合适的值，也即将静态工作点设置在放大区域，这样当交流输入信号输入后，晶体管就可进行放大了。

1. 估算静态工作点

静态分析就是计算静态工作点 Q，是在放大电路的直流通路上进行计算。图 7.2.1 是图 7.1.3 所示共射放大电路的直流通路。

直流通路的画法：耦合电容 C_1 和 C_2 对直流信号相当于断路，故视作开路。交流信号源不起作用，$U_i = 0$。若电路中存在电感，可视作短路。由直流通路可计算静态时的基极电流 I_B、集电极电流 I_C、集-射电压 U_{CE}，U_{BE} 在估算时一般取为 0.7 V（硅管）或 0.2 V（锗管）。对基极输入回路列 KVL 方程，可得

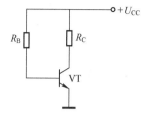

$$U_{CC} = I_B R_B + U_{BE} \rightarrow I_B = \frac{U_{CC} - U_{BE}}{R_B} \qquad (7.2.1)$$

$$I_C = \beta I_B + I_{CEO} \approx \beta I_B \qquad (7.2.2)$$

图 7.2.1　直流通路

式中，I_{CEO} 为集-射间穿透电流，手册上给出的参数为微安级，估算时可忽略不计。对集电极输出回路列 KVL 方程，可得

$$U_{CE} = U_{CC} - I_C R_C \qquad (7.2.3)$$

2. 图解法确定静态工作点

静态值 I_{BQ}、I_{CQ} 和 U_{CEQ} 也可通过图解法在晶体管的特性曲线上求出。

在晶体管的输入端口，B 和 E 之间的电压 U_{BE} 和电流 I_B 的关系就是晶体管的输入特性。根据式（7.2.1）有

$$I_B R_B = U_{CC} - U_{BE}$$

这是一个直线方程，该直线称为输入回路负载线，可由两点来确定：$I_B = 0$，$U_{BE} = U_{CC}$；$U_{BE} = 0$，$I_B = \frac{U_{CC}}{R_B}$。该直线与输入特性曲线的交点即为放大电路的静态工作点，记为 Q，其对应的坐标分别为 U_{BEQ} 和 I_{BQ}，如图 7.2.2a 所示。

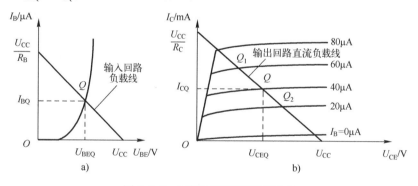

图 7.2.2　图解法确定静态工作点

a）输入回路特性曲线　b）输出回路特性曲线

在晶体管的输出端口，C 和 E 之间的电压 U_{CE} 与电流 I_C 的关系就是晶体管的输出特性。根据式（7.2.3）有

$$U_{CE} = U_{CC} - I_C R_C$$

这是一个直线方程，该直线称为输出回路直流负载线，斜率为 $-\frac{1}{R_C}$，可由两点来确定：$I_C = 0$，$U_{CE} = U_{CC}$；$U_{CE} = 0$，$I_C = \frac{U_{CC}}{R_C}$，如图 7.2.2b 所示。根据已确定的 I_{BQ} 或通过式（7.2.1）估算 I_B 值。在输出特性曲线上，直流负载线与 I_{BQ} 所对应的那条输出特性曲线的交点即为静态工作点 Q。Q 点所对应的 I_{BQ}、I_{CQ} 和 U_{CEQ}，就是放大电路的静态值。当 I_B 发生变化时，静态工

作点 Q 在负载线上也发生变化。当 $I_B = 60\,\mu\text{A}$ 时，静态工作点 Q 变化到 Q_1，故改变 I_B 的大小就可改变静态工作点 Q 并可获得合适的静态值。通过图解法观察 Q 点能更直观地反映放大电路的静态值对放大电路动态工作信号的影响作用。

放大电路的静态分析，就是根据直流通路（或图解法），确定静态值 I_B、I_C 和 U_{CE}。

例 7.2.1 设图 7.1.3 所示放大电路中 $U_{CC} = 12\,\text{V}$，$R_C = 4\,\text{k}\Omega$，$R_B = 300\,\text{k}\Omega$，$R_L = 125\,\text{k}\Omega$，晶体管的 $\beta = 50$。假设 U_{BE} 忽略不计，用估算法求它的静态工作点。

解： 根据式（7.2.1）、式（7.2.2）和式（7.2.3）计算静态工作点，有

$$I_{BQ} = \frac{U_{CC} - U_{BE}}{R_B} = 40\,\mu\text{A}$$

$$I_{CQ} = \beta I_{BQ} = 2\,\text{mA}$$

$$U_{CEQ} = U_{CC} - I_{CQ} R_C = 4\,\text{V}$$

7.2.2 动态分析

1. 动态分析方法

放大电路有输入信号（$u_i \neq 0$）时的工作状态称为动态。此时放大电路中晶体管各极的电流电压均为直流电源 U_{CC} 和信号源 u_s 共同作用产生的，其中既有直流量又有交流量。如基极电流 $i_B = I_B + i_b$，I_B 为基极的静态电流，是直流量；i_b 为基极的动态电流，是交流量；i_B 为基极电流的瞬时量，是交直流总量。为分别表达以上各物理量，一般电压、电流的交直流总量用小写字母 u、i，加大写的下标来表达，如 $i_B = I_B + i_b$、$i_C = I_C + i_c$、$u_{CE} = U_{CE} + u_{ce}$ 等；电压、电流的直流量用大写字母 U、I，加大写的下标来表达，如 I_B、I_C、U_{CE} 等；电压、电流的交流量用小写字母 u、i，加小写的下标来表达，如 i_b、i_c、u_{ce}、u_i、u_o 等。直流量就是放大电路的静态工作点 Q，可通过直流通路计算获得。交流量决定放大电路对信号源 u_s、输入信号 u_i 的放大性能，可通过交流通路计算获得。图 7.2.3 是图 7.1.3 所示共射放大电路的交流通路。

交流通路的画法：耦合电容 C_1 和 C_2 对交流信号的容抗很小，一般可忽略，故耦合电容对交流信号视作短路；直流电源 U_{CC} 内阻很小，故交流信号在 U_{CC} 内阻上的电压降很小，可忽略不计。所以 U_{CC} 电源对交流信号也视作短路，即 U_{CC} 交流接地。

对放大电路的一个基本要求就是信号不失真，波形不发生畸变。即放大电路应该是一个线性电路，这就要求放大电路中的晶体管能等效为线性化的器件。

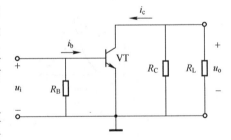

图 7.2.3 交流通路

当放大电路的静态工作点 Q 位于晶体管特性曲线的放大区且位置比较合适，输入信号很小时，就能基本满足这个条件。这样，就可以运用线性叠加定理，把直流电源 U_{CC} 和信号源 u_s 共同作用产生的电压、电流，看作这两个电源分别单独作用时产生的电压、电流的叠加。U_{CC} 单独作用时的电路就是放大电路的直流通路，用于静态分析。u_s 单独作用的电路就是放大电路的交流通路，用于动态分析。通常情况下用 u_i 作为输入信号代替 u_s 分析放大电路。

2. 晶体管的微变等效电路

将放大电路的交流通路等效为线性电路，只需将其中的晶体管等效为线性器件，这样就可以用处理线性电路的方法来处理晶体管放大电路，使放大电路的动态分析大为简化。将晶体管线性化，就是要找到晶体管特性曲线中的线性部分且以等效电路的形式表达出来。

图 7.2.4a 是晶体管共射组态下的输入特性曲线，是非线性的。当输入信号很小，且静态工作点 Q 的位置合适时，Q 点附近的特性曲线可近似认为直线。该直线段即为输入特性的线性区，其特性可以用一个等效电阻 r_{be} 来表达，r_{be} 称作共射组态下晶体管的输入电阻。小信号情况下，u_{be} 和 i_b 之间具有线性关系。U_{CE} 为常数时有

$$r_{be} = \frac{\Delta U_{BE}}{\Delta I_B}\bigg|_{U_{CE}=常数} = \frac{u_{be}}{i_b}\bigg|_{U_{CE}=常数} \tag{7.2.4}$$

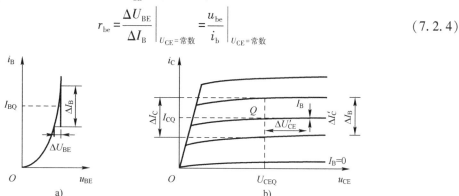

图 7.2.4 晶体管特性曲线

a）输入回路特性曲线　b）输出回路特性曲线

因此，晶体管的输入端可用 r_{be} 等效代替。如图 7.2.5 所示，低频小功率晶体管的输入电阻 r_{be} 常用下式估算：

$$r_{be} = r_{bb'} + (1+\beta)\frac{26(\mathrm{mV})}{I_{EQ}(\mathrm{mA})} \tag{7.2.5}$$

式中，$r_{bb'}$ 是晶体管基区电阻，大小为 $100 \sim 300\,\Omega$，一般可取 $200\,\Omega$；β 是晶体管共射电流放大系数；I_{EQ} 是发射极静态电流，r_{be} 与 I_{EQ} 有关，即与静态工作点位置有关，单位是 Ω。

图 7.2.4b 是晶体管输出特性曲线，在线性工作区（放大区）可看作一组近似水平的等距离平行直线，表明集电极电流 I_C 基本不随 U_{CE} 变化。U_{CE} 为常数时有

$$\beta = \frac{\Delta I_C}{\Delta I_B}\bigg|_{U_{CE}=常数} = \frac{i_c}{i_b}\bigg|_{U_{CE}=常数} \tag{7.2.6}$$

表明小信号情况下，$i_c = \beta i_b$，体现了 i_b 对 i_c 的控制作用。因此，晶体管的输出端可用 $i_c = \beta i_b$ 的受控电流源等效代替。

如果考虑到图 7.2.4b 中输出特性曲线不完全水平，而是微微上翘，则当 I_B 为常数时，$\Delta U'_{CE}$ 与 $\Delta I'_C$ 之比为

$$r_{ce} = \frac{\Delta U'_{CE}}{\Delta I'_C}\bigg|_{I_B=常数} = \frac{u_{ce}}{i_c}\bigg|_{I_B=常数} \tag{7.2.7}$$

式中，r_{ce} 称为晶体管的输出电阻。当晶体管输出端等效为 $i_c = \beta i_b$ 的受控电源时，r_{ce} 就是该电流源的内阻，且与之并联。一般 r_{ce} 阻值高达几十千欧到几百千欧，计算时可忽略不计。晶体管在小信号情况下的微变等效电路如图 7.2.5b 所示。

特别提示

为保证电路不失真地放大信号，电路处在静态时，必须设置合适的静态工作点。静态工作点合适是指不仅静态时静态工作点要处在晶体管的放大区，而且要使交流信号在整个变化过程中，都能使晶体管处在放大区。

画直流通路图时，在将电容开路、电感和交流信号源短路后，一定要保持电路的原有结构

不变。画交流通路图时，在将电容和直流电源短路后，也一定要保持电路的原有结构不变。画交流通路图时，只有交流信号源的频率在中频段或高频段时，才可将较大容量的电容视为短路。

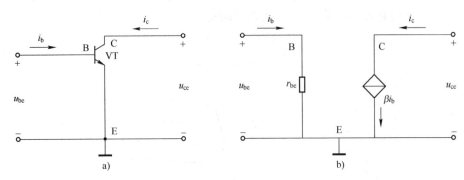

图 7.2.5　晶体管微变等效电路

a) 晶体管输入和输出回路　b) 晶体管简化模型

3. 微变等效电路法

在放大电路交流通路中，用晶体管微变等效电路替换晶体管后，就得到了放大电路的微变等效电路。图 7.2.3 所示的共射放大电路的交流通路，对应的微变等效电路如图 7.2.6 所示。

对图 7.2.6 微变等效电路用相量表示，分别求解电压放大倍数、输入输出电阻如下。

（1）电压放大倍数

由图 7.2.6 输入回路可得

$$\dot{U}_i = r_{be}\dot{I}_b$$

由输出回路可得

$$\dot{U}_o = -\dot{I}_c(R_C /\!/ R_L) = -\dot{I}_c R'_L$$

式中，$R'_L = R_C /\!/ R_L$。

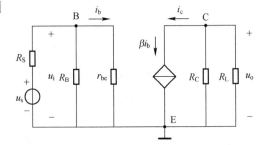

图 7.2.6　共射放大电路微变等效电路

故放大电路的电压放大倍数为

$$A_u = \frac{\dot{U}_o}{\dot{U}_i} = -\beta\frac{R'_L}{r_{be}} \tag{7.2.8}$$

式中，"-"表示输出电压 $\dot{U}_o$ 与输入电压 $\dot{U}_i$ 的相位相反。

输出端未接 R_L（空载）时

$$\dot{U}_o = -\dot{I}_c R_C$$

$$A_u = \frac{\dot{U}_o}{\dot{U}_i} = -\beta\frac{R_C}{r_{be}}$$

上式表明，放大电路空载时放大倍数比接上负载后的放大倍数高，且接的负载 R_L 越小，放大倍数越小。

（2）输入电阻和输出电阻

输入电阻 R_i 就是从放大电路的输入端看进去的等效电阻，由图 7.2.6 所示微变等效电路的输入回路可得

$$R_i = \frac{\dot{U}_i}{\dot{I}_i} = R_B /\!/ r_{be} \tag{7.2.9}$$

输出电阻 R_o 就是从放大电路输出端看进去的等效电阻。由图 7.2.6 所示微变等效电路的输出回路可得

$$R_o = R_C /\!/ r_{ce} \approx R_C \tag{7.2.10}$$

式中，r_{ce} 为受控电流源内阻（图中未画出），其值较大，故可忽略。

当放大电路在输入端接有信号源时，放大电路就相当于信号源的负载，可用一个电阻等效代替。该等效电阻就是放大电路的输入电阻 R_i。通常希望放大电路的输入电阻能高一些，以从信号源 $\dot{U}_s$ 上获得尽可能高的输入电压 $\dot{U}_i$，从而提高输出电压 $\dot{U}_o$ 的大小。

当放大电路在输出端接有负载时，放大电路就相当于负载的信号源，信号源的内阻就是放大电路的输出电阻 R_o。因为是电压放大电路，故相当于电压源。通常希望放大电路的输出电阻尽可能小一些，可将输出电压 $\dot{U}_o$ 尽可能多地传送给负载，并提高带负载的能力。

放大电路的动态分析，若是根据微变等效电路，分析计算 A_u、R_i 及 R_o，则称为微变等效电路法。

【练习与思考】

1）通常希望放大电路的输入电阻大一些还是小一些？为什么？通常希望放大电路的输出电阻大些还是小些？为什么？

2）什么是放大电路的带负载能力？放大电路的输出电阻中是否包含负载电阻 R_L？为什么？

3）交流放大电路中为什么要设置静态工作点？

4）在什么条件下，放大电路可以用直流通路分析？在什么条件下，放大电路可以用微变等效电路分析？

7.3　图解分析

动态情况下，若要分析放大电路最大不失真输出信号幅度、静态工作点 Q 对信号失真的影响以及如何消除失真时，用图解法分析更直观、有效和方便。

7.3.1　输入输出信号的图解分析

对图 7.1.3 所示放大电路，先分析输入回路的动态工作情况。首先通过估算法或图解法在输入特性曲线上确定好静态工作点 Q，然后加入信号源 u_s，产生正弦输入信号 u_i，并通过耦合电容 C_1 加至晶体管的 B-E 端口，使得 $u_{BE} = U_{BEQ} + u_i = U_{BEQ} + u_{be}$，$u_{BE}$ 中的交流分量 u_{be} 就是 u_i，u_{be} 又产生基极的交流电流 i_b，使得 $i_B = I_{BQ} + i_b$，如图 7.3.1a 所示。

图中，当 $u_i(u_{be})$ 变化至最大值时，i_B 中的交流分量 i_b 也变化至最大值致 i_B 为 i'_B，对应 a 点，当 u_i 变化至最小值时，i_B 变化至最小值致 i_B 为 i''_B，对应 b 点。在 u_i 作用下，u_{BE} 和 i_B 的动态工作范围在 a、b 两点之间。由于特性曲线 ab 段近似为直线，所以 u_{BE} 和 i_B 的关系为近似线性关系，i_B 和 u_{BE} 均围绕 Q 点做正弦规律的变化，即 i_B 随 u_i 变化的波形也为正弦波。

对图 7.1.3 所示放大电路，再分析输出回路的动态工作情况。放大电路的动态分析，要在交流通路上进行。根据图 7.2.3 所示放大电路的交流通路，列写输出回路的电压方程，有

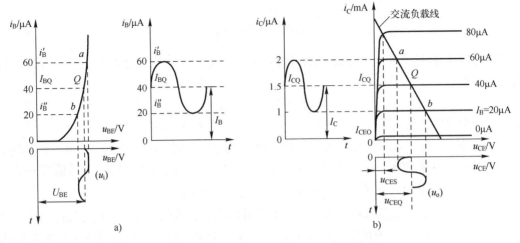

图 7.3.1　共射电路输入和输出回路信号波形

a) 输入回路信号波形　b) 输出回路信号波形

$$u_{ce} = -i_c(R_C /\!/ R_L) = -i_c R'_L$$

上述方程是一直线方程，斜率为 $-\dfrac{1}{R'_L}$。$R'_L = R_C /\!/ R_L$ 为放大电路输出端交流负载，该直线称为交流负载线。因为当 u_i 信号过零时，对应有 $i_b = 0$，$i_c = \beta i_b = 0$，$u_{ce} = 0$。此时 $i_B = I_{BQ}$，$i_C = I_{CQ}$，$u_{CE} = U_{CEQ}$，即 $u_i = 0$ 时放大电路的动态工作点就在静态工作点 Q 上，所以交流负载线必然通过 Q 点，可以认为是以 Q 点为原点，斜率为 $-\dfrac{1}{R'_L}$ 的直线。而 $\dfrac{1}{R'_L} > \dfrac{1}{R_C}$，所以交流负载线比直流负载线更陡，两者均通过 Q 点。其画法如图 7.3.2 所示。

直流负载线是放大电路直流工作点随基极电流 I_B 变化的轨迹。而交流负载线是放大电路动态工作点随 u_i 变化的轨迹，故输出回路的动态工作图解应在交流负载线上进行。

u_i 为正弦波形，$i_b(i_B)$ 随 u_i 做正弦规律变化，若晶体管工作在放大区，则 $i_c = \beta i_b$，$i_c(i_C)$ 同样随 $i_b(i_B)$ 做正弦规律变化，i_c 的变化又导致 $u_{ce}(u_{CE})$ 做正弦规律变化，如图 7.3.1b 所示，图中的负载线为交流负载线。$a\sim b$ 区间为动态信号的变化范围。由交流通路可知，$u_o = u_{ce}$，即输出信号 u_o 为与 u_i 反相的正弦波。

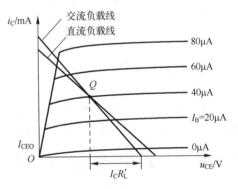

图 7.3.2　共射放大电路交流负载线

放大电路由输入回路到输出回路完整的动态信号图解如图 7.3.1 所示，从中可以总结如下：

1）无输入信号（即 $U_i = 0$）时，晶体管的电压、电流都是直流量，就是静态工作点。当有输入信号 u_i 后，i_B、i_C 和 u_{CE} 都是在原来静态值 I_{BQ}、I_{CQ} 和 U_{CEQ} 的基础上叠加了一个交流量，即

$$u_{BE} = U_{BEQ} + u_{be}, \; i_B = I_{BQ} + i_b, \; i_C = I_{CQ} + i_c, \; u_{CE} = U_{CEQ} + u_{ce}$$

2）交流信号的传输情况是

$$u_i \rightarrow u_{be}(u_{be} = u_i) \rightarrow i_b \rightarrow i_c(i_c = \beta i_b) \rightarrow u_{ce} \rightarrow u_o(u_o = u_{ce})$$

3）要实现 u_i 到 u_o 的不失真的放大，就要求 u_i（即 u_{be}）与 i_b 的动态工作范围处于输入特性曲线的直线段（线性部分）。u_o（即 u_{ce}）与 i_c 的动态工作范围处于输出特性曲线的放大区（线性部分）。以上条件可通过选择合适的静态工作点 Q 和小信号 u_i 来得到满足。

4）电流 i_b、i_c 与输入电压 u_i 同相，而输出电压 u_o 与 i_c 反相，即 u_o 与输入 u_i 反相，共发射极放大电路具有反相作用。

7.3.2　非线性失真分析

放大电路对信号放大的要求是不失真的放大，不失真既是基本要求，也是信号放大的前提。所谓失真就是指输出信号与输入信号相比，波形发生了畸变。引起失真的原因有多种，这里主要讨论因静态工作点不合适或者输入信号太大，使放大电路动态工作范围超出晶体管特性曲线的线性范围而产生的失真。这种失真通常称为非线性失真。

在图 7.3.3 中，若静态工作点的位置在 Q_1 点处，输入正弦信号 u_i，在 u_i 的负半周，对于输入回路，输入信号的动态工作范围进入了输入特性曲线的非线性部分（弯曲部分），故 i_b 的负半周产生了失真；对于输出回路，输出信号的动态工作范围进入了输出特性曲线的截止区，故 i_c 的负半周和 u_{ce} 的正半周产生了失真，导致 u_o 的正半周产生了失真，这种失真称为截止失真。其原因是静态工作点 Q_1 位置太低，靠近截止区。消除截止失真的方法：在输入回路调整基极偏置电阻 R_B，使其变小，I_{BQ} 增大，从而使工作点 Q_1 调高至 Q 点，u_o 将不再失真。

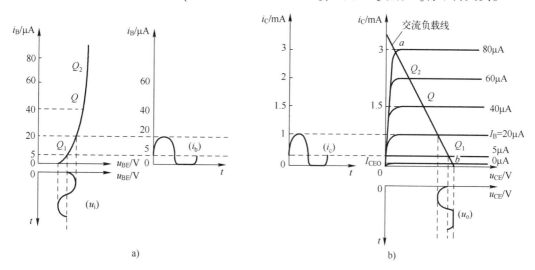

图 7.3.3　共射电路截止失真波形
a）输入回路波形　b）输出回路波形

在图 7.3.4 中，若静态工作点的位置在 Q_2 点处，输入正弦信号 u_i，对于输入回路，i_b 波形并不失真，如图 7.3.4a 所示；对于输出回路，在 u_i 和 i_b 的正半周，输出信号的动态工作范围进入了输出特性曲线的饱和区，i_c 的正半周和 u_{ce} 的负半周（即 u_o 的负半周）产生了失真。这种失真称为饱和失真。其原因是静态工作点 Q_2 位置太高，靠近饱和区。消除饱和失真的方法：在输入回路调整基极偏置电阻 R_B（增大），使 I_{BQ} 减小，从而使 I_{CQ} 减小，静态工作点从 Q_2 调低至 Q 点位置，u_o 将不再失真。

由图 7.3.3b 和图 7.3.4b 可知，交流负载线上的 ab 段，就是输出信号的最大动态工作范围。若 Q 点处于 ab 段的中点位置时，则不失真输出电压 u_o 幅值可以达到最大值 U_{om}，即

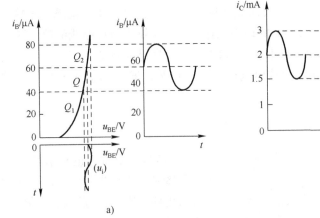
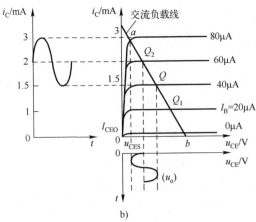

图 7.3.4 共射电路饱和失真波形
a）输入回路波形 b）输出回路波形

$$U_{om} = U_{cem} = U_{CEQ} - U_{CES}$$

式中，U_{CES} 称为晶体管饱和电压降，小功率晶体管一般取 $U_{CES} = 0.3 \sim 0.5\,V$。若 Q 点位置不在 ab 段的中点处，则最大不失真输出电压的幅值 U_{om} 取 $U_{CEQ} - U_{CES}$ 和 $I_c R'_L$ 两段中较小的值。

若放大电路静态工作点位于交流负载线上 ab 段的中点处，输入信号 u_i 过大时，导致输出特性曲线上的动态信号工作范围同时进入截止区和饱和区（交流负载线动态工作点在 u_i 的正负半周分别超出 a 点和 b 点），使得 u_o 的正负半周同时产生失真。这种失真称为饱和失真（或称双向失真），原因是输入信号太大。消除双向失真的方法：减小输入信号 u_i，至 u_o 不再失真。综上所述，放大电路要不失真地放大信号：①必须要有一个合适的静态工作点，Q 点的位置大致尽可能选在交流负载线的中间位置附近；②输入信号 u_i 的幅值不能太大，以避免放大电路的动态工作范围超出特性曲线的线性范围。小信号放大电路中，此条件一般都能满足。

图解法的主要优点是直观、形象，便于对放大电路工作原理的理解，但不适合对电路进行定量的分析计算，因为作图过程麻烦且容易产生误差。对于在小信号情况下工作的放大电路，其分析计算应该采用微变等效电路法计算；而对于在大信号情况下工作的放大电路，例如功率放大电路，则需要采用图解法进行分析计算。

特别提示

对于单管共发射极放大电路，输出电压与输入电压反相。放大电路输出端接负载后，电压放大倍数将降低。

交流微变等效电路法仅适用于小信号电路的动态分析，当交流输入信号较大时，应使用图解法。在对放大电路进行分析计算时，一定要遵循先"静态"后"动态"的原则。

【练习与思考】

1）在图 7.1.3 所示放大电路中，如果用示波器测得输出波形底部失真，原因是什么？如何调整哪个元件才能使失真消除？

2）在图 7.1.3 所示放大电路中，如果用示波器测得输出波形顶部失真，原因是什么？如何调整哪个元件才能使失真消除？

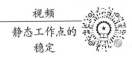

视频
静态工作点的
稳定

7.4 静态工作点的稳定

从 7.3 节的分析可以看出，静态工作点不但决定了放大电路是否会产生失真，而且还影响着电压放大倍数、输入输出电阻等动态参数。电源电压的波动、元件的老化以及温度的变化所引起的晶体管参数的变化，都会造成静态工作点的不稳定，从而使动态参数不稳定，严重时电路甚至无法正常工作（如波形产生失真）。在引起 Q 点不稳定的诸多因素中，温度变化对晶体管参数的影响是最主要的，因此，在温度变化的情况下，保持静态工作点基本稳定不变，以保证放大电路能正常地工作，就显得尤为重要。

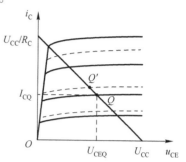

那么，温度的变化又是如何影响静态工作点稳定的呢？当环境温度升高时，晶体管的 β 将增大，穿透电流 I_{CEO} 将增大，U_{BE} 不变的情况下，I_{BQ} 将增大，以上因素集中表现为集电极电流 I_{CQ} 随温度升高而明显增大，晶体管输出特性曲线将明显上移，如图 7.4.1 中虚线所示。静态工作点 Q 将沿直流负载线上移至 Q' 点，更靠近饱和区。反之，当温度降低时，Q 点将沿直流负载线下移，更靠近截止区。因此，如果随温度变化而能稳定住 I_{CQ} 基本不变，则 Q 点就能保持稳定。

图 7.4.1　晶体管的温度输出特性曲线

7.4.1　静态工作点稳定电路

典型的 Q 点稳定电路如图 7.4.2a 所示，该电路称为分压式偏置放大电路，它既能提供合适的偏置电流，又能在环境温度升高时自动降低基极偏置电流 I_{BQ} 以限制 I_{CQ} 的增大，使其保持基本不变，从而稳定住静态工作点 Q。

图 7.1.3 所示放大电路，基极偏置电流 $I_{BQ} = \dfrac{U_{CC} - U_{BE}}{R_B}$，当 R_B 确定后，I_{BQ} 就基本固定不变，这种电路称为固定偏置放大电路，它不具有稳定静态工作点的作用。

7.4.2　静态工作点稳定的原理

分压式偏置共射放大电路的直流通路如图 7.4.2b 所示，B 点的 KCL 方程为

$$I_1 = I_2 + I_{BQ}$$

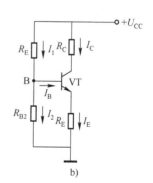

图 7.4.2　分压式偏置共射放大电路

a）放大电路　b）直流通路

为了稳定 Q 点，通常情况下，参数的选取应满足

$$I_2 \gg I_{BQ}$$

因此，$I_1 \approx I_2$，B 点电位为

$$V_{BQ} = \frac{R_{B2}}{R_{B1}+R_{B2}} U_{CC} \tag{7.4.1}$$

式（7.4.1）表明，基极电位几乎取决于 R_{B2} 与 R_{B1} 对 U_{CC} 的分压，而与环境温度无关，即当温度变化时，V_{BQ} 基本不变。

当温度升高时，集电极电流 I_C 增大，发射极电流 I_E 也相应增大，因而发射极电阻 R_E 上的电压 U_{R_E}（即发射极的电位 V_{EQ}）随之增大；因为 V_{BQ} 基本不变，而 $U_{BE} = V_{BQ} - V_{EQ}$，所以 U_{BE} 减小，导致基极电流 I_B 减小，I_C 随之也减小。结果 I_C 随温度升高而增大的部分被因为 I_B 减小而减小的部分抵消，I_C 将基本不变，U_{CE} 也将基本不变，从而 Q 点在晶体管输出特性曲线上的位置基本不变。可将上述过程简写为

$$T(\text{℃}) \uparrow \to I_C \uparrow (I_E \uparrow) \to V_E \uparrow (V_{BQ}\text{基本不变}) \to U_{BE} \downarrow \to I_B \downarrow \to I_C \downarrow$$

当温度降低时，上述电压、电流随温度下降而向相反方向变化，I_C 同样将基本不变，Q 点在晶体管输出特性曲线上的位置基本不变。因此，分压式偏置放大电路具有稳定静态工作点的作用。

7.4.3 放大电路的分析计算

1. 静态分析

对于图 7.4.2 来说，已知 $I_2 \gg I_{BQ}$，基极电位为

$$V_{BQ} = \frac{R_{B2}}{R_{B1}+R_{B2}} U_{CC}$$

发射极电流为

$$I_{EQ} = \frac{V_{BQ}-U_{BEQ}}{R_E} \tag{7.4.2}$$

集电极电流为

$$I_{BQ} = \frac{I_{EQ}}{1+\beta} \tag{7.4.3}$$

$$I_{CQ} = \beta I_{BQ} \approx I_{EQ}$$

集射极电压为

$$U_{CEQ} = U_{CC} - I_{CQ}R_C - I_{EQ}R_E \approx U_{CC} - I_{CQ}(R_C + R_E) \tag{7.4.4}$$

2. 动态分析

画出图 7.4.2a 所示放大电路的微变等效电路，如图 7.4.3 所示，电容 C_1 为旁路电容，电容量较大，对交流信号可视为短路。

$$A_u = \frac{\dot{U}_o}{\dot{U}_i} = -\beta \frac{R_C // R_L}{r_{be}} = -\beta \frac{R'_L}{r_{be}} \quad (7.4.5)$$

$$R_i = \frac{\dot{U}_i}{\dot{I}_i} = R_{B1} // R_{B2} // r_{be} \quad (7.4.6)$$

$$R_o = R_C \quad (7.4.7)$$

例 7.4.1 图 7.4.2a 所示分压式偏置共射放大电路，已知 $U_{CC} = 12\ V$，$R_C = R_L = 2\ k\Omega$，

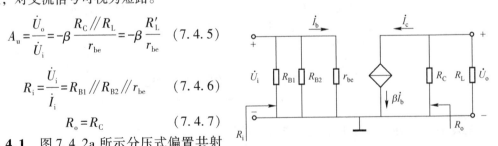

图 7.4.3 分压式偏置共射放大电路的微变等效电路

$R_{B1} = 30\,\text{k}\Omega$，$R_{B2} = 15\,\text{k}\Omega$，$R_E = 3.3\,\text{k}\Omega$，晶体管的 $\beta = 40$，$U_{BEQ} = 0.7\,\text{V}$，求放大电路的静态工作点、电压放大倍数 A_u、输入电阻 R_i 和输出电阻 R_o。

解: 求静态工作点，根据式（7.4.1）~式（7.4.4）有

$$V_{BQ} = \frac{R_{B2}}{R_{B1} + R_{B2}} U_{CC} = \frac{15}{30 + 15} \times 12\,\text{V} = 4\,\text{V}$$

$$I_{EQ} = \frac{V_{BQ} - U_{BEQ}}{R_E} = \frac{4 - 0.7}{3.3}\,\text{mA} = 1\,\text{mA} \approx I_{CQ}$$

$$U_{CEQ} = U_{CC} - I_{CQ} E_C - I_{EQ} R_E \approx U_{CC} - I_{CQ}(R_C + R_E) = (12 - 1 \times 5.3)\,\text{V} = 6.7\,\text{V}$$

根据式（7.2.5）求 r_{be}：

$$r_{be} = r_{bb'} + (1+\beta)\frac{26(\text{mV})}{I_{EQ}(\text{mA})} = 200\,\Omega + 41 \times \frac{26\,\text{mV}}{1\,\text{mA}} \approx 1.26\,\text{k}\Omega$$

根据式（7.4.5）求电压放大倍数 A_u：

$$A_u = -\beta \frac{R'_L}{r_{be}} = -40 \times \frac{1}{1.26} \approx -31.75$$

根据式（7.4.6）求输入电阻 R_i：

$$R_i = R_{B1} /\!/ R_{B2} /\!/ r_{be} \approx 1.1\,\text{k}\Omega$$

根据式（7.4.7）求输出电阻 R_o：

$$R_o = R_C = 2\,\text{k}\Omega$$

特别提示

环境温度升高时，晶体管的 β 将增大，U_{BE} 不变的情况下，I_{BQ} 将增大，I_{CQ} 增大，晶体管输出特性曲线将明显上移，靠近饱和区；反之，当温度降低时，Q 点将沿直流负载线下移，靠近截止区。

【练习与思考】

1）直流电压放大电路可以放大交流信号吗？交流电压放大电路可以放大直流信号吗？为什么？

2）在放大电路中，静态工作点不稳定对放大电路的工作有何影响？

3）对分压式偏置电路而言，为什么只要满足 $I_2 \gg I_{BQ}$ 和 $V_{BQ} \gg U_{BE}$ 两个条件，静态工作点就能得以基本稳定？为什么？

4）对分压式偏置电路而言，当更换晶体管时，对放大电路的静态值有无影响？为什么？

5）在实际中调整分压式偏置电路的静态工作点时，应调节哪个元件的参数比较方便？

6）接上发射极电阻的旁路电容 C_E 后是否影响静态工作点？为什么？

7.5　共集电极放大电路

视频
共集电极放大
电路

根据输入回路与输出回路公共端的不同，晶体管放大电路共有三种组态的放大电路。除了共发射极放大电路外，还有共集电极和共基极放大电路。这三种组态的放大电路尽管结构和性能各有不同，但分析方法基本相同，下面主要讨论共集电极放大电路。

图 7.5.1a 所示为共集电极放大电路，图 7.5.2a 是它的交流通路。由交流通路可见，晶体管的基极 B 与输入信号 u_i 相连，是信号的输入端；发射极 E 与输出信号 u_o 相连，是信号的输出端；集电极 C 是输入与输出的公共端，故称为共集电极电路。因为是从发射极输出信号 u_o，

故又称为射极输出器。

7.5.1 静态分析

将图 7.5.1a 中的耦合电容 C_1、C_2 开路，即可得到放大电路的直流通路。如图 7.5.1b 所示，按照 KVL 可得电压方程为

$$I_B R_B + U_{BE} + I_E R_E = U_{CC}$$

$$I_B = \frac{U_{CC} - U_{BE}}{R_B + (1+\beta) R_E} \tag{7.5.1}$$

$$I_E = (1+\beta) I_B \approx I_C \tag{7.5.2}$$

$$U_{CE} = U_{CC} - I_E R_E \tag{7.5.3}$$

晶体管输入电阻 r_{be} 为

$$r_{be} = r_{bb'} + (1+\beta) \frac{26(\text{mV})}{I_{EQ}(\text{mA})}$$

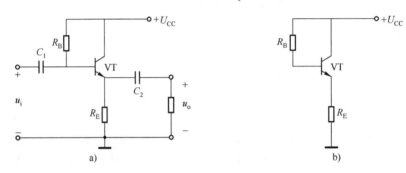

图 7.5.1　共集电极放大电路及其直流通路
a）放大电路　b）交流通路

7.5.2 动态分析

1. 电压放大倍数 A_u

由图 7.5.2 可得

$$\dot{U}_o = \dot{I}_e R_L' = (1+\beta) \dot{I}_b R_L'$$

式中，$R_L' = R_E /\!/ R_L$。

$$\dot{U}_i = r_{be} \dot{I}_b + \dot{I}_e R_L' = r_{be} \dot{I}_b + (1+\beta) \dot{I}_b R_L' = \dot{I}_b [r_{be} + (1+\beta) R_L']$$

$$A_u = \frac{\dot{U}_o}{\dot{U}_i} = \frac{(1+\beta) R_L'}{r_{be} + (1+\beta) R_L'} \tag{7.5.4}$$

式（7.5.4）表明：

1）$A_u > 0$，说明输出电压 $\dot{U}_o$ 与输入电压 $\dot{U}_i$ 同相。

2）一般有 $(1+\beta) R_L' \gg r_{be}$，所以 $A_u < 1$ 但接近于 1。$\dot{U}_o$ 与 $\dot{U}_i$ 大小近似相等。输出电压跟随输入电压变化，该电路又称为射极跟随器。

由图 7.5.2a 所示的交流通路可画出微变等效电路，如图 7.5.2b 所示。

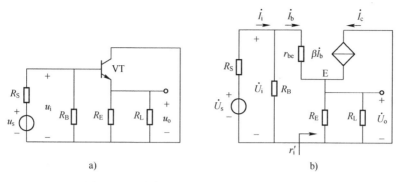

图 7.5.2　共集电极放大电路的微变等效电路

a）交流通路　b）微变等效电路

2. 输入电阻 R_i

由微变等效电路可得

$$R_i = R_B /\!/ r_i'$$

$$\dot{U}_i = r_{be}\dot{I}_b + \dot{I}_e R_L' = r_{be}\dot{I}_b + (1+\beta)\dot{I}_b R_L' = \dot{I}_b[r_{be} + (1+\beta)R_L']$$

$$r_i' = \frac{\dot{U}_i}{\dot{I}_b} = r_{be} + (1+\beta)R_L'$$

$$R_i = R_B /\!/ r_i' = R_B /\!/ [r_{be} + (1+\beta)R_L'] \tag{7.5.5}$$

比较图 7.1.3 所示共射放大电路，其 $R_i = R_B /\!/ r_{be}$，由式（7.5.5）可知，共集电极放大电路输入电阻比共射放大电路的输入电阻要大得多。

3. 输出电阻 R_o

将图 7.5.2 所示微变等效电路中的信号源 $\dot{U}_s$ 短路，内阻 R_S 保留，在输出端将负载 R_L 去除，并外加电压源 $\dot{U}_o$，设产生的端口电流为 $\dot{I}_o$，如图 7.5.3 所示。

$$\dot{I}_o = \dot{I}_{R_E} + (1+\beta)\dot{I}_b = \frac{\dot{U}_o}{R_E} + (1+\beta)\frac{\dot{U}_o}{r_{be} + R_S /\!/ R_B}$$

$$\frac{\dot{I}_o}{\dot{U}_o} = \frac{1}{R_E} + \frac{1}{\dfrac{r_{be} + R_S /\!/ R_B}{1+\beta}} = \frac{1}{R_o}$$

$$R_o = R_E /\!/ \frac{r_{be} + R_S /\!/ R_B}{1+\beta}$$

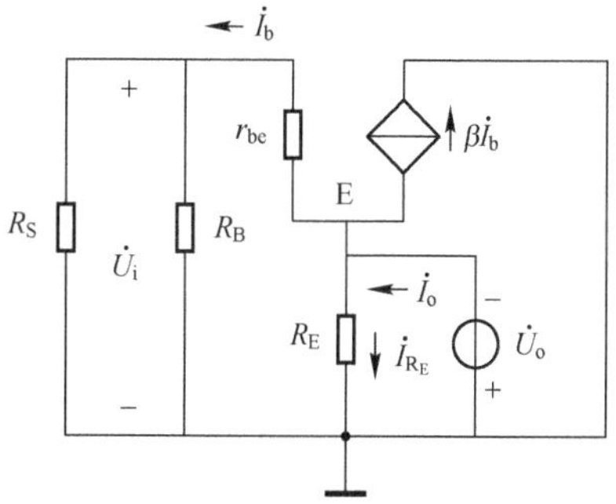

一般 $r_{be} + R_S /\!/ R_B$ 较小，故 $\dfrac{r_{be} + R_S /\!/ R_B}{1+\beta}$ 更小。相比

图 7.5.3　共集电极放大电路输出电阻

图 7.1.3 共射放大电路，其 $R_o \approx R_C$（R_C 一般为千欧姆级）。共集电极放大电路的输出电阻 R_o 要小得多（一般几十欧姆）。由以上分析可知，共集电极放大电路的主要特点：电压放大倍数接近 1，输入电阻高，输出电阻低。射极输出器应用非常广泛，被广泛用于功率放大电路和集成电路中。

因为输入电阻高，射极输出器可用作多级放大电路的输入级，既可减轻对信号源的负担，又可尽可能多地获取信号源提供的输入电压 $\dot{U}_i$；因为输出电阻低，它又可用作多级放大电路的输出级，以提高带负载能力；同时利用 R_i 大、R_o 小以及 $A_u \approx 1$ 的特点，它又可用作任意两级放大电路的中间级，以隔离前后级放大电路的相互影响，故又称为隔离级或缓冲级。另外，共集电极放大电路虽然没有电压放大作用，但还是有电流放大作用的。对晶体管来说，除了可以构成共发射极放大电路和共集电极放大电路外，还可以构成共基极放大电路（信号从发射极进入，从集电极输出），其主要特点是工作频率高，其工作原理可以参阅相关资料。

特别提示

射极输出器具有输入电阻高、输出电阻低、输出电压与输入电压同相、无电压放大作用但有电流放大作用的特点，因此，在多级放大电路中，射极输出器常被用作输入级、中间级或输出级。

【练习与思考】

1）为什么常将射极输出器作为多级放大的输入级或输出级？

2）共集电极放大电路的电压放大倍数接近1，说明共集电极电路不具有放大特性，对吗？

7.6 内容拓展及专创应用

7.6.1 电子管及其放大电路

目前多数电子仪器设备中放大电路，无论是分立元件还是集成放大电路，所用放大器件大都是半导体器件，但放大电路最初所用的放大器件是电子管，故称为电子管放大电路。大家所熟知的世界上第一台计算机就是使用的电子管放大电路，虽然电子管具有体积大、功耗多的缺点，但是其工作的稳定性是半导体器件所望尘莫及的。由于制作工艺水平的限制，半导体器件还存在稳定性较差、功率不够大及参数分散性较大（同一型号的管子性能参数差别较大）等弱点，以至于尚不能完全取代电子管，电子管放大电路尚未完全退出历史舞台，如广播电视发射设备中的放大电路。电子管通常有二极电子管、三极电子管、五极电子管和束射四极管等。

二极电子管的主要结构是在高度真空的玻璃管壳内装有两个金属电极，即阴极和阳极。二极电子管与晶体二极管一样，都具有单向导电性，用于整流电路中。

三极电子管的主要结构是在高度真空的玻璃管壳内装有3个金属电极，即阴极、阳极和栅极。三极电子管的阴极相当于晶体管的发射极，阳极相当于集电极，栅极相当于基极。三极电子管主要用于放大电路中，可组成单管放大电路，也可以组成阻容耦合、变压器耦合或直接耦合等形式的多级放大电路。三极电子管极间电容较大，放大系数较小。

五极电子管的构造是在三极电子管的基础上，又增加了两个栅极，是具有阴极、阳极和三个栅极的电子管。五极电子管与三极电子管相比，不仅极间电容大为减小，且放大倍数大为提高。五极电子管可用于中频及高频电压放大电路中。

束射四极管在结构上和五极电子管的不同之处是少了一个栅极，另装置了一对和阴极相连的聚束板。束射四极管允许通过的电流较大，并且有较大的输出功率，常用于放大电路的最后一级作为功率放大电路。

7.6.2 工程实践

根据基本放大电路特性，设计一款家电防盗报警器，如图7.6.1所示。其中 VS、R_1 和 SB组成晶闸管触发开关电路。IC、R_2、VT_1、VT_2 和 BL 组成模拟警笛声电路。平时，按钮 SB 受到家用电器的压迫，使其两动断（常闭）触点断开，晶闸管 VS 无触发信号而阻断，报警器不工作。当家用电器被搬起时，SB 两触点自动闭合，VS 的触发端经 R_1 从电源正极获得触发信号，VS 导通，音响集成电路 IC 通电工作，其输出端输出的警笛声电信号经过晶体管 VT$_1$、VT$_2$功率放大，驱动扬声器 BL 发出报警声。直到按下开关 SA，报警声才解除。

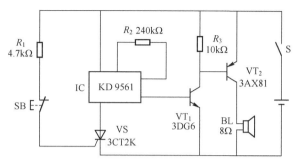

图 7.6.1　报警器电路图

7.7　小结

1. 放大电路组成及基本原则

放大电路的作用就是对输入信号进行不失真的放大，主要性能指标有电压放大倍数 A_u、输入电阻 R_i、输出电阻 R_o 等。放大电路没有输入信号时的工作状态称为静态，有输入信号后的工作状态称为动态。

放大电路原则如下：

1）晶体管必须工作在放大区，发射结正偏，集电结反偏。

2）输入信号应加到 PN 结上。

3）输出信号应加到负载上。

2. 放大电路的基本分析方法

静态分析就是要确定 I_B、I_C 和 U_{CE}静态值，也称为静态工作点。动态分析就是要计算 A_u、R_i、R_o 动态参数指标。

放大电路对信号的放大能力和质量与静态值息息相关，静态工作点决定放大电路动态工作情况是否正常。

静态工作点采用估算法，在直流通路上计算。A_u、R_i、R_o 确定采用微变等效电路法。

对电容耦合放大电路，将电容开路、电感短路、信号源置零就得到直流通路。将电容短路、直流电压源短路并接地、直流电流源开路就得到交流通路，在交流通路中用晶体管微变等效电路替换晶体管，就得到放大电路的微变等效电路。

在图解法中，静态值用 Q 点表示。在晶体管输入、输出特性曲线上，根据 Q 点的位置，可以直观地判断动态信号是否失真，且是何种失真，即截止失真或饱和失真。图解法主要用于信号失真的分析。

3. 分压式偏置放大电路

分压式偏置放大电路能稳定静态工作点。其静态值的计算为

$$V_{BQ} = \frac{R_{B2}}{R_{B1}+R_{B2}}U_{CC}, \quad I_{BQ} = \frac{V_{BQ}-U_{BEQ}}{R_E}, \quad I_{CQ} = \beta I_{BQ} \approx I_{BQ}$$

$$U_{CEQ} = U_{CC} - I_{CQ}R_C - I_{EQ}R_E \approx U_{CC} - I_{CQ}(R_C + R_E)$$

动态参数值的计算为

$$A_u = \frac{\dot{U}_o}{\dot{U}_i} = -\beta \frac{(R_C /\!/ R_L)}{r_{be}} = -\beta \frac{R'_L}{r_{be}}$$

$$R_i = \frac{\dot{U}_i}{\dot{I}_i} = R_{B1} /\!/ R_{B2} /\!/ r_{be}$$

$$R_o = R_C$$

4. 共集电极放大电路

共集电极放大电路输出电压 $\dot{U}_o$ 与输入电压 $\dot{U}_i$ 同相，电压放大倍数约等于 1，输入电阻高，输出电阻低，电路又称为射极跟随器，其动态参数指标的计算为

$$A_u = \frac{(1+\beta) R'_L}{r_{be} + (1+\beta) R'_L}$$

$$R_i = R_B /\!/ r'_i = R_B /\!/ [r_{be} + (1+\beta) B'_L]$$

$$R_o = R_E /\!/ \frac{r_{be} + R_S /\!/ R_B}{1+\beta}$$

7.8 习题

一、单选题

1. 晶体管的主要特点是具有 （　　）。

A. 稳压作用　　　　　B. 电流放大作用　　　　C. 单向导电性　　　　　　D. 限幅作用

2. 静态工作点应位于直流负载线与由已知 I_B 所确定的 （　　） 的交点上。

A. 功率特性　　　　　B. 输出特性　　　　　C. 输入特性　　　　　　　D. 以上都不对

3. 若提高放大电路的带载能力，应减小放大电路的 （　　）。

A. 输入电阻　　　　　B. 负载电阻　　　　　C. 输入电阻和输出电阻　　D. 输出电阻

4. 如图 7.8.1 所示，已知 $U_{CC} = 12\,V$，$R_C = 6\,k\Omega$，$\beta = 50$，且忽略 U_{BE}，若要使静态时 $U_{CE} = 6\,V$，则 R_B 应取 （　　）。

A. 6000 kΩ　　　　　B. 6 kΩ　　　　　　　C. 600 kΩ　　　　　　　　D. 60 kΩ

5. 一个固定偏置放大电路，若晶体管集电极和发射极之间的电压约等于电源电压，则该晶体管处于 （　　） 状态。

A. 截止　　　　　　　B. 放大　　　　　　　C. 饱和　　　　　　　　　D. 无法确定

6. 单管共发射极电压放大电路如图 7.8.2 所示，该电路输出电压 u_o 与输入电压 u_i 相位 （　　）。

A. 相同　　　　　　　B. 相反　　　　　　　C. 90°　　　　　　　　　　D. 不确定

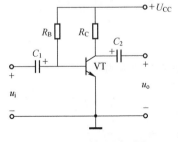　　　　　　　　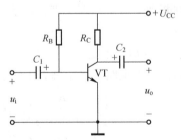

图 7.8.1　单选题 4 图　　　　　　　　图 7.8.2　单选题 6 图

7. 微变等效电路法适用于 ( )。

A. 放大电路的动态分析　　　　　　　　B. 放大电路的静态分析

C. 放大电路的静态和动态分析　　　　　D. 放大电路的电源分析

8. 共集放大电路的电压放大倍数 ( )。

A. 大于 1，但接近于 1　　　　　　　　B. 等于 1

C. 小于 1，但接近于 1　　　　　　　　D. 大于 1

9. 一接线有错误的放大电路如图 7.8.3 所示，该电路错误之处是 ( )。

A. 电源电压极性接反　　　　　　　　　B. 基极电阻 R_B 接错

C. 耦合电容 C_1 极性接反　　　　　　　D. 耦合电容 C_2 极性接反

10. 如图 7.8.4 所示，设晶体管工作在放大状态，欲使静态电流 I_C 减小，则应 ( )。

A. 保持 U_{CC}、R_B 一定，减小 R_{CC}　　　B. 保持 U_{CC}、R_C 一定，增大 R_B

C. 保持 R_B、R_C 一定，增大 U_{CC}　　　D. 保持 R_B，增大 R_C

11. 在 NPN 管组成的共发射极放大电路中，输入信号电压为正弦波，其输出电压的波形出现图 7.8.5 所示失真，若要消除失真，则应 ( )。

A. 调高静态工作点　　　　　　　　　　B. 调低静态工作点

C. 增大集电极电阻 R_C 的值　　　　　　D. 减小输入信号

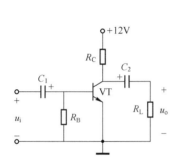

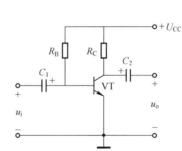

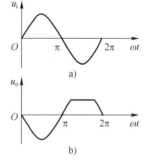

图 7.8.3　单选题 9 图　　　　　图 7.8.4　单选题 10 图　　　　　图 7.8.5　单选题 11 图

12. 直接耦合放大电路中，抑制零点漂移最有效的方法是 ( )。

A. 选用精密直流电压源　　　　　　　　B. 采用射极输出器

C. 采用差动放大电路　　　　　　　　　D. 采用分压式偏置电路

13. 在图 7.8.6 所示的分压式偏置交流放大电路中，基极电阻 R_{B1} 的作用是 ( )。

A. 放大电流　　　　　　　　　　　　　B. 调节基极偏流 I_{B1}

C. 把放大电流转换成电压　　　　　　　D. 防止输入信号交流短路

14. 如图 7.8.7 所示，若发射极交流旁路电容 C_E 因介质失效导致电容值近似为零，此时电路 ( )。

A. 不能稳定静态工作点

B. 能稳定静态工作点，但电压放大倍数降低

C. 能稳定静态工作点，电压放大倍数升高

D. 不能稳定静态工作点，电压放大倍数升高

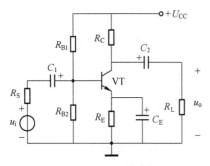

图 7.8.6　单选题 13 图

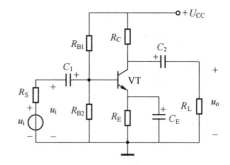

图 7.8.7　单选题 14 图

15. 就放大作用而言，射极输出器是一种（　　）。

A. 有电流放大作用而无电压放大作用的电路

B. 有电压放大作用而无电流放大作用的电路

C. 电压和电流放大作用均没有的电路

D. 几乎没用应用价值

16. 画交流通路时常将耦合电容视为短路，直流电源视为短路，这种处理方法是（　　）。

A. 正确的

B. 不正确的

C. 耦合电容视为短路是正确的，直流电源视为短路则不正确

D. 耦合电容视为开路是正确的

17. 射极输出器是（　　）。

A. 共基极电路　　　　　　　　　　B. 共发射极电路

C. 共集电极电路　　　　　　　　　D. 固定偏置

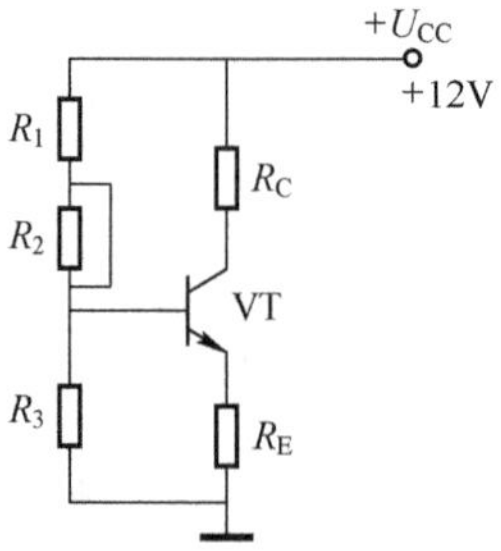

18. 如图 7.8.8 所示，已知 $R_1 = 5\,\text{k}\Omega$，$R_2 = 15\,\text{k}\Omega$，$R_3 = 10\,\text{k}\Omega$，$R_C = 2\,\text{k}\Omega$，$R_E = 2\,\text{k}\Omega$，当电阻 R_2 不慎被短路后（见图 7.8.8），该电路中的晶体管处于（　　）。

A. 截止状态　　　　　　　　　　　B. 放大状态

C. 饱和状态　　　　　　　　　　　D. 开关状态

图 7.8.8　单选题 18 图

19. 如图 7.8.9 电路，能实现正常交流电压放大的电路是（　　）。

A. a)　　　　　　B. b)　　　　　　C. c)　　　　　　D. d)

20. 共发射极放大电路如图 7.8.10a 所示，输入信号电压为正弦波，输出电压的波形出现了图 7.8.10b 所示的失真，若要消除失真，则应（　　）。

A. 调高静态工作点　　　　　　　　B. 调低静态工作点

C. 增加集电极电阻 R_C 的值　　　　D. 减小输入信号

21. 如图 7.8.11 所示，$U_{CC} = 12\,\text{V}$，$R_C = 3\,\text{k}\Omega$，$\beta = 50$，U_{BE} 可忽略，若使 $U_{CE} = 6\,\text{V}$，则 R_B 应为（　　）。

A. 360 kΩ　　　　B. 300 kΩ　　　　C. 600 kΩ　　　　D. 660 kΩ

22. 如图 7.8.12 所示，若输入为正弦交流信号，输出信号与输入信号的（　　）。

A. 相位相差 270°　　B. 相位相差 90°　　C. 相位相反　　　　D. 相位相同

23. 在如图 7.8.13 所示放大电路中，集电极电阻 R_C 的作用是（　　）。

A. 功率放大

B. 电流放大

C. 抑制电流

D. 将晶体管的电流放大作用转换为电压的变化，实现电压放大

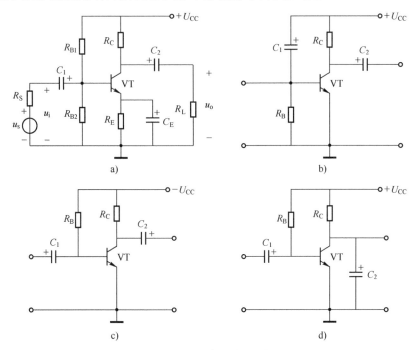

图 7.8.9　单选题 19 图

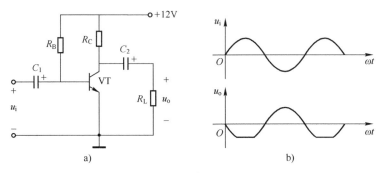

图 7.8.10　单选题 20 图

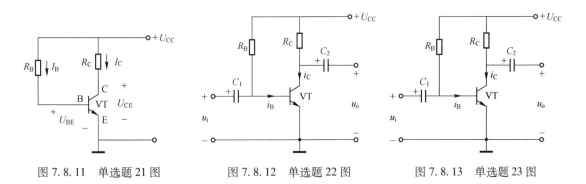

图 7.8.11　单选题 21 图　　　图 7.8.12　单选题 22 图　　　图 7.8.13　单选题 23 图

24. 与共射放大电路相比，共集电极放大电路的特点是（　　）。

A. 输入电阻高，输出电阻低　　　　　　B. 输入、输出电阻都很高

C. 输入、输出电阻都很低　　　　　　　D. 输入电阻低，输出电阻高

25. 射极输出器（　　）。

A. 有电流放大作用，没有电压放大作用

B. 有电流放大作用，也有电压放大作用

C. 有电压放大作用，没有电流放大作用

D. 没有电流放大作用，也没有电压放大作用

26. 图 7.8.14 所示为某型号晶体管的各电极实测对地电压数据，据此可判断此晶体管是（　　）型（　　）管，工作在（　　）状态。

A. PNP、硅、截止　　　　　　　　　　B. NPN、锗、饱和

C. PNP、硅、放大　　　　　　　　　　D. NPN、硅、饱和

27. 如图 7.8.15 所示，静态时，欲使集电极电流增大应（　　）。

A. 减小 R_C　　　　　　　　　　　　　B. R_B 和 R_C 必须同时减小

C. 减小 R_B　　　　　　　　　　　　　D. 增大 R_B

28. 如图 7.8.16 所示，若将 R_B 减小，则集电极电流 I_C（　　），集电极电位（　　）。

A. 增大、减小　　　　B. 减小、增大　　　　C. 增大、不变　　　　D. 减小、不变

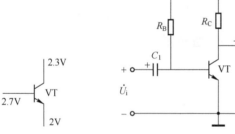

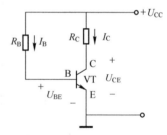

图 7.8.14　单选题26图　　　　图 7.8.15　单选题27图　　　　图 7.8.16　单选题28图

二、判断题

1. 放大电路的作用是将微弱电信号放大成幅度足够大且与原来信号变化规律一致的信号，以便测量和使用。（　　）

2. 电压放大的实质是用小能量的信号通过晶体管电流控制作用，将放大电路中直流电源能量转化成交流能量输出。（　　）

3. 在共发射极电压放大电路中，集电极电阻 R_C 的作用是将放大集电极电流转换为电压的变化，以实现电压放大。（　　）

4. 电压放大倍数指的就是晶体管的电流放大系数。（　　）

5. 为减少信号损失，放大电路的输入电阻大一些较好。（　　）

6. 为增大放大电路的带载能力，输出电阻大一些好。（　　）

7. 共发射极放大电路中，C_1 和 C_2 不用考虑极性。（　　）

8. 共发射极放大电路中，U_{CE} 需要大于 U_{BE}。（　　）

9. 共发射极放大电路中，输入回路与输出回路共用的通路是集电极。（　　）

10. 电压放大电路的直流通路，即为放大器无信号时的电流通路，用来计算静态工作

点。（　　）

11. 交流电压放大电路中，求静态工作点就是求直流 I_B、I_C 和 U_{CE}。（　　）

12. 电压放大电路求静态工作点的方法有两种，即近似估算法或图解法。（　　）

13. 当无输入信号时，输出也无信号。（　　）

14. 静态分析是指当没有加上外加输入信号时的分析。（　　）

15. 静态分析的目的是确定静态工作点的工作范围。（　　）

16. 交流负载线在静态分析时也是需要考虑的。（　　）

17. 用微变等效电路可以分析放大器的输入电阻和输出电阻，也可以用来计算放大器的放大倍数。（　　）

18. 对于一个放大器来说，一般希望其输入电阻高一些，以减轻信号源的负担，输出电阻低一些，以增大带动负载的能力。（　　）

19. 在晶体管放大器中，当输入电压一定时，静态工作点设置太低将产生失真；静态工作点设置太高也将产生失真。（　　）

20. 动态分析是指在外加输入信号为零的情况下的分析。（　　）

21. 温度对放大电路的分析没有影响。（　　）

22. 温度的升高会导致共发射极放大电路的静态工作点进入饱和区。（　　）

23. 对于分压式偏置电路而言，只要满足 $I_2 \gg I_B$ 和 $V_B \gg U_{BE}$ 这两个条件，静态工作点就能得以基本稳定。（　　）

24. 分压式偏置电路的静态工作点比固定偏置电路的静态工作点稳定。（　　）

25. 在分压式偏置电路中，晶体管的电流放大系数 $\beta = 50$，若将该管调换为 $\beta = 80$ 的另外一个晶体管，则该电路中晶体管集电极电流 I_C 将减小。（　　）

26. 射极输出器因输入电阻高，常被用在多级放大电路的第一级，可以提高输入电阻，减轻信号源负担。（　　）

27. 射极输出器因输出电阻低，常被用在多级放大电路的末级，可以降低输出电阻，提高带负载能力。（　　）

28. 射极输出器由于其电压放大倍数近似为1，所以没有使用价值。（　　）

29. 共发射极放大电路的输出信号与输入信号相位相反。（　　）

30. 差动放大电路的主要作用是抑制零漂。（　　）

三、计算题

1. 如图 7.8.17 所示，放大电路的工作电源电压 U_{CC} 为 15 V，如果改用 12 V 的电源，该放大电路可能会出现什么情况？

2. 如图 7.8.18 所示，已知电源电压 $U_{CC} = 12$ V，$R_B = 270\,k\Omega$，$R_C = 3\,k\Omega$，$\beta = 60$，$U_{BE} = 0.7$ V，试求：（1）静态工作点 I_B、I_C、U_{CE}；（2）画出放大电路的微变等效电路；（3）电压放大倍数 A_u、输入电阻 r_i、输出电阻 r_o。

3. 如图 7.8.19 所示，已知 $U_{CC} = 12$ V，$R_{B1} = 60\,k\Omega$，$R_{B2} = 20\,k\Omega$，$R_C = 3\,k\Omega$，$R_E = 3\,k\Omega$，$R_L = 3\,k\Omega$，晶体管的 $\beta = 50$，$U_{BE} = 0.6$ V。（1）求静态值 I_B、I_C、U_{CE}；（2）画出微变等效电路；（3）求电压放大倍数 A_u、输入电阻 r_i 和输出电阻 r_o。

4. 如图 7.8.20 所示放大电路中，若出现以下情况，对电路的工作会带来什么影响：（1）R_{B1} 断路；（2）C_E 断路。

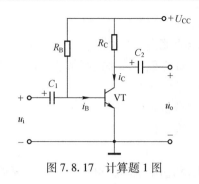

图 7.8.17 计算题 1 图

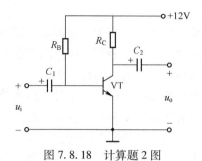

图 7.8.18 计算题 2 图

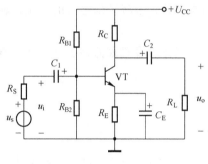

图 7.8.19 计算题 3 图

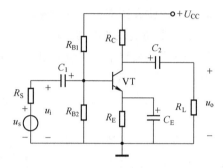

图 7.8.20 计算题 4 图

5. 如图 7.8.21 所示，已知 VT_1、VT_2 的 $\beta = 50$，$r_{be} = 1\,k\Omega$，要求：（1）画出两个电路的微变等效电路；（2）计算两电路的电压放大倍数 A_u、输入电阻 r_i 和输出电阻 r_o。

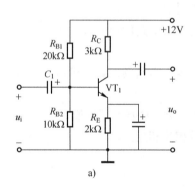

a)

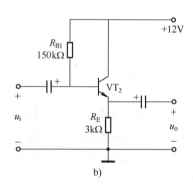

b)

图 7.8.21 计算题 5 图

6. 电路如图 7.8.22a 所示，u_i 为正弦信号。若输出信号的波形如图 7.8.22b、c 所示，试问它们各为何种失真（截止失真还是饱和失真），如何调节 R_B 使输出不失真？

7. 已知晶体管输出特性及交、直流负载线如图 7.8.23 所示，试求：（1）电压 U_{CC}、电阻 R_B、R_C 各为多少？（2）若输入电压 $u_i = 20\sin314t$（单位为 mV），基极电流 i_B 的变化范围是 $20 \sim 60\,\mu A$，电压放大倍数 A_u 和输出电压 u_o 分别是多少？（3）若 $U_{CC} = 12\,V$，$R_B = 225\,k\Omega$，$R_C = R_L = 3\,k\Omega$，晶体管的 $\beta = 50$，$r_{bb'} = 300\,\Omega$，静态时的 $U_{BE} = 0.7\,V$。试分别求静态工作点、A_u、r_i、r_o。

8. 如图 7.8.24 所示，已知 $U_{CC} = 10\,V$，$R_B = 200\,k\Omega$，$R_E = R_L = 5.4\,k\Omega$，$\beta = 40$，$r_{be} = 1.4\,k\Omega$，$U_{BE} = 0.7\,V$。（1）试估算静态工作点；（2）画出电路的交流微变等效电路，并求 A_u、r_i、r_o。

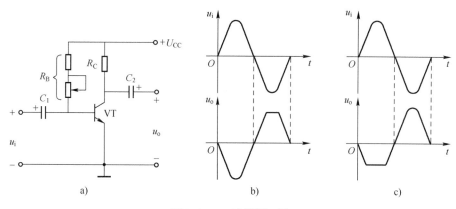

图 7.8.22　计算题 6 图

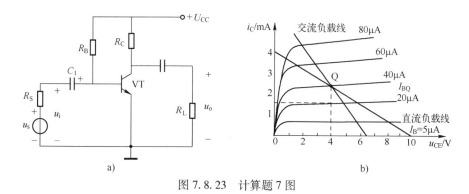

图 7.8.23　计算题 7 图

9. 如图 7.8.25 所示，已知 $U_{CC}=15\,V$，$R_{B1}=20\,k\Omega$，$R_{B2}=5\,k\Omega$，$R_C=5\,k\Omega$，$R_E=2\,k\Omega$，$R_f=300\,\Omega$，$R_L=5\,k\Omega$，晶体管的 $\beta=100$，$r_{be}=1\,k\Omega$，$U_{BE}=0.7\,V$。（1）试估算电路的静态工作点；（2）画出电路的交流微变等效电路；（3）求 A_u、r_i、r_o；（4）C_E 的作用是什么？

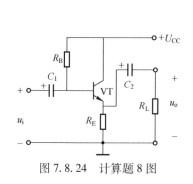

图 7.8.24　计算题 8 图

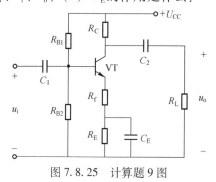

图 7.8.25　计算题 9 图

第8章 集成运算放大器

思政引例

博观而约取，厚积而薄发。

——苏轼

世界上第一台电子计算机的体积非常庞大，占据了 167 m² 的大厅。如今的手提式计算机可以用手提，手掌式计算机可以放在手心里。最初计算机与当今计算机体积之所以相差如此之大，是因为当今有了集成电路。目前大多数电子仪器设备都离不开集成电路，如由 AD590 组成的测温电路，温度信号转换成电流信号，电流信号再经过转换、运算、放大并以电压形式输出，用电压表来显示对应温度。在这里，集成运算放大器起了重要作用，实际上已经成为模拟电子电路中重要元器件之一。前面介绍的电路都是由单个元器件构成的，属于分立电路，而现在实际应用中大多采用的是集成电路。所谓集成电路就是把整个电路中元器件和连线同时制作在一块半导体芯片上，构成具有特定功能的电子电路。1958 年，在美国德州仪器公司工作的 Jack Killby 发明了世界上第一块集成电路。集成电路的出现和应用，标志着电子技术发展到一个新的阶段，它实现了材料、元器件及电路三者之间的统一。与分立元器件构成的电路相比较，集成电路具有体积小、重量轻、功耗低、可靠性高等优点。随着集成电路制造工艺的进步，其集成度越来越高，有小规模（SSI）、中规模（MSI）、大规模（LSI）和超大规模（VLSI）之分。目前超大规模集成电路可以把上亿个元器件集成在一块小于指甲面积的硅片上。集成电路分类方式有很多，如果按导电类型分，有双极型、单极型和二者兼容类型；按功能分，有数字集成电路、模型集成电路以及二者混合型。模拟集成电路中主要包含集成运算放大器、集成功率放大器、集成稳压电源和集成 A-D/D-A 转换器等多种。其中集成运算放大器简称集成运放，是集成电路中应用极为广泛的一种。

以半导体芯片为代表的"核心技术"竞争也成为大国科技竞争的制高点。2018 年中兴通讯公司被美国制裁事件，引起了举国上下对半导体技术的关注。华为海思麒麟 980 手机芯片，该芯片创造了六个世界第一，全球领先，实现从追赶到超越美国高通公司。同时，海思自主研发了包括麒麟手机芯片等在内的五大类芯片，这使美国故技重施制裁华为公司的计划落空。我国芯片产业虽起步晚但奋起直追取得了一些成绩，在硬件方面已具备一定实力挑战海外芯片企业。芯片设计上，华为海思、紫光展锐是全球前六大手机芯片设计企业；芯片制造上，中微半导体 7 nm 蚀刻机已经商用，打破了国际巨头的垄断，这些案例有助于树立学生的民族自尊心、自信心和自豪感，增强爱国热情。放大电路加入负反馈能改善放大性能，却降低放大倍数，这是一对矛盾。如果既要保证一定放大能力又要改善其他性能指标，则可以通过调节合适反馈深度来实现。矛盾是普遍存在的，有其特殊性，应具体问题具体分析，全面看待问题，善于抓住重点和主流。

由于集成放大器早期在模拟计算机中实现数学运算，故名运算放大器。现在它的应用已远远超出模拟计算范畴，在信号处理、测量及波形转换、自动控制等领域都得到十分广泛的应用。本章首先介绍集成运算放大器组成、电压传输特性和理想集成运算放大器的工作情况。将集成运算放大器看作理想运算放大器，当它工作在线性区时，给出"虚短"和"虚断"两个特点。为了保证集成运算放大器工作在线性区域，通常都引入负反馈。为此，本章介绍负反馈概念、类型和判别方法以及负反馈对放大器性能影响；在此基础上，对由集成运算放大器组成的基本运算电路进行深入分析；讨论集成运算放大器在信号运算和信号处理方面的应用。通过本章学习，读者应了解集成运算放大器的特性和技术参数；理解反馈的概念，了解反馈的类型和作用；掌握集成运算放大器线性应用和非线性应用的分析方法，了解集成运算放大器信号产生电路的工作原理、特点和分析方法。

学习目标：

1. 理解集成运算放大器的电压传输特性，理解集成理想运算放大器的基本分析方法。
2. 理解基本运算电路（比例、加减、微分和积分电路）的工作原理并掌握其分析方法。
3. 了解集成运算放大器的基本组成及主要参数。
4. 了解集成运算放大器的使用要点、使用集成运算放大器时应注意的问题。
5. 理解负反馈的基本概念和主要分类，掌握负反馈放大电路类型的判别方法。
6. 理解负反馈对放大电路性能的影响。

素养目标：

1. 了解我国集成电路形成历程，光刻机、蚀刻机的研制技术难题，中芯国际事件，以华为芯片断供为例，深刻懂得为国为民族的奋斗精神和科学探索精神，引导学生科技兴国、科技强国、掌握核心技术才有发言权，树立民族自信心，培育爱国主义情怀。

2. 理解集成运算放大器作用功能，我国芯片受制于人，原因是我们工业基础，包括精密制造、精细化工、精密材料的落后。提升我国工业基础，必须靠我们自己，引导学生培养社会责任感，培育为远大理想奋斗、为国家富强努力的坚毅精神。

3. 放大电路加入负反馈改善放大性能，却降低放大倍数，这是一对矛盾。如果既要保证一定放大能力又要改善其他性能指标，可通过调节合适反馈深度来实现。矛盾是普遍存在的，有其特殊性，应具体问题具体分析，全面看待问题，善于抓住重点和主流，培养学生养成大局观与个人担当价值观。

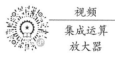

视频
集成运算
放大器

8.1　集成运算放大器概述

运算放大器是高增益直接耦合的集成放大器，它是最重要的一类模拟集成电路。集成放大器最初多用于各种模拟信号的运算（比例、加法、减法、积分及微分等），故被称为集成运算放大器，广泛应用于各种电子电路之中，因其高性能、低功耗、低价位，目前在很多场合已经取代了分立元器件放大电路。

8.1.1　集成运算放大器的组成

集成电路具有比分立元器件电路体积小、性能好、设计生产成本低、易于软硬件结合等优点，所以现代电子电路中大量应用集成电路和集成模块。目前集成电路还是以硅材料器件为主，在集成电路中尚不能直接制成电感器，也难以生成大电容和大电阻，而是易于生成晶体管、小电容和一般的电阻。所以，集成电路的构成、工作原理和分立元件电路很不一样。集成运算放大器属于模拟集成电路的一种，其主要特点如下：

1）因为硅片上不能制作大电容，故集成运放均采用直接耦合方式。

2）因为相邻元器件具有很好对称性，故集成运放大量采用各种差分放大电路作输入级，以抑制零漂。

3）因为硅片上不适宜制作大电阻，所以集成运放中常用有源元件（晶体管或场效应晶体管）取代大电阻。

4）集成运放中的二极管大多采用晶体管构成，把发射极、基极和集电极三者适当组配使用。

从电路结构而言，集成运算放大器是一个高开环电压放大倍数的多级直接耦合放大电路。集成运放电路一般由四部分组成，包括输入级、中间放大级、互补输出级和偏置电路，如图 8.1.1 所示。它有两个输入端、一个输出端。

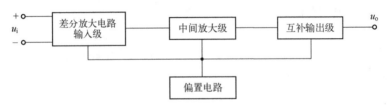

图 8.1.1　集成运放电路组成框图

为了实现集成运算放大器的性能特点，对各组成部分的要求如下：

1）输入级采用高性能差分放大电路，要求输入电阻高，零点漂移小，差模放大倍数大，对共模信号抵制能力强，具有同相输入和反相输入两个输入端。

2）中间放大级要提供很高的电压增益，多采用共射（或共源）放大电路，其放大管常采用复合管，以提高电压放大倍数。

3）输出级要求输出电阻低，带负载能力强，能输出足够大的电压和电流，常采用互补对称功率放大电路。

4）偏置电路要为各级电路提供稳定和合适的偏置电流，以设置各级放大电路的静态工作点，常采用电流源电路。

集成运算放大器的电路符号如图 8.1.2a 所示，符号用矩形框统一表示为集成电路，图中三角形表示为放大器类，无穷大表示运算放大器开环差模放大倍数。另外，国内外期刊及参考资料和常用电子软件中还沿用图 8.1.2b 所示的符号。

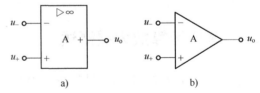

图 8.1.2　集成运算放大器符号

a）集成运放符号　b）惯用符号

符号中有三个信号端，其中有两个输入端，一个称为同相输入端，即该端输入信号变化的极性与输出端相同，用符号"＋"表示；另一个称为反相输入端，即该端输入信号变化的极性与输出端相异，用符号"－"表示。一个输出端一般画在输入端的另一侧，在符号边框内标"＋"号表示。实际运算放大器通常有正、负电源端，有的产品还有频率补偿端和调零端等。画电路图时，这些端子需要表达时可画出。

8.1.2　集成运算放大器的主要参数及特性

运算放大器的参数指标很多，其中一部分与差分放大器和功率放大器相同，另一部分则是根据运算放大器本身特点而提出的。各种主要参数均比较适中的称为通用型运算放大器，对某些技术指标有特殊要求的称为特殊（专用）运算放大器。

1. 运算放大器常用的主要参数

（1）输入失调电压 U_{iO}

输入失调电压用于表征运算放大器差分输入级电压不对称的程度。输入电压为零时，将输出电压除以电压增益，即为折算到输入端的失调电压。

（2）输入失调电流 I_{iO}

输入失调电流用于表征运算放大器差分输入级输入电流不对称的程度，是两输入端电流之差。

（3）开环差模电压放大倍数 A_{ud}

开环差模电压放大倍数是指运算放大器在开环状态下，输出电压与两输入端电压差值之比，即

$$A_{ud} = \frac{u_o}{u_+ - u_-}$$

（4）共模抑制比 K_{CMR}

共模抑制比是差模电压放大倍数 A_{ud} 与共模电压放大倍数 A_{uc} 之比，常用分贝（dB）来表示，即

$$K_{CMR} = 20\log \frac{A_{ud}}{A_{uc}}$$

运算放大器的其他参数还有输入偏置电流 I_{iB}、输入失调电压温漂 dU_{iO}/dT、输入失调电流温漂 dI_{iO}/dT、最大差模输入电压 U_{idmax}、最大共模输入电压 U_{icmax} 及差模输入电阻 r_{id}。

2. 理想运算放大器

工程上将满足下列参数指标的运算放大器视为理想运算放大器：

1）差模电压放大倍数 $A_{ud} \rightarrow \infty$。

2）差模输入电阻 $r_{id} \rightarrow \infty$。

3）输出电阻 $r_o \rightarrow 0$。

4）共模抑制比 $K_{CMR} \rightarrow \infty$。

以上参数指标也称为理想化参数（条件）。在分析各种实际电路时，通常都将集成运放的性能指标理想化（实际运放技术指标接近理想化条件），即将其看成理想运放，这样就使得分析过程大为简化。而这种近似分析所引入的误差并不严重，在一般工程计算中都是允许的，所以，在本书分析中，都将运算放大器视作理想运算放大器。

3. 运算放大器的传输特性

运算放大器输出电压 u_o 与输入电压 u_i 的关系特性曲线称为传输特性。图 8.1.3 是运算放大器的传输特性，即 $u_o = f(u_i)$，其中 $u_i = u_+ - u_-$。u_+ 和 u_- 分别表示运放同相和反相端的电位。图中，理想特性表示

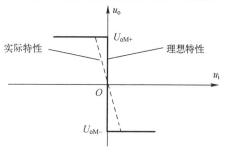

图 8.1.3　运算放大器的传输特性

理想运放的传输特性，它在零点切换最大和最小的两个输出电压 U_{oM+} 和 U_{oM-}；实际特性表示实际运放的传输特性，在最大和最小两个输出电压 U_{oM+} 和 U_{oM-} 之间实际特性转换部分的传输特性是有一定斜率的，其斜率就是运放的开环电压放大倍数。

从图 8.1.3 所示特性曲线可以看出，集成运放有线性放大区域（线性区）和饱和区（非线性区）两部分。在线性区，特性曲线的斜率为实际运放的开环电压放大倍数，线性非常窄。在非线性区，输出电压只有两种输出值，即最大值 U_{oM+} 和最小值 U_{oM-}。

对于理想运放，若工作在线性区，有 $u_o = A_{ud}(u_+ - u_-)$，因为 $A_{ud} \to \infty$，而 u_o 为有限值，则 $u_i = u_+ - u_- \approx 0$。即

$$u_+ \approx u_- \tag{8.1.1}$$

式（8.1.1）表明，集成运放的两个输入端，同相端与反相端电位近似相等，可看成近似短路，但又不是真正的短路，称两个输入端"虚短路"，简称"虚短"。

又因为理想运放的输入电阻 $r_{id} \to \infty$，故两个输入端的输入电流也为零，即

$$i_+ = i_- \approx 0 \tag{8.1.2}$$

式（8.1.2）表明，集成运放的两个输入端的电流近似为零，可看成近似断路，但又不是真正的断路，称两个输入端"虚断路"，简称"虚断"。

式（8.1.1）和式（8.1.2）是分析运放线性运算电路的两个重要法则。

特别提示

只有当集成运放工作于线性区时，才同时具有"虚短"和"虚断"的特点。当集成运放工作于非线性区时，"虚短"不再成立，而只有"虚断"的特点。分析和计算理想集成运放输出和输入之间运算关系的一般方法：利用"虚短"和"虚断"的特点，根据 KCL 列出输出电压与输入电压之间的关系式。有时借助于叠加定理进行分析和计算。

对于运算放大器，在开环状态下工作时，由于放大倍数极高（理想运放为 ∞），输入信号即使很微小，也足以使输出电压 u_o 达到饱和，运放进入非线性工作区，要么达到正向最大电压值 U_{oM+}，要么达到反向最大电压值 U_{oM-}。因此电路必须引入负反馈，才能使集成运放工作在线性区，构成线性应用电路，如各种线性运算电路。集成运放工作在线性区的特征就是电路引入负反馈。若没有引入负反馈，运算放大器必然工作在非线性区，构成非线性应用电路，如各种比较器。此时运放输出电压 u_o 只有两种电压值 U_{oM+} 和 U_{oM-}。当 $u_+ > u_-$ 时，$u_o = U_{oM+}$；当 $u_+ < u_-$ 时，$u_o = U_{oM-}$。对理想运放，因其差模输入电阻 $r_{id} \to \infty$，故两个输入端的输入电流均为零，即 $i_+ = i_- = 0$，仍有"虚断"的特点。

【练习与思考】

1）集成电路内部容易制成什么元件？难制成什么元件？

2）运算放大器满足什么条件称为理想运算放大器？

3）理想运算放大器的输出电压有哪几个状态？

4）运算放大器的开环电压放大倍数和输入电阻一般有多大？

视频
放大电路中
的负反馈

8.2 放大电路中的负反馈

一个实际的放大器常常引入负反馈来改善其性能，例如，集成运算放大器的开环放大倍数很大，用于线性处理输入-输出信号时，需要引入负反馈使其传输特性中输入-输出信号的线性范围加大。反馈现象普遍存在于自然界中，特别是在生物体的运动过程中。

在电子电路里，反馈现象也是普遍存在。反馈技术最初用于电子系统和自动控制系统中，研究反馈的规律和理论是控制论的核心内容之一。本节从反馈的概念和分类入手，讨论反馈放大电路的类型、判别分析方法，以及负反馈对放大电路性能的影响。

8.2.1 反馈的基本概念

什么是反馈呢？系统的输出量重新送回到输入端的现象称为反馈。反馈的目的是通过输出对输入的影响来改善系统的运行状况及控制效果。

什么是放大电路中的反馈呢？将输出信号（输出电压或电流）的一部分或全部通过一定的电路通道送回到输入端，来影响放大电路的净输入信号（净输入电压或电流），这一过程就称为反馈。

根据反馈的效果可以区分反馈的极性，使放大电路净输入量增大的反馈称为正反馈，而使大电路净输入量减小的反馈称为负反馈。正反馈增大净输入量，使得输出增大，放大倍数增大，放大电路的工作变得不稳定，只有在一些振荡电路中，才需要引入正反馈以产生振荡波形。负反馈减小净输入量，使得输出减小，放大倍数减小，但能极大地改善放大电路的性能。一个实用的放大电路，常常引入负反馈来提高其工作性能，本节主要讨论负反馈。

当放大电路中间局部的输出信号回到局部的输入回路时，称为局部反馈。当放大电路整体的输出信号经过反馈途径回到整体的输入回路时，称为整体反馈。整体反馈对电路性能的影响更大。工程上用图 8.2.1 所示的框图来表示反馈放大电路的结构和基本工作原理。

图 8.2.1 所示反馈放大电路由基本放大电路和反馈网络两部分组成。图中 $\dot{X}_{\mathrm{id}}$ 表示净输入信号，由输入信号 $\dot{X}_{\mathrm{i}}$ 和反馈信号 $\dot{X}_{\mathrm{f}}$ 叠加而成，$\otimes$ 表示信号的叠加环节，$\dot{X}_{\mathrm{o}}$ 表示输出信号。输入信号从 $\dot{X}_{\mathrm{i}} \rightarrow \dot{X}_{\mathrm{id}} \rightarrow \dot{X}_{\mathrm{o}}$ 称为正向传输。输出信号从 $\dot{X}_{\mathrm{o}} \rightarrow \dot{X}_{\mathrm{f}}$ 称为反向传输。信号从 $\dot{X}_{\mathrm{i}} \rightarrow \dot{X}_{\mathrm{id}}$

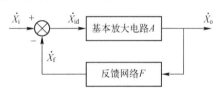

图 8.2.1 反馈放大电路框图

$\rightarrow \dot{X}_{\mathrm{o}} \rightarrow \dot{X}_{\mathrm{f}} \rightarrow \dot{X}_{\mathrm{id}}$，形成了一个闭合环路，故反馈放大电路又称为闭环放大电路，无反馈的基本放大电路又称为开环放大电路。由图 8.2.1 可知各个信号量之间有以下关系：

$$\dot{X}_{\mathrm{o}} = A\dot{X}_{\mathrm{id}}, \quad \dot{X}_{\mathrm{f}} = F\dot{X}_{\mathrm{o}}, \quad \dot{X}_{\mathrm{id}} = \dot{X}_{\mathrm{i}} - \dot{X}_{\mathrm{f}}$$

经推导可得，闭环放大电路的放大倍数为

$$A_{\mathrm{f}} = \frac{\dot{X}_{\mathrm{o}}}{\dot{X}_{\mathrm{i}}} = \frac{A}{1+AF} \tag{8.2.1}$$

式（8.2.1）称为负反馈放大电路的基本关系式。式中，A_{f} 称为闭环放大倍数；A 称为基本放大电路放大倍数（或开环放大倍数）；F 称为反馈系数。从式中可以看出，放大电路引入反馈后，其放大倍数改变了。引入反馈后闭环放大倍数 A_{f} 的大小与 $1+AF$ 这一因数有关。下面仅就 A_{f} 的大小对 $|1+AF|$ 分三种情况加以讨论：

1）若 $|1+AF| > 1$，则 $|A_{\mathrm{f}}| < |A|$，即引入反馈后，放大倍数减小了，说明引入的是负反馈。

2）若 $|1+AF| < 1$，则 $|A_{\mathrm{f}}| > |A|$，即引入反馈后，放大倍数增加了，说明引入的是正反馈。正反馈虽然可以提高放大倍数，但使放大电路的工作不稳定，放大电路中很少用。

3）若 $|1+AF| = 0$，则 $|A_{\mathrm{f}}| \rightarrow \infty$，这就是说，放大电路在没有输入信号时，也会有输出

信号，说明放大电路产生了自激振荡，这也是放大电路的不稳定状态。

由于 $|1+AF|$ 的值是衡量负反馈程度的一个重要指标，所以把它称为反馈深度。从后面的讨论中将得知，负反馈对放大电路性能的影响与反馈深度 $|1+AF|$ 的大小有关。

8.2.2 反馈类型

1. 反馈极性

由于正反馈和负反馈对放大电路的作用完全不同，所以分析反馈的首要问题是判别其正负极性。判别反馈极性的基本方法是瞬时极性法。判断方法：首先设定在某一瞬时（或时刻），放大电路输入端信号的极性（对地），并以此为依据，在正向传输通路上逐级判断电路中各相关点信号的极性，从而得到输出信号的极性。再根据输出信号的极性，在反向传输通路上判断反馈信号的极性。若反馈信号引回端和信号输入端是同一端，反馈信号和输入信号极性相同，为正反馈，极性相反为负反馈。若反馈信号引回端与信号输入端不在同一端，分别为两个端点，极性相同为负反馈，极性相反为正反馈。

瞬时极性法具体应用时步骤如下：首先判断放大电路中有无反馈通路，如果有反馈通路，说明电路有反馈，否则就没有反馈。有反馈的情况下，找出放大电路和反馈网络构成的整个信号传输路径（注意该路径中必须没有接信号参考地的点，否则电路就没有反馈）。然后：

1）设定放大电路输入端信号的瞬时极性。一般设为正，在图上标上 ⊕ 号。

2）按输入→输出→反馈网络→输入的传输路径，依次确定各级电路输入输出端的瞬时极，极性为正，标上 ⊕ 号，极性为负，标上 ⊖ 号。（在一般情况下，经过无源器件时信号极性不改变；经过运算放大器时，信号从同相端输入到输出端不改变极性，从反相端输入到输出端要改变极性；经过晶体管时，信号从基极输入到集电极输出时要改变极性，从基极输入到发射极输出时极性不变。）

3）最后反馈信号回到输入端时的极性和输入信号极性相反为负反馈，相同为正反馈。

例 8.2.1　图 8.2.2 是由两个运放构成的反馈放大电路，电路中有局部反馈也有整体反馈，试判别该整体反馈的极性。

解：电路中 R_2 和 R_3 分别构成运算放大器 A_1 和 A_2 的局部反馈。在具有整体反馈时要分析起最主要作用的整体反馈，该电路整体反馈的传输路径是 $u_S \rightarrow u_{-(1)} \rightarrow A_1 \rightarrow R_4 \rightarrow A_2 \rightarrow R_3 \rightarrow u_{+(1)}$，在找出放大和反馈途径后，设定 u_S 的瞬时极性为正，运放 A_1 的反相输入端标记为 ⊕，沿信号传输路径依次标出瞬时极性如图中所示。其中信号经过运放 A_1 至 A_1 输出端改变极性为负，经过电阻 R_4，极性不变，至 A_2 反相输入端极性仍为负，经过运放 A_2 改变极性，至 A_2 输出端极性为正，反馈至 A_1 同相输入端处极性为正。因反馈引回端与信号输入端不在同一端，分别为两个端点且极性相同，故为负反馈。

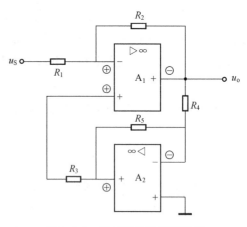

图 8.2.2　瞬时极性法判断反馈

在分析反馈电路极性时，还可以结合正负反馈的定义来做出判断。例如，上述分析过程中，判断出反馈回 A_1 同相输入端处的反馈信号极性为正时，因放大电路净输入量 $\dot{X}_{id} = \dot{X}_i - \dot{X}_f$，而 $\dot{X}_i$ 和 $\dot{X}_f$ 极性相同，故 $\dot{X}_{id}$ 减小。根据定义：使放大电路净输入量减小的反馈为负反馈，判断该电路整体反馈是负反馈。

图 8.2.3 是两级放大电路，电路中输出电压 $\dot{U}_o$ 经过反馈电阻 R_f，送回 VT$_1$ 管的基极为反馈通路，电路有反馈。信号正反向传输途径为 B$_1$（VT$_1$ 基极）→E$_1$（VT$_1$ 发射极）→B$_2$（VT$_2$ 基极）→C$_2$（VT$_2$ 集电极）→C$_3$→R$_f$→B$_1$，设输入信号 $\dot{U}_i$ 在电路输入端 VT 管的基极瞬时极性为正，各点的瞬时极性如图 8.2.3 所示，其中信号从 VT$_1$ 管的基极输入发射极，输出极性不变仍为正，从 VT$_2$ 管的基极输入集电极，输出极性改变即 $\dot{U}_o$ 为负，$\dot{U}_o$ 通过 R_f 送回 VT$_1$ 管的基极，信号极性为负，和输入信号极性相反，因此电路引入的是负反馈。

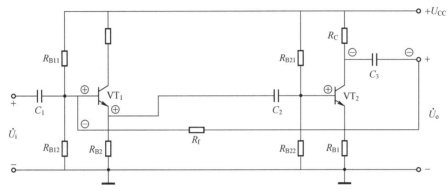

图 8.2.3　瞬时极性法分立元器件判断反馈

2. 串联反馈和并联反馈

根据反馈信号与输入信号在输入回路是以电压形式叠加还是以电流形式叠加这两种情形，可以把反馈在输入端的类型分为串联反馈和并联反馈。

在图 8.2.4a 中，输出电压 u_o 引回到输入端的反馈电压 $u_f = \dfrac{R_2}{R_2 + R_f} u_o$ 加到同相输入端，原输入电压信号 u_S 加到反相输入端，u_S 与 u_f 叠加得到净输入电压 $u_{id} = u_S - u_f$，这种在输入回路以电压形式叠加（相减）得到净输入电压的反馈类型称为串联反馈。在图 8.2.4b 中，从输出流经 R_f 的电流（可以推导 $i_f = -\dfrac{u_o}{R_f}$）引回到反相输入端，输入电流 i_i 也加在反相端，i_i 与 i_f 叠加得到净输入电流 $i_{id} = i_i - i_f$，这种在输入端以电流形式叠加（相减）得到净输入电流的反馈类型称为并联反馈。

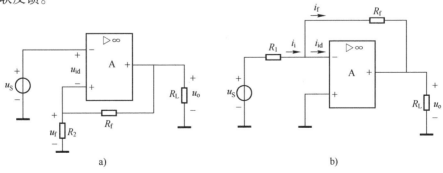

图 8.2.4　串联反馈和并联反馈

a）串联反馈　b）并联反馈

判别在输入端的反馈类型是串联反馈还是并联反馈，可以从上述定义出发，根据反馈信号与输入信号在输入端是以电压形式叠加还是以电流形式叠加来加以判别。另外，也可以直接根据电路的结构特征来判别：若反馈信号与输入信号接到放大器的同一输入端，则两者必然是以电流形式叠加来形成净输入信号，是并联反馈；若反馈信号与输入信号在放大器的输入回路接的不是同一输入端，分别为两个端点，则两者必然是以电压形式叠加来形成净输入信号，是串联反馈。

3. 电压反馈和电流反馈

根据反馈信号取样于输出电压还是输出电流这两种情形，可以把反馈在输出端的类型分为电压反馈和电流反馈。也就是说，电压反馈是指送回输入端的反馈信号 $\dot{X}_f$ 正比于（取样于）输出电压 $\dot{U}_o$，电流反馈是指送回输入端的反馈信号 $\dot{X}_f$ 正比于（取样于）输出电流 $\dot{I}_o$。电压负反馈可以稳定输出电压，电流负反馈可以稳定输出电流。

图 8.2.4a 所示电路，反馈信号为 u_f，而 $u_f = \dfrac{R_2}{R_2+R_f}u_o$，图 8.2.4b 所示电路，反馈信号为 i_f，而 $i_f = -\dfrac{u_o}{R_f}$。以上两个电路的反馈信号都是正比于（取样于）输出电压 u_o，所以都是电压反馈。

图 8.2.5 的反馈信号为 i_f，可以推导得 $i_f = -\dfrac{R_2}{R_2+R_f}i_o$，反馈信号正比于（取样于）输出电流 i_o，所以是电流反馈。

以上的判断是用定义的方法，即根据反馈信号取样于输出电压还是输出电流，来判别输出端反馈类型是电压反馈还是电流反馈。在实际分析时，判断反馈信号取样于输出电压还是输出电流，还常常采用负载

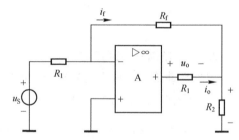

图 8.2.5　电流并联负反馈

短路法。即假设把负载 R_L 短路，让 $u_o=0$，如果反馈信号也等于零（不存在），说明反馈信号是取样于输出电压的，则为电压反馈；如果反馈信号不等于零（依然存在），说明反馈信号不是取样于输出电压的，则为电流反馈。

另外，也可以直接根据电路的结构特征来判别：若反馈信号取样端（引出端）不在放大电路 $\dot{U}_o$ 输出端，说明不可能取样于输出电压，是电流反馈。若反馈信号取样端（引出端）在放大电路 $\dot{U}_o$ 输出端：①从输出到输入的反馈路径中不包含负载 R_L，说明反馈信号取样于输出电压，是电压反馈，如图 8.2.4 所示电路；②从输出到输入的反馈路径中包含负载电阻 R_L 或其一部分，说明反馈信号取样于输出电流，是电流反馈，如图 8.2.5 所示电路。将负反馈在放大电路输入端的类型（串联和并联）和输出端的类型（电压和电流）组合起来就构成了负反馈放大电路的四种组态（类型），分别是电压串联负反馈、电压并联负反馈、电流串联负反馈和电流并联负反馈。

例 8.2.2　分析判别图 8.2.6a、b 两反馈电路的反馈类型。

解：1）两个电路都存在反馈，反馈途径是由运放输出端的信号经过反馈电阻 R_f 回到反相输入端，显然都是负反馈。

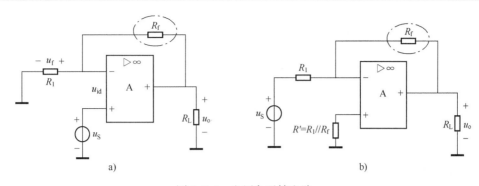

图 8.2.6　电压负反馈电路

a）电压串联负反馈电路　b）电压并联负反馈电路

2）输出端反馈类型判别：两个电路的反馈信号取样端（引出端）都在放大电路 u_o 输出端，R_L 都在反馈路径之外，因而都是电压负反馈。

3）输入端反馈类型判别：图 8.2.6a 的输入信号 u_S 加到运放的同相端，而反馈信号 u_f 在反相端，不在放大器的同一输入端，分别为两个端点，所以是串联反馈；而图 8.2.6b 的输入信号和反馈信号都接在同一输入端即反相输入端，所以是并联反馈。综合起来的判断结果是，图 8.2.6a 所示电路为电压串联负反馈，图 8.2.6b 所示电路为电压并联负反馈。引入电压负反馈能稳定输出电压，许多模拟电路都是对电压信号进行放大处理的，所以电压负反馈应用很广泛。

例 8.2.3　分析判别图 8.2.7 所示分压式偏置电路中的反馈过程。

解：前面介绍过分压式偏置电路具有稳定放大电路工作点的作用，如图 8.2.7 所示。从负反馈的角度分析，该电路稳定工作电流 I_E 的过程如下：温度 $T\uparrow \to I_E(I_{CEO}\uparrow,\beta\uparrow)\to V_E\uparrow\to U_{BE}\downarrow\to I_B\downarrow\to I_E\downarrow(I_C\downarrow)$。由于温度升高引起电流放大系数 β 和漏电流 I_{CEO} 升高，使得流过晶体管的 I_C 增加。而发射极电流 I_B 的增加，使发射极电阻 R_E 上的电压增大，即发射极电位 V_E 升高。因为通过基极分压电阻使得该电路的基极电位 V_E 基本保持不变，所以加给晶体管的输入电压 $U_{BE}=V_B-V_E$ 下降。这样，根据输入特性就有基极电流 I_B 下

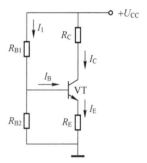

图 8.2.7　电流串联
负反馈电路

降，使得流过晶体管的电流 I_E 也下降。从此过程可以看出，该电路存在的是电流负反馈，只不过稳定的是静态电流和静态工作点。由于输出电流 I_E 是通过 V_E 的变化与 V_B 相减来改变输入电压 U_{BE} 起反馈作用的，所以属于串联负反馈。由于电流负反馈稳定工作电流，其经常用于两种情况，一是将电压信号变换成电流信号，即 U/I 变换器中；二是用于需要以电流形式输出的电路，例如，指针式仪表线圈作为负载时，放大电路输出就是流过线圈的电流。

特别提示

列写净输入信号表达式时，与反馈形式有关。串联反馈应写净输入电压表达式，并联反馈应写净输入电流表达式。电路中各点的瞬时极性是指对地的瞬时极性。对于晶体管来说，若为共发射极接法，则基极电位的瞬时极性与集电极电位的瞬时极性总是相反的，即 b→c，极性相反；若为共集极接法，则基极电位的瞬时极性与发射极电位的瞬时极性总是相同的，即 b→e，极性相同。

8.2.3 负反馈对放大电路性能影响

由前面的分析可知，负反馈虽然使放大电路的放大倍数下降，但能从多方面改善放大电路的性能。

1. 提高放大倍数的稳定性

由于环境温度的变化、元器件的老化和更换负载等多种因素的影响，致使电路元件参数和放大器件的特性参数发生变化，因而导致放大电路放大倍数的改变。在引入负反馈后，当输入信号一定时，电压负反馈能使输出电压基本维持恒定，电流负反馈能使输出电流基本维持恒定，总的来说，就是能维持放大倍数的稳定。

从数学表达式来看，当反馈很深时，即 $|1+AF| \gg 1$ 时，式（8.2.1）将简化为

$$A_f = \frac{\dot{X}_o}{\dot{X}_i} = \frac{A}{1+AF} = \frac{1}{f} \tag{8.2.2}$$

这就是说，引入深度负反馈后，放大电路的放大倍数仅决定于反馈网络，而与基本放大电路的参数几乎无关。反馈网络一般由一些性能比较稳定的电阻等组成，因此引入负反馈后放大倍数要稳定得多。在一般情况下，为了从数量上表示放大倍数恒定的程度，常用有、无反馈两种情况下放大倍数相对变化之比来评定。在负反馈下只考虑相对变化量大小时，由式（8.2.2）可得

$$|A_f| = \frac{|A|}{|1+AF|} = \frac{|A|}{1+|A\|F|} \tag{8.2.3}$$

式（8.2.3）两边对 $|A|$ 求导，得

$$\frac{d|A_f|}{d|A|} = \frac{1+|A\|F|-|A\|F|}{(1+|A\|F|)^2} = \frac{1}{(1+|A\|F|)^2}$$

即 $d|A_f| = \dfrac{d|A|}{(1+|A\|F|)^2}$。

所以，闭环电路放大倍数的相对变化率为

$$\frac{d|A_f|}{|A_f|} = \frac{1}{1+|A\|F|} \frac{d|A|}{|A|} \tag{8.2.4}$$

式（8.2.4）表示，引入负反馈后，放大倍数的相对变化率是未加反馈时的 $\dfrac{1}{1+|A\|F|}$，例如，$1+|A\|F|=100$，则 $|A_f|$ 的相对变化率只有 $|A|$ 的相对变化率的百分之一。假若由于某种原因，在未加反馈时放大倍数变化了 5%，那么，一旦引入负反馈，闭环电路的放大倍数的变化仅为 0.05%。

2. 减少非线性失真

在大信号放大电路中，由于输入信号的幅度较大，在动态过程中，放大器件可能工作到它特性的非线性部分，因而使输出波形产生非线性失真。例如，无反馈时，输入信号 u_i 为正弦波时，输出信号 u_o 出现正半周大、负半周小的失真，如图 8.2.8 所示。引入负反馈后，送回到输入端的反馈信号 u_f，波形与输出波形相似，也是上大、下小，与原正弦输入叠加后使净输入信号 u_d 变成上小、下大，这一信号经过放大后使输出波形的失真得到一定程度的补偿，如图 8.2.8 所示。可见，负反馈减小非线性失真的实质是用失真波形来改善波形失真。

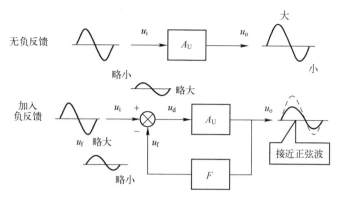

图 8.2.8　波形失真的改善

3. 扩展频带

频率响应是放大电路的重要特性之一，而频带宽度是它的重要技术指标。在某些场合下，往往要求有较宽的频带。引入负反馈是展宽频带的有效措施之一。以运放电路为例，其频率特性如图 8.2.9 所示，开环时通频带是从 $f=0$ 延伸到上限频率 f_H。但在引入负反馈后的闭环工作状态下，上限截止频率增加至 $f_{Hf}(>f_H)$，通频带大为扩展。这是由于引入负反馈后，各种原因引起的放大倍数的变化都将减小，故信号频率变化而引起的放大倍数的变化也将减小。放大倍数在高频段随频率升高而下降的程度减少，其效果就是展宽了通频带。

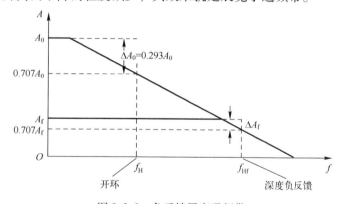

图 8.2.9　负反馈展宽通频带

4. 改变输入、输出电阻

在串联反馈的情况下，如图 8.2.10a 所示，由于反馈电压送回到输入回路中，与原输入电压在输入回路中是串联关系，且极性相反，其结果导致净输入电压 $u_{id}=u_i-u_f<u_i$，u_{id} 的减小使流过原输入电阻 R_i 的电流 I_i 变小，从而使得输入电阻 R_{if} 比无反馈时的输入电阻 R_i 增加。反馈越深，R_{if} 增加越多。

并联负反馈的情况则相反，如图 8.2.10b 所示，由于输入电流 $i_i=i_{id}+i_f$ 比原来增加了，致使 R_{if} 减小，反馈越深，R_{if} 减小越多。

从分析已知，一方面，电压负反馈能稳定输出电压，使得放大电路的输出更接近于电压源，所以其内阻，即放大电路的输出电阻减小；另一方面，电流负反馈能稳定输出电流，使得放大电路的输出更接近于电流源，输出电阻增加，反馈越深，输出电阻将增加越多。

5. 抑制干扰和噪声

干扰是指不要放大的其他信号经电源线或电磁耦合进入放大器，并对放大电路的工作产生

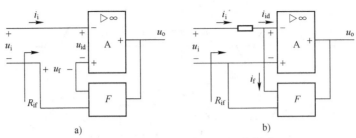

图 8.2.10 负反馈对输入电阻的影响

a) 串联负反馈影响输入电阻 b) 并联负反馈影响输入电阻

影响。噪声是指放大器件工作中自身产生的不规则信号。对放大电路来说，干扰和噪声是有害的，而负反馈对抑制干扰和噪声具有明显的效果。

综上分析，可以得到这样的结论：负反馈之所以具有能够改善放大电路的多方面的性能，归根结底是由于将电路的输出量（u_o 或 i_o）引回到输入端与输入量（u_i 或 i_i）进行比较，从而能随时对输出量进行自动调整。反馈越深，即 $|1+AF|$ 的值越大时，这种调整作用就越强。

特别提示

负反馈只能抑制负反馈环路内部由非线性器件所产生的非线性失真。同理，负反馈只能抑制负反馈环路内部的干扰或噪声，而对负反馈环路外部的非线性失真、干扰或噪声则无法抑制。为增强负反馈的效果，反馈信号要尽可能地影响净输入量。因此，对于串联负反馈电路，要求信号源的内阻越小越好；对于并联负反馈电路，要求信号源的内阻越大越好。

【练习与思考】

1）反馈系数越大则反馈越强吗？

2）电流负反馈使输出电阻变小吗？

3）反馈网络中可以有放大器件吗？

4）电路开环指的是：（a）无信号源；（b）无反馈；（c）无电源。

5）整体反馈的作用大于局部反馈的作用吗？

6）接入负反馈后放大倍数就成为负值了吗？

7）要同时提高输入电阻和稳定输出电压应该采用什么反馈？

视频
基本运算
电路

8.3 基本运算电路

运算放大器广泛应用于对模拟信号进行各种数学运算，包括比例、加法、减法、积分及微分等。作为理想运放，在线性应用时，可运用"虚短"和"虚断"法则，即 $u_+ = u_-$ 和 $i_+ = i_- = 0$。

8.3.1 比例运算电路

1. 反相比例运算电路

图 8.3.1 为反相比例运算电路。输入电压 u_i 通过电阻 R_1 作用于运放反相输入端，故输出电压 u_o 与 u_i 反相。

根据"虚短"和"虚断"法则，有以下表达式：

$$u_+ = u_- = 0$$

$$i_+ = i_- = 0$$

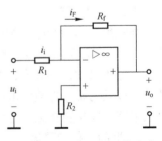

图 8.3.1 反相比例运算电路

$$i_i = i_f = \frac{u_i - u_-}{R_1} = \frac{u_- - u_o}{R_f}$$

所以 $\frac{u_i - 0}{R_1} = \frac{0 - u_o}{R_f}$，即

$$u_o = -\frac{R_f}{R_1} u_i \tag{8.3.1}$$

u_o 和 u_i 成比例关系，比例系数为 $-\dfrac{R_f}{R_1}$，负号表示 u_o 和 u_i 反相。同相端接平衡电阻 $R_2 = R_1 /\!/ R_f$。

2. 同相比例运算电路

图 8.3.2a 是同相比例运算电路。输入电压 u_i 通过电阻 R_2 作用于运放同相输入端，故输出电压 u_o 与 u_i 同相。

根据"虚短"和"虚断"法则，有以下表达式：

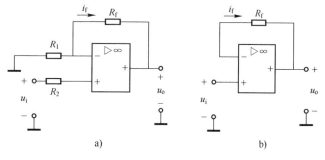

图 8.3.2　同相比例运算电路

$$u_+ = u_- = u_i$$
$$i_+ = i_- = 0$$
$$i_i = i_f = \frac{0 - u_-}{R_1} = \frac{u_- - u_o}{R_f}$$

所以 $\frac{0 - u_i}{R_1} = \frac{u_i - u_o}{R_f}$，即

$$u_o = \left(1 + \frac{R_f}{R_1}\right) u_i \tag{8.3.2}$$

u_o 和 u_i 成比例关系，比例系数为 $1 + \dfrac{R_f}{R_1}$，u_o 和 u_i 同相。同相端接平衡电阻 $R_2 = R_1 /\!/ R_f$。比例系数 $1 + \dfrac{R_f}{R_1}$ 始终大于 1。如果使 $R_f = 0$，$R_1 = \infty$，电路如图 8.3.2b 所示。输出电压 u_o 全部反馈到输入端，$u_o = u_-$，而 $u_- \approx u_+ = u_i$，即 $u_o = u_i$，表示输出电压 u_o 跟随输入电压 u_i 而变化，故名电压跟随器。

例 8.3.1　在图 8.3.3 所示两级运算电路中，已知 $R_1 = R_3 = 50\,\text{k}\Omega$，$R_f = 100\,\text{k}\Omega$，若输入电压 $u_i = 1\,\text{V}$，求输出电压 u_o。

解：根据"虚短"和"虚断"法则，有以下表达式：

$$u_{1+} = u_{1-} = u_i$$
$$i_{1+} = i_{1-} = 0$$

所以 $u_{o1} = u_i$。而

$$u_{2+} = u_{2-} = 0$$
$$i_{2+} = i_{2-} = 0$$

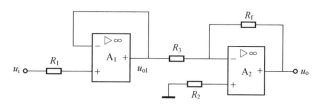

$$u_o = -\frac{R_f}{R_3} u_{o1} = -2\,\text{V}$$

图 8.3.3　例 8.3.1 电路图

8.3.2 加法运算电路

1. 反相加法运算电路

图 8.3.4 是反相加法运算电路，它能实现
输出电压正比于若干输入电压之和的运算功能。
图中有三个输入信号，各自经电阻加在反相输
入端，同相端经 R_+ 接地。在图 8.3.3 中，根据
"虚短"和"虚断"法则，$i_+ = i_- = 0$，$u_+ = u_- = 0$，由 KCL 可知 $i_1 + i_2 + i_3 = i_f$。

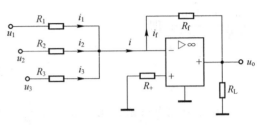

图 8.3.4 反相加法运算电路

而 $i_1 = \dfrac{u_1}{R_1}$，$i_2 = \dfrac{u_2}{R_2}$，$i_3 = \dfrac{u_3}{R_3}$，$i_f = \dfrac{0 - u_o}{R_f}$，整理
后得

$$u_o = -R_f\left(\frac{u_1}{R_1} + \frac{u_2}{R_2} + \frac{u_3}{R_3}\right) \tag{8.3.3}$$

由式（8.3.3）可见，输出为三个信号比例运算叠加的结果。当各路信号输入电阻的取值
满足 $R_1 = R_2 = R_3 = R_f = R$，则 $u_o = -R_f\left(\dfrac{u_1}{R_1} + \dfrac{u_2}{R_2} + \dfrac{u_3}{R_3}\right) = -(u_1 + u_2 + u_3)$，这就实现了反相求和功能。

此电路的优点是便于调节，当改变某一信号的输入电阻时，不会影响其他输入信号与输出
间的比例关系。只要外接电阻精度足够，求和运算的精度及工作稳定性就有保证。同相端接平
衡电阻 $R_+ = R_1 /\!/ R_2 /\!/ R_3 /\!/ R_f$。

2. 同相加法运算电路

图 8.3.5 是同相加法运算电路。两个输入信号分别经
R_{11} 和 R_{12} 加在运放同相输入端，输出信号经反馈电阻 R_f 和 R_1
分压后加在运放反相输入端。

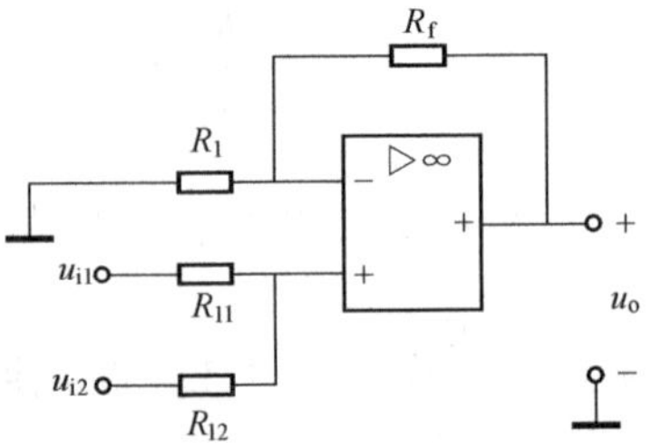

在图 8.3.5 中，因为"虚断"，$i_+ = i_- = 0$。

根据"虚短"，$u_+ = u_-$。

根据回路定理得出

$$u_{i1} = IR_{11} + u_+$$

$$u_+ = IR_{12} + u_{12}$$

由此求出

$$u_+ = \frac{R_{12}}{R_{11} + R_{12}}u_{i1} + \frac{R_{11}}{R_{11} + R_{12}}u_{i2}$$

图 8.3.5 同相加法运算电路

根据同相比例运算电路，求出 $u_o = \left(1 + \dfrac{R_f}{R_1}\right)u_+$，所以经整理得

$$u_o = \left(1 + \frac{R_F}{R_1}\right)\left(\frac{R_{12}}{R_{11} + R_{11}}u_{11} + \frac{R_{11}}{R_{11} + R_{12}} + u_{12}\right) \tag{8.3.4}$$

式中，$R_+ = R_{11} /\!/ R_{12}$；$R_- = R_1 /\!/ R_f$。

当两个输入端等效直流电阻相等，即 $R_+ = R_-$，又 $R_{11} = R_{12} = R_1 = R_f$ 时，则 $u_o = u_{i1} + u_{i2}$ 实现了
同相加法运算功能。

若用叠加定理或结点电压法求出 u_-，由 $u_+ = u_-$，同样可得上述结论。

8.3.3 减法运算电路

图 8.3.6 是差分输入时能实现减法运算的电路图，u_{i1} 和 u_{i2} 分别加在运放的反相和同相输入端，输出信号仍由反馈电阻 R_f 和 R_1 经分压后加在反相输入端。

运用"虚短"和"虚断"概念，即 $i_+ = i_- = 0$ 和 $u_+ = u_-$，可得

$$u_+ = \frac{R_3}{R_3 + R_2} u_{i2}$$

反相输入端 u_- 为 u_{i1} 和 u_o 同时作用的结果，可用结点电压法或叠加定理可求出 u_- 的表达式，即 $u_- = \frac{R_f}{R_f + R_1} u_{i1} + \frac{R_1}{R_f + R_1} u_o$。

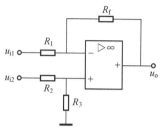

图 8.3.6　减法运算电路

将 $u_+ = u_-$ 代入求出 $u_o = \left(1 + \frac{R_f}{R_1}\right) \frac{R_3}{R_3 + R_2} u_{i2} - \frac{R_f}{R_1} u_{i1}$。

或者根据流过 R_1 和 R_f 电流相同

$$\frac{u_{i1} - u_-}{R_1} = \frac{u_- - u_o}{R_f}$$

将 $u_- = u_+ = \frac{R_3}{R_3 + R_2} u_{i2}$ 代入整理为

$$u_o = \left(1 + \frac{R_f}{R_1}\right) \frac{R_3}{R_3 + R_2} u_{i2} - \frac{R_f}{R_1} u_{i1} \qquad (8.3.5)$$

当 $R_1 = R_2 = R_3 = R_f$ 时，则有

$$u_o = u_{i2} - u_{i1} \qquad (8.3.6)$$

式（8.3.6）表明此集成运放电路实现了减法运算。

如果仔细观察式（8.3.5），可发现减法运算的结果由两部分组成，第一部分是 u_{i2} 经同相比例运算后所得的输出分量，第二部分是 u_{i1} 经反相比例运算后所得的输出分量，两个分量叠加的结果就是减法运算的最终输出。因此，只要熟练掌握反相和同相比例运算的分析方法，运用线性叠加定理，对差分输入运算电路的分析是非常容易的。

例 8.3.2　已知图 8.3.7 所示电路，试求 u_o 与 u_{i1} 及 u_{i2} 表达式。

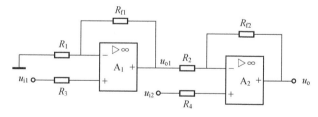

图 8.3.7　例 8.3.2 电路图

解：电路实现同相串联的减法运算电路的输出，具有极高的输入电阻，又可实现两信号相减，对其进行逐级推导，就可得最终答案。

第一级同相 u_{i1} 输入，得到 $u_{o1} = \left(1 + \frac{R_{f1}}{R_1}\right) u_{i1}$。

第二级差分输入 u_{o1} 和 u_{i2} 作用，得到 $u_o = \left(1 + \frac{R_{f2}}{R_2}\right) u_{i2} - \frac{R_{f2}}{R_2}\left(1 + \frac{R_{f1}}{R_1}\right) u_{i1}$。

例 8.3.3 理想集成运算放大器电路如图 8.3.8 所示，求输出电压 u_o。

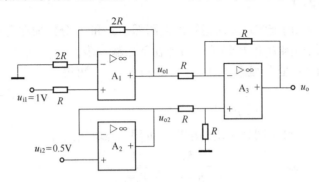

图 8.3.8 例 8.3.3 电路图

解： A_1 为同相比例运算电路 $u_{o1} = \left(1 + \dfrac{2R}{2R}\right) u_{i1} = 2\text{ V}$。

A_2 为电压跟随器 $u_{o2} = u_{i2} = 0.5\text{ V}$。

A_3 为减法运算电路 $u_o = \left(1 + \dfrac{R}{R}\right) \dfrac{R}{R+R} u_{o2} - \dfrac{R}{R} u_{o1} = -1.5\text{ V}$。

8.3.4 积分运算电路

图 8.3.9 是反相积分运算电路，与反相比例运算电路相比较，接在输出端与反相输入端之间的反馈电阻 R_f，用电容 C_f 来代替。

运用"虚短"和"虚断"概念，$i_+ = i_- = 0$ 和 $u_+ = u_- = 0$，可得到流过 R_1 和 C_f 的电流相同。

$$\frac{u_i - u_-}{R_1} = i_f = C_f \frac{\mathrm{d}u_C}{\mathrm{d}t}$$

又因为 $u_o = -u_C$，则

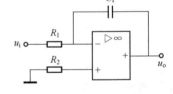

图 8.3.9 反相积分运算电路

$$u_o = -u_C = -\frac{1}{R_1 C_f} \int u_i \mathrm{d}t \qquad (8.3.7)$$

式（8.3.7）表明，电路实现了积分运算功能。负号表示反相，$R_1 C_f$ 为积分时间常数。

在该积分电路中，输入一个负向阶跃电压时输入-输出波形如图 8.3.10a 所示。输入负向阶跃电压的幅度为 $-U$，根据式（8.3.7）积分结果，其输入-输出关系为 $u_o(t) = \dfrac{U}{R_1 C_f} t$，所以输出为随时间线性上升的电压。由于运算放大器的最大输出幅度的限制，输出电压不能无限增长，达到最大输出幅度 U_{oM} 后，就不能继续上升了，称为积分饱和。另外，实际积分电路当输入缓慢变化的信号时，相当于积分电容的容抗变得很大，电路近似为开环状态，运算放大器的 $\dfrac{\mathrm{d}I_{iO}}{\mathrm{d}T}$ 和 $\dfrac{\mathrm{d}U_{iO}}{\mathrm{d}T}$ 等参数的影响明显，输出电压产生不随输入电压变化而上下漂移的现象，称为积分漂移。所以实际应用的积分电路经常在积分电容 C_f 上并联一个电阻 R_f，使得输出电压达到 $u_o = \dfrac{U R_f}{R_1}$，电路成为比例运算电路，输出电压不再增大进入饱和，同时即使容抗很大，由于有了 R_f 电阻，负反馈始终存在，克服了积分漂移和积分饱和现象。

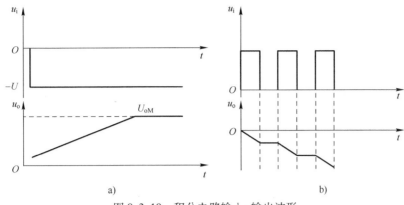

图 8.3.10　积分电路输入-输出波形

a）输入负阶跃信号的情况　b）输入矩形波形的情况

在图 8.3.9b 中输入的是周期性正向矩形波，在输入矩形波正电压期间，积分电路输出电压随时间线性下降；在矩形波输入是零期间，由于电阻 R_1 两端电压为零而没有电流流过，所以电容上也没有电流流过，输出电压保持不变；当矩形波又进入正电压时，输出电压在原来基础上继续下降。

8.3.5　微分运算电路

图 8.3.11 为反相微分运算电路。微分运算是积分运算的逆运算，在电路结构上只要将反馈电容和输入端的电阻位置两者互调即可。

运用"虚短"和"虚断"概念，$i_+ = i_- = 0$ 和 $u_+ = u_- = 0$，可得到流过 R_f 和 C_f 的电流相同。

由图可知 $i_C = C_f \dfrac{\mathrm{d}u_i}{\mathrm{d}t}$，$i_f = \dfrac{u_o}{R_f}$，$i_C = i_f$，所以

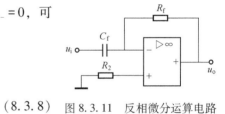

$$u_o = -R_f C_f \frac{\mathrm{d}u_i}{\mathrm{d}t}$$

（8.3.8）　图 8.3.11　反相微分运算电路

即输出电压 u_o 与输入电压 u_i 成微分关系，该电路实现了微分运算功能。

特别提示

由于理想集成运算放大器的输出电阻为零，故其输出可视为只受输入电压控制的理想电压源。因此带负载后其运算关系将保持不变。在输入电压由小到大或由大到小变化时，单限电压比较器和滞回电压比较器的输出电压均只跳变一次，而双限电压比较器要跳变两次。单限电压比较器和滞回电压比较器输出电压的跳变方向与输入电压在电压比较器中所接的输入端子有关。

【练习与思考】

1）运算电路都是负反馈电路吗？

2）比例运算电路和晶体管放大电路有什么不同？

3）电压跟随器电路有何用？

4）积分运算电路会产生什么问题？

8.4　正反馈振荡电路

视频
正反馈振荡
电路

在科学实践中要广泛采用各种类型的信号，就其波形来说，可能是正弦波或非正弦波。正弦波信号广泛用于通信、广播、电视系统中；在工业、农业、生物医学等领域内，如高频感应

加热、熔炼、溶火、超声波焊接、超声诊断、核磁共振成像等，都需要功率或大或小、频率或高或低的正弦信号。同样，非正弦信号（方波、锯齿波等）发生器在测量设备、数字系统及自动控制系统中的应用也十分广泛。在"电路"部分已经对正弦信号进行了较多的分析，在本节要用到正弦信号的幅度、相位分析计算和串联、并联谐振的原理。在非正弦信号的产生中也要用到"电路"中 RC 电路的充放电过渡过程的分析，放大电路的分析也将在本节得到应用。

8.4.1 正弦信号产生电路

正弦信号产生电路是指在没有输入信号的情况下，电路自身通过振荡产生正弦信号输出。从能量的角度看，正弦波振荡电路是将直流电源的电能转换成具有一定频率和幅值的正弦交流信号的电子电路。实际正弦信号产生电路是多种多样的，但它们的基本构成是相同的，下面先讨论电路产生正弦振荡的条件。

1. 产生正弦振荡的条件

在讨论负反馈的一般原理时，设定输入信号和反馈信号在输入端相减，得到反馈深度 $|1+AF|$ 与反馈的基本性质的关系，在 $|1+AF|<1$（即 $AF<0$）时，电路是正反馈。当 $|1+AF|=0$ 时，反馈深度等于零，整个电路有无限大增益，也就是在没有输入信号时，也将有信号输出，这种状态称为自激振荡状态。它使放大电路无法正常工作，这是需要采取措施防止的一种状态。但是没有信号输入就有信号输出的电路，刚好就是信号产生电路，实际中可以利用这类电路来产生信号。

正弦信号产生电路的基本结构，是基本放大电路与反馈网络构成的正反馈电路，其框图如图 8.4.1 所示，输入信号 $\dot{X}_i=0$，信号 $\dot{X}_{id}$ 和 $\dot{X}_f$ 在放大和反馈两部分中互相循环传输，应保证它们始终是同极性的，显然电路满足正反馈是产生自激振荡的首要条件，这是正

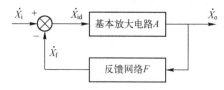

图 8.4.1 正弦波振荡电路框图

弦信号产生电路的相位条件。同时，为了使电路在没有外加信号时足以引起自激振荡，要求反馈回来的信号大于原进入放大器的信号，即满足

$$|AF|>1 \tag{8.4.1}$$

这样对于电路中任何微小的扰动或噪声，只要满足相位条件，经过正反馈后都有 $X_f>X_{id}$，信号得到不断的加强而起振。

产生振荡后，还有两个问题要解决：一是电路要有"选频"的特性，以便得到单一频率的正弦波，这是由"选频网络"来实现的，选频网络可以设置在放大电路中，也可以包含在反馈网络中；二是要使输出信号幅度不持续增长而产生失真，稳定在一定的幅度，这一般由稳幅电路实现。由于引起电路振荡必须有 $|AF|>1$，所以把它称为起振条件，而把 $AF=1$ 称为振荡的平衡条件，其中幅度平衡条件为

$$|AF|=1 \tag{8.4.2}$$

相位平衡条件为

$$\varphi_{AF}=\varphi_A+\varphi_F=\pm 2n\pi \tag{8.4.3}$$

正弦波振荡电路分析的要点就是讨论产生振荡的条件。振荡电路的振荡频率 f_0 是由相位平衡条件决定的，根据选频网络在满足相位平衡条件下的电路参数和频率关系可以求出电路的振荡频率 f_0。用 R、C 元件组成选频网络的振荡电路称为 RC 振荡电路，一般用来产生 1 MHz 范

围内的低频信号元件。而用 L、C 组成选频网络的振荡电路称为 LC 振荡电路，一般用来产生 1 MHz 以上的高频信号。

2. RC 正弦波振荡电路

RC 正弦波振荡电路由放大和正反馈两部分组成，决定振荡频率的选频网络在正反馈网络中。

（1）电路原理图

图 8.4.2 是 RC 桥式振荡电路的原理电路，这个电路由两部分组成，即同相放大电路和正反馈兼选频网络 F_U，易于看出 A_U 是由集成运算放大器所组成的电压串联负反馈放大电路，该电路有输入阻抗高和输出阻抗低的特点。选频网络则由 Z_1、Z_2 组成，Z_1 为 RC 串联，Z_2 为 RC 并联，正反馈也由该选频网络构成。由图可知，Z_1、Z_2 和 R_1、R_2 正好形成一个四臂电桥，电桥的对角线顶点接到放大电路的两个输入端，桥式振荡电路的名称由此而来。

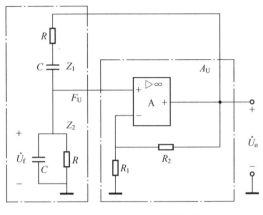

图 8.4.2　RC 桥式振荡电路

（2）RC 串并联选频网络的选频特性

图 8.4.2 中用点画线框所表示的 RC 串并联选频网络，是带通滤波电路，该反馈网络的反馈系数为

$$F_U(j\omega) = \frac{U_f(j\omega)}{U_o(j\omega)} = \frac{Z_2}{Z_1+Z_2} = \frac{j\omega RC}{1+3j\omega RC+(j\omega RC)^2} \tag{8.4.4}$$

整理得

$$F_U(j\omega) = \frac{j\omega RC}{(1-\omega^2 R^2 C^2)+j3\omega RC}$$

令 $\omega_0 = RC$，则上式变为

$$F_U(j\omega) = \frac{1}{3+j\left(\dfrac{\omega}{\omega_0}-\dfrac{\omega_0}{\omega}\right)} \tag{8.4.5}$$

由此可得 RC 串并联选频网络的幅频响应及相频响应为

$$|F_U| = \frac{1}{\sqrt{3^2+\left(\dfrac{\omega}{\omega_0}-\dfrac{\omega_0}{\omega}\right)^2}}$$

$$\tag{8.4.6}$$

$$\varphi_F = -\arctan\frac{\dfrac{\omega}{\omega_0}-\dfrac{\omega_0}{\omega}}{3}$$

由式（8.4.6）可知，只有当满足 $\omega = \omega_0 = \dfrac{1}{RC}$ 时，幅频响应的幅值为最大，即 $F_{Umax} = \dfrac{1}{3}$，此时 $\varphi_F = 0$，满足了振荡的相位条件。所以正弦信号频率的计算公式为

$$\omega = \omega_0 = \frac{1}{RC} \text{或} f = f_0 = \frac{1}{2\pi RC}$$

在 $\omega = \omega_0$ 时，选频部分输出电压是输入电压的 $\dfrac{1}{3}$，为了满足振荡的幅度条件，放大电路部分的放大倍数应该满足 $A \geqslant 3$。

3. 起振和稳幅措施

该电路最初起振的原因是上电瞬间产生的不规则激励信号和电路中的噪声等经过正反馈反复放大，而使幅度越来越大，最终放大和反馈增益趋于 1 而稳定下来。为了使输出电压的幅度稳定不变，可以在放大电路的负反馈回路里采用非线性元件来自动调整反馈的强弱，以维持输出电压恒定。例如，在图 8.4.2 所示的电路中，R_2 可用负温度系数的热敏电阻代替，当输出电压增加时，通过负反馈回路的电流 I_f 也随之增加，温度升高，结果使热敏电阻的阻值减小，$(1 + R_2/R_1)$ 变小，放大电路的增益下降，从而使输出电压降低；反之，当 I_f 下降时，由于热敏电阻的阻值变小，$(1 + R_2/R_1)$ 变大，将使输出电压回升。因此，可以维持输出电压幅度基本恒定。

例 8.4.1　图 8.4.3 所示为 RC 桥式正弦波振荡电路，已知 A 为 μA741 运算放大器，$R = 10\ \text{k}\Omega$，$C = 0.001\ \mu\text{F}$，$R_1 = 5.1\ \text{k}\Omega$，$R_2 = 9.1\ \text{k}\Omega$，$R_3 = 2.7\ \text{k}\Omega$，其最大输出电压为 $\pm 14\ \text{V}$。（1）图中用二极管 VD_1、VD_2 作为自动稳幅元件，试分析它的稳幅原理；（2）设电路已产生稳幅正弦波振荡，当输出电压达到正弦波峰值时，二极管的正向电压降约为 $0.6\ \text{V}$，二极管导通电阻约为 $2.7\ \text{k}\Omega$，试估算输出电压的峰值 $\pm U_{oM}$；（3）计算产生的正弦波的频率。

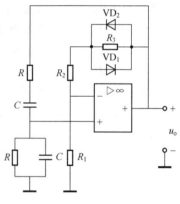

图 8.4.3　例 8.4.1 电路图

解：（1）稳幅原理图中 VD_1、VD_2 的作用是，当 u_o 幅值很小时，二极管 VD_1、VD_2 的 $i_{VD} \approx 0$，它们接近于开路，由 VD_1、VD_2 和 R_3 组成的并联支路的等效电阻近似为 $2.7\ \text{k}\Omega$，$A_U = (R_1 + R_2 + R_3)/R_1 > 3$，有利于起振；反之，当输出电压的幅值增大时，若 $u_o \to U_{oM+}$ 时 VD_2 导通，若 $u_o \to U_{oM-}$ 时 VD_1 导通，导通后由 VD_1、VD_2 组成的并联支路的等效电阻减小，A_U 随之下降，幅值趋于稳定。

（2）电路输出正弦波电压峰值的估算。因为二极管导通时的电压降为 $0.6\ \text{V}$，R_3 为 $2.7\ \text{k}\Omega$ 的电阻，所以由 VD_1、VD_2 和 R_3 组成的并联支路的等效电阻近似为 $1.1\ \text{k}\Omega$，流过该并联支路的电流和流过 R_1、R_2 的电流为同一电流，故有

$$\frac{0.6\ \text{V}}{1.1\ \text{k}\Omega} = \frac{U_{oM}}{1.1\ \text{k}\Omega + 5.1\ \text{k}\Omega + 9.1\ \text{k}\Omega}$$

$$U_{oM} = 0.6 \times \frac{1.1 + 5.1 + 9.1}{1.1}\ \text{V} = 8.345\ \text{V}$$

（3）产生的正弦信号的频率

$$f = \frac{1}{2\pi RC} = 15.9\ \text{Hz}$$

8.4.2　非正弦信号产生电路

实际非正弦信号产生电路是多种多样的，但它们的基本构成部分是相同的，电路产生非正弦振荡的条件有统一的规律，下面先讨论产生非正弦信号电路的构成。

1. 非正弦信号产生电路的构成和分类

本章介绍的非正弦信号产生电路由迟滞比较器（施密特触发器）和延迟电路组成，延迟电路一般采用简单的积分电路（见图8.4.4）。由于非正弦信号存在某时刻的突变现象，这种突变可以采用迟滞比较器实现。图中 U_{REF} 是参考电平，可以起控制作用。控制和调节迟滞比较器的门限值，迟滞比较器的输出高低两个电平，所以 $u_o(t)$ 是矩形脉冲信号。延迟电路一般用积分电路，由迟滞比较器输出电平对 RC 无源或有源积分电路的电容进行充放电，产生随时间而近似线性变化的电平信

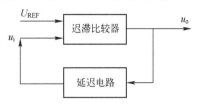

图 8.4.4　非正弦信号
产生电路结构图

号，所以其输出电平 $u_o'(t)$ 是电容上的三角波或锯齿波。这个变化的输出波形又加回到迟滞比较器输入端，达到使其门限电平改变而输出跳变的目的。

2. 非正弦信号产生电路的分析方法

由于非正弦信号产生电路由迟滞比较器和积分电路两个主要部分组成，因此分析重点是组成电路的迟滞比较器和积分电路是否能正常工作，并分析积分电路的输出能达到使迟滞比较器翻转的门限电平；进一步分析输出矩形脉冲高低电平的持续时间 T_1 和 T_2，它们由积分延迟电路的充放电时间常数决定，由此可以计算得到信号周期和频率。

3. 方波、三角波产生电路

方波产生电路是一种能够直接产生方波（矩形波）的非正弦信号产生电路。由于矩形波中包含极丰富的谐波，因此，这种电路又称为多谐振荡电路。电路的基本组成如图 8.4.5 所示。

1）迟滞比较器的输出电平由稳压管双向限幅在 $u_{o1} = \pm U_Z$，比较器的参考电压 U_{REF} 接信号参考地，输入信号 u_i 由积分电路的输出提供。积分电路也是由运算放大器 A_2 组成的典型反相输入积分电路，其输入信号为比较器的输出 u_{o1}，由于同相端接参考地，其输出信号 u_{o2} 实际上是积分电容上的电压信号。

2）由同相输入迟滞比较器的传输特性，可知门限电压为

$$\begin{cases} U_{thH} = -\dfrac{R_1}{R_2} U_{oM-} \\[2mm] U_{thL} = -\dfrac{R_1}{R_2} U_{oM+} \end{cases} \tag{8.4.7}$$

由于比较器输出的高低电平是稳压管的稳压值，所以实际门限电压是

$$\begin{cases} U_{thH} = +\dfrac{R_1}{R_2} U_Z \\[2mm] U_{thL} = -\dfrac{R_1}{R_2} U_Z \end{cases} \tag{8.4.8}$$

显然比较器输出 U_Z 时，电流经电阻 R 向电容充电，u_{o2} 随着充电线性下降，只要电容上初始电压不低于 U_{thL}，则必然会下降到 U_{thL} 而使迟滞比较器翻转（见图8.4.5），同样，比较器输出 $-U_Z$ 时，电容放电电流经电阻 R 向比较器电路放电，u_{o2} 随着放电线性上升，只要电容上初始电压不高于 U_{thH}，则必然会上升到 U_{thH} 而使迟滞比较器翻转。

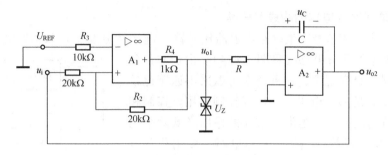

图 8.4.5 方波、三角波发生器

特别提示

正弦波振荡电路只有在满足相位条件的前提下，判断是否满足幅值条件才有意义。所以应先判断是否满足相位条件，再判断幅值条件。在分析 LC 振荡电路时，要注意将选频回路中的电容 C 与耦合电容、旁路电容区分开来。选频回路中的电容 C 取值较小，而耦合电容、旁路电容的取值较大，考虑交流通路时，应将耦合电容、旁路电容视为短路。选频电路的品质因数越高，电路的选频特性越好。石英晶体振荡电路的品质因数远远大于 LC 振荡电路的品质因数，是目前振荡频率最稳定的振荡电路，被广泛地应用于对振荡频率稳定性要求高的电路（如石英表和计算机的定时电路）中。

【练习与思考】

1）RC 串并联正弦波振荡电路在 $R_2 = R_1 = R$，$C_2 = C_1 = C$ 时，振荡频率应是多少？

2）只要具有正反馈，就能产生振荡吗？

3）RC 串并联正弦波振荡电路在振荡频率 f_0 时，若选频网络的反馈系数为 1/3，则放大电路的电压增益应该是多少？

4）只要具有正反馈，就可以产生正弦振荡吗？

5）非正弦波形发生电路是否一定要有比较器部分？

8.5　内容拓展及专创应用

8.5.1　集成电路及反馈拓展应用

集成电路是 20 世纪 60 年代初期发展起来的一种半导体器件，内部电路通常包括输入级、中间放大级、输出级和偏置电路。集成电路采用一定工艺将晶体管、电阻、电容等元器件及电路的连线集成到一块半导体基片上，再进行封装，形成完整的电路。集成电路元器件的典型特点如下：①电路结构与元器件参数具有良好对称性，为了抑制零点漂移和提高共模抑制比，输入级一般为差动电路；②电阻、电容数值受到限制，大电阻常用有源元件替代，大电容需要外接；③用双极型晶体管的发射结代替二极管；④级间采用直接耦合。

反馈在科学技术领域中的应用很多。除了负反馈可以改善放大电路的动态性能，正反馈可以产生正弦波信号之外，反馈还被广泛应用于自动控制系统、测量、通信和波形变换等方面。在自动控制系统中，常利用反馈进行温度、速度、流量、压力等的自动控制。例如，在恒速控制系统中，直流电动机带动负载运转，在其输出轴上连接一测速发电机，当某种原因使电动机转速下降时，测速发电机的输出电压减小。将此电压反馈到输入端，与给定电压进行比较，使差值电压增大，经放大后使加到电动机电枢上的电压增大，从而使电动机的转速回升。在通信、电视及测量系统中常用的锁相环电路，其输出信号的频率跟踪输入信号的频率，当输出信号与输入信号频率相等时，输出电压与输入电压保持固定的差值，而锁相环就是一种反馈控制系统。波形变换电路是利用非线性电路将一种形状的波形变换为另一种形状的波形。例如，电压比较器可将正弦波变为方波，积分运算电路可将方波变为三角波，微分运算电路可将三角波变为方波，比例运算电路可将三角波变为锯齿波等。而电压比较器、积分运算电路、微分运算电路及比例运算电路中都要引入反馈。

8.5.2　工程实践

根据集成运算放大电路特性，设计某工厂流量仪表的温度-电压转换电路，将检测到的温度信号转换成电压信号并在仪表上显示。测温元件主要采用热敏电阻、热电偶元器件。图 8.5.1 采用热敏电阻 Pt100 实现测温电路。其中 MC1403 为基准电压源，然后经过分压电路和电压跟随器，使 a 点的电压 U_a 与基准电压成正比。取 $R_4 = R_5$，根据集成运算放大器的特点可知：

$$\frac{U_a - U_b}{R_3} = \frac{U_b - u_{o1}}{R_t}$$

$$U_c = U_b = \frac{R_5}{R_4 + R_5} U_a = \frac{1}{2} U_a$$

假定 R_t（Pt100）电阻值与温度呈线性关系，令 $R_t = R_3 + K\Delta t$，得到

$$u_{o1} = \frac{U_a}{2R_3} K\Delta t$$

$$u_o = -\frac{R_8 U_a}{R_6 2R_3} K\Delta t = -\frac{R_8 U_a}{2R_6 R_3} K\Delta t$$

可见输出电压与温度变化呈正比，由此实现了温度-电压转换，完成将仪表检测到的温度信号转换成电压信号并显示。

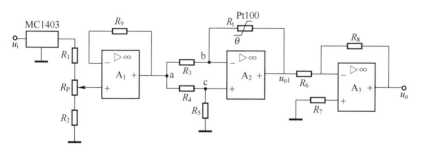

图 8.5.1　温度-电压转换电路

8.6　小结

1.　集成运算放大器

分析各种运算放大器电路时，通常都将集成运放的性能指标理想化，即将其看成为理想运算放大器，这样就使得分析过程大为简化。理想运放线性应用时，有"虚短"和"虚断"。集成运算放大器有线性区和非线性区两部分。引入深度负反馈后，若输出电压 u_o 与输入电压 u_i

成稳定比例，则放大器工作在线性区。此时两个输入端之间的电压非常接近于零，但又不是短路，故称为"虚短"，即 $u_+=u_-$。

流入同相输入端和反相输入端的电流小到近似等于零，但实际上两输入端的电路并没有断开，所以称为"虚断"，即 $i_+=i_-=0$。集成运算放大器工作在非线性区时输出电压 u_o 只有两种可能取值，即正饱和值和负饱和值。

2. 放大电路中的负反馈

1）反馈就是将放大电路的输出量（电压或电流）的部分或者全部，通过一定的电路（反馈网络）引回到输入端以影响输入量（电压或电流）。使放大电路净输入量增大的反馈称为正反馈，使放大电路净输入量减小的反馈称为负反馈。正反馈使放大电路的工作变得不稳定，只有在振荡电路中，才引入正反馈以产生振荡波形。

2）反馈分类。反馈可以分为正负反馈、交直流反馈、串并联反馈和电压电流反馈。交流负反馈有四种组态，分别是电压串联负反馈、电压并联负反馈、电流串联负反馈和电流并联负反馈。

3）反馈类型判断方法。判断正负反馈用瞬时极性法，若反馈信号使净输入信号增大则为正反馈，否则为负反馈。判断交直流反馈看通路，若反馈信号仅存在于直流通路中，则为直流反馈。若反馈信号仅存在于交流通路中，则为交流反馈。判断串并联反馈看输入，若反馈信号与对地输入信号加在同一输入端为并联反馈，加在两端为串联反馈。判断电压电流反馈看输出，若反馈信号与对地输出电压从同一点取出，则为电压反馈，否则为电流反馈。

4）负反馈能改善放大电路的性能，主要体现在：①提高放大倍数的稳定性；②减少非线性失真；③扩展频带；④改变输入输出电阻；⑤抑制干扰和噪声。负反馈的类型在输入端分为串联反馈和并联反馈，在输出端为电压反馈和电流反馈。

3. 基本运算电路

分析运算电路的运算关系问题的关键是正确应用"虚短""虚断"的概念。集成运算放大器在负反馈情况下输入、输出具有线性关系，其应用称为线性应用，主要有运算电路滤波器电路和电压-电流转换电路等。运放线性运算电路主要有比例运算电路、加法运算电路、减法运算电路、积分运算电路及微分运算电路。分析方法主要是利用"虚短"和"虚断"两个法则。

4. 正反馈振荡电路

在信号产生电路中，放大器常常工作在非线性状态，整个分析方法和集成运算放大器线性应用的分析方法不同，分析重点在电路的典型结构、产生振荡的条件、振荡波形的频率、稳定信号的幅度等方面。正弦信号产生电路一般由放大器、反馈网络、选频网络和稳幅稳频环节构成，按选频网络的不同，主要分为 RC 和 LC 型两大类，RC 型产生低频信号，而 LC 型产生高频信号。电路进行稳定振荡的幅度条件是 $|AF|=1$，而起振的幅度条件是 $|AF|>1$。相位平衡条件是 $\varphi_A+\varphi_F=2n\pi$，采用瞬时极性法分析相位平衡条件。

8.7 习题

一、单选题

1. 运算放大器接成图 8.7.1 所示电路后，其输入输出方式为（　　）。

  A. 双端输入、双端输出   B. 单端输入、双端输出

  C. 单端输入、单端输出   D. 双端输入、单端输出

2. 理想运放的两个输入端的输入电流等于零，其原因是（　　）。

A. 运放的差模输入电阻接近无穷大　　　　B. 同相端和反相端的输入电流相等而相位相反

C. 运放的开环电压放大倍数接近无穷大　　D. 运放的开环电压放大倍数趋于零

3. 电路如图 8.7.2 所示，该电路为（　　）。

A. 比例运算电路　　　　　　　　　　　　B. 加法运算电路

C. 减法运算电路　　　　　　　　　　　　D. 积分运算电路

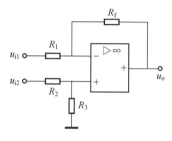
图 8.7.1　单选题 1 图

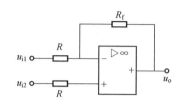
图 8.7.2　单选题 3 图

4. 图 8.7.3 所示电路中，符合电压跟随器电路条件的是（　　）。

A. d)　　　　　　　B. c)　　　　　　　C. a)　　　　　　　D. b)

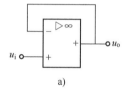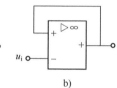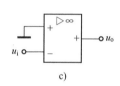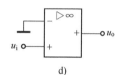

　　　　a)　　　　　　　　　b)　　　　　　　　　c)　　　　　　　　　d)

图 8.7.3　单选题 4 图

5. 如图 8.7.4 所示运算电路，当输入电压 $u_i = 1\,\mathrm{mV}$ 时，则输出电压 u_o 为（　　）。

A. 运放输出的负饱和值 $-u_o(\mathrm{sat})$　　　　B. 电源电压 U

C. u_i 与运放开环放大倍数 A_u 的乘积　　　　D. 运放输出的正饱和值 $u_o(\mathrm{sat})$

6. 如图 8.7.5 所示电路为（　　）。

A. 减法运算电路　　　B. 比例运算电路　　　C. 加法运算电路　　　D. 滞回比较器

7. 电路如图 8.7.6 所示，若 u_i 一定，当可变电阻 R_P 的电阻值由小适当增大时，则输出电压的变化情况为（　　）。

A. 不确定　　　　　B. 由大变小　　　　　C. 由小变大　　　　　D. 基本不变

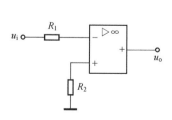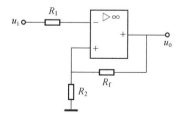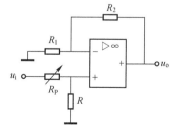

图 8.7.4　单选题 5 图　　　　　图 8.7.5　单选题 6 图　　　　　图 8.7.6　单选题 7 图

8. 在图 8.7.7 所示反相比例运算电路中，已知 $R_1 = 10\,\mathrm{k\Omega}$，$R_f = 500\,\mathrm{k\Omega}$，则平衡电阻 R_2

为（   ）。

  A. 9.8 kΩ   B. 510 kΩ   C. 5000 kΩ   D. 200 kΩ

  9. 如图 8.7.8 所示，若输入电压 $u_i = -10\,V$，则 u_o 为（   ）。

  A. −15 V   B. 约为+15 V   C. −30 V   D. 约为+30 V

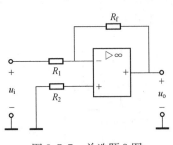 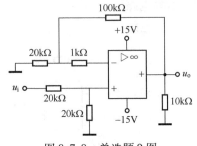

图 8.7.7 单选题 8 图   图 8.7.8 单选题 9 图

  10. 放大电路，为了稳定静态工作点，可以引入（   ）；若要稳定放大倍数，应引入（   ）。

  A. 直流负反馈、交流负反馈   B. 交流负反馈、交流正反馈

  C. 交流正反馈、交流负反馈   D. 交流负反馈、直流负反馈

  11. 如希望负载变化时输出电压稳定，则应引入（   ）；如希望负载变化时输出电流稳定，则应引入（   ）；如希望减小放大电路从信号源索取的电流，则可采用（   ）。

  A. 串联负反馈、并联负反馈、电压负反馈

  B. 电压负反馈、电流负反馈、串联负反馈

  C. 并联负反馈、串联负反馈、电流负反馈

  D. 电压负反馈、串联负反馈、电流负反馈

  12. 图 8.7.9 所示电路，已知 $R_1 = 2\,k\Omega$，$R_f = 10\,k\Omega$，$R_2 = 2\,k\Omega$，$R_3 = 18\,k\Omega$，$u_i = 1\,V$，则 u_o 为（   ）。

  A. −4.5 V   B. +4.5 V   C. −5.4 V   D. +5.4 V

  13. 如图 8.7.10 所示，已知 $u_{i1} = 1\,V$，$u_{i2} = 2\,V$，$u_{i3} = 3\,V$，$u_{i4} = 4\,V$，$R_1 = R_2 = 2\,k\Omega$，$R_3 = R_4 = R_f = 1\,k\Omega$，则 u_o 为（   ）。

  A. −6.5 V   B. +6.5 V   C. −5.5 V   D. +5.5 V

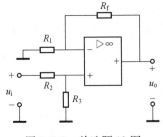 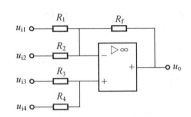

图 8.7.9 单选题 12 图   图 8.7.10 单选题 13 图

  14. 如图 8.7.11 所示，已知 $R_f = 2R_1$，$u_{i1} = -2\,V$，则 u_o 为（   ）。

  A. −4 V   B. +4 V   C. −6 V   D. +6 V

  15. 如图 8.7.12 所示，已知 $R_1 = 10\,k\Omega$，$C_f = 1\,\mu F$，$u_i = -1\,V$，则 u_o 由初始值 0 V 达到 10 V

所需要的时间为（　　　）。

A. 0.1 s　　　　　　　B. 0.2 s　　　　　　　C. 1 s　　　　　　　D. 2 s

图 8.7.11　单选题 14 图

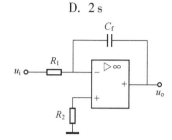

图 8.7.12　单选题 15 图

16. 如图 8.7.13 所示，R_f 引入的反馈为（　　　）。

A. 电压并联负反馈　　B. 电流并联负反馈　　C. 电流串联负反馈　　D. 电压串联负反馈

17. 欲提高放大电路输入电阻 r_i，应引入（　　　），而欲减小 r_i 时，应引入（　　　）。

A. 串联负反馈、并联负反馈　　　　　　　　B. 并联负反馈、串联负反馈

C. 电压负反馈、电流负反馈　　　　　　　　D. 电流负反馈、电压负反馈

18. 判断图 8.7.14 所示电路的反馈类型为（　　　）。

A. 电压并联负反馈　　B. 电流串联负反馈　　C. 电流串联负反馈　　D. 电压串联负反馈

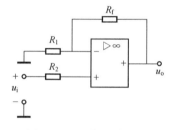

图 8.7.13　单选题 16 图

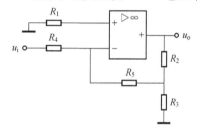

图 8.7.14　单选题 18 图

19. 集成运放输出级一般采用互补对称放大电路或射极输出器，其目的主要是（　　　）。

A. 提高带负载能力　　B. 提高抗扰性　　　　C. 提高电流放大倍数　D. 提高电压放大倍数

20. 电路如图 8.7.15 所示，R_f 引入的反馈为（　　　）。

A. 串联电流负反馈　　B. 并联电压负反馈　　C. 并联电流负反馈　　D. 串联电压负反馈

21. 理想运算放大器工作在线性区的必要条件是（　　　）。

A. 开路　　　　　　　B. 短路　　　　　　　C. 负反馈　　　　　　D. 正反馈

22. 如图 8.7.16 所示，R_{f1} 和 R_{f2} 均为反馈电阻，其反馈极性为（　　　）。

A. R_{f1} 引入的为正反馈，R_{f2} 引入的为负反馈

B. R_{f1} 和 R_{f2} 引入的均为负反馈

C. R_{f1} 和 R_{f2} 引入的均为正反馈

D. R_{f1} 引入的为负反馈，R_{f2} 引入的为正反馈

23. 如图 8.7.17 所示，R_f 引入的反馈为（　　　）。

A. 串联电压负反馈　　　　　　　　　　　　B. 并联电压负反馈

C. 串联电流负反馈　　　　　　　　　　　　D. 并联电流负反馈

24. 电路如图 8.7.18 所示，R_f 引入的反馈为（　　　）。

A. 串联电压负反馈　　B. 并联电压负反馈　　C. 串联电流负反馈　　D. 正反馈

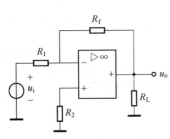

图 8.7.15 单选题 20 图

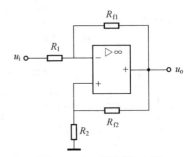

图 8.7.16 单选题 22 图

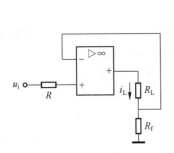

图 8.7.17 单选题 23 图

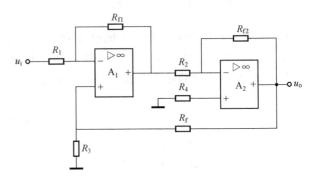

图 8.7.18 单选题 24 图

25. 在运算放大器电路中，引入深度负反馈的目的之一是使运放（ ）。

A. 工作在线性区，降低稳定性

B. 工作在非线性区，提高稳定性

C. 工作在线性区，提高稳定性

D. 工作在非线性区，降低稳定性

26. 如果要求输出电压 u_o 基本稳定，并能够提高输入电阻，在交流放大电路中应引入（ ）。

A. 串联电压负反馈 B. 并联电压负反馈 C. 串联电流负反馈 D. 并联电流负反馈

27. 某测量放大电路，要求输入电阻高，输出电流 i_o 稳定，应引入（ ）。

A. 串联电压负反馈 B. 串联电流负反馈 C. 并联电流负反馈 D. 并联电压负反馈

28. 希望提高放大器的输入电阻和带负载能力，应引入（ ）。

A. 并联电压负反馈 B. 串联电流负反馈

C. 串联电压负反馈 D. 并联电流负反馈

29. 一个由理想运算放大器组成的同相比例运算电路，其输入输出电阻是（ ）。

A. 输入电阻低，输出电阻高 B. 输入、输出电阻均很高

C. 输入、输出电阻均很低 D. 输入电阻高，输出电阻低

30. 如图 8.7.19 所示，$R_1 = 10\,\mathrm{k\Omega}$，$R_f = 100\,\mathrm{k\Omega}$，若输入电压 $u_i = 2\,\mathrm{V}$，运放的电源电压为 $\pm15\,\mathrm{V}$，则输出电压最接近于（ ）。

A. 13 V B. 22 V C. 20 V D. 不确定

31. 如图 8.7.20 所示，输入信号 $u_i = 1.414\sin\omega t\,\mathrm{V}$，$R_f = 2R_1$，则输出电压 u_o 为（ ）。

A. $2 \times 1.414\sin\omega t\,\mathrm{V}$ B. $-2 \times 1.414\sin\omega t\,\mathrm{V}$ C. $1.414\sin\omega t\,\mathrm{V}$ D. $-1.414\sin\omega t\,\mathrm{V}$

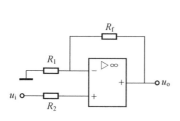

图 8.7.19　单选题 30 图

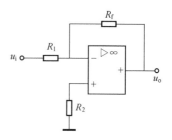

图 8.7.20　单选题 31 图

32. 如图 8.7.21 所示，欲满足 $u_o = -(u_{i1}+u_{i2})$ 的运算关系，则 R_1、R_2、R_f 的阻值必须满足（　　）。

A. $R_1 = R_2 = R_f$ 　　　B. $R_1 = R_2 = 2R_f$ 　　　C. $R_1 = R_f = 2R_2$ 　　　D. $2R_1 = R_f = R_2$

33. 如图 8.7.22 所示，$R_1 = R_2 = R_f = 10\,\text{k}\Omega$，平衡电阻 R 为（　　）。

A. $R = 10\,\text{k}\Omega$ 　　　B. $R = 3.33\,\text{k}\Omega$ 　　　C. $R = 5\,\text{k}\Omega$ 　　　D. $R = 20\,\text{k}\Omega$

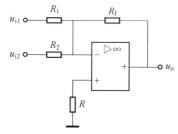

图 8.7.21　单选题 32 图

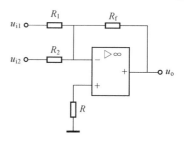

图 8.7.22　单选题 33 图

34. 减法运算电路如图 8.7.23 所示，其输出电压的表达式为（　　）。

A. $u_o = -\dfrac{R_f}{R_1}u_{i1} + \left(1+\dfrac{R_f}{R_1}\right)u_{i2}$ 　　　　　　B. $u_o = \dfrac{R_f}{R_1}u_{i1} - \left(1+\dfrac{R_f}{R_1}\right)u_{i2}$

C. $u_o = -\dfrac{R_f}{R_1}u_{i1} - \left(1+\dfrac{R_f}{R_1}\right)\dfrac{R_1}{R_1+R_f}u_{i2}$ 　　　D. $u_o = -\dfrac{R_f}{R_1}u_{i1} + \dfrac{R_f}{R_1}u_{i2}$

35. 如图 8.7.24 所示，欲满足 $u_o = u_{i2} - u_{i1}$ 的运算关系，则 R_1、R_2、R_3、R_4 的阻值必须满足（　　）。

A. $R_1 = R_3$，$R_2 = R_4$ 　　　　　　B. $R_4 = 2R_1$，$R_2 = R_3$

C. $R_1 = R_4$，$R_2 = 2R_3$ 　　　　　　D. $R_1 = R_2 = R_3 = R_4$

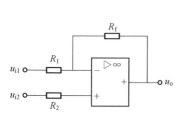

图 8.7.23　单选题 34 图

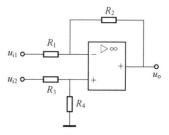

图 8.7.24　单选题 35 图

36. 如图 8.7.25 所示，欲构成反相积分运算电路，则虚线框内应连接（　　）。

A. 电源元件 　　　B. 电感元件 　　　C. 电阻元件 　　　D. 电容元件

37. 集成运算放大器对输入级的主要要求是（　　　）。

A. 尽可能高的电压放大倍数

B. 尽可能大的带负载能力

C. 尽可能高的输入电阻，尽可能小的零点漂移

D. 尽可能低的电压放大倍数

38. 如图 8.7.26 所示，欲构成反相微分运算电路，则虚线框内应连接（　　　）。

A. 电阻元件　　　　　B. 电感元件　　　　　C. 电容元件　　　　　D. 电源元件

39. 如图 8.7.27 所示，该电路为（　　　）运算电路。

A. 比例　　　　　B. 比例-积分　　　　　C. 微分　　　　　D. 加法

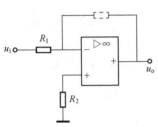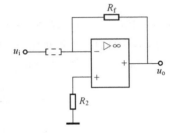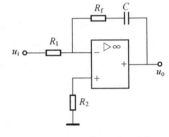

图 8.7.25　单选题 36 图　　　　　图 8.7.26　单选题 38 图　　　　　图 8.7.27　单选题 39 图

二、判断题

1. 左侧"−"端为反相输入端，当信号由此端与地之间输入时，输出信号与输入信号相位相反，称为反相输入。（　　　）

2. 由于电压放大倍数非常大，线性区很陡，即使输入电压很小，由于外部干扰原因，不引入深度负反馈很难在线性区稳定工作。（　　　）

3. 反馈信号与输出信号之比称为反馈系数。（　　　）

4. 如果反馈信号与输入信号作用相反，使净输入信号（有效输入信号）减少，这种反馈称为负反馈。（　　　）

5. 如果反馈信号与输入信号以并联的形式作用于净输入端，这种反馈称为并联反馈。（　　　）

6. 串联负反馈使输入电阻增加。（　　　）

7. 负反馈能够提高运算放大器放大倍数的稳定性。（　　　）

8. 并联负反馈使输入电阻减小。（　　　）

9. 集成运算放大器电路通常可分为输入级、中间放大级、输出级和偏置电路四个组成部分。（　　　）

10. 电压负反馈使输出电压趋于稳定，致使输出电阻减小。（　　　）

11. 电流负反馈使输出电流趋于稳定，致使输出电阻增加。（　　　）

12. 理想运放的开环电压放大倍数非常高，趋于无穷大。（　　　）

13. 理想运放的开环输入电阻接近于无穷大。（　　　）

14. 理想运放的开环输出电阻接近于零。（　　　）

15. 理想运放在引入深度负反馈后，两个输入端电位相等，称为虚短路。（　　　）

16. 理想运放在引入深度负反馈后，两个输入端电流为零，称为虚断路。（　　　）

17. 如果输入信号分别从"＋""−"两端与地之间输入，则这种信号输入方式称为差分输入。（　　　）

18. 当集成运算放大器工作在线性区时，输出信号与两个输入端（同相输入端和反相输入端）信号的差值成比例。（　　）

19. 集成运算放大器的输入级大多采用高性能差分放大电路。（　　）

20. 理想运算放大器工作在线性区的两个特点分别是虚短和虚断。（　　）

21. 当理想运算放大器工作在非线性区时，也有虚断的特点。（　　）

22. 理想运算放大器的开环差模电压放大倍数为有限值。（　　）

23. 理想运算放大器的差模输入电阻为无穷大，输出电阻为零。（　　）

24. 凡是将电子电路（或某个系统）输出端的信号（电压或电流）的一部分或全部，通过反馈电路引回到输入端，就称为反馈。（　　）

25. 电路中引入负反馈后，其放大倍数要降低。（　　）

26. 有反馈作用的放大电路，信号双向传递，既有从输入端向输出端的传递信息，又有从输出端向输入端的传递信息。因此，反馈放大电路是一个闭环电路。（　　）

27. 反馈信号与输入信号以电压形式在输入端串联，称为串联反馈。（　　）

28. 电压负反馈能稳定输出电压，增大输出电阻。（　　）

29. 负反馈会降低放大电路的放大倍数。（　　）

30. 负反馈不会影响放大电路放大倍数的稳定性。（　　）

31. 负反馈会改善放大电路的波形失真。（　　）

32. 负反馈不会影响放大电路的输入输出电阻。（　　）

33. 理想运算放大器的反相输入端和同相输入端电压近似相等。（　　）

34. 在反相比例运算电路中，平衡电阻的阻值任意取，无约束条件。（　　）

35. 电压跟随器的输出电压与输入电压相等，在电路中没有什么作用。（　　）

三、计算题

1. 如图 8.7.28 所示，$R_1 = 10\,\text{k}\Omega$，$R_2 = 20\,\text{k}\Omega$，$R_f = 100\,\text{k}\Omega$，$u_{i1} = 0.2\,\text{V}$，$u_{i2} = -0.5\,\text{V}$，求输出电压 u_o。

2. 设计实现 $u_o = -(5u_{i2} + 3u_{i1})$ 的运算放大电路（设反馈电阻 $R_f = 10\,\text{k}\Omega$）。要求保持静态时两输入端电阻平衡，计算并确定平衡电阻。

3. 设计实现 $u_o = 4u_{i1} - 5u_{i2}$ 的运算放大电路（设反馈电阻 $R_f = 10\,\text{k}\Omega$）。要求保持静态时两输入端电阻平衡，计算并确定平衡电阻。

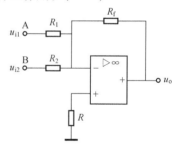

图 8.7.28　计算题 1 图

4. 如图 8.7.29 所示，图中所有电阻均相等，大小均为 R，求输出与输入的关系式。

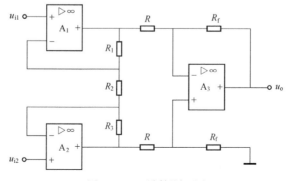

图 8.7.29　计算题 4 图

5. 如图8.7.30所示，图中所有电阻均相等，大小均为 R，求输出与输入的关系式。

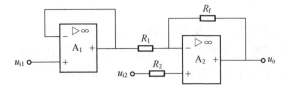

图 8.7.30　计算题5图

6. 图8.7.31所示电路为两级比例运算放大电路，求 u_o 与 u_i 的关系式。

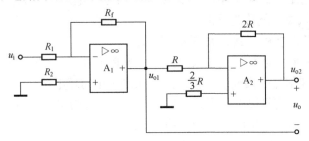

图 8.7.31　计算题6图

7. 由运算放大器构成的模拟运算电路如图8.7.32所示。（1）试说明运算放大器 A_1、A_2 各实现何种运算；（2）求第一级运放的输出电压 u_{o1} 和第二级运放的输出电压 u_o。

8. 如图8.7.33所示，已知 $u_{i1} = u_{i2} = 1\,V$，$R_f = R_{11} = 2R_{12}$，求 u_o。

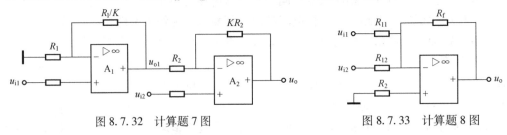

图 8.7.32　计算题7图　　　　　　　　图 8.7.33　计算题8图

9. 如图8.7.34所示，已知 $u_{i1} = u_{i2} = 1\,V$，$R_f = R_1 = R_2 = R_3$，求 u_o。

10. 如图8.7.35所示，已知 $R_1 = R_2 = 2\,k\Omega$，$R_3 = R_4 = R_f = 1\,k\Omega$，$u_{i1} = 1\,V$，$u_{i2} = 3\,V$，$u_{i3} = 2\,V$，$u_{i4} = 4\,V$，求 u_o。

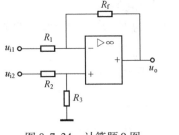

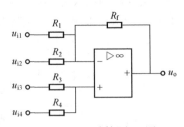

图 8.7.34　计算题9图　　　　　　　图 8.7.35　计算题10图

11. 如图8.7.36所示，已知 $R_1 = 10\,k\Omega$，$R_2 = 20\,k\Omega$，$R_f = 100\,k\Omega$，$u_{i1} = 0.1\,V$，$u_{i2} = -0.25\,V$，求 u_o。

12. 如图8.7.37所示，已知 $R_1 = 10\,k\Omega$，$R_2 = 40\,k\Omega$，$R_3 = 30\,k\Omega$，$R_f = 60\,k\Omega$，$u_{i1} = 1.5\,V$，$u_{i2} = -0.5\,V$，求 u_o。

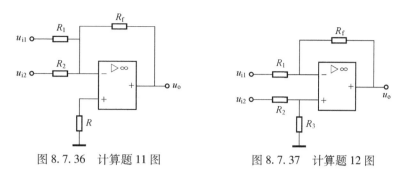

图 8.7.36　计算题 11 图　　　　　图 8.7.37　计算题 12 图

13. 如图 8.7.38 所示，已知 $R_1 = R_f = R_3 = R_4 = 40\ \text{k}\Omega$，$C = 10\ \mu\text{F}$，求 u_{o2} 与 u_{i1}、u_{i2}、u_{i3} 的关系表达式。

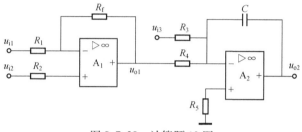

图 8.7.38　计算题 13 图

14. 如图 8.7.39 所示，已知 $u_{i1} = 1\ \text{V}$，$u_{i2} = 3\ \text{V}$，$u_{i3} = 1\ \text{V}$，求 u_o。

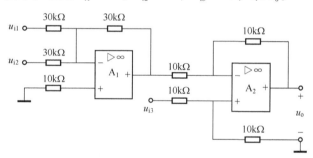

图 8.7.39　计算题 14 图

15. 图 8.7.40 所示电路，试判断 R_f 引入的反馈极性，若是负反馈，判断反馈组态。

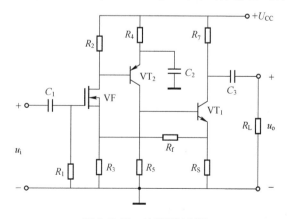

图 8.7.40　计算题 15 图

第9章　直流稳压电源

思政引例

大国工匠，匠心筑梦。

一个普通电视接收机的内部电路需要+12 V和+48 V这样的直流电压，而一般电视接收机的电源是220 V交流电压，于是电视接收机中的电源电路就需要完成将220 V的交流电压转换成较低的大部分内部电路工作所需的直流电压的任务。直流稳压电源是现代电子设备的重要组成部分，主要包括变压、整流、滤波及稳压四个部分；其基本任务是将电力网交流电压（220 V，50 Hz）变换为电子设备所需要的不随电网电压和负载变化的稳定的直流电压。电子电路工作时必须有电源向其供电，供电电源有直流和交流两种形式。电网供电主要采用交流供电方式，但在生产和科学实验中，例如，直流电动机、电解、电镀、蓄电池的充电等场合，都需要用直流电源供电。飞机上很多机载设备都需要直流电源供电，例如，某型战机采用低压直流电源系统，其主电源利用交流发动机提供400 Hz、额定电压200/115 V的交流电压，经过整流器整流提供28.5 V的直流电压就可作为二次电源供给相关机载设备。为了得到直流电压，除了用直流发动机或蓄电池外，目前广泛采用各种半导体直流稳压电源。整流变压器：电网提供的交流电压有效值一般为220 V，而负载所需要的直流电压值却各不相同，故采用变压器把电网电压变换为符合整流需要的电压。另外，电源变压器还起着交、直流电隔离的作用，保证直流负载设备的安全。整流电路：利用具有单向导电性能的整流元件，将正弦交流电压变换为单向脉动电压，这个电压为非正弦周期电压，含有直流成分和各种谐波交流成分。滤波器：利用电感、电容等元件的充、放电特性，减小输出电压的脉动程度，将脉动电压中的谐波成分滤掉，使输出电压成为比较平滑的直流电压。稳压环节：当电网电压波动或负载变动时，滤波后的直流电压受其影响而不稳定，稳压电路的作用是使输出电压基本不受上述因素的影响，成为平滑稳定的直流电压。

在实践课程中，要以大国工匠事迹为引领，锤炼一丝不苟、精益求精、严谨治学的工匠精神。在"直流稳压电源电路制作"等实验实施过程中，要认真绘制电路图、剥削和压接线头，仔细连接线路，正确使用万用表测量，工具的摆放和课后工位环境卫生整理等都要认真做好每一个细节。这些元素都是职业素养具体体现，与培养精益求精工匠精神有着紧密内在联系。本着"授人以鱼不如授人以渔，更不如授人以欲"科学方法，通过直流稳压电源制作实践，不仅培养学生具有扎实的电路基础、放大器等知识，而且培养学生自主学习能力及独立思考问题、分析问题和解决问题的能力，让同学们深刻体会到"纸上得来终觉浅，绝知此事要躬行"道理，培养正确的科学研究思维和职业道德习惯、科学素养和团结协作精神。

学习目标：

1. 掌握直流稳压电源的基本组成及各部分作用。
2. 掌握单相半波和单相桥式整流电路的结构、工作原理及参数选取。

3. 掌握各种滤波电路的电路结构、工作原理及特点。

4. 掌握稳压管稳压电路的组成和工作原理，了解串联型稳压电路和集成稳压电路的工作原理。

素养目标：

1. 认真绘制电路图、剥削和压接线头、仔细连接线路、正确使用万用表测量、工具的摆放和环境卫生整理等，这些元素都是职业素养的具体体现，与培养精益求精、工匠精神有着紧密内在联系。

2. 直流稳压电源反馈调节时，体现哲学思想，"反馈调节"控制稳压电路阐明处世哲学：无论世事如何变迁，能成就自身的关键永远是自己。时刻保持忧患意识，保证自己人生轨迹"不断电"，培养自强不息、谦虚谨慎的精神。

3. 通过稳压电路试验迭代和团队设计，培养学生新时代创新精神、团队合作精神、勇于探索精神和劳动精神。

9.1 直流稳压电源概述

9.1.1 直流稳压电源的组成

直流稳压电源由如图 9.1.1 所示的几个部分组成。交流电源经过变压器、整流、滤波及稳压这四个环节，输出稳定的电压供直流负载应用。

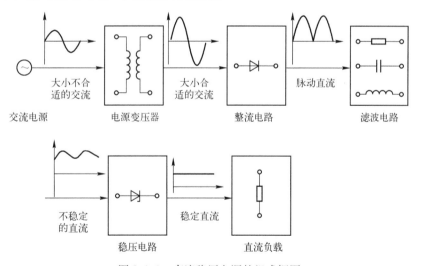

图 9.1.1 直流稳压电源的组成框图

9.1.2 直流稳压的作用

在图 9.1.1 所示电路中，变压器的作用是利用电感线圈的电磁性质，将电力网交流电压变换为整流所需的交流电压，同时起到隔离交流电路与直流电路的作用。

从信号转换的角度来看，整流电路部分的作用是利用二极管的单向导电性，将在两个方向流动的交流电变换为只在一个方向流动的直流电。但是，这里的直流电不是恒定值，它是方向一定而大小脉动的直流电，即称为单向脉动直流电，因此仅用于对波形要求不高的设备中，对于对波形要求比较严格的负载来说，还必须经过后续的滤波和稳压工作。

滤波电路的作用是利用电抗性元件的阻抗特性，去掉整流后的单向脉动直流电中的脉动成分，以便获得比较平滑的直流电。但是当电源或负载变化时，输出的直流电仍出现波动，必须再加上稳压电路，才能得到较稳定的直流电。

稳压电路的作用是利用稳压管或采用负反馈方式，通过电路自动调节使输出电压得到稳定。

9.2 整流电路

根据电路结构，可将单相整流电路分为单相半波整流电路和单相桥式整流电路。为讨论方便，本节均设二极管是理想元件，负载为纯电阻性负载。

9.2.1 单相半波整流电路

图 9.2.1 所示电路为单相半波整流原理电路，包括变压器 T、二极管 VD、负载电阻 R_L 这三个部分。设变压器二次电压为 $u_2 = \sqrt{2}\,U_2\sin\omega t$，其波形如图 9.2.2 所示。

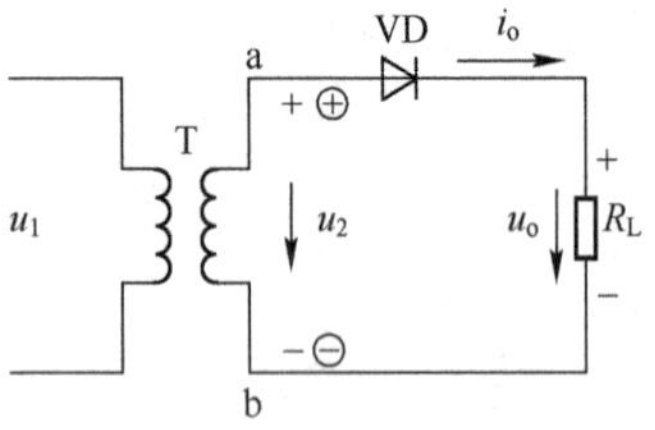

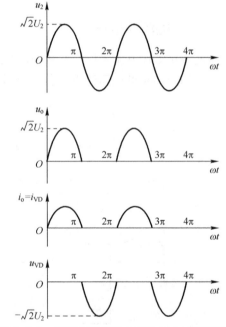

图 9.2.1 单相半波整流电路

图 9.2.2 单相半波整流电路电压/电流波形图

根据二极管的单向导电性，当 u_2 在正半周时，其实际极性为上正下负，二极管因承受正向电压降而导通，若忽略二极管的正向电压降，则负载上输出的电压为 $u_o = u_2 = \sqrt{2}\,U_2\sin\omega t$，如图 9.2.2 所示，相应通过的电流为 i_o。当 u_2 在负半周时，其实际极性为下正上负，二极管因承受反向电压降而截止，此时负载上电流基本为零，没有输出电压，$u_o = 0$。此时，二极管截止时所承受的反向电压就是变压器二次电压，因此其承受的反向电压最大值为二次电压的峰值电压 $\sqrt{2}\,U_2$，即 $U_{RM} = \sqrt{2}\,U_2$。

在输入电压的一个周期内，负载上只有半个周期有输出电压，故为半波整流，其方向是一定的（单方向），但大小是变化的。这种单向脉动的电压称为脉动直流电，通常用一个周期内的平均值来表示它的大小。因此，在单相半波整流电路中，输出电压的平均值（即直流电压）为

$$U_o = \frac{1}{T}\int_0^{\frac{T}{2}}\sqrt{2}\,U_2\sin\omega t\mathrm{d}t = \frac{\sqrt{2}}{\pi}U_2 \approx 0.45U_2 \tag{9.2.1}$$

负载上的电流平均值（即直流电流）为

$$I_o = I_{VD} = \frac{U_o}{R_L} = \frac{0.45U_2}{R_L} \tag{9.2.2}$$

式（9.2.1）表示了单相半波整流电压平均值与变压器二次电压有效值之间的关系，说明在电压 u_2 的一个周期内，负载上电压的平均值只有变压器二次电压有效值的 45%，可以看出电源利用率明显较低。由于二极管 VD 与负载电阻 R_L 串联，故通过二极管整流电流的平均值 I_{VD} 与负载上的电流平均值 I_o 相等，即

$$I_{VD} = I_o$$

综上所述，在单相半波整流电路中，选择二极管时应满足下面的条件：

1）二极管的最大整流电流 $I_{FM} > I_{VD}$。

2）二极管的最高反向工作电压 $U_{RM} > \sqrt{2}\,U_2$。

通常为了安全起见，选择二极管时还应考虑留有 $1.5\sim2$ 倍的余量。半波整流电路的优点是电路结构简单，但整流过程中只利用了电源的半个周期，输出直流电压的脉动较大。实际应用中很少采用它，而大多采用单相桥式整流电路。

9.2.2　单相桥式整流电路

为了克服上述单相半波整流电路的缺点，在结构上可采用 4 个二极管接成电桥的形式构成桥式整流电路，输出全波波形。VD_1 和 VD_2 接成共阴极，VD_3 和 VD_4 接成共阳极，共阴极端和共阳极端分别接在负载两端，另外两个互异端（VD_1 的阳极与 VD_4 的阴极相接端，VD_2 的阳极与 VD_3 的阴极相接端）分别接变压器二次侧电源两端，如图 9.2.3 所示。

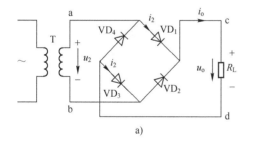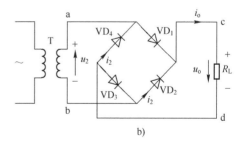

图 9.2.3　单相桥式整流电路

下面分析其工作原理。变压器二次电压 u_2 的波形如图 9.2.3a 所示。变压器二次电压 u_2 在正半周时，其实际极性为上正下负，即 a 点电位高于 b 点电位，VD_1 和 VD_3 因承受正向电压而导通。VD_2 和 VD_4 因承受反向电压而截止，此时电流流向如图 9.2.3a 所示。因此，u_2 在正半周时，负载电阻上得到的电压就是 u_2 的正半周电压，如图 9.2.4 所示。

变压器二次电压 u_2 在负半周时，其实际极性为上负下正，如图 9.2.3b 所示，即 b 点电位高于 a 点电位，VD_2 和 VD_4 因承受正向电压而导通。VD_1 和 VD_3 因承受反向电压而截止，此时

电流流向如图 9.2.3b 所示。因此，在负载电阻上产生的电压波形与 u_2 正半周时相同，如图 9.2.4 所示。

通过对图 9.2.2 和图 9.2.4 的波形比较可以看出，单相桥式整流电路所输出的电压平均值比单相半波整流电路所输出值增加了 1 倍，即

$$u_o = 2 \times 0.45U_2 = 0.9U_2 \qquad (9.2.3)$$

负载电阻上的直流电流为

$$I_o = \frac{U_o}{R_L} = \frac{0.9U_2}{R_L} \qquad (9.2.4)$$

由式（9.2.3）可知，经过桥式整流后，负载上电压的平均值是变压器二次电压有效值的 90%，电源利用率与半波整流电路相比明显有了很大的提高。

在单相桥式整流电路中，每个二极管都是半个周期导通，半个周期截止，因此在一个周期内，每个二极管的平均电流是负载电流的一半，即

$$I_{VD} = \frac{1}{2}I_o = \frac{0.45U_2}{R_L} \qquad (9.2.5)$$

每个二极管截止时所承受的反向电压都是变压器二次电压 U_2，因此承受的最大反向电压为

$$U_{RM} > \sqrt{2}U_2 \qquad (9.2.6)$$

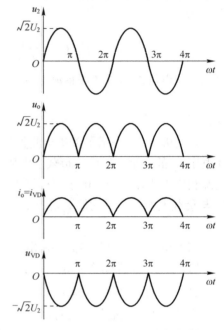

图 9.2.4　单相桥式整流电路
电压/电流波形图

式（9.2.5）和式（9.2.6）是选择二极管的主要依据。所选用的二极管必须满足下面两个条件：

1) 二极管的最大整流电流 $I_{FM} \geqslant I_{VD}$。

2) 二极管的最高反向工作电压 $U_{RM} \geqslant \sqrt{2}U_2$。

特别提示

整流波形图中，若考虑二极管的正向导通电压降和截止时反向电阻的影响，则波形还要进行修正。本章中所涉及的二极管均为理想二极管。单相整流电路输出的电压和电流都是脉动的直流电，只能用于对电源要求不高的场合，如电镀、电解以及直流电磁铁等处。

例 9.2.1　单相半波整流电路，已知 $u_2 = 10\sqrt{2}\sin\omega t\text{V}$，负载电阻 $R_L = 45\ \Omega$，试求输出电压平均值 U_o、负载电流平均值 I_o、二极管中平均电流 I_{VD} 及二极管所承受的反向电压最大值 U_{RM}。

解：已知 $u_2 = 10\sqrt{2}\sin\omega t\text{V}$，则 $U_2 = 10\text{ V}$。

单相半波整流输出电压平均值为

$$U_o = 0.45U_2 = 4.5\text{ V}$$

负载电流平均值为

$$I_o = \frac{U_o}{R_L} = 0.1\text{ A}$$

二极管中的平均电流为

$$I_{VD} = I_o = 0.1\text{ A}$$

二极管承受的最高反向电压为

$$U_{RM} = \sqrt{2}\,U_2 = 10\sqrt{2}\ \text{V}$$

例 9.2.2　已知直流负载要求的电压、电流分别为 110 V、2 A，今采用单相桥式整流电路将 220 V 的交流电整流后给负载供电。试求：（1）整流变压器的电压比和容量；（2）整流二极管的型号。

解：（1）电流变压器二次电压有效值为

$$U_2 = \frac{U_o}{0.9} = \frac{110}{0.9}\ \text{V} = 122\ \text{V}$$

实际上，整流变压器的内阻抗及二极管上均存在电压降，为了保证负载上的平均电压能够达到 $U_o = 110$ V，整流变压器二次电压应比负载要求的电压 U_2 高一些，常取 $1.1 U_2 = 134$ V。

整流变压器的电压比为

$$k = \frac{220}{1.1 U_2} = \frac{220}{134} = 1.6$$

根据式（9.2.4），得整流变压器二次电流有效值为

$$I_2 = \frac{I_o}{0.9} = \frac{2}{0.9}\ \text{A} = 2.2\ \text{A}$$

整流变压器的容量为

$$S = 1.1 U_2 I_2 = 134 \times 2.2\ \text{V} \cdot \text{A} = 295\ \text{V} \cdot \text{A}$$

查电工手册，可以选用型号为 BK300（V・A），220/150（V）的整流变压器。

（2）每个二极管的平均电流为

$$I_{VD} = \frac{1}{2} I_o = 1\ \text{A}$$

每个二极管实际承受的最高反向电压为

$$U_{RM} = \sqrt{2} \times 1.1 U_2 = 190\ \text{V}$$

查电工手册，可以选用型号为 2CZ11C（$I_{PM} = 1$ A，$U_{RM} = 300$ V）的整流二极管。

9.3　滤波电路

视频
滤波电路

滤波的目的是防止电路输出端出现波动分量，它可以将从整流电路中得到的脉动直流电压转换为合适的平滑直流电压。从能量的角度来看，滤波电路是利用电抗性元件（电容、电感）的储能作用，当整流后的单向脉动电压和电流增大时，将部分能量储存，反之则释放出能量，从而达到使输出电压、电流平滑的目的。从另一个角度来看，该电路是利用电感、电容对不同频率所呈现的不同阻抗，将其合理地分配在电路中。例如，将电容与负载并联，将电感与负载串联，就可以降低不需要的交流成分，保留直流成分，从而达到滤波的目的。

9.3.1　电容滤波电路

图 9.3.1a 所示为单相半波整流电容（C）滤波电路，图 9.3.1b 所示为单相桥式整流电容（C）滤波电路，它们都是利用电容与负载并联，达到滤除波动分量、输出稳定直流电的目的。

1. 电路的工作原理

如图 9.3.1a 所示，设电容两端初始电压为零，变压器二次电压大于零时，二极管 VD 因承受正向电压而导通，一方面给负载供电，另一方面给电容 C 充电。若 VD 是理想二极管，不

计导通电压降，则由于充电时间常数很小，故电容充电速度很快，电源电压在正半周的上升段增大时，二极管承受正向电压而导通，电源同时给负载和电容器供电。电源电压开始上升时，由于电容器两端的电压不能突变，所以负载两端的电压很小，负载电流 i_o 很小，电源输出的电能主要转换为电容器的储能，即给电容器充电。由于电容器的充电回路为 a→VD→C→b→电源→a，其电阻较小，充电时间常数较小，因此电容器的充电过程较快。若忽略二极管的正向电压降，则充电电压 u_C 与电源电压 u_2 相等，其波形为图 9.3.2a 中的 0~t_1 段。当电源电压 u_2 在 t_1 时刻达到最大值时，电容器的电压 u_C 也达到最大值。

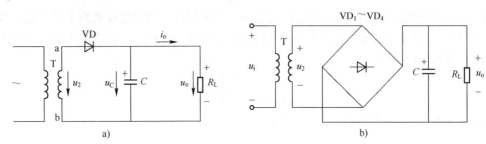

图 9.3.1　电容滤波电路

电源电压在正半周的下降段减小时，电源电压 u_2 按正弦规律下降，当 $u_2 < u_C$ 时，二极管承受反向电压而截止，电容器开始对负载电阻放电。由于负载电阻比较大，放电时间常数较大，因此电容器的放电过程较慢。如果负载电阻足够大，则电容器的放电时间超过电源电压正半周的下降段与整个电源电压负半周的时间之和。放电电压 u_C（负载上的电压 u_o）的波形为图 9.3.2a 中的 t_1~t_2 段。直到电源下一个正半周的上升段且 $u_2 > u_C$ 时，二极管又承受正向电压而导通，电容器又被充电，重复上述过程。从图 9.3.2a 看出，采用电容滤波之后，负载电压的脉动程度大为减小，波形平滑，输出电压平均值较大。如果采用单相桥式整流电路整流后，再进行电容滤波，则负载电压波形更接近水平直线，平均电压更大。

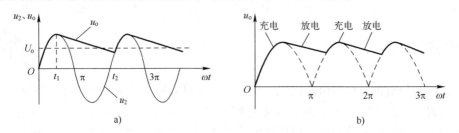

图 9.3.2　电容滤波电路输出电压波形图

同理，单相桥式整流滤波电路中，VD_1 和 VD_3 与 VD_2 和 VD_4 交替工作，其输出电压波形如图 9.3.2b 所示。显然，与单相半波整流滤波电路不同，在输入电压的一个周期内，电容要充放电各两次，所以输出电压更加平滑。

2. 输出直流电压 U_o 和直流电流 I_o 计算

采用电容滤波后，输出电压的脉动程度与电容放电时间常数有关，时间常数越大，放电过程越缓慢，脉动程度越小，输出电压的平均值也就越大。根据实际工程经验，一般要求 $R_L \geqslant (10 \sim 15) \dfrac{1}{\omega C}$，即时间常数满足

$$\tau = R_{\mathrm{L}}C \geqslant (3 \sim 5)\frac{T}{2} \tag{9.3.1}$$

此时，单相半波整流滤波电路的输出直流电压为

$$U_{\mathrm{o}} \approx U_2 \tag{9.3.2}$$

则直流电流为

$$I_{\mathrm{o}} = \frac{U_{\mathrm{o}}}{R_{\mathrm{L}}} = \frac{U_2}{R_{\mathrm{L}}} \tag{9.3.3}$$

单相桥式整流滤波电路的输出直流电压为

$$U_{\mathrm{o}} \approx 1.2U_2 \tag{9.3.4}$$

则直流电流为

$$I_{\mathrm{o}} = \frac{U_{\mathrm{o}}}{R_{\mathrm{L}}} = \frac{1.2U_2}{R_{\mathrm{L}}} \tag{9.3.5}$$

式（9.3.1）~式（9.3.5）中，T、U_2 分别为变压器二次电压的周期和有效值。

3. 带负载能力

电容滤波电路输出电压的平稳程度与负载有很大关系，当空载（即 $R_{\mathrm{L}} \to +\infty$）时，相当于放电时间常数趋于无穷大，放电速度极其缓慢，其直流输出电压约为 $\sqrt{2}U_2$。随着负载的增大（R_{L} 减小），放电时间常数减小，脉动程度增大，直流输出电压即趋于减小，也就是说，电容滤波电路的带负载能力较差。因此，电容滤波电路只适用于负载电流较小（R_{L} 较大）且负载变化不大的场合。

特别提示

滤波电容的电容值较大，需要采用电解电容，这种电解电容有规定的正、负极，使用时必须使正极（图中标"+"）的电位高于负的电位，否则会被击穿。在电容滤波电路中，滤波电容值可根据 $R_{\mathrm{L}}C \geqslant (3 \sim 5)\dfrac{T}{2}$ 来选取，电容的耐压值 U_{CN} 大于其实际电压的最大值，即取 $U_{\mathrm{CN}} \geqslant \sqrt{2}U_2$。

例 9.3.1　一单相桥式整流、电容滤波电路，已知电源频率 $f = 60\,\mathrm{Hz}$，负载电阻 $R_{\mathrm{L}} = 120\,\Omega$，负载直流电压 $U_{\mathrm{o}} = 60\,\mathrm{V}$。试求：（1）整流二极管的平均电流及承受的最高反向电压；（2）滤波电容器的电容值及耐压值；（3）负载电阻断路时的输出电压；（4）电容断路时的输出电压。

解：（1）求整流二极管的平均电流

$$I_{\mathrm{o}} = \frac{U_{\mathrm{o}}}{R_{\mathrm{L}}} = \frac{60}{120}\,\mathrm{A} = 0.5\,\mathrm{A}$$

$$I_{\mathrm{VD}} = \frac{1}{2}I_{\mathrm{o}} = 0.25\,\mathrm{A}$$

根据式（9.3.3）可得变压器二次电压为

$$U_2 = \frac{U_{\mathrm{o}}}{1.2} = \frac{60}{1.2}\,\mathrm{V} = 50\,\mathrm{V}$$

故整流二极管所承受的最高反向电压为

$$U_{\mathrm{RM}} = \sqrt{2}U_2 = 50\sqrt{2}\,\mathrm{V} = 70.7\,\mathrm{V}$$

（2）求滤波电容器的电容值。取 $R_{\mathrm{L}}C = 5 \times \dfrac{T}{2}$，则

$$C = 5 \times \frac{1}{2R_1 f} = 347\ \mu\text{F}$$

滤波电容器的耐压值为

$$U_{\text{CN}} = \sqrt{2}\,U_2 = 70.7\ \text{V}$$

（3）求负载电阻断路时的输出电压

$$U_{\text{o}} = \sqrt{2}\,U_2 = 70.7\ \text{V}$$

（4）电容断路时的输出电压即为单相桥式整流输出电压，即

$$U_{\text{o}} = 0.9 U_2 = 45\ \text{V}$$

9.3.2　电感滤波电路

图9.3.3a所示为一个单相桥式整流电感滤波电路，它是在整流电路之后与负载串联一个电感器。当脉动电流通过电感线圈时，线圈中要产生自感电动势来阻碍电流的变化，当电流增加时，产生的自感电动势阻碍电流的增加；当电流减小时，产生的自感电动势阻碍电流的减小，从而使负载电流和电压的脉动程度减小。脉动电流的频率越高，滤波电感越大，感抗就越大，阻碍通过电流变化的程度就越强，则滤波效果就越好，如图9.3.3b所示。电感滤波适用于负载电流较大（R_{L}较小）并且变化大的场合。

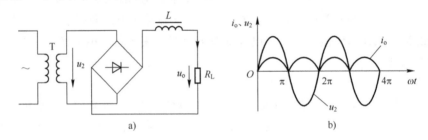

图9.3.3　单相桥式整流电感滤波电路

视频
稳压电路

9.4　稳压电路

经过整流和滤波后，虽然脉动程度有了很大改善，但直流电压仍不稳定。造成不稳的原因有两个：一是电网电压的波动；二是负载变化。这样就必须在整流滤波电路之后，采取稳压措施，以维持输出电压的稳定。

稳压管稳压电路是利用稳压二极管的反向击穿特性来稳压的，但其带负载能力差，一般只提供基准电压，不作为电源使用。在电子系统中，应用较为广泛的是串联反馈型（线性）稳压电路和串联开关型稳压电路两大类。

9.4.1　稳压管稳压电路

1. 电路结构

将稳压管与适当阻值的限流电阻R配合构成的稳压电路就是稳压管稳压电路，这是最简单的一种稳压电路。在图9.4.1所示电路中，U_{i}为桥式整流滤波电路的输出电压，也就是稳压电路的输入电压，U_{o}为稳压电路的输出电压，也就是负载电阻R_{L}两端的电压，它等于稳压管的稳定电压U_{Z}。由于稳压二极管与负载并联，故该电路又称为并联型稳压电路。

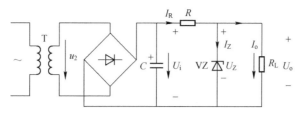

图 9.4.1　稳压管稳压电路

2. 稳压过程

当由电网电压的波动或负载电阻的变化而导致输出电压 U_o 变化时，可以通过限流电阻 R 和稳压管 VZ 的自动调整过程，保持输出电压 U_o 的基本恒定。由图 9.4.1 可知

$$U_o = U_i - I_R R = U_i - (I_Z + I_o)R$$

若负载电阻一定，而当电网电压升高时，则稳压电路的输入电压 U_i 升高，使 U_o 升高，调节过程如下：

$$U_i \uparrow \rightarrow U_o \uparrow \rightarrow U_Z \uparrow \rightarrow I_Z \uparrow \rightarrow I_R \uparrow \rightarrow U_o \downarrow$$

使 U_o 保持稳定。当电网电压降低而使 U_o 降低时，稳压过程与上述自动调整过程恰好相反。

若电网电压一定，即稳压电路的输入电压 U_i 一定，则当负载电阻 R_L 减小时，使 U_o 降低，调节过程如下：

$$R_L \downarrow \rightarrow I_o \uparrow \rightarrow I_R \uparrow \rightarrow U_o \downarrow \rightarrow U_Z \downarrow \rightarrow I_Z \downarrow \rightarrow I_R \downarrow \rightarrow U_o \uparrow$$

使 U_o 保持稳定。当负载电阻 R_L 增大时，稳压过程与上述自动调整过程恰好相反。

这种稳压电路虽然简单，但是受稳压管最大稳压电流的限制，输出电流不能太大，而且输出电压不可调，稳定性也不很理想。

9.4.2　串联反馈型稳压电路

1. 电路结构

该电路的结构如图 9.4.2 所示。U_i 来自整流滤波电路的输出，VT 是 NPN 型晶体管，在此又称为调整管，它的作用是通过电路自动调整 VT 的集电极-发射极之间的电压 U_{CE}，使输出电压 U_o 稳定。由电阻 R_1、R_2 和 R_P 构成采样电路，其作用是将输出电压的变化量通过 R_1、R_2 和 R_P 分压取出，然后送至比较放大器

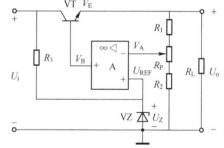

图 9.4.2　串联反馈型稳压电路原理图

A 的反相输入端。电阻 R_3 和稳压管 VZ 构成基准电压电路，使放大器同相输入端电位固定。比较放大器 A 的作用是对采样电路取出的信号进行放大，以控制调整管 I_B 的变化，进而调整 U_{CE} 的值。

由于在由集成运放所构成的比较放大器中引入了深度的电压串联负反馈，故能使输出电压非常稳定。由于调整管与负载串联，而电路采用深度的电压负反馈方式稳定输出电路，故将这种电路称为串联反馈型稳压电路。串联反馈型稳压电路根据电压稳定程度的不同要求而有简有繁，例如，可采用多级放大器来提高稳压性能，但基本环节是相同的。

2. 稳压过程

稳压过程实质上就是负反馈的自动调节过程。稳压过程如下：

当电网电压的波动或者负载变化导致 U_o 变化，例如，R_L 减小而使 U_o 降低时，通过由 R_1、

R_2 和 R_P 所构成的采样电路，放大器 A 反相输入端电位 V_A 必然下降。由于 A 连接成反相放大器，所以放大器 A 的输出端电位上升，即 V_B 上升，而导致 V_E 上升，则 U_{CE} 减小，从而使 U_o 增大。

由此可见，当外部因素有使 U_o 降低的趋势时，通过稳压电路的内部自动调节过程就使 U_o 有增大的趋势，由于这两种趋势恰好相反，U_o 基本维持不变。同理，若外部因素使 U_o 有增大的趋势时，也会通过电路的自动调节过程，使 U_o 基本不变。由于调整管工作于线性区，故也将这种电路称为线性稳压电路。

3. 输出电压的大小及调节方法

在图 9.4.2 所示的串联反馈型稳压电路中，若忽略比较放大器输入端电流，则有

$$V_A = \frac{R_2 + R_P'}{R_1 + R_2 + R_P} U_o$$

$$U_o = \frac{R_1 + R_2 + R_P}{R_2 + R_P'} V_A = \frac{R_1 + R_2 + R_P}{R_2 + R_P'} U_Z \tag{9.4.1}$$

$$V_A = U_{REF} = U_Z$$

在 U_Z 固定的情况下，只要改变 R_P' 的大小就可以改变 U_o 的值。因此为了调节方便，通常采用在采样电路中串联一个电位器 R_P，如图 9.4.2 所示。

$$U_{omax} = \frac{R_1 + R_2 + R_P}{R_2} U_Z$$

$$U_{omin} = \frac{R_1 + R_2 + R_P}{R_2 + R_P} U_Z \tag{9.4.2}$$

例 9.4.1 稳压电路如图 9.4.3 所示，已知集成运放 $A_V \gg 1$，稳压管 $U_Z = 6\,V$，$R_1 = R_2 = R_3 = 300\,\Omega$，负载 $R_L = 150\,\Omega$。（1）说明电路中调整管、基准电压电路、比较放大电路和采样电路四部分电路各由哪些元件组成。（2）在电路图中标出集成运放的同相输入端和反相输入端。（3）求该稳压电路输出电压的调整范围。

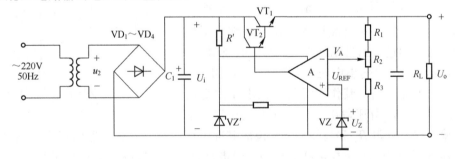

图 9.4.3　例 9.4.1 电路图

解：（1）调整管电路由 VT_1 和 VT_2 复合管构成；基准电压电路由 VZ 构成；比较放大电路由运放 A 构成；采样电路由 R_1、R_2 和 R_3 构成。（2）集成运放同相端在下方、反相端在上方。（3）$u_+ = u_- = U_Z = u_f = \dfrac{R_2' + R_3}{R_1 + R_2 + R_3} u_o$，则 $u_o = \dfrac{R_1 + R_2 + R_3}{R_2' + R_3} U_Z$，其中 R_2' 最大值为 300 Ω，最小值为 0，稳压电路输出电压的调整范围为 9~18 V。

9.5　内容拓展及专创应用

9.5.1　直流稳压电源

当今社会人们极大地享受着电子设备带来的便利，但是任何电子设备都有一个共同的电路——电源电路。大到超级计算机、小到袖珍计算器，所有的电子设备都必须在电源电路的支持下才能正常工作。当然这些电源电路的样式、复杂程度千差万别。超级计算机的电源电路本身就是一套复杂的电源系统。通过这套电源系统，超级计算机各部分都能够得到持续稳定、符合各种复杂规范的电源供应。袖珍计算器则是简单得多的电池电源电路，不过你可不要小看这个电池电源电路，比较新型的电路完全具备电池能量提醒、掉电保护等高级功能。电源电路是一切电子设备的基础，没有电源电路就不会有如此种类繁多的电子设备。由于电子技术的特性，电子设备对电源电路的要求就是能够提供持续稳定、满足负载要求的电能，而且通常情况下都要求提供稳定直流电能。提供这种稳定的直流电能的电源就是直流稳压电源。直流稳压电源在电源技术中占有十分重要的地位。另外，很多电子爱好者初学阶段首先遇到的就是要解决电源问题，否则电路无法工作、电子制作无法进行，学习就无从谈起。随着微电子技术的发展，现代电子系统正在向节能型分布式电源系统发展。由于各用电设备有独立的直流稳压电源，因此减少了直流输电线路，提高了系统整体可靠性，避免了低电压、大电流总线引起的电磁兼容问题，从而使系统损耗降低，达到了节约能源的目的。实际上，由于电子系统的应用领域越来越宽、电子设备的种类越来越多，要想对一个电子系统实行统一的直流供电不仅不安全、不可靠，而且也是完全不可能的。所以分布式供电也是一种必然的趋势，分布式电源正发展成为现代电子系统电源的基本结构，特别是那些需要电源种类多、功率电平灵活的系统（如较复杂的数字系统），已完全采用分布式电源。

9.5.2　工程实践

设计一个 6~30 V、500 mA 直流稳压电源电路，包括变压、整流、滤波及稳压电路，如图 9.5.1 所示。电源变压器 T_1 的一次电压是电网供电交流电压 220 V，二次电压为整流所需的交流电压 24 V、电流 500 mA，选择合适的电源变压器。$VD_1 \sim VD_4$ 为整流二极管，选用反向峰值电压为 50 V、工作电流为 1 A 的硅二极管。VT_1 为调整管，选择功耗大于 15 W 的 NPN 型功

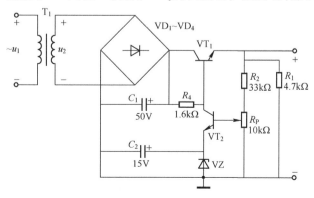

图 9.5.1　6~30 V 稳压电源电路

率晶体管。VT_2 作为放大器，选择小功率晶体管 2N697 或 3DG6。VZ 选用 5 V 稳压二极管，以提供基准电压。R_4 既是 VT_1 的偏置电阻又是 VT_2 的负载电阻。电阻 R_2 和电位器 R_P 串联组成取样电路，调节电位器得到 6~30 V 稳定电压。

9.6 小结

1. 直流稳压电源组成

直流稳压电源由变压、整流、滤波和稳压这四个部分构成，将电网提供的交流电经过这几部分调整，可以输出稳定的直流电压，供负载使用。

2. 整流电路——整流二极管应用

单相整流电路包括单相半波和单相桥式整流电路。单相半波整流电路只需要一个整流二极管，是最简单的一种整流电路，输出电压是半波波形。它的缺点是在每个交流输入周期内总有半个周期是不起作用的，电源的利用率较低。负载上输出的电压平均值和电流平均值分别为 $U_o = 0.45U_2$，$I_o = 0.45 \dfrac{U_2}{R_L}$。单相桥式整流电路需要四个整流二极管，两两交替工作，能够全波输出，大幅提高了电源的利用率。其低成本和高可靠性已经使得这种电路成为实际应用电路的首选。负载上输出的电压平均值和电流平均值分别为 $U_o = 0.9U_2$，$I_o = 0.9 \dfrac{U_2}{R_L}$。

3. 滤波电路——电容、电感应用

在整流电路的基础上增加储能元件，可构成不同形式的滤波电路，降低输出电压的脉动程度。此种电路包括电容滤波、电感滤波以及 π 形（RC 或 LC）滤波电路。凡通过电容滤波以后，输出电压的平均值均高于原整流输出值。单相半波整流电容滤波电路，负载上输出电压的平均值约为 $U_o \approx U_2$。单相桥式整流电容滤波电路，负载上输出电压的平均值约为 $U_o \approx 1.2U_2$。

4. 稳压电路

二极管稳压电路结构简单，但稳压效果差，实际运用中多采用串联反馈型稳压电路、串联开关型稳压电路以及集成稳压电路，在集成稳压器中，三端集成稳压器应用最为广泛。

9.7 习题

一、单选题

1. 单相半波整流电路，输入交流电压的有效值为 U_2，则输出电压 U_o 为（　　）。

A. $U_o = 0.45U_2$　　　　B. $U_o = 0.9U_2$　　　　C. $U_o = 1.4U_2$　　　　D. $U_o = 1.0U_2$

2. 设整流变压器二次电压 $u_2 = \sqrt{2}\, U_2 \sin\omega t\,\mathrm{V}$，欲使负载得到图 9.7.1 所示整流电压波形，需要采用（　　）整流电路。

A. 单相桥式　　　　B. 单相全波　　　　C. 单相半波　　　　D. 三相桥式

3. 如图 9.7.2 所示，欲测量单相半波整流电路的输入电压 U_i 及输出电压 U_o，应（　　）。

A. 用直流电压表分别测 U_i 及 U_o　　　　　　B. 用交流电压表分别测 U_i 及 U_o

C. 用直流电压表测 U_i，用交流电压表测 U_o　D. 用交流电压表测 U_i，用直流电压表测 U_o

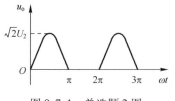

图 9.7.1 单选题 2 图

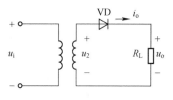

图 9.7.2 单选题 3 图

4. 整流电路如图 9.7.3 所示，输出电压平均值 U_o 是 18 V，若因故一只二极管损坏而断开，则输出电压平均值 U_o 是（   ）。

A. 10 V   B. 20 V

C. 40 V   D. 9 V

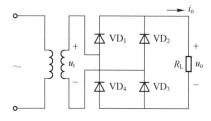

图 9.7.3 单选题 4 图

5. 关于桥式整流电路，下面几种说法正确的为（   ）。

A. 桥式整流电路中有 4 个整流二极管，所以每个二极管中电流的平均值等于负载电流的四分之一

B. 因为每个二极管只工作半个周期，所以每个二极管的平均电流为负载电流的二分之一

C. 由于负载电压为 $0.9U_2$，所以两个二极管上的电压是 $0.1U_2$

D. 桥式整流电路中有 4 个整流二极管，所以每个二极管中电流的平均值等于负载电流

6. 单相半波整流、电容滤波电路中，滤波电容接法是（   ）。

A. 与负载电阻 R_L 串联   B. 与整流二极管并联

C. 与负载电阻 R_L 并联   D. 与整流二极管串联

7. 电容滤波器的滤波原理是根据电路状态改变时，其（   ）。

A. 电容的数值不能跃变   B. 通过电容的电流不能跃变

C. 电容的端电压不能跃变   D. 电阻的端电压不能跃变

8. 直流电源如图 9.7.4 所示，用点画线将其划分成四部分，其中滤波环节是指图中（   ）。

A.（1）   B.（2）   C.（3）   D.（4）

9. 图 9.7.5 所示的单相半波整流、电容滤波电路中，设变压器二次电压有效值为 U_2，则通常取输出电压平均值 U_o 等于（   ）。

A. U_2 B. $1.2U_2$ C. $1.4U_2$ D. $2U_2$

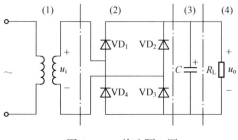

图 9.7.4 单选题 8 图

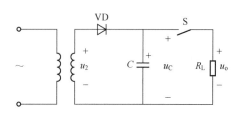

图 9.7.5 单选题 9 图

10. 在半导体直流电源中，为了减少输出电压的脉动程度，除有整流电路外，还需要增加的环节是（   ）。

A. 放大器   B. 滤波器   C. 振荡器   D. 变压器

11. 单相半波整流电路如图 9.7.6 所示，变压器二次电压有效值 U_2 为 10 V，则输出电压平均值 U_o 是 （　　）。

  A. 14.1 V   B. 4.5 V   C. 9 V   D. 10 V

12. 整流滤波如图 9.7.7 所示，变压器二次电压有效值是 10 V，开关 S 打开后，电容器两端电压的平均值 U_C 是 （　　）。

  A. 20 V   B. 12 V   C. 14.14 V   D. 28.28 V

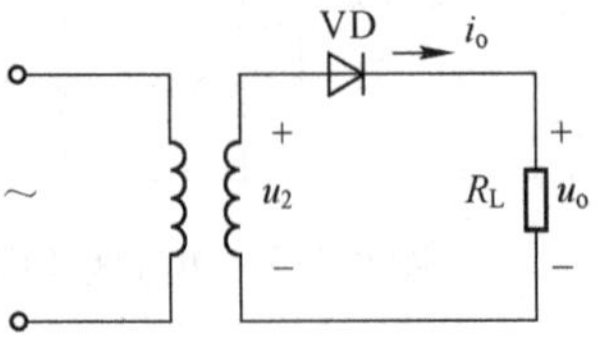

图 9.7.6　单选题 11 图 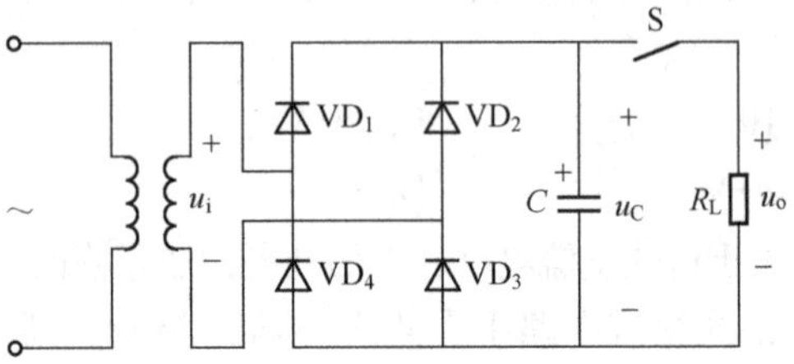　　　　　图 9.7.7　单选题 12 图

13. 自激正弦振荡器是用来产生一定频率和幅度的正弦信号的装置，此装置之所以能输出信号是因为 （　　）。

  A. 有外加输入信号

  B. 满足了自激振荡条件

  C. 先施加输入信号激励振荡起来，然后去掉输入信号

  D. 需外加交流输入信号

14. 一个振荡器要能够产生正弦波振荡，电路的组成必须包含 （　　）。

  A. 放大电路、负反馈电路   B. 负反馈电路、选频电路

  C. 放大电路、正反馈电路、选频电路   D. 放大电路、负反馈电路、选频电路

15. 一个正弦波振荡器的开环电压放大倍数为 A_U，反馈系数为 F，能稳定振荡的幅值条件是 （　　）。

  A. $|A_UF| > 1$ B. $|A_UF| < 1$ C. $|A_UF| = 1$ D. $|A_UF| \neq 1$

16. 正弦振荡电路产生振荡的临界条件是 （　　）。

  A. $\dot{A}\dot{F} = 1$ B. $\dot{A}\dot{F} = -1$ C. $|\dot{A}\dot{F}| = 1$ D. $\dot{A}\dot{F} = 0$

17. 整流电路如图 9.7.8 所示，图中只有一个元件接错，为元件 （　　）。

  A. VD_1

  B. VD_2

  C. VD_3

  D. VD_4

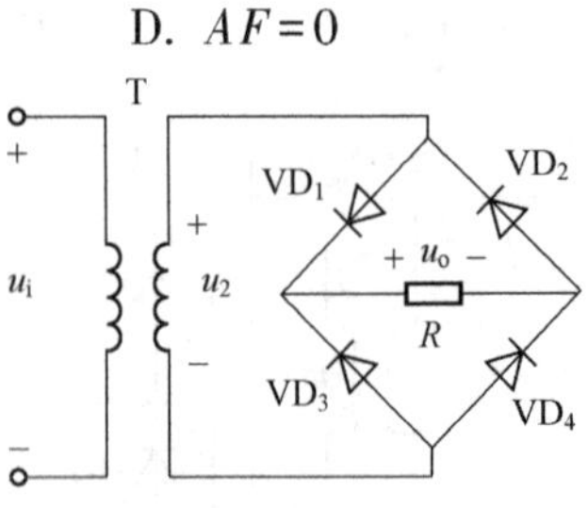

图 9.7.8　单选题 17 图

二、判断题

1. 在单相桥式整流电路中，负载电压 $U_o = 0.9U_2$。（　　）

2. 在单相半波整流电路中，负载电压 $U_o = 0.45U_2$。（　　）

3. 在直流稳压电源中，整流变压器主要是将交流电源电压变换为符合整流需要的电压。（　　）

4. 在整流电路中，二极管之所以能整流，是因为它具有反向击穿的性能。（　　）

5. 将交流电转换为直流电的过程称为整流。（　　　）

6. 稳压电路输出的电压是较稳定的直流电压。（　　　）

7. 把脉动直流电变成较为平稳的直流电的过程，称为滤波。（　　　）

8. 硅稳压二极管的稳压作用是利用其内部 PN 结的正向特性来实现的。（　　　）

9. 稳压二极管工作在反向击穿状态，去掉反向电压后，稳压二极管又恢复正常。（　　　）

10. 当工作电流超过最大稳定电流 I_{Zmax} 时稳压二极管将不起稳压作用，但并不损坏。（　　　）

11. 硅稳压二极管的稳压电路中，限流电阻不仅具有限流作用，也具有调压作用。（　　　）

12. 串联型稳压电路一般包含采样环节、基准电压环节、比较放大电路和调整环节四部分。（　　　）

13. 串联型稳压电路中调整管工作在放大状态。（　　　）

14. 在中大功率稳压电路中，为了减小调整管的功耗、提高电源效率，通常采用开关型稳压电源。（　　　）

15. 硅稳压二极管的稳压电路中，硅稳压二极管必须与负载电阻并联。（　　　）

三、计算题

1. 图 9.7.9 所示的单相桥式整流电路中，已知变压器二次电压的有效值 $U_2 = 40$ V，负载电阻 $R_L = 18$ Ω，试求输出电压 U_o 和输出电流 I_o。

2. 整流滤波电路如图 9.7.10 所示，二极管为理想元件，电容 $C = 1000$ mF，负载电阻 $R_L = 100$ Ω，负载两端直流电压 $U_o = 30$ V，变压器二次电压 $u_2 = \sqrt{2}\,U_2\sin\omega t\,$V。要求：

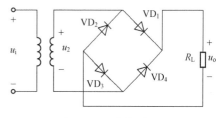

图 9.7.9　计算题 1 图

（1）计算变压器二次电压有效值 U_2；（2）定性画出输出电压 U_o 的波形。

3. 图 9.7.11 所示的桥式整流电容滤波电路，$U_2 = 20$ V，$R_L = 40$ Ω，$C = 1000$ μF，试问：

（1）正常时 U_o 为多大？

（2）如果测得 U_o 为①$U_o = 18$ V；②$U_o = 28$ V；③$U_o = 9$ V；④$U_o = 24$ V，电路分别处于何种状态？

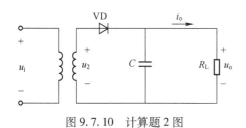

图 9.7.10　计算题 2 图

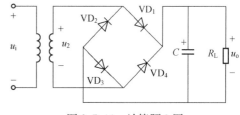

图 9.7.11　计算题 3 图

4. 图 9.7.12 所示的桥式整流电路，设 $u_2 = \sqrt{2}U_2\sin\omega t\,$V，分别画出下列情况下输出电压 U_o 的波形。（1）S_1、S_2 均打开；（2）S_1 闭合，S_2 打开；（3）S_1、S_2 均闭合。

5. 图 9.7.13 所示的单相半波整流电路，试求：（1）u_o 的波形；（2）u_o 与 u_2 的关系；（3）I_{VD} 与 I_o 的关系；（4）U_{RM} 与 U_2 的关系。

6. 图 9.7.14 所示的单相桥式整流电路，已知 $U_2 = 30$ V，$R_L = 120$ Ω。试选择电路中的二极管。

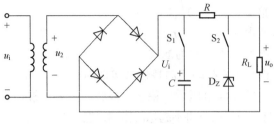

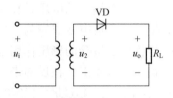

图 9.7.12 计算题 4 图   图 9.7.13 计算题 5 图

7. 图 9.7.15 所示的单相桥式整流、电容滤波电路，交流电源频率 $f = 50\text{ Hz}$，$U_2 = 15\text{ V}$，$R_L = 300\ \Omega$。试求：（1）负载的直流电压和直流电流；（2）选择整流元件和滤波电容；（3）电容失效（断路）和 R_L 断路时的 U_o。

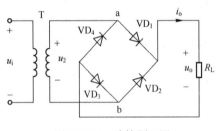

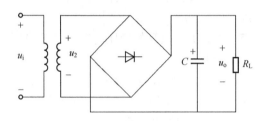

图 9.7.14 计算题 6 图   图 9.7.15 计算题 7 图

8. 图 9.7.16 所示的单相桥式整流电路，已知变压器二次电压为 $u_2 = 20\sqrt{2}\sin\omega t\text{ V}$，$R_L = 100\ \Omega$。试求：（1）输出电压平均值 U_o、输出电流平均值 I_o；（2）二极管的电流 I_{VD}、二极管承受的最大反向电压 U_{RM}；（3）若二极管 VD_4 接反，会发生什么现象？

9. 图 9.7.17 所示的单相桥式整流电路，已知变压器二次电压为 $u_2 = 10\sqrt{2}\sin\omega t\text{ V}$，$R_L = 20\ \Omega$。试求：（1）在图中用箭头画出 u_2 正半周时电流 i_o 的流向，并标出 u_o 极性；（2）输出电压平均值 U_o、输出电流平均值 I_o；（3）若需要电容波波，在图中画出电容 C，并标注其极性，计算此时输出电压平均值 U_o 为多大？

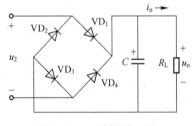

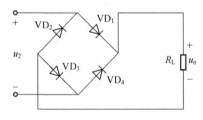

图 9.7.16 计算题 8 图   图 9.7.17 计算题 9 图

10. 图 9.7.18 所示的单相桥式整流滤波电路，已知输出电压 $U_o = -15\text{ V}$，$R_L = 100\ \Omega$，电源频率 $f = 50\text{ Hz}$，试求：（1）变压器二次电压有效值 U_2；（2）二极管的正向平均电流 I_{VD}、整流二极管承受的最大反向电压 U_{RM}。

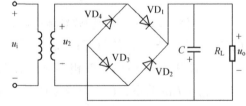

图 9.7.18 计算题 10 图

第 10 章　门电路和组合逻辑电路

思政引例

> 绳锯木断，水滴石穿。

——罗大经

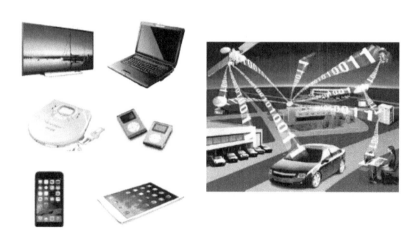

1849 年，英国数学家乔治·布尔（George Boole）首先提出了描述客观事物逻辑关系的数学方法——布尔代数，1938 年，克劳德·香农（Claude E. Shannon）将布尔代数应用到继电器开关电路的设计，因此又称为开关代数。随着数字电子技术发展，布尔代数成为数字逻辑电路分析和设计的基础，又称为逻辑代数。逻辑代数与普通代数相似之处在于它们都用字母表示变量，用代数式描述客观事物间关系；不同之处在于，逻辑代数是描述客观事物逻辑关系，逻辑函数表达式中逻辑变量取值只有两个值，即 0 和 1。这两个值不具有数量大小意义，仅仅表示客观事物两种相反状态，如开关闭合与断开、晶体管饱和导通与截止、电位高与低等。因此，逻辑代数有其自身独立规律和运算法则，用它们对数学表达式进行处理，可以完成对逻辑电路的化简、变换、分析和设计。数字电路发展经历由电子管、半导体分立元器件到集成电路过程。自 1961 年出现第一片数字集成电路以来，集成电路技术发展迅猛，由于其具有体积小、耗电少、可靠性高、使用方便等优点，集成电路很快占据主导地位。20 世纪 70 年代末，微处理器出现使数字集成电路的性能发生质的飞跃，集成电路集成度以每 3 年翻两番的速度快速增加，从而推动微电子技术迅猛发展。微电子技术是现代军事技术与军事武器装备基础和核心技术，海湾战争就是现代战争中以"硅芯片"打垮"钢铁"的典型战例。现代军事装备的革新潮流主要依靠先进电子系统，使尽量多的参战工具小型化、电子化、智能化、集成化，因此对集成电路性能要求更高，也使得集成电路在军事应用中的前景更加广阔。

　　本章从数字系统的组成和数字电路的特点出发，介绍组成数字系统的基本单元——逻辑门电路；以 TTL 与非门为例介绍集成门电路的电压传输特性和主要参数，为了解集成门电路的特点和掌握它们的使用方法打下基础；在此基础上，讨论利用逻辑代数知识分析和设计组合逻辑电路的方法；最后介绍常用组合逻辑模块——加法器、编码器和译码器，为合理选用集成电路器件打下基础。通过本章学习，读者应理解与门、或门、非门、与非门、或非门和异或门等常用门电路的逻辑符号和逻辑功能，了解集电极开路（OC）门、传输门、三态门电路的特点和作用，了解 TTL 门电路的特点及其连接方法；掌握逻辑代数的基本运算法则，并运用它们来分析与设计组合逻辑电路；了解全加器、编码器、译码器等常用组合逻辑电路的工作原理，并能根据需要合理选用。

学习目标：

1. 掌握与、或、非三种基本逻辑运算以及与非、异或等常用逻辑运算功能。

2. 理解逻辑代数的基本运算法则和基本定律。

3. 掌握复合逻辑运算关系表达式、逻辑符号和逻辑规律，掌握逻辑代数运算法则及逻辑化简方法。

4. 了解数字集成门电路特点及其使用方法，掌握集成门电路使用中的实际问题。

5. 掌握组合逻辑电路分析和设计方法。

6. 了解编码器、译码器、加法器等常用组合逻辑电路的基本概念、用途，掌握常用组合逻辑模块的使用方法。

素养目标：

1. 结合逻辑门电路与、或、非电路特性及工程应用，培养学生自力更生、创新精神、团队合作精神和国家民族自豪感。

2. 正确看待个体与整体的关系，在提高团队凝聚力和创新能力的同时实现个人创造力和核心力的提升，快速准确地抓住问题的主要方面与次要方面。

3. 在组合逻辑电路分析与设计中，以大国工匠事迹为引领，锤炼一丝不苟、精益求精、严谨治学的工匠精神。

视频
数字电路概述

10.1 数字电路概述

10.1.1 数字电路和模拟电路

前面所讨论的电子电路中的信号都是随时间连续变化的电信号，它们都看作各种连续变化物理量（如声音、压力、流量等）变化规律的模拟。例如，在扬声器的放大电路中被放大的信号就是按照讲话人的声音强弱而连续变化的电信号。这类信号称为模拟信号，处理模拟信号的电路称为模拟电路。电子电路中还有一类不连续变化的信号，这类信号称为脉冲信号。在各种脉冲信号中，最常用的是矩形脉冲，其低电平的周期为 T、幅度为 A，如图 10.1.1 所示。它在 T_1 期间为高电平，在 T_2 期间为低电平。这两种电平可用 1 和 0 两个数字来表示。因此，矩形脉冲信号通常称为数字脉冲信号，简称数字信号。处理数字信号的电路称为数字电路。

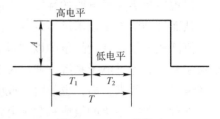

图 10.1.1 矩形脉冲

本章主要研究电路中开关的接通与断开、信号的有与无、电平的高与低以及各单元电路中输入和输出的逻辑关系。

数字电路有以下特点：

1）数字电路只需区别数字信号所处的高、低电平，而不必反映信号幅度的精确数值，因此数字电路的可靠性较高。由于外部干扰主要影响信号的幅度，因此，数字电路的抗干扰能力强。

2）数字电路不仅能对信号进行算术运算，而且还能进行逻辑运算和判断，即其有一定的"逻辑思维"能力，故便于实现智能化。

3）数字信号表示比较简单，便于传输和存储，容易被计算机处理。

4）数字电路中的电子元件大多工作在开关状态，功耗小，易于集成化。

由于现代电子设备越来越多地趋于数字化，特别是随着大规模数字集成电路成本日趋降低以及数字电路的标准化、通用性和灵活性等特点，各种数字系统必将会得到越来越广泛的应用。为了使读者对数字电路有个大致的了解，这里介绍一个数字系统的框图。

图 10.1.2 是电动机转速测量系统的框图。在电动机轴上装一圆盘，圆盘上开一小孔。电动机每转一周，光线穿过小孔照射到光电转换器上一次，光电转换器就发出一个电脉冲。由于电脉冲信号通常较弱，波形也不规则，因此，必须经放大电路和整形电路进行放大并整形为矩形脉冲，这些脉冲通过门电路输入计数器计数。为了测量电动机在 1 min 内的转速（即单位时间内的转数），必须有个产生标准时间（如 1 min，也可以是 1 s）的电路，这种电路称为时间基准电路（图 10.1.2 中为脉冲发生器）。时间基准电路输出的高电平宽度为 1 min 的矩形脉冲作为开关信号输入门电路的另一输入端，让它控制门电路打开，即在矩形脉冲高电平时间内，整形后的计数脉冲可通过门电路而进入计数器计数。当 1 min 结束后，该矩形脉冲为低电平时，门电路关闭，整形后的脉冲就不能通过门电路，这时计数器中累计的数目经二-十进制译码器、数码显示管以十进制数显示出来。该数目就是电动机的转速。

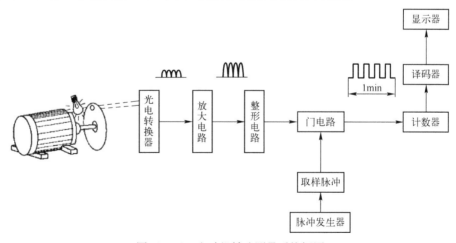

图 10.1.2　电动机转速测量系统框图

通过上面的例子可以大概了解数字系统所涉及的一些电路单元。其中具有一定逻辑功能的门电路在整个系统中起着关键作用。并且，其他一些电路单元也是由基本的门电路组合而成的。所以，本章讨论门电路及由门电路所组成的多种逻辑单元电路。

10.1.2　数制

在数字电路中，经常遇到计数问题。在日常生活中，人们通常使用的是十进制数。但是，为了简化电路设计，提高电路可靠性，在数字电路中主要采用二进制数。二进制数只有 0 和 1 两个数码，电路只需表示并辨别两种独立的状态。这两种状态可以是电路中开关断开 (0) 或开关闭合 (1)、低电平 (0) 或高电平 (1) 等。

二进制数是以 2 为基数，利用数码所处的不同位置可代表不同的数值（权值），如 $(1101)_2 = 1×2^3+1×2^2+0×2^1+1×2^0 = (13)_{10}$，上式中括号的下标表示数制。二进制的计数特点是"逢二进一，借一当二"，如 $0+1=1$，$11+1=100$，即每当本位是 1，再加 1 时，本位就变成 0，而向高位进 1。

二进制数具有计数简单且容易被电路识别的优点，但是用它来表示一个数所需要的位数较多，书写麻烦，且容易出错。所以，在数字技术中有时还采用八进制数和十六进制数。八进制数有 8 个数码，它们分别用阿拉伯数字 0~7 表示，其计数特点为"逢八进一，借一当八"。十六进制数有 16 数码，分别用阿拉伯数字 0~9 和英文字母 A、B、C、D、E、F 来表示。其计数特点是"逢十六进一，借一当十六"。表 10.1.1 列出了同一数值而用不同进制表示的一些数。

表 10.1.1　不同进制的数

十进制		二进制					八进制		十六进制	
10^1	10^0	2^4	2^3	2^2	2^1	2^0	8^1	8^0	16^1	16^0
	0	0	0	0	0	0	0	0	0	0
	1	0	0	0	0	1	0	1	0	1
	2	0	0	0	1	0	0	2	0	2
	3	0	0	0	1	1	0	3	0	3
	4	0	0	1	0	0	0	4	0	4
	5	0	0	1	0	1	0	5	0	5
	6	0	0	1	1	0	0	6	0	6
	7	0	0	1	1	1	0	7	0	7
	8	0	1	0	0	0	1	0	0	8
	9	0	1	0	0	1	1	1	0	9
1	0	0	1	0	1	0	1	2	0	A
1	1	0	1	0	1	1	1	3	0	B
1	2	0	1	1	0	0	1	4	0	C
1	3	0	1	1	0	1	1	5	0	D
1	4	0	1	1	1	0	1	6	0	E
1	5	0	1	1	1	1	1	7	0	F
1	6	1	0	0	0	0	2	0	1	0

特别提示

十进制数转换成任意进制数的方法：整数是除基取余法，先出现的是低位；小数是乘基取整法，先出现的是高位。

【练习与思考】

1）从工作信号和晶体管的工作状态来说明模拟电路和数字电路的区别。

2）如何区分正脉冲和负脉冲?

视频
逻辑门电路

10.2　逻辑门电路

数字电路的输出信号与输入信号之间有着一定的逻辑关系。当输入信号之间满足特定的条件时，信号能通过；当条件不满足时，信号就不能通过。所以这种电路就是按照一定的逻辑关系而开关的门，因此称为逻辑门电路，简称门电路。门电路的输入和输出信号都是用高电平或低电平表示。若高电平用逻辑 1 表示，低电平用逻辑 0 表示，则称为正逻辑；反之，则称为负逻辑。基本的逻辑门有与门、或门和非门。下面分别介绍它们的逻辑功能。

10.2.1　与门电路

图 10.2.1 所示是由两个串联开关控制的照明电路。A、B 可分别看作电源的总开关和灯开关，由图可知，只有当 A 与 B 都合上时，灯才会亮，A、B 中只要有一个断开，灯 HL 就不亮。该电路所反映的这种关系称为与逻辑。实现与逻辑的电路称为与门电路，简称与门。与门是具有两个或两个以上输入端和一个输出端的逻辑电路。

图 10.2.2a 所示电路是用二极管组成的与门电路，其中，A、B 为输入端，F 为输出端。

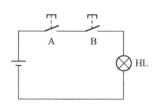

图 10.2.1　与逻辑电路

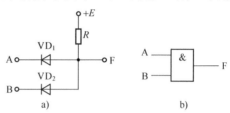

图 10.2.2　二极管与门电路及其逻辑符号
a）与门电路　b）逻辑符号

为了便于分析，规定：3 V 左右的电平为高电平，0 V 左右与逻辑电路的电平为低电平，二极管导通时的管压降忽略不计。

下面讨论与门电路在四种不同输入条件下的输出情况：

1）输入端 A、B 均为低电平，即 $U_A = U_B = 0\text{ V}$，二极管 VD_1、VD_2 均正向偏置而导通，$U_F = 0\text{ V}$，即输出为低电平。

2）输入端 A 为低电平，即 $U_A = 0\text{ V}$，U_B 为高电平，即 $U_B = 3\text{ V}$。这时因二极管 VD_1 两端的电位差较大而优先导通，使 U_F 被钳制在 0 V，VD_2 处于反向偏置而截止。因此，输出为低电平。

3）输入端 A 为高电平，即 $U_A = 3\text{ V}$，B 为低电平，即 $U_B = 0\text{ V}$，这时二极管 VD_2 优先导通，使 $U_F = 0\text{ V}$，而 VD_1 截止。因此，输出为低电平。

4）输入端 A、B 均为高电平，即 $U_A = U_B = 3\text{ V}$，二极管 VD_1、VD_2 均导通。$U_F = 3\text{ V}$，输出为高电平。

将上面的分析结果归纳起来，可列成表 10.2.1。表中 1 表示高电平，0 表示低电平。这种表示输入与输出之间所有逻辑关系的表格称为真值表。

表 10.2.1　与门真值表

A	B	F
0	0	0
0	1	0
1	0	0
1	1	1

由真值表可见，与门的逻辑关系是"有 0 则 0，全 1 则 1"。即一个输入为低电平时，输出就是低电平，只有所有输入都为高电平时，输出才是高电平。与门的逻辑符号如图 10.2.2b 所示。与逻辑关系还常用逻辑函数式表示为

$$F = A \cdot B \tag{10.2.1}$$

式中，A、B 为输入变量；F 为输出变量。式（10.2.1）表示逻辑与运算，也称为逻辑乘，通常可省略写成

$$F = AB$$

10.2.2　或门电路

图 10.2.3 所示为由两个并联开关控制的照明电路，该电路可实现在不同地方开灯。由图可知，只要开关 A 或开关 B 合上都可以使灯 HL 亮。这种逻辑关系称为或逻辑。实现或逻辑的电路称为或门电路，简称或门。或门也是具有两个或两个以上输入端和一个输出端的逻辑电路。

图 10.2.4a 所示为用二极管组成的或门电路。仿照与门电路的讨论，可列出或门电路的真值表，见表 10.2.2。由真值表可知，或门的逻辑关系是，只要有一个输入端为高电平，输出就是高电平，只有所有的输入端全为低电平时，输出才是低电平，即有 1 则 1，全 0 则 0。或门的逻辑符号如图 10.2.4b 所示，逻辑符号中的 "≥" 意味着只要一个或多于一个输入端为高电平时，输出就是高电平。或逻辑关系的逻辑函数式为

$$F = A + B \qquad\qquad (10.2.2)$$

式中，"+" 号称为逻辑或，也称为逻辑加。

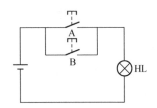

图 10.2.3　或逻辑电路

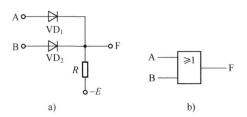

图 10.2.4　二极管或门电路及其逻辑符号

a）或门电路　b）逻辑符号

以上所讨论的与门和或门电路所采用的逻辑都是正逻辑。如果采用负逻辑，即低电平为 1，高电平为 0，读者不难看出，图 10.2.2a 所示的与门电路就变成或门电路，而图 10.2.4a 所示的或门电路就变成与门电路。由此可见，同一电路采用不同的逻辑体制，所得到的逻辑功能是不同的。所以，在分析逻辑电路之前，首先要弄清楚采用的是正逻辑还是负逻辑。本书中如不做另外说明时都采用正逻辑。

表 10.2.2　或门真值表

A	B	F
0	0	0
0	1	1
1	0	1
1	1	1

10.2.3　非门电路

图 10.2.5 所示电路中，当开关 A 断开时，灯 HL 就亮。当开关闭合时，灯 HL 反而不亮。这个电路的逻辑关系称为非逻辑，实现非逻辑的电路称为非门电路，简称非门。

图 10.2.6a 所示为晶体管组成的非门电路。在电路参数选适当的情况下，当输入端为高电平 1，即 $U_A = 3\,\mathrm{V}$ 时，晶体管饱和导通，输出端 $U_F \approx 0\,\mathrm{V}$。当输入端为低电平 0，即 $U_A = 0\,\mathrm{V}$ 时，晶体管截止，输出端 $U_F \approx U_{CC} \geq 3\,\mathrm{V}$，为高电平 1。由此可得非门的真值表见表 10.2.3。

由真值表可知，非门的逻辑关系是输出电平与输入电平相反。非门的逻辑符号如图 10.2.6b 所示。非逻辑的函数式为

$$F = \overline{A} \qquad\qquad (10.2.3)$$

式中，A 上面的短横线 "‾" 和图 10.2.6b 所示逻辑符号中输出端的小圆圈 "。" 都表示非逻辑关系。逻辑符号的方框中的数字 "1" 表示非门只有一个输入端和一个输出端。

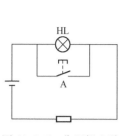

图 10.2.5　非逻辑电路

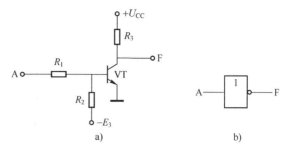

图 10.2.6　晶体管非门电路及其逻辑符号
a）非门电路　b）逻辑符号

10.2.4　复合门电路

为了扩展逻辑功能以适应电路设计的需要，由与门、或门和非门三种基本逻辑门可以组成多种复合门。

如图 10.2.7a 所示，与门和非门串联组成与非门，它的逻辑符号如图 10.2.7b 所示。

根据与门和非门的逻辑关系可列出与非门的真值表，见表 10.2.3。由真值表可知，与非门的逻辑关系是，只要输入端有一个是低电平，输出端就是高电平，即"有 0 则 1，全 1 则 0"。

与非门的逻辑函数式为

$$F = \overline{A \cdot B} \qquad (10.2.4)$$

表 10.2.3　与非门真值表

A	B	F
0	0	1
0	1	1
1	0	1
1	1	0

图 10.2.8a 中，由或门和非门串联组成或非门。它的逻辑符号如图 10.2.8b 所示。

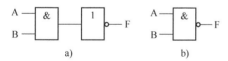

图 10.2.7　与非门组成及其逻辑符号
a）与非门电路　b）逻辑符号

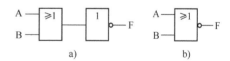

图 10.2.8　或非门组成及其逻辑符号
a）或非门电路　b）逻辑符号

或非门的逻辑函数式为

$$F = \overline{A + B} \qquad (10.2.5)$$

图 10.2.9a 中，由与门、或门和非门连接组成与或非门，它的逻辑符号如图 10.2.9b 所示。与或非门的逻辑函数式为

$$F = \overline{A_1 B_1 + A_2 B_2} \qquad (10.2.6)$$

仿照与非门的讨论，读者根据基本

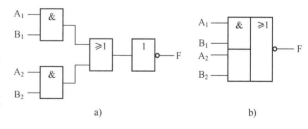

图 10.2.9　与或非门组成及其逻辑符号
a）与或非门电路　b）逻辑符号

逻辑门的关系，可列出或非门和与或非门的真值表，并总结出它们的逻辑关系。利用上面介绍的几种门电路，可组成许多不同逻辑功能的电路。

例 10.2.1　图 10.2.10 所示为一密码锁控制电路。通常开关 S 接通 A（地端）。开锁条件有两个：第一，拨对密码；第二，将钥匙插入锁眼把开关 S 接通 B。两个条件同时满足时，开锁信号 Y_1 为 1，将锁打开；否则，锁打不开，并且报警信号 Y_2 为 1，接通报警器报警。试分析密码是什么？

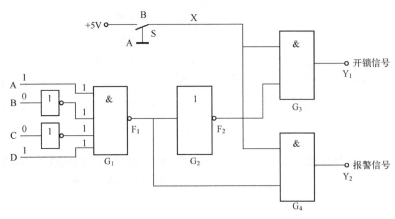

图 10.2.10　例 10.2.1 逻辑电路

解： 欲使开锁信号 $Y_1 = 1$，与门 G_3 两个输入 F_2 和 X 必须全为 1，在用钥匙接通开关 S，使 X = 1 之前，为了使非门 G_2 输出 $F_2 = 1$，则必须使与非门 G_1 的输出 $F_1 = 0$，显然要求与非门 G_1 的输入端全为 1，因此，密码应为

$$ABCD = 1001$$

密码拨对后，将钥匙插入锁眼，接通 S，使 X = 1，将锁打开。

若密码不对，$F_1 = 1$，$F_2 = 0$，再将钥匙插入锁眼，使 X = 1，则 $Y_1 = 0$，锁不开。同时与门 G_4 输出 $Y_2 = F_1 \cdot X = 1$，发出报警信号。

特别提示

"与"逻辑是指当决定某件事的几个条件全部具备时，该事件才会发生，这种因果关系称为"与"逻辑关系，实现"与"逻辑关系的电路称为"与"门电路。"或"逻辑是指当决定某件事的几个条件中，只要有一个条件具备，该事件就会发生，这种因果关系称为"或"逻辑关系，实现"或"逻辑关系的电路称为"或"门电路。在逻辑关系中，"非"就是否定或相反的意思。实现"非"逻辑关系的电路称为"非"门电路。

【练习与思考】

1）一个四输入的或非门，要使输出为 0，是否可以由任一个输入端加输入信号来确定？如果可以，所加信号应该是高电平还是低电平？

2）如对图 10.2.7 和图 10.2.8 所示的门电路采用负逻辑进行分析，试列出真值表，并说明其逻辑功能。

3）请画出三种基本逻辑门的逻辑符号。

10.3　TTL 门电路

随着微电子技术的发展，将门电路的所有元件和连线都制作在一块很小的半导体基片上，这就是集成门电路。由于集成门电路具有体积小、耗电少、工作可靠等突出优点，现已很少使用分立元器件的门电路。集成门电路的种类很多。本节主要介绍集成 TTL（Transistor Transistor Logic）与非门和三态门。

10.3.1　TTL 与非门电路

图 10.3.1a 所示为 TTL 与非门的简化原理电路，其中，VT_1 是多发射极晶体管，它的 4 个

发射结可看成阳极并联的 4 个二极管，而集电结相当于 1 个与前者"背靠背"的二极管，如图 10.3.1b 所示。这样 VT_1 的作用和二极管与门相似，晶体管 VT_2 起非门作用。下面介绍它的工作原理及主要参数。

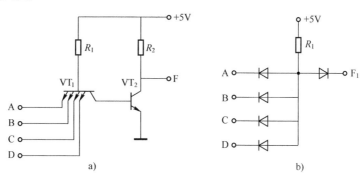

图 10.3.1　TTL 与非门原理电路

1. 工作原理

当输入端中的一个（或多个）为低电平（0 V）时，VT_1 的基极与输入端为低电平的发射极之间的 PN 结因承受较大的正向电压而优先导通，使 VT_1 的基极电位 V_{B1} 被钳制在 0.7 V 左右，因而使 VT_2 截止，输出为高电平。当输入端全为高电平（3 V）时，电源通过 R_1 和 VT_1 的集电结给 VT_2 提供基极电流，使 VT_2 饱和导通，输出为低电平。此时，VT_1 的基极电位 V_{B1} 是 VT_1 集电结和 VT_2 发射结正向导通时的电压降之和，约为 1.4 V，因此，VT_1 的各个发射结都因承受反向电压而截止。

从上面的分析可以看出，这个电路只有当输入端全为高电平时，输出才为低电平。它符合与非的逻辑关系，值得注意的是，在图 10.3.1 中，当某个输入端悬空时，由于相应的发射结不能导通，所以它与输入端加高电平等效。图 10.3.2 是 74LS20 双 4 输入与非门的外引线排列图。每个与非门有 4 个输入端和 1 个输出端。

2. 电压传输特性和主要参数

集成门电路是固体组件，使用时可把它当作一个器件来看待。为了更合理地使用集成门电路，必须了解它的外部特性和主要参数。图 10.3.3 所示为典型的 TLL 与非门的电压传输特性。电压传输特性是指将与非门的某一输入端的电压由 0 逐渐增大，而将其他输入端接恒定的高电平时测得的输出电压 u_o 随输入电压 u_i 变化的特性。

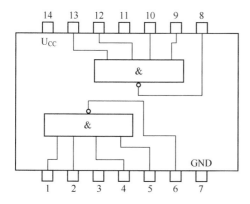

图 10.3.2　74LS20 与非门外引线排列图

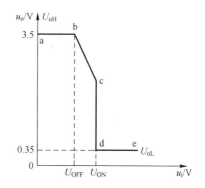

图 10.3.3　与非门电压传输特性

下面通过讨论 TLL 与非门的电压传输特性来介绍它的主要参数。这些参数是使用者判断器件性能好坏和合理使用器件的依据。

（1）输出高电压 U_{oH}

输出高电压 U_{oH} 是指当输入信号有一个或多个为低电平时，与非门的输出电压值，即传输特性曲线上 ab 段的电压值。U_{oH} 的典型值约为 3.5 V，产品规范值 $U_{oH} \geqslant 2.4$ V。

（2）输出低电压 U_{oL}

输出低电压 U_{oH} 是指当输入信号全为高电平时，与非门的输出电压值，即传输特性上 de 段的电压值。通常 $U_{oL} \leqslant 0.35$ V，产品规范值 $U_{oL} \leqslant 0.4$ V。

（3）关门电压 U_{OFF}

关门电压 U_{OFF} 是指保证输出高电平所允许的最大输入低电平的电压值，通常 $U_{OFF} \geqslant 0.8$ V。当输入端的低电平受正向干扰而升高时，只要不超过关门电压 U_{OFF}，输出仍能保持高电平。可见，关门电压越大，表明电路抗正向干扰的能力越强。

（4）开门电压 U_{ON}

开门电压 U_{ON} 是指保证输出低电平所允许的最小输入高电平的电压值，通常 $U_{ON} \leqslant 1.8$ V。当输入高电平受负向干扰而降低时，只要不低于开门电压 U_{ON}，输出仍能保持低电平。所以开门电压越小，表明电路抗负向干扰的能力越强。

（5）扇出系数 N

扇出系数 N 表示输出端能带动同类门的最大数目。典型 TTL 电路的扇出系数 $N \geqslant 8$。

（6）平均传输延迟时间 t_{pd}

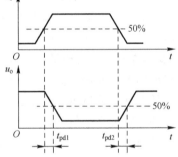

在与非门某一输入端加上一个脉冲电压，其余输入端接高电平，其输入、输出波形如图 10.3.4 所示，输出电压变化相对于输入电压变化有一定的时间延迟。从输入脉冲上升沿的 50% 到输出脉冲下降沿的 50% 所经过的时间称为上升延迟时间 t_{pd1}。从输入脉冲下降沿的 50% 到输出脉冲上升沿的

图 10.3.4　与非门电路延迟波形

50% 所经过的时间称为下降延迟时间 t_{pd2}。门电路的平均传输延迟时间定义为

$$t_{pd} = \frac{t_{pd1} + t_{pd2}}{2}$$

TTL 电路的平均传输延迟时间 $t_{pd} \leqslant 40$ ns。平均传输延迟时间越小，电路的允许工作速度越高。

10.3.2　集电极开路与非门

在实际使用中，常需要将几个与非门的输出端直接用导线连在一起，完成将各与非门输出相与的逻辑功能。例如，两个二输入端与非门的输入分别为 A、B 和 C、D，输出分别为 F_1 和 F_2，那么 F_1 和 F_2 相与的逻辑式为 $F = F_1 \cdot F_2$，如图 10.3.5 所示。这种靠导线的连接方式来实现与的功能称为线与。但是，并不是所有的与非门都能接成线与电路。如果把上面所讨论一般 TTL 与非门的输出端连在一起，当有的门输出低电平，有的门输出高电平时，将有较大电流从输出高电平的门电路流向输出低电平的门电路，可能因功耗过大而烧坏器件，因此，一般 TTL 与非门的输出端不允许直接连在一起，

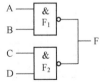

图 10.3.5　与非门的线与结构

也就是说，一般的 TTL 与非门不能实现线与功能。

为了实现线与功能，产生了 TTL 与非门的一种变形——集电极开路与非门，简称 OC（Open Collector）门。将图 10.3.1a 中的 R_2 去掉就得到集电极开路与非门的简化原理图（这里是两输入端），如图 10.3.6a 所示。图 10.3.6b 所示为 OC 门的逻辑符号。OC 门的输出端允许连在一起，使用时输出端必须通过一个外接负载电阻与电源相接，如图 10.3.7 所示。其中，图 10.3.7a 是作与非门使用，通过外接适当的负载电阻和电源，可改变输出高电平的电位值，来实现与后级电路的匹配。图 10.3.7b 是构成线与使用。当任一 OC 门的输入全为高电平时，该门的输出管饱和导通，而其他门的输入中都有低电平时，这些门的输出管截止，这时负载电流全部流入导通的门电路，使 F=0。当每个门的输入中都有低电平时，则每个门的输出管都截止，使 F=1。即将多个 OC 门的输出信号（0 或 1）按与逻辑输出，实现了线与的功能。OC 门除实现线与功能外还有其他用途。例如，图 10.3.8 是用它作驱动电路。其中，图 10.3.8a 用来驱动指示灯，图 10.3.8b 用来动继电器，二极管 VD 起续流作用。

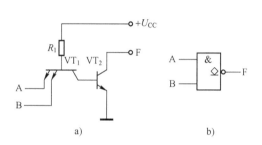

图 10.3.6 集电极开路与非门

a) 简化原理图 b) 逻辑符号

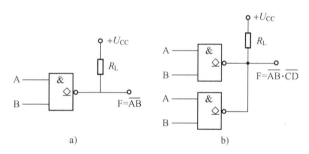

图 10.3.7 OC 门电路

a) 与非门 b) 线与

74 系列集电极开路四 2 输入与非门和双 4 输入与非门的型号分别为 7401 和 7402。除集电极开路与非门外，还有集电极开路与门、非门等。在实际应用时，可根据实际需要灵活选用。

10.3.3 三态门

一般的门电路输出只有 0 和 1 两种状态。三态门的输出除了上述两种状态以外，还有第三种状态——高阻状态。在这种状态下，三态门的输出对电源 U_{CC} 和地都呈开路状态，输出端处于悬空状态。图 10.3.9a 所示为三态门原理电路。电路中，A 为输入端，F 为输出端，$\overline{E}$ 为三态控制端。

当控制端 $\overline{E}=0$ 时，VT_1 截止。这时，由于 U_{CC} 总是大于输入端 A 的高电平，二极管 VD 处于正向导通状态，故 B 点电位由 A 的电位决定，又因为 VT_2 为射极输出器，所以 F=A，即输入信号可通过该门电路。

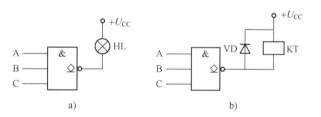

图 10.3.8 OC 门驱动电路

a) 驱动指示灯 b) 驱动继电器

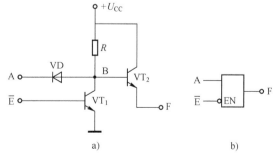

图 10.3.9 三态门原理电路及逻辑符号

a) 原理电路 b) 逻辑符号

当控制端 $\overline{E}=1$ 时，VT_1 饱和导通，B 点为低电平，VT_2 截止，F 悬空，与电源 U_{CC} 和地都不相连，呈现高阻状态。三态门电路的真值表见表 10.3.1。表中"×"表示任意状态。这是一种单方向传输的三态门电路，信息从 A 端传向 F 端。三态门的逻辑符号如图 10.3.9b 所示，在逻辑符号中控制端 $\overline{E}$ 的小圈表示低电平时三态门被选通。在实际产品中的三态门，也有用高电平选通的。图 10.3.10 是由两个高电平选通的三态门和一个非门组成的双向三态门。

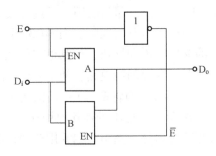

图 10.3.10 双向三态门

表 10.3.1 三态门真值表

E	A	F
0	0	0
	1	1
1	×	高阻态

当控制端 $E=1$ 时，$\overline{E}=0$，门 A 选通，门 B 未选通，信息从 D_i 传向 D_o。当控制端 $E=0$ 时，$\overline{E}=1$，门 A 未选通，门 B 选通，信息从 D_o 传向 D_i。其真值表见表 10.3.2。

图 10.3.11 所示为 8 路双向传输三态门 74LS245 的逻辑电路。该电路有 $\overline{E}$ 和 S 两个控制端。$\overline{E}$ 为三态控制端，S 为传输方向控制端。当 $\overline{E}=1$ 时，不论 S 为什么状态，均不能传输信息，三态门为高阻状态。当 $\overline{E}=0$ 时，与门 I、II 选通，可以传输信息。若 $S=1$，与门 I 输出为 1，正向传输，信息由 D_i 传向 D_o。若 $S=0$，与门 II 输出为 1，反向传输，信息由 D_o 传向 D_i。这种三态门的真值表见表 10.3.3。

表 10.3.2 双向三态门真值表

E	传 输 方 向
0	$D_i \leftarrow D_o$
1	$D_i \rightarrow D_o$

表 10.3.3 三态门真值表

$\overline{E}$	S	传 输 方 向
0	1	$D_i \rightarrow D_o$
	0	$D_i \leftarrow D_o$
1	×	高阻态

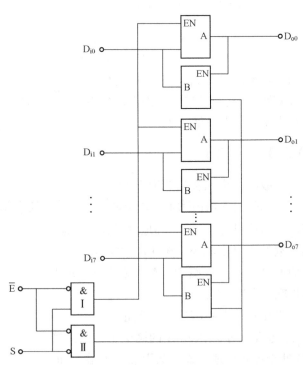

图 10.3.11 8 路双向传输三态门

特别提示

TTL 是晶体管-晶体管集成逻辑电路的简称，实现"与非"的逻辑功能。三态输出"与非"门，又称为三态门，除具有"高电平"和"低电平"输出状态外，还有第三种状态，即高阻状态（或称禁止状态），其中 E 为控制端（又称使能端），使能端工作时执行正常"与非"功能，否则输出端处于高阻状态。由于电路结构不同，也有当控制端为高电平时出现高阻状态，而在低电平时电路处于工作状态。

【练习与思考】

1）有时可以把与非门当非门使用，此时与非门的各输入端应如何处理？

2）为什么关门电压 U_{OFF} 越高，开门电压 U_{ON} 越低，TTL 与非门的抗干扰能力越强？

3）与普通门电路相比，三态门有何特点？

10.4　组合逻辑电路

视频
组合逻辑电路

实际应用的逻辑系统往往具有较复杂的逻辑关系。它需要用一些基本门电路和复合门电路组合起来，以实现一定的逻辑功能。在任何时刻，输出状态只取决于同一时刻各输入状态的组合，而与先前状态无关的逻辑电路称为组合逻辑电路。本节讨论组合逻辑电路的分析和简单设计。由于研究逻辑电路需要用逻辑代数作为重要的数学工具，所以下面先介绍逻辑代数。

10.4.1　逻辑代数

逻辑代数是英国数学家乔治·布尔（George Boole）于 1849 年提出的，因而又称为布尔代数。它和普通代数不同，逻辑变量只有逻辑 1 和逻辑 0 两种取值，其含义并不表示数量大小，而是代表两种对立的状态，如高电平与低电平、开关的接通与断开等。这里仅从应用角度简要介绍一些基本规律。

1. 基本逻辑运算

（1）逻辑加（或运算）

$$A+0=A$$
$$A+1=1$$
$$A+A=A$$
$$A+\overline{A}=1$$

（2）逻辑乘（与运算）

$$A \cdot 0=0$$
$$A \cdot 1=A$$
$$A \cdot A=A$$
$$A \cdot \overline{A}=0$$

（3）逻辑非（非运算）

$$\overline{\overline{A}}=A$$

2. 交换律

$$A+B=B+A$$
$$AB=BA$$

3. 结合律

$$A+B+C=(A+B)+C=A+(B+C)$$
$$ABC=(AB)C=A(BC)$$

4. 分配律

$$A(B+C)=AB+AC$$
$$A+BC=(A+B)(A+C)$$

5. 吸收律

$$A+AB=A$$
$$A(A+B)=A$$
$$A\cdot(\overline{A}+B)=AB$$
$$A+\overline{A}B=A+B$$
$$(A+B)(A+\overline{B})=A$$

6. 反演律（摩根定律）

$$\overline{A+B+C}=\overline{A}\cdot\overline{B}\cdot\overline{C}$$
$$\overline{A\cdot B\cdot C}=\overline{A}+\overline{B}+\overline{C}$$

7. 重复项添加定理

$$AB=AB+AB$$
$$A=A+AB+AC$$

以上公式都可通过真值表来证明。利用上述基本公式，可对逻辑函数式进行化简和运算。这对分析和设计逻辑电路是非常有用的。

例 10.4.1 求证 $A+BC=(A+B)\cdot(A+C)$。

【证】
$$右边=AA+AC+AB+BC$$
$$=A+AC+AB+BC$$
$$=A(1+C+B)+BC$$
$$=A\cdot1+BC=A+BC=左边$$

当然也可以列出逻辑变量 A、B 和 C 的各种组合情况的取值结果，其结果列于真值表中，进行比对，仍可以看出等式相同。

例 10.4.2 求证 $ABC\overline{D}+ABD+BC\overline{D}+ABC+BD+B\overline{C}=B$。
$$左边=ABC(\overline{D}+1)+(A+1)BD+BC\overline{D}+B\overline{C}$$
$$=ABC+BD+BC\overline{D}+B\overline{C}$$
$$=ABC+B(D+C\overline{D}+\overline{C})$$
$$=ABC+B(D+C+\overline{C})$$
$$=ABC+B$$
$$=B(AC+1)$$
$$=B=右边$$

例 10.4.3 化简 $F=A\overline{B}\,\overline{C}+A\overline{B}C+AB\overline{C}+ABC+\overline{A}\,\overline{B}C+A\overline{C}$。
$$F=A\overline{B}\,\overline{C}+A\overline{B}C+AB\overline{C}+ABC+\overline{A}\,\overline{B}C+A\overline{C}$$
$$=A\overline{C}(\overline{B}+B+1)+AC(\overline{B}+B)+\overline{A}\,\overline{B}C$$
$$=A\overline{C}+AC+\overline{A}\,\overline{B}C$$
$$=A(\overline{C}+C)+\overline{A}\,\overline{B}C$$
$$=A+\overline{A}\,\overline{B}C=A+\overline{B}C$$

注意：同或逻辑的两个输入端状态相同（都为 0 或都为 1）输出为 1，否则为 0。这里强调，逻辑代数中的定律和公式反映的都是逻辑关系，而不是数量关系。逻辑代数中没有减法和除法，所以等号两边的项既不能互移，也不能消去。

10.4.2　组合逻辑电路的分析与设计

组合逻辑电路的分析就是由给定的逻辑电路图获得输入、输出之间的逻辑关系，分析出电路的功能。组合逻辑电路的设计就是根据要解决的实际问题的逻辑要求获得简单实现的逻辑电路。

1. 已知逻辑图，分析逻辑功能

解决这类问题的一般步骤如下。

1）根据逻辑图，写出逻辑函数式并将它化为最简式。

2）根据最简逻辑函数式，列出真值表，分析其逻辑功能。

例 10.4.4　逻辑图如图 10.4.1a 所示，试分析该电路的逻辑功能。

解：从输入端开始逐级写出各个门电路输出的逻辑表达式，如图 10.4.1a 所示。由此可得输出 F 的函数表达式：

$$F = \overline{\overline{A \cdot \overline{AB}} \cdot \overline{B \cdot \overline{AB}}}$$
$$= A \cdot \overline{AB} + B \cdot \overline{AB}$$
$$= A \cdot \overline{AB} + B \cdot \overline{AB}$$
$$= A(\overline{A} + \overline{B}) + B(\overline{A} + \overline{B})$$
$$= A\overline{A} + A\overline{B} + B\overline{A} + B\overline{B}$$
$$= A\overline{B} + B\overline{A}$$

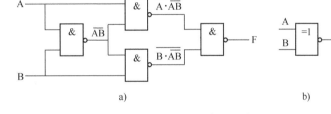

图 10.4.1　异或门及其逻辑符号

a）逻辑图　b）逻辑符号

为了比较容易地看出电路的功能，可将上面的逻辑函数式列出真值表，见表 10.4.1。由真值表可见，该电路的功能是，当输入信号 A 和 B 相异时，输出 F 为 1；当输入信号 A 和 B 相同时，输出 F 为 0。该电路称为异或电路，也称为异或门。异或门在数字电路中经常用到，已有集成电路产品作为基本逻辑门使用。它的逻辑符号如图 10.4.1b 所示，逻辑符号中的"=1"表明异或门两个输入中，只有一个输入为 1 时，输出才是 1。它的逻辑函数式为

$$F = A\overline{B} + \overline{A}B = A \oplus B$$

上式中的符号"⊕"表示异或运算符。顺便说明一下，如果对异或逻辑关系再取反，就变成同或逻辑关系，如图 10.4.2 所示，结果为 $Y = \overline{A\overline{B} \cdot \overline{A}B} = AB + \overline{A}\overline{B}$，图示符号为"⊙"。读者可自己列出其真值表。

表 10.4.1　异或门真值表

A	B	F
0	0	0
0	1	1
1	0	1
1	1	0

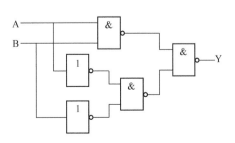

图 10.4.2　同或逻辑电路图

例 10.4.5 分析图 10.4.3 所示电路的逻辑功能。

解： 根据电路中各个器件的逻辑功能，写出以下逻辑函数式：

$$S_o = (A \oplus B) \oplus C_i$$

$$C_o = \overline{\overline{(A \oplus B) \cdot C_i} \cdot \overline{AB}} = (A \oplus B) \cdot C_i + AB$$

根据逻辑函数式可列出真值表，见表 10.4.2。由真值表可以发现，如果 A 是被加数，B 是加数，C_i 是低位向本位的进位数，则该电路具有将两个一位二进制数相加的功能，其中 S_o 为本位的和，C_o 为本位向高位的进位数。这种能考虑低位向本位进位的加法电路称为全加器。全加器是常用的基本运算部件，其逻辑符号如图 10.4.4 所示。若将 n 个全加器串联，就可以构成两个 n 位二进制数相加的加法器，如图 10.4.5 所示。中规模集成电路 74LS283 是 4 位二进制全加器。

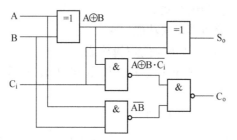

图 10.4.3 全加器逻辑电路图

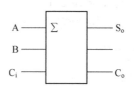

图 10.4.4 全加器逻辑符号

表 10.4.2 全加器真值表

A	B	C_i	C_o	S_o
0	0	0	0	0
0	0	1	0	1
0	1	0	0	1
0	1	1	1	0
1	0	0	0	1
1	0	1	1	0
1	1	0	1	0
1	1	1	1	1

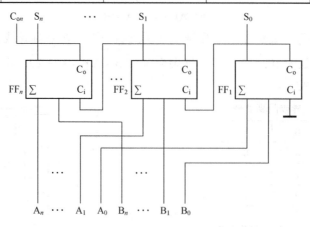

图 10.4.5 n 位二进制加法器

2. 已知逻辑要求，设计逻辑电路

解决这类问题的一般步骤如下：

1）根据逻辑要求列出真值表。

2）由真值表写出逻辑函数式，并对其化简或变换。

3）按照化简或变换后的逻辑函数式画出逻辑电路图。

例 10.4.6 举重比赛成绩的有效性由 3 个裁判评判，评判规则是少数服从多数。对每次举重，若有 2 个裁判认可运动员已完成举重动作，该次成绩就有效，否则该次成绩无效，试设计一个评判电路。

解： 首先要把一个实际问题转化为逻辑问题：F 表示评判结果，用 1 表示成绩有效，0 表示成绩无效。A、B、C 为 3 个裁判的意见，分别用 1 表示认可举重动作，用 0 表示不认可举重动作。根据给定的逻辑关系列出真值表，见表 10.4.3。

表 10.4.3　例 10.4.6 真值表

A	B	C	F
0	0	0	0
0	0	1	0
0	1	0	0
0	1	1	1
1	0	0	0
1	0	1	1
1	1	0	1
1	1	1	1

由真值表可见，在八种可能的状态中，只有四种状态能使 F=1。例如，真值表的第四行中，A=0，B=1，C=1 时，F=1，即当 $\bar{A}$=1，B=1，C=1 时，F=1，这种情况可用与逻辑 F=$\bar{A}$BC 表示。同理，可分析出另外三种状态的逻辑关系为 F=A$\bar{B}$C、F=AB$\bar{C}$、F=ABC。而这四种状态对应于 F=1，具有或逻辑关系，或者说，只需要这四种状态中的任一种满足要求，即可使输出为 1，所以这四种状态对输出结果为 1 来说是或关系。据此，写出逻辑函数式：

$$F = \bar{A}BC + A\bar{B}C + AB\bar{C} + ABC$$

由真值表写出逻辑表达式的方法有多种，这里介绍与或表达法，由此可以得出根据真值表写出与或表达式的一般方法：对应于 F=1 的每一种情况，分别写出一个与项。对每一个与项中的输入变量，如果输入变量的值为 1，则写成原变量；如果输入变量为 0，则写成反变量，将这些与项相或即为输出变量 F 的与或表达式。

为了用尽量简单的逻辑电路来实现上述逻辑功能，需要用逻辑代数简化上式，在简化过程中，可采用添加项的方法，即

$$\begin{aligned}
F &= \bar{A}BC + A\bar{B}C + AB\bar{C} + ABC \\
&= \bar{A}BC + A\bar{B}C + AB\bar{C} + ABC + ABC + ABC \\
&= BC(\bar{A}+A) + AC(\bar{B}+B) + AB(\bar{C}+C) \\
&= BC + AC + AB \\
&= BC + A(C+B)
\end{aligned}$$

按照化简后的逻辑函数式画出逻辑图。图 10.4.6 所示就是能实现少数服从多数评判规则的评判电路。

值得指出的是，在根据逻辑函数式构成实际的逻辑电路时，除了要求电路中逻辑门尽量少之外，通常还要尽量采用流行的逻辑器件，并考虑逻辑门的品种数目尽量少，这样既可以提高电路设计的经济性，又便于器件的储备和电路的维修。为此，就需要将化简后的逻辑函数再加以更换，使之成为适合于实际要求的形式。例如，对于例 10.4.5，如果要求全部用与非门组成电路，则可以利用摩根定律对简化后的逻辑函数式进行变换。

$$F = \overline{\overline{AB + BC + AC}}$$
$$= \overline{\overline{AB} \cdot \overline{BC} \cdot \overline{AC}}$$

根据上面的逻辑函数式便可画出相应的逻辑图，如图 10.4.7 所示。

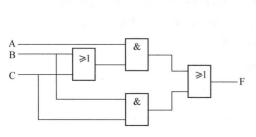

图 10.4.6 评判电路逻辑图

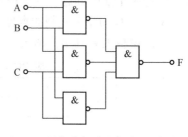

图 10.4.7 用与非门实现评判电路的逻辑图

从上面的讨论可知，组合逻辑电路某时刻的输出仅由该时刻的输入决定，而与电路的过去状态无关。常用的组合逻辑电路有全加器、编码器和译码器等，它们在数字电路及其装置中均有广泛的应用。

特别提示

组合逻辑电路是一种无记忆功能的逻辑部件，分析步骤：已知逻辑电路图→写逻辑表述式→运用逻辑代数化简或变换→列真值表→分析逻辑功能。设计步骤是分析步骤的逆过程，其中对应的真值表是唯一的，对应的逻辑表达式和逻辑电路可能有多种实现形式，采用最简逻辑函数表达式，可得最简逻辑电路图。

【练习与思考】

1）你能用几种方法来证明逻辑恒等式？

2）分析组合逻辑电路的步骤是什么？

3）组合逻辑电路的设计步骤是什么？

视频
常用组合逻辑
模块

10.5 常用组合逻辑模块

10.5.1 编码器

数字系统中使用的信息是多种多样的。为了便于对信息的识别和处理，有时需要把代表某些特定含义的信息（如十进制数、各种字母和符号等）编成相应的二进制数码。用来完成这种功能的逻辑电路称为编码器。例如，计算机的输入键盘就是由编码器组成的。每当按下一个键，编码器就将该键的含义转换为计算机能够识别的二进制数码，用来控制计算机的具体操作。编码器的种类很多，常用的有二进制编码器、二-十进制编码器等。本节只介绍二-十进制编码器。

二-十进制编码器的功能就是将代表十进制的 10 个数码（0~9）的信号转变为相应的二进制

数。图 10.5.1 所示为由 10 个按键和门电路组成的二-十进制编码器。该电路可以将 S_0，S_1，…，S_9这 10 个按键信号转换成相应的二进制表示的十进制数。当有按键按下时，标志输出 $S=1$，表示输出信号有效。当没有按键按下时，标志输出 $S=0$，表示输出信号无效，以此来区别当按下按键 S_0 和不按任何键时输出端 $Q_3Q_2Q_1Q_0=0000$ 的两种情况。图中，$Y_0 \sim Y_9$分别为代表十进制数 0~9 的信号输入端。考虑到表示 1 位十进制数需用 4 位二进制数，故需要 4 个输出端 Q_3、Q_2、Q_1 和 Q_0。但是，4 位二进制数可以组合成 16 种状态。从这 16 种状态中选取 10 种状态来表示十进制的 10 个数码，这种选取方法称为二-十进制编码，简称 BCD 码（Binary Coded Decimal）。常用的 BCD 码为 8421 码。8421 码就是用二进制数 0000~1001 来表示十进制数 0~9（去掉后面 6 种状态 1010~1111），其实质就是二进制数中自左至右 4 位数的权分别为 8、4、2、1，它与二进制表示方法完全一样，因此，使用很方便。

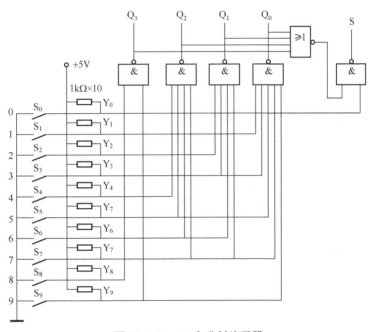

图 10.5.1　二-十进制编码器

表 10.5.1 为 8421 码编码器的真值表。表中，S 为输出有效标志端。当 $S=1$ 时输出有效；当 $S=0$ 时输出无效。仔细观察真值表还可以发现，虽然输入端总共有 10 个，但每种情况只有 1 个输入端有效，且有效输入端为低电平，故写逻辑表达式时，只需考虑有效输入变量即可。据此，由真值表可以写出它的输出变量及输出有效标志端 S 的逻辑式：

$$Q_3 = \overline{Y}_8 + \overline{Y}_9$$
$$Q_2 = \overline{Y}_4 + \overline{Y}_5 + \overline{Y}_6 + \overline{Y}_7$$
$$Q_1 = \overline{Y}_2 + \overline{Y}_3 + \overline{Y}_6 + \overline{Y}_7$$
$$Q_0 = \overline{Y}_1 + \overline{Y}_3 + \overline{Y}_5 + \overline{Y}_7 + \overline{Y}_9$$
$$S = \overline{Y}_0 + \overline{Y}_1 + \overline{Y}_2 + \overline{Y}_3 + \overline{Y}_4 + \overline{Y}_5 + \overline{Y}_6 + \overline{Y}_7 + \overline{Y}_8 + \overline{Y}_9$$

如果用与非门和或非门来实现上述逻辑关系，可将上面诸式变换为

$$Q_3 = \overline{Y_8 \cdot Y_9}$$
$$Q_2 = \overline{Y_4 \cdot Y_5 \cdot Y_6 \cdot Y_7}$$
$$Q_1 = \overline{Y_2 \cdot Y_3 \cdot Y_6 \cdot Y_7}$$

$$Q_0 = \overline{Y_1 \cdot Y_3 \cdot Y_5 \cdot Y_7 \cdot Y_9}$$

$$S = \overline{Y_0 \cdot Y_1 \cdot Y_2 \cdot Y_3 \cdot Y_4 \cdot Y_5 \cdot Y_6 \cdot Y_7 \cdot Y_8 \cdot Y_9} = Q_3 + Q_2 + Q_1 + Q_0 + \overline{Y_0}$$

表 10.5.1 8421 码编码器真值表

Y_9	Y_8	Y_7	Y_6	Y_5	Y_4	Y_3	Y_2	Y_1	Y_0	Q_3	Q_2	Q_1	Q_0	S	十进制数
1	1	1	1	1	1	1	1	1	1	0	0	0	0	0	
1	1	1	1	1	1	1	1	1	0	0	0	0	0	1	0
1	1	1	1	1	1	1	1	0	1	0	0	0	1	1	1
1	1	1	1	1	1	1	0	1	1	0	0	1	0	1	2
1	1	1	1	1	1	0	1	1	1	0	0	1	1	1	3
1	1	1	1	1	0	1	1	1	1	0	1	0	0	1	4
1	1	1	1	0	1	1	1	1	1	0	1	0	1	1	5
1	1	1	0	1	1	1	1	1	1	0	1	1	0	1	6
1	1	0	1	1	1	1	1	1	1	0	1	1	1	1	7
1	0	1	1	1	1	1	1	1	1	1	0	0	0	1	8
0	1	1	1	1	1	1	1	1	1	1	0	0	1	1	9

值得注意的是，输出有效标志端 S 的逻辑函数式是利用了 Q_3、Q_2、Q_1 和 Q_0 的逻辑函数式，这种循环利用电路资源，可节省门电路的数目，简化电路结构，故在电路设计中经常采用。

图 10.5.1 中，$S_0 \sim S_9$ 为 10 个按键，用它们来控制相应的输入端 $Y_0 \sim Y_9$ 的状态。当要输入某个十进制数时，只要按下相应的键，使相应的输入端为低电平，其余各输入端因没有按键保持高电平（无效），这时，电路就输出相应的二进制数。例如，要输入十进制数 5，就按下 S_5，使 $Y_5 = 0$，其余各输入端都为 1，则输出端 $Q_3 Q_2 Q_1 Q_0 = 0101$，这就是用二进制数表示的十进数 5。

10.5.2 译码器

编码是使用代码表示各种信号，所以每一个代码都有各自的含义。反过来，把代码的含义"翻译"成具体的信息就称为译码。可见译码就是编码的逆过程。完成译码功能的电路成为译码器。译码器有时也称为解码器。译码器的使用场合很多。例如，数字仪表中，需要显示译码器，计算机和逻辑阵列中也需要地址译码器。译码器可大致分为二进制译码器、二–十进制译码器和显示译码器等。

1. 二进制译码器

二进制译码器又称为变量译码器。它的输入是二进制代码，输出是该代码所包含的信息。若它有 n 个输入端，则就有 2^n 个输出端。例如，输入为 3 位二进制代码，输出就是 8 种不同的信号状态。图 10.5.2 所示为 3 线–8 线译码器 74LS138 的电路原理图与逻辑符号。由电路原理图可知，输出 $\overline{Y_7}$、$\overline{Y_6}$、$\overline{Y_5}$、$\overline{Y_4}$、$\overline{Y_3}$、$\overline{Y_2}$、$\overline{Y_1}$、$\overline{Y_0}$ 和使能端 $\overline{E_{2A}}$、$\overline{E_{2B}}$ 低电平及 E_1 高电平有效。当使能端 $E_1 = 1$、$\overline{E_{2A}} = 0$ 和 $\overline{E_{2B}} = 0$ 时，输入 A、B、C 与输出 $\overline{Y_7}$、$\overline{Y_6}$、$\overline{Y_5}$、$\overline{Y_4}$、$\overline{Y_3}$、$\overline{Y_2}$、$\overline{Y_1}$ 和 $\overline{Y_0}$ 之间的函数关系为

$$\overline{Y_0} = \overline{\overline{C}\,\overline{B}\,\overline{A}}, \overline{Y_1} = \overline{\overline{C}\,\overline{B}A}, \overline{Y_2} = \overline{\overline{C}B\overline{A}}, \overline{Y_3} = \overline{\overline{C}BA}, \overline{Y_4} = \overline{C\,\overline{B}\,\overline{A}}, \overline{Y_5} = \overline{C\overline{B}A}, \overline{Y_6} = \overline{CB\overline{A}}, \overline{Y_7} = \overline{CBA}$$

可见，这种二进制译码器可根据 3 个输入变量的不同取值，在 8 个对应的输出端输出可辨别的信号。例如，当 $E_1 = 1$，$\overline{E_{2A}} = \overline{E_{2B}} = 0$，CBA = 110 时，对应的输出 $\overline{Y_6}$ 为 0。当 $E_1 = 0$ 时，不管其他输入如何，电路输出均为 1，即无译码输出。如 $\overline{E_{2A}}$、$\overline{E_{2B}}$ 中任一个为 1 时，不管其他输入如何，电路也处于禁止状态。由此可见，只有当 $E_1 = 1$、$\overline{E_{2A}} = \overline{E_{2B}} = 0$，译码器才处于允许工

作状态，输出与输入二进制码相对应。74LS138 译码器的真值表见表 10.5.2。

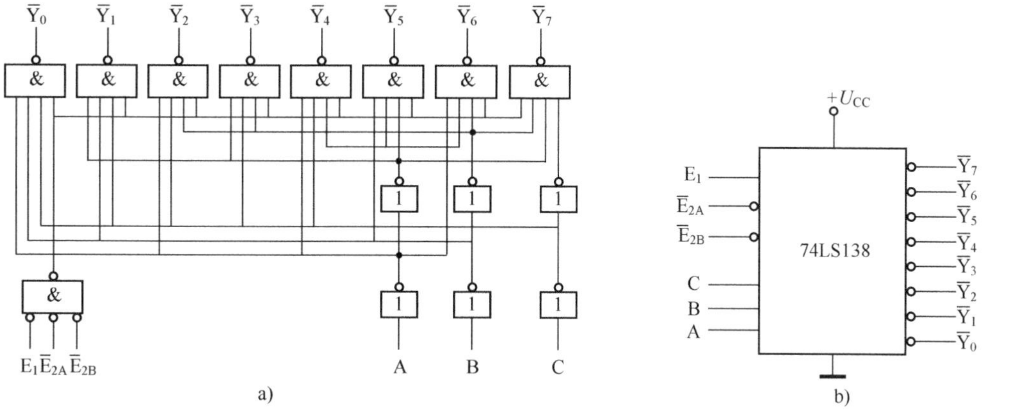

图 10.5.2　74LS138 译码器原理图与逻辑符号

a）电路原理图　b）逻辑符号

可见，二进制译码器可以用 n 根数据线译出 2^n 种不同的信息，也就是说，能区分出 2^n 种不同的信息。二进制译码器常用作地址译码器。这种译码器在计算机和可编程逻辑阵列的存储器的寻址中得到了非常有效的应用。例如，用 8 根数据线可用来寻址 $2^8 = 256$ 个存储单元，用 16 根数据线可用来寻址 $2^{16} = 65536$ 个存储单元，即每增加 1 根数据线可增加 1 倍原来所寻址的存储单元数目。

表 10.5.2　74LS138 功能表

输　入					输　出							
E_1	$\overline{E}_{2A} + \overline{E}_{2A}$	C	B	A	$\overline{Y}_7$	$\overline{Y}_6$	$\overline{Y}_5$	$\overline{Y}_4$	$\overline{Y}_3$	$\overline{Y}_2$	$\overline{Y}_1$	$\overline{Y}_0$
0	×	×	×	×	1	1	1	1	1	1	1	1
×	0	×	×	×	1	1	1	1	1	1	1	1
1	1	0	0	0	1	1	1	1	1	1	1	0
1	0	0	0	1	1	1	1	1	1	1	0	1
1	0	0	1	0	1	1	1	1	1	0	1	1
1	0	0	1	1	1	1	1	1	0	1	1	1
1	0	1	0	0	1	1	1	0	1	1	1	1
1	0	1	0	1	1	1	0	1	1	1	1	1
1	0	1	1	0	1	0	1	1	1	1	1	1
1	0	1	1	1	0	1	1	1	1	1	1	1

2. 二-十进制译码器

二-十进制译码器可用 4 线-16 线二进制译码器实现，也有专用集成芯片。如 74LS42 就是 8421 码十进制译码器，也称为 4 线-10 线译码器，图 10.5.3 所示为其逻辑符号，表 10.5.3 为其功能表。由功能表可见，译码输出为低电平有效。输入与输出之间的关系如图 10.5.3 中所示。

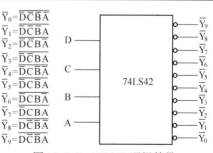

$\overline{Y}_0 = \overline{\overline{D}\,\overline{C}\,\overline{B}\,\overline{A}}$
$\overline{Y}_1 = \overline{\overline{D}\,\overline{C}\,\overline{B}\,A}$
$\overline{Y}_2 = \overline{\overline{D}\,\overline{C}\,B\,\overline{A}}$
$\overline{Y}_3 = \overline{\overline{D}\,\overline{C}\,B\,A}$
$\overline{Y}_4 = \overline{\overline{D}\,C\,\overline{B}\,\overline{A}}$
$\overline{Y}_5 = \overline{\overline{D}\,C\,\overline{B}\,A}$
$\overline{Y}_6 = \overline{\overline{D}\,C\,B\,\overline{A}}$
$\overline{Y}_7 = \overline{\overline{D}\,C\,B\,A}$
$\overline{Y}_8 = \overline{D\,\overline{C}\,\overline{B}\,\overline{A}}$
$\overline{Y}_9 = \overline{D\,\overline{C}\,\overline{B}\,A}$

图 10.5.3　74LS42 逻辑符号

由表 10.5.3 的下半部分可见,当输入代码为非十进制代码,即 1010～1111 时,$\overline{Y}_9$、$\overline{Y}_8$、$\overline{Y}_7$、$\overline{Y}_6$、$\overline{Y}_5$、$\overline{Y}_4$、$\overline{Y}_3$、$\overline{Y}_2$、$\overline{Y}_1$ 和 $\overline{Y}_0$ 均输出高电平,表明没有有效输出。这种译码器的输出端通常可与发光二极管相连,用发光二极管是否发光来显示十进制数。

3. 显示译码器

显示译码器直接用来驱动显示器件,以显示输入代码所表示数字、字符等信息。随着显示器件种类增多,显示译码器品种很多。本节以驱动 LED (Light Emitting Diode) 数码显示器的译码器为例,介绍显示译码的原理。在介绍显示译码器之前,先介绍 LED 数码显示器。

表 10.5.3　74LS42 功能表

输	入			输				出					
D	C	B	A	$\overline{Y}_9$	$\overline{Y}_8$	$\overline{Y}_7$	$\overline{Y}_6$	$\overline{Y}_5$	$\overline{Y}_4$	$\overline{Y}_3$	$\overline{Y}_2$	$\overline{Y}_1$	$\overline{Y}_0$
0	0	0	0	1	1	1	1	1	1	1	1	1	0
0	0	0	1	1	1	1	1	1	1	1	1	0	1
0	0	1	0	1	1	1	1	1	1	1	0	1	1
0	0	1	1	1	1	1	1	1	1	0	1	1	1
0	1	0	0	1	1	1	1	1	0	1	1	1	1
0	1	0	1	1	1	1	1	0	1	1	1	1	1
0	1	1	0	1	1	1	0	1	1	1	1	1	1
0	1	1	1	1	1	0	1	1	1	1	1	1	1
1	0	0	1	1	0	1	1	1	1	1	1	1	1
1	0	0	1	0	1	1	1	1	1	1	1	1	1
其他情况				1	1	1	1	1	1	1	1	1	1

(1) LED 数码显示器

LED 数码显示器是由半导体发光二极管制成的。发光二极管就是一个 PN 结,其基本结构类似于普通二极管,但它能发光。为了得到可见光,它的 PN 结做得比较宽,半导体材料中的杂质浓度也较高。当加上正向电压后,就会使大量的电子与空穴复合,复合时释放多余的能量变为光能,从而得到较强的光输出。将多个发光二极管按分段式排列封装,就构成了 LED 数码管。LED 数码管有红、黄、绿等颜色。它具有亮度大、工作可靠、寿命长等优点。但它的工作电流较大,每段电流为几毫安到十几毫安不等。

LED 数码管由 7 个发光二极管分段构成"日"字形,另一个发光二极管根据需要显示小数点"dp"。显示时只要根据所需显示字形控制不同的发光二极管发光即可。图 10.5.4 为 LED 数码显示器的结构示意图及图形符号。LED 数码管根据其内部二极管连接方式的不同,分为共阴与共阳极两种类型。图 10.5.4a 中,发光二极管的阳极连接到一起(公共端),然后连

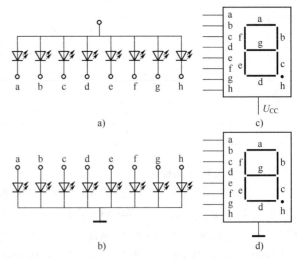

10.5.4　LED 数码显示器结构与图形符号

a) 共阳型 LED 管　b) 共阴型 LED 管
c) 共阳数码管　d) 共阴数码管

接到电源的正极，称为共阳数码管。图 10.5.4b 中，发光二极管的阴极连接到一起（公共端），然后连接到电源负极（地），称为共阴数码管。图 10.5.4c 中，共阳数码管 9 脚（公共端）接电源正极（U_{CC}），图 10.5.4d 中，共阴数码管 9 脚（公共端）接地（GND）。LED 数码管除了显示数字 0～9 外，还可显示字符 A、B、C、D、E、F 和其他符号。常用共阳极显示器型号如 LA-5011，常用共阴极显示器型号如 LC-5011 等。

由图 10.5.4 可见，驱动共阳 LED 数码显示器的译码器输出（接 LED 数码显示器的输入端）应该是低电平有效，即 LED 数码显示器的哪个输入端为低电平，该段所在的发光二极管就导通而发光。而驱动共阴 LED 数码显示器的译码器输出则是高电平有效，即 LED 数码显示器的哪个输入端为高电平，该段所在的发光二极管就导通而发光。如 74LS248 可驱动共阴 LED 数码显示器，而 74LS247 则可驱动共阳 LED 数码显示器，使用时要注意选配。

（2）显示译码器

由前面分析可知，显示译码要根据代码的含义，驱动相应的发光二极管发光来显示相应的数码。图 10.5.5 为用于共阴极数码显示器的译码器集成芯片 74LS248 的外引线排列图。图中，D（高位）、C、B、A（低位）为输入端，通常与二-十进制计数器的输出端相连，以输入二进制数码。a、b、c、d、e、f、g 为输出端，通常与数码显示器相应的字形段输入端相连，用来控制相应的字段发光。74LS248 的逻辑功能表见表 10.5.4。

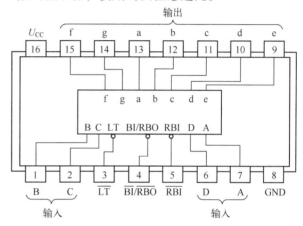

图 10.5.5　74LS248 外引线排列图

由真值表可知，$\overline{LT}$ 端为灯测试功能端，当 $\overline{LT}=0$ 时，输出 a～g 全为 1，这时显示器全亮。常常用此法测试显示好坏。当 $\overline{LT}=1$（或悬空）时，译码器正常工作。$\overline{BI}/\overline{RBO}$ 为灭灯输入/动态灭灯输出功能端，当该端作为输入端使用时，若 $\overline{BI}/\overline{RBO}=0$ 时，则无论其他输入为何种状态，输出 a～g 全为 0，这时显示器全不亮。通常情况下 $\overline{BI}/\overline{RBO}$ 端置高电平或悬空。

表 10.5.4　74LS248 逻辑功能表

十进制或功能	输　　入						$\overline{BI}/\overline{RBO}$	输　　出						
	$\overline{LT}$	$\overline{RBI}$	D	C	B	A		a	b	c	d	e	f	g
0	1	1	0	0	0	0	1	1	1	1	1	1	1	0
1	1	×	0	0	0	1	1	0	1	1	0	0	0	0
2	1	×	0	0	1	0	1	1	1	0	1	1	0	1
3	1	×	0	0	1	1	1	1	1	1	1	0	0	1
4	1	×	0	1	0	0	1	0	1	1	0	0	1	1
5	1	×	0	1	0	1	1	1	0	1	1	0	1	1
6	1	×	0	1	1	0	1	0	0	1	1	1	1	1
7	1	×	0	1	1	1	1	1	1	1	0	0	0	0
8	1	×	1	0	0	0	1	1	1	1	1	1	1	1
9	1	×	1	0	0	1	1	1	1	1	1	0	1	1
10	1	×	1	0	1	0	1	0	0	0	1	1	0	1

（续）

十进制 或功能	输　入						$\overline{BI}/\overline{RBO}$	输　出						
	$\overline{LT}$	$\overline{RBI}$	D	C	B	A		a	b	c	d	e	f	g
11	1	×	1	0	1	1	1	0	0	1	1	0	0	1
12	1	×	1	1	0	0	1	1	0	0	0	1	1	1
13	1	×	1	1	0	1	1	1	0	0	1	0	1	1
14	1	×	1	1	1	0	1	0	0	0	1	1	1	1
15	1	×	1	1	1	1	1	0	0	0	0	0	0	0
灭灯	×	×	×	×	×	×	0（人）	0	0	0	0	0	0	0
灭零	1	0	0	0	0	0	0	0	0	0	0	0	0	0
灯测试	0	×	×	×	×	×	1	1	1	1	1	1	1	1

注："×"表示任意状态。

$\overline{RBI}$ 为灭零输入端，当 $\overline{RBI}=0$ 时，若输入端 DCBA＝0000，则输出 a～g 全为 0，数码管不再显 0 字形，同时，$\overline{RBO}$ 端输出为 0。这一功能可用来对有效数字前的 0 不做显示。当 DCBA≠0000 时，输出正常，数码管也正常显示。

显示译码器的输出结构也各不相同，一般除考虑显示器是低电平驱动还是高电平驱动外，还需提供一定的驱动电流，以使显示器能正常发光。常用结构为集电极开路输出结构，在这种结构中，若内部无上拉电阻，使用时需外接电阻，详细说明见集成电路使用手册。

特别提示

编码是将字母、数字、符号等信息编成一组二进制代码，每一位二进制数只有 0 和 1 两个数码，因此只能表达两个不同的信息。n 位二进制代码有 2^n 种组合，则可以表示 2^n 个信息，具有编码功能的逻辑电路称为编码器。将具有特定含义的二进制代码变换成一定的输出信号，以表示二进制代码的原意，这一过程称为译码。实现译码功能的组合电路为译码器。

【练习与思考】

1）编码器的作用是什么？

2）译码器的作用是什么？

10.6　内容拓展及专创应用

10.6.1　布尔代数

1835 年，20 岁的乔治·布尔开办了一所私人授课学校。为了给学生们开设必要的数学课程，他兴趣浓厚地读起了当时一些介绍数学知识的教科书。不久，他就感到惊讶，这些东西就是数学吗？实在令人难以置信。于是，这位只受过初步数学训练的青年自学了高深的《天体力学》和很抽象的《分析力学》。由于他对代数关系的对称和美有很强的感觉，在孤独的研究中，他首先发现了不变量，并把这一成果写成论文发表。这篇高质量的论文发表后，布尔仍然留在小学教书，但是他开始和许多一流的英国数学家交往或通信，其中有数学家、逻辑学家德·摩根。摩根在 19 世纪前半叶卷入了一场著名的争论，布尔知道摩根是对的，于是在 1848 年出版了一本薄薄的小册子来为朋友辩护。这本书是他 6 年后更伟大的发现的预告，它一问世，立即激起了摩根的赞扬，肯定他开辟了新的、棘手的研究科目。布尔此时已经在研究逻辑代数，即布尔代数。他把逻辑简化成极为容易和简单的一种代数。在这种代数中，适当的材料上的"推理"，成了公式的初等运算的事情，这些公式比过去在中学代数第二年级课程中所运用的大多数公式要简单得多。这样，就使逻辑本身受数学的支配。为了使自己的研究工作趋于完善，布尔在此后 6 年的漫长时间里，又付出了不同寻常的努力。1854 年，他发表了《思维规律》这部杰作，当时他已 39 岁，布尔代数问世了，数学史上树起了一座新的里程碑。几乎像所有的新生事物一样，布尔代数发明后没有受到人们的重视。欧洲大陆著名的数学家蔑视地称它为没有数学意义的、哲学上稀奇古怪的东西，他们怀疑英伦岛国的数学家能在数学上做出独特贡献。布尔在他的杰作出版后不久就去世了。20 世纪初，罗素在《数学原理》中认为，"纯数学是布尔在一部他称之为《思维规律》的著作中发现的。"此说一出，立刻引起世人对布尔代数的注意。今天，布尔发明的逻辑代数已经发展成为纯数学的一个主要分支。

10.6.2　工程实践

根据门电路和组合逻辑电路特性，设计一个表决器电路，如图 10.6.1 所示。三个裁判各控制 A、B、C 三个按键中一个，以少数服从多数的原则，进行表决事件，按下按键表示同意，否则为不同意。若表决通过，发光二极管点亮，否则不亮。裁判同意为"1"，不同意为"0"，表决结果通过为"1"，不通过为"0"。表决器逻辑表达式为 $F = AB + AC + BC$，图 10.6.1a 中 $A = 0$，$B = C = 1$ 时，二极管灯亮表决通过。图 10.6.1b 中选择 74LS138 译码器实现该电路图。

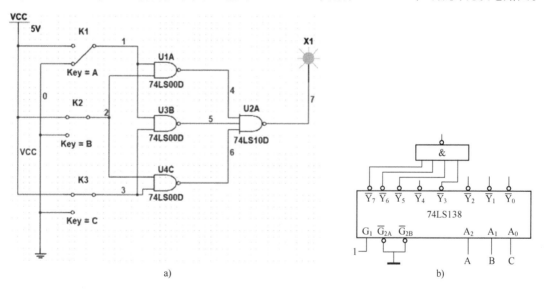

图 10.6.1　表决器仿真电路

10.7　小结

1. 逻辑代数及逻辑门电路

逻辑代数是分析和设计逻辑电路的重要数学工具。逻辑变量是一种二值变量，只能取值 0 或 1，仅用来表示两种截然不同状态。运用逻辑代数定律、公式进行逻辑运算化简。逻辑代数有三种常用表示方法，分别是真值表、逻辑函数式和逻辑图。

逻辑门电路是数字电路中基本的逻辑单元。门电路的输入、输出信号是用高电平和低电平表示的。如果规定用 1 表示高电平，用 0 表示低电平，则称为正逻辑。在正逻辑规定下，基本逻辑门电路的功能如下。

与门：有 0 则 0，全 1 则 1。

非门：有 1 则 0，有 0 则 1。

与非门：有 0 则 1，全 1 则 0。

或非门：有 1 则 0，全 0 则 1。

异或门：两个输入端相异输出为 1，否则为 0。

同或门：两个输入端相同输出为 1，否则为 0。

2. TTL 门电路与 CMOS 门电路

由于集成电路具有工作可靠、体积小等优点，因此，数字系统设计基本上都采用集成电路。目前常见 TTL 和 CMOS 集成电路。前者优点是工作速度高，后者优点是集成度高、功耗低。TTL 和 CMOS 电路，虽然内部结构不同，但功能相同的逻辑电路所用的逻辑符号相同。

3. 组合逻辑电路分析和设计

组合逻辑电路在逻辑功能上的特点是任意时刻的输出仅仅取决于该时刻的输入，而与电路过去的状态无关。它在电路结构上的特点是只包含门电路，而没有存储（记忆）单元。组合逻辑电路分析方法：第一步根据逻辑图写出逻辑函数式；第二步化简逻辑函数式；第三步列写真值表，并总结逻辑功能。组合逻辑电路设计方法：第一步把要设计的实际问题转化为逻辑问题，理清输入、输出变量的逻辑关系；第二步根据逻辑关系列写真值表；第三步由真值表写出与或逻辑函数式；第四步化简逻辑函数式；第五步画出逻辑图。

4. 常用组合逻辑模块

（1）编码器

把代表某些特定含义的信息（如十进制数、各种字母和符号等）编成相应的二进制数码，完成这种功能的逻辑电路称为编码器。

二-十进制编码器是用 4 位二进制代码来表示 1 位十进制数码的电路。

（2）译码器

1）二进制译码器：n 位二进制代码有 2^n 种代码组合，每组输入代码对应一个输出端，所以 n 位二进制译码器有 2^n 个输出端，则称该二进制译码器为 n 线-2^n 线译码器。

2）显示译码器：显示译码器功能就是将输入的 BCD 码转换为 a-g 的七段控制信号，为将数字量用十进制数码显示出来提供显示信号。

典型组合逻辑器件包括编码器、译码器和加法器等。这些组合逻辑器件除了具有基本功能外，通常还具有输入使能控制、输出使能控制、输入扩展和输出扩展功能，使其功能更加灵活，便于构成较复杂逻辑系统。

10.8 习题

一、单选题

1. 如图 10.8.1 所示逻辑门电路，输出 F 的表达式为（　　）。

A. F = A+B+C   B. F = ABC   C. F = (A+B)C   D. F = AB+C

2. TTL 电路的电源电压值和输出电压的高、低电平值依次为（　　）。

A. 5 V，3.6 V，0.3 V   B. 10 V，3.6 V，0.3 V

C. 5 V，1.4 V，0.3 V
D. 10 V，1.4 V，0.3 V

3. 图 10.8.2 所示晶体管处于饱和状态，欲使其截止，应（　　　）。

A. 增大 R_C　　　　B. 减小 R_B　　　　C. 改变 U_i 极性　　　　D. 减小 R_C

4. 图 10.8.3 所示逻辑电路的逻辑表达式为（　　　）。

A. $F = BC\overline{D}$　　　　B. $F = \overline{B}C\overline{D}$　　　　C. $F = B\overline{C}\,\overline{D}$　　　　D. $F = BCD$

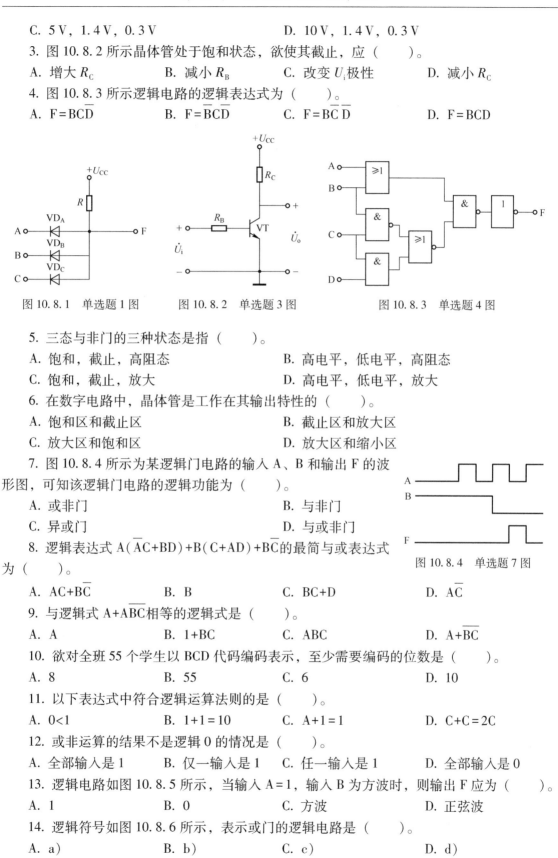

图 10.8.1　单选题 1 图　　　　图 10.8.2　单选题 3 图　　　　图 10.8.3　单选题 4 图

5. 三态与非门的三种状态是指（　　　）。

A. 饱和，截止，高阻态　　　　　　　　B. 高电平，低电平，高阻态

C. 饱和，截止，放大　　　　　　　　　D. 高电平，低电平，放大

6. 在数字电路中，晶体管是工作在其输出特性的（　　　）。

A. 饱和区和截止区　　　　　　　　　　B. 截止区和放大区

C. 放大区和饱和区　　　　　　　　　　D. 放大区和缩小区

7. 图 10.8.4 所示为某逻辑门电路的输入 A、B 和输出 F 的波形图，可知该逻辑门电路的逻辑功能为（　　　）。

A. 或非门　　　　　　　　　　　　　　B. 与非门

C. 异或门　　　　　　　　　　　　　　D. 与或非门

图 10.8.4　单选题 7 图

8. 逻辑表达式 $A(\overline{A}C+BD)+B(C+AD)+B\overline{C}$ 的最简与或表达式为（　　　）。

A. $AC+B\overline{C}$　　　　B. B　　　　C. $BC+D$　　　　D. $A\overline{C}$

9. 与逻辑式 $A+AB\overline{C}$ 相等的逻辑式是（　　　）。

A. A　　　　B. $1+BC$　　　　C. ABC　　　　D. $A+\overline{BC}$

10. 欲对全班 55 个学生以 BCD 代码编码表示，至少需要编码的位数是（　　　）。

A. 8　　　　B. 55　　　　C. 6　　　　D. 10

11. 以下表达式中符合逻辑运算法则的是（　　　）。

A. 0<1　　　　B. 1+1 = 10　　　　C. A+1 = 1　　　　D. C+C = 2C

12. 或非运算的结果不是逻辑 0 的情况是（　　　）。

A. 全部输入是 1　　　　B. 仅一输入是 1　　　　C. 任一输入是 1　　　　D. 全部输入是 0

13. 逻辑电路如图 10.8.5 所示，当输入 A = 1，输入 B 为方波时，则输出 F 应为（　　　）。

A. 1　　　　B. 0　　　　C. 方波　　　　D. 正弦波

14. 逻辑符号如图 10.8.6 所示，表示或门的逻辑电路是（　　　）。

A. a)　　　　B. b)　　　　C. c)　　　　D. d)

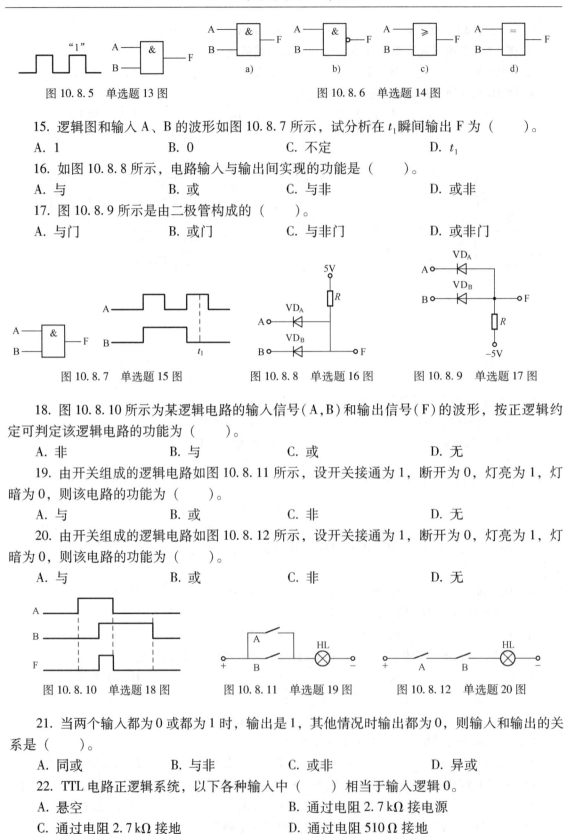

图 10.8.5　单选题 13 图　　　　　　　　图 10.8.6　单选题 14 图

15. 逻辑图和输入 A、B 的波形如图 10.8.7 所示，试分析在 t_1 瞬间输出 F 为（　　）。

A. 1　　　　　　　B. 0　　　　　　　C. 不定　　　　　　D. t_1

16. 如图 10.8.8 所示，电路输入与输出间实现的功能是（　　）。

A. 与　　　　　　　B. 或　　　　　　　C. 与非　　　　　　D. 或非

17. 图 10.8.9 所示是由二极管构成的（　　）。

A. 与门　　　　　　B. 或门　　　　　　C. 与非门　　　　　D. 或非门

图 10.8.7　单选题 15 图　　　图 10.8.8　单选题 16 图　　　图 10.8.9　单选题 17 图

18. 图 10.8.10 所示为某逻辑电路的输入信号 (A, B) 和输出信号 (F) 的波形，按正逻辑约定可判定该逻辑电路的功能为（　　）。

A. 非　　　　　　　B. 与　　　　　　　C. 或　　　　　　　D. 无

19. 由开关组成的逻辑电路如图 10.8.11 所示，设开关接通为 1，断开为 0，灯亮为 1，灯暗为 0，则该电路的功能为（　　）。

A. 与　　　　　　　B. 或　　　　　　　C. 非　　　　　　　D. 无

20. 由开关组成的逻辑电路如图 10.8.12 所示，设开关接通为 1，断开为 0，灯亮为 1，灯暗为 0，则该电路的功能为（　　）。

A. 与　　　　　　　B. 或　　　　　　　C. 非　　　　　　　D. 无

图 10.8.10　单选题 18 图　　　图 10.8.11　单选题 19 图　　　图 10.8.12　单选题 20 图

21. 当两个输入都为 0 或都为 1 时，输出是 1，其他情况时输出都为 0，则输入和输出的关系是（　　）。

A. 同或　　　　　　B. 与非　　　　　　C. 或非　　　　　　D. 异或

22. TTL 电路正逻辑系统，以下各种输入中（　　）相当于输入逻辑 0。

A. 悬空　　　　　　　　　　　　　　　　B. 通过电阻 2.7 kΩ 接电源

C. 通过电阻 2.7 kΩ 接地　　　　　　　　D. 通过电阻 510 Ω 接地

23. 图 10.8.13 所示逻辑电路的逻辑表达式为（　　）。

A. $F=(AB)(A+B)$　　B. $F(A+B)\overline{AB}$　　C. $F=\overline{A+B(AB)}$　　D. $F=\overline{A+B}AB$

24. 逻辑电路如图 10.8.14 所示, 其逻辑功能相当于一个 (　　)。

A. 与非门　　　　B. 异或门　　　　C. 与或非门　　　　D. 或非门

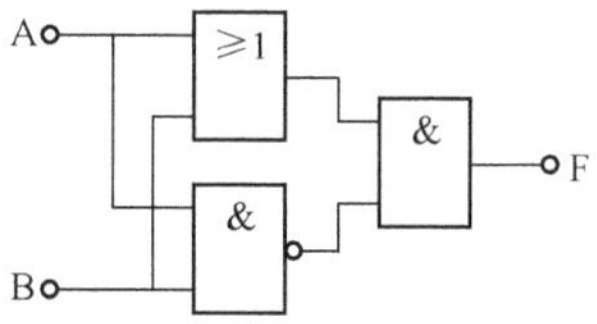

图 10.8.13　单选题 23 图 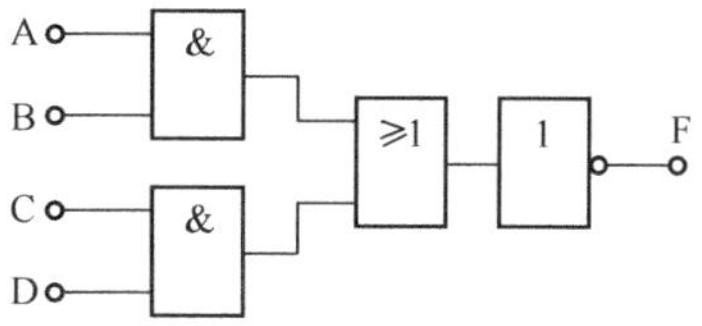　　　　　图 10.8.14　单选题 24 图

25. 逻辑图和输入 A、B 的波形如图 10.8.15 所示, 分析当输出 F 为 1 的时刻应是 (　　)。

A. t_1　　　　　B. t_2　　　　　C. t_3　　　　　D. 0

26. 已知门电路的输入和对应的输出波形如图 10.8.16 所示, 分析可知它是 (　　) 电路。

A. 或门　　　　　B. 与门　　　　　C. 与非门　　　　D. 非门

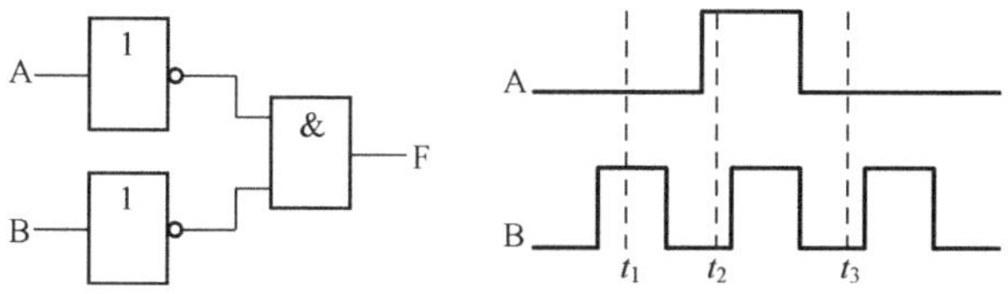

图 10.8.15　单选题 25 图 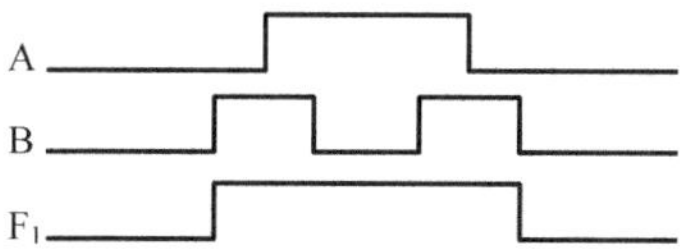　　　　　图 10.8.16　单选题 26 图

27. 已知一门电路的输入和对应的输出波形如图 10.8.17 所示, 分析可知它是 (　　) 电路。

A. 与非门　　　　　　　　　　B. 或非门

C. 异或门　　　　　　　　　　D. 同或门

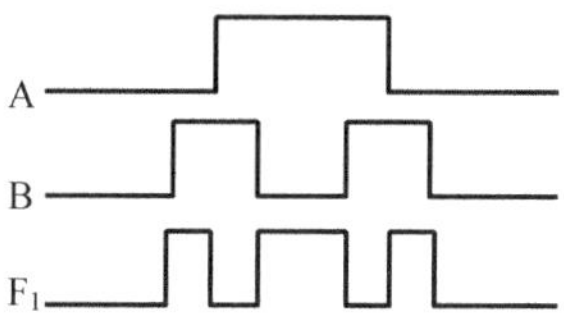

图 10.8.17　单选题 27 图

28. 组合逻辑电路的输出取决于 (　　)。

A. 输入信号的现态

B. 输出信号的现态

C. 输出信号的次态

D. 输入信号的现态和输出信号的现态

29. 组合逻辑电路是由 (　　) 构成。

A. 触发器　　　　B. 门电路　　　　C. 计数器　　　　D. 门电路和触发器

30. 组合逻辑电路中, 正确的描述是 (　　)。

A. 没有记忆元件　　　　　　　　B. 包含记忆元件

C. 存在有反馈回路　　　　　　　D. 双向传输

31. 组合逻辑电路中的冒险是由于 (　　) 引起的。

A. 电路未达到最简　　　　　　　B. 电路有多个输出

C. 电路中的时延　　　　　　　　D. 逻辑门类型不同

32. 分析组合逻辑电路时, 不需要进行 (　　)。

A. 写出输出函数表达式　　　　　B. 判断逻辑功能

C. 列真值表　　　　　　　　　　D. 画逻辑电路图

33. 已知三输入端与非门，当 A=1，B=1，C=0 和 A=1，B=1，C=1 时，F=（　　）。

A. 0 　　　　　　　B. 1 　　　　　　　C. $\overline{C}$ 　　　　　　　D. 答案不唯一

34. 半加器逻辑符号如图 10.8.18 所示，当 A＝1，B＝1 时，C 和 S 分别为（　　）。

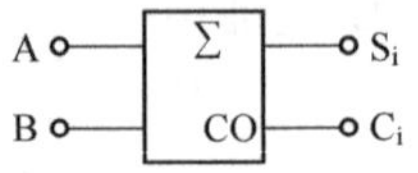

A. C=0，S=0 　　　　　　　　　　B. C=0，S=1

C. C=1，S=0 　　　　　　　　　　D. C=1，S=1

图 10.8.18　单选题 34 图

35. 编码器的逻辑功能是（　　）。

A. 把某种二进制代码转换成某种输出状态

B. 将某种状态转换成相应的二进制代码

C. 把二进制数转换成十进制数

D. 把十进制数转换成二进制数

36. 关于二-十进制编码器说法不正确的是（　　）。

A. 能实现输入 0~9 这 10 个数字时，输出是一组 4 位二进制代码的电路称为二-十进制编码器

B. 二-十进制编码器每次只允许一个输入端有信号

C. 二-十进制编码器也称为 10 线-4 线编码器

D. 普通二-十进制编码器允许多个信号同时提出编码请求

37. 译码器的逻辑功能是（　　）。

A. 把某种二进制代码转换成某种输出状态

B. 把某种状态转换成相应的二进制代码

C. 把十进制数转换成二进制数

D. 把二进制数转换成十进制数

38. 十进制数 6 的 8421BCD 码为（　　）。

A. 1000 　　　　　B. 0111 　　　　　C. 0110 　　　　　D. 0101

39. LED 数码管可以分为共阳和共阴两种，共阳 LED 是将各发光二极管阳极连在一起，接（　　）电平。

A. 低 　　　　　　B. 高 　　　　　　C. 0 　　　　　　D. 不确定

40. 3 线-8 线译码器 74LS138 输入高电平有效，输出低电平有效，译码状态时，当输入 $A_2 A_1 A_0 = 001$ 时，确定输出 $Y_7 \sim Y_0$ 为（　　）。

A. 00000010 　　　B. 11111101 　　　C. 00000001 　　　D. 11111110

41. 或逻辑运算法则可以总结为（　　）。

A. 有 1 出 1，全 0 出 0 　　　　　　B. 有 0 出 0，全 1 出 1

C. 有 0 出 1，全 1 出 0 　　　　　　D. 有 1 出 0，全 0 出 1

42. 与非逻辑的运算法则可以总结为（　　）。

A. 有 0 出 1，全 1 出 0 　　　　　　B. 有 0 出 0，全 1 出 1

C. 有 1 出 0，全 0 出 1 　　　　　　D. 有 1 出 1，全 0 出 0

二、判断题

1. 在逻辑代数中，0 和 1 不再是二进制数码，而是两种不同的逻辑状态。（　　）

2. 如果某种事件的最终"结果"必须依赖于若干"条件"的同时满足，这种"结果"和"条件"的关系就是"或"逻辑关系。（　　）

3. 如果输入 A 和输入 B 相同时，输出 F=1，输入 A 和输入 B 不同时，F=0，这种逻辑电

路称为同或。（　　）

4. 与非门的输入中只要有一个是 1，输出就是 0。（　　）

5. 反演律就是将逻辑表达式中的所有逻辑变量取反后，新逻辑表达式的值和原表达式结果相同。（　　）

6. 全加器是一种多位二进制数求和的组合逻辑电路。（　　）

7. 与非门的输入中只要有一个是 1，输出就是 0。（　　）

8. 三输入端或非门，当 A = 1，B = 0 时，输出 F = 0。（　　）

9. 三态逻辑门电路的高阻态输出取决于使能或 EN 端。（　　）

10. 使用与非门电路可以实现任何逻辑功能。（　　）

11. 在数字电路中，高电平和低电平指的是一定电压范围，而不是一个固定不变的数值。（　　）

12. 数字电路中晶体管大多工作于开关状态。（　　）

13. 在数字电路的正逻辑中，高电平为 1，低电平为 0。（　　）

14. 在数字电路中，稳态时晶体管一般工作在开关状态。（　　）

15. TTL 与非门电路具有 0、1 两种输出状态，其逻辑功能归纳为有 0 出 1，全 1 出 0。（　　）

16. 三态输出与非门具有 0、1 和高阻三种输出状态。（　　）

17. 能够实现线与的 TTL 门电路被称为 OC 门。（　　）

18. 集电极开路门的英文缩写为 OC 门。（　　）

19. 逻辑变量的取值只有 0 和 1，而普通代数中变量可取任意值。（　　）

20. 逻辑代数中的变量称为逻辑变量，其取值只有 1 和 0。（　　）

21. 在组合逻辑电路中，当输入信号改变状态时，输出端可能出现瞬间干扰窄脉冲的现象，称为竞争冒险。（　　）

22. 组合逻辑电路的分析是在已知逻辑功能的前提下设计出逻辑电路。组合逻辑电路设计是在已知组合电路结构时，研究其输出与输入之间的逻辑关系。（　　）

23. 能实现二进制加法运算的逻辑电路称为加法器。（　　）

24. 半加器是一种不考虑低位来的进位数，只能对本位上两个二进制数求和的组合电路。（　　）

25. 二进制编码是将某种信号编写成二进制代码的电路。（　　）

26. 二-十进制编码是将十进制的十个数码编写成二进制代码的电路。（　　）

27. 所有的复合逻辑运算都可以由基本逻辑运算复合而成。（　　）

28. 或逻辑运算符在形式上和普通代数中加号相同，但在计算结果上和加法有明显差别。（　　）

29. 任何一个逻辑函数式都能展开成与或表达式，而最简与或表达式也可以转变成其他形式的逻辑函数式。（　　）

30. 逻辑函数的最简与或表达式是唯一的。（　　）

31. 一个逻辑函数的表示方法有多种，其中真值表的描述形式不是唯一的。（　　）

32. 组合逻辑电路的输出是全部输入的逻辑函数。（　　）

33. 复合逻辑门电路是组合逻辑电路，与、或、非逻辑门不是组合逻辑电路。（　　）

34. 组合逻辑电路的输出仅和当前的输入有关。（　　）

35. 组合逻辑电路的输入变化时，输出立即变化。（　　）

36. 对于一个组合逻辑函数，其对应的最简逻辑电路图是唯一的。（　　　）

37. 最简逻辑电路图一般来自最简逻辑表达式。（　　　）

38. 利用全加器可以实现半加器功能。（　　　）

39. 普通编码器允许多个输入变量同时为有效状态。（　　　）

40. 译码器的输出中至多只能有一个是有效状态。（　　　）

41. 共阴极接法的数码管需要高电平信号驱动。（　　　）

42. 8 选 1 数据选择器能实现任意的含有三个变量的逻辑功能。（　　　）

43. 4 选 1 数据选择器应该有 4 根地址线。（　　　）

三、计算题

1. A、B 为输入信号，可以为高电平，也可以为低电平，分析图 10.8.19 所示电路对应门电路种类。

2. 由开关组成的逻辑电路如图 10.8.20 所示，设开关 A、B 分别有如图所示 0 和 1 两个状态，给出灯 HL 亮的逻辑表达式。

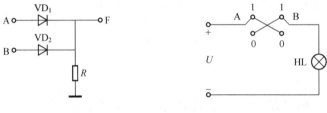

图 10.8.19　计算题 1 图　　　　　　图 10.8.20　计算题 2 图

3. 已知逻辑图和输入信号 A、B、C、D 的波形如图 10.8.21 所示，写出输出 F 的逻辑表达式，并画出 F 的波形。

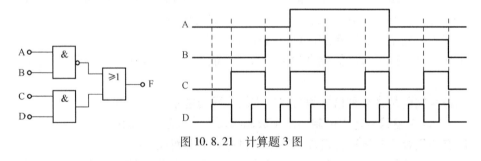

图 10.8.21　计算题 3 图

4. 写出图 10.8.22 所示电路逻辑函数式，并进行化简。

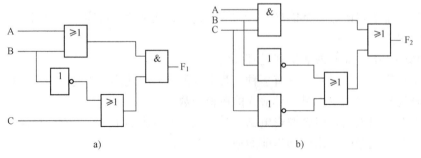

a)　　　　　　　　　　　　　　b)

图 10.8.22　计算题 4 图

5. 写出图 10.8.23 所示电路逻辑函数式和真值表，并分析其功能。

6. 写出图 10.8.24 所示电路的逻辑表达式，列出真值表，并说出该电路有何种逻辑功能。

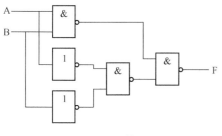

图 10.8.23　计算题 5 图

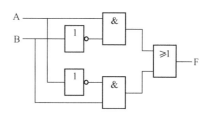

图 10.8.24　计算题 6 图

7. 逻辑电路如图 10.8.25 所示，写出 F 的逻辑表达式并进行化简，再列出真值表。

8. 旅客列车分特快、直快和普快，并以此为优先通行顺序。某站在同一时间只能由一趟列车从火车站开出，即只能给出一个开车信号，试：（1）写出满足上述要求的开车信号逻辑状态表；（2）列出逻辑表达式并化简；（3）用最少的基本门画出逻辑电路图。设分别用 X、Y 和 Z 代表特快、直快和普快列车（车到信号为 1），开车信号分别为 F_A、F_B 和 F_C（允许开出为 1）。

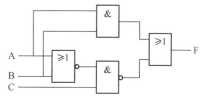

图 10.8.25　计算题 7 图

9. 设计一个监测信号灯工作状态的逻辑电路。每一组信号灯由红、黄、绿三盏灯组成。当 2 盏或 2 盏以上灯亮时，电路出现故障。故障出现时，要求逻辑电路发出故障信号，以提醒维护人员前去修理。（灯亮为 1，故障状态为 1；要求仅使用与非门。）

10. 某同学参加三类课程考试，规定如下：公共课及格得 2 分，不及格得 0 分；专业课及格得 3 分，不及格得 0 分；技能课及格得 5 分，不及格得 0 分。若总分大于 6 分则可顺利过关。试设计一个判断过关电路，请分别求解下列各问题：（1）列出真值表；（2）写出逻辑函数表达式，并化简成最简式；（3）用与非门画出实现上述功能的逻辑电路。

11. 在一次举重比赛中，有三个裁判（A、B、C），每人一个按键，如果认可运动员试举成功则按下，否则不按。多数裁判认可运动员试举成功，指示灯亮，否则不亮。请设计一个表决电路。（写出真值表，逻辑表达式，化简，画出电路逻辑图。）

12. 8 线–3 线优先编码器 74LS148 的优先编码顺序是 I_7、I_6、I_5、…、I_0，输出 $Y_2 Y_1 Y_0$。低电平有效。当输入 $I_7 I_6 I_5 \cdots I_0$ 为 11010101 时，试确定输出 $Y_2 Y_1 Y_0$。

13. 试用 3 线–8 线译码器 74LS138 和门电路实现逻辑函数 $L = AB + \overline{A}C$。要求写出必要的逻辑表达式和逻辑图。

第 11 章　触发器和时序逻辑电路

思政引例

非学无以广才，非志无以成学。

——诸葛亮

触发器（Flip-Flop，FF）是一种应用在数字电路上具有记忆功能的时序逻辑组件，可记录二进制数字"0"和"1"。触发器能够处理输入信号、输出信号和时钟频率之间的相互影响，要在时钟脉冲信号来到时才会被"触发"而动作，"触发器"名称由此而来。触发器是构成时序逻辑电路以及各种数字系统的基本逻辑单元，是由逻辑门电路组合而成，其结构大多由RS 触发器派生而来。近年来，随着脉冲技术迅速发展，触发器广泛应用于数字信号的产生、变换和存储等方面。由触发器构成的寄存器和计数器等时序逻辑器件，在通信、雷达、电子计算机、遥控和遥测等各个领域都发挥着极其重要的作用。数字逻辑电路分为两大类：一类是组合逻辑电路，即电路中任一时刻的输出信号仅取决于该时刻电路输入信号，而与电路的原状态无关；另一类是时序逻辑电路，即电路在任一时刻的输出信号不仅取决于该时刻电路的输入信号，而且还取决于电路原来的状态。也就是说，时序逻辑电路具有记忆功能，这是时序逻辑电路与组合逻辑电路的本质区别。在数字系统中，需要保存一些数据和运算结果，因此需要具有记忆功能电路，例如，计数器、寄存器电路。触发器作为基本单元构成时序逻辑电路，时序逻辑电路具有记忆功能。本章从构成时序逻辑电路的基本单元电路——触发器结构出发，介绍几种常用触发器的工作原理、逻辑功能及其动作特点。通过举例分析寄存器、计数器电路的工作原理及逻辑功能介绍时序逻辑电路分析方法。最后，简单介绍计数器芯片的功能和应用。注意理解 RS 触发器、K 触发器和 D 触发器的逻辑符号和逻辑功能，弄清触发器在什么条件下改变状态（翻转）以及在什么时刻翻转；了解数码寄存器和移位寄存器及二进制计数器和二-十进制计数器的工作原理。

学习目标：

1. 了解时序逻辑电路的特点，掌握时序逻辑电路的组成及记忆功能。

2. 掌握双稳态触发器：基本 RS 触发器、可控 RS 触发器、JK 触发器和 D 触发器逻辑功能和时序图的画法。

3. 了解理解由双稳态触发器构成的数码寄存器和移位寄存器的内部结构和工作原理。

4. 了解由双稳态触发器构成的同步计数器和异步计数器的内部结构和工作原理。

素养目标：

1. 结合双稳态触发器功能的多样性，引导学生理解辩证法中客观世界和事物表象的多样性；通过触发器功能相同但触发方式不同的对比，引导学生要学会透过现象看本质。

2. 优化计数器控制设计和技术方案、实验技术，培养学生重视动手的劳动精神、饮水思源的感恩精神。理论知识不能停留在原理性内容上，要做到知行合一。通过案例设计，展现团队力量，激励学生树立远大梦想、顶天立地才能有所为。

3. 通过计数器控制设计、控制程序调试，培养学生严谨求实的科学精神、尊重客观规律的优良作风、从失败中走向成功的坚毅精神。

11.1　双稳态触发器

数字电路按照功能的不同分为两类：组合逻辑电路和时序逻辑电路。其中组合逻辑电路的特点为只由逻辑门电路组成，输出变量状态完全由当时的输入变量的组合状态来决定，而与电路的原来状态无关，不具有记忆功能；时序逻辑电路的特点为输出状态不仅取决于当时的输入状态，而且还与电路的原来状态有关，也就是时序逻辑电路具有记忆功能。触发器是时序逻辑电路的基本单元，触发器按其工作状态可分为双稳态触发器、单稳态触发器和无稳态触发器。顾名思义，双稳态触发器有两个稳定状态，可用来存储数码 0 和 1。双稳态触发器的分类方式也很多，如按其内部构成元件类型分为 TTL 触发器与 CMOS 触发器；按其逻辑功能分为 RS型、JK 型、D 型、T 型和 T′型触发器等；按其电路结构特点分为主从型和维持阻塞型等；按其触发的时刻可分为上升沿和下降沿触发器。但是，不管什么类型触发器，在使用时，主要是利用其输入、输出之间的逻辑关系。因此，掌握各种触发器输入、输出的逻辑关系以及触发时刻是分析和设计时序电路的基础。

视频
RS 触发器

11.1.1　基本 RS 触发器

基本 RS 触发器是构成其他双稳态触发器的基本单元。图 11.1.1a 是两个与非门交叉连接构成的基本 RS 触发器。$\overline{R}$ 和 $\overline{S}$ 是两个输入端，Q 和 $\overline{Q}$ 是触发器的两个输出端。正常情况下 Q 和 $\overline{Q}$ 的状态总是相反，习惯上规定：Q 的状态代表触发器的输出状态；$Q=0$，$\overline{Q}=1$，称为复位状态（0 态）；$Q=1$，$\overline{Q}=0$，称为置位状态（1 态）；Q^n 为原来的状态，称为原态；Q^{n+1} 为加触发信号后的状态，称为新态或次态。下面用逻辑电路的分析方法来分析基本 RS 触发器的逻辑功能。

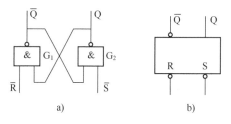

图 11.1.1　基本 RS 触发器
a) 逻辑图　b) 逻辑符号

1）当 $\overline{R}=\overline{S}=1$ 时，触发器保持原来的状态不变，即 $Q^{n+1}=Q^n$。

2）当 $\overline{R}=\overline{S}=0$ 时，根据与非逻辑的功能，在 $\overline{R}=0$，$\overline{S}=0$ 时触发器的 $Q^{n+1}=1$ 和 $\overline{Q}^{n+1}=1$ 全为 1，显然，这就违反了触发器输出端逻辑状态的规定，故这种状态为逻辑混乱状态。此外，在两端输入的低电平同时撤除后，如当 $\overline{R}=\overline{S}=0$ 时，触发器究竟是 0 态还是 1 态是不确定的，要看 G_1、G_2 两个门中哪一个门的输出先转变为 0 来决定。因此，在使用时通常应避免出现这种状态。

3）当 $\overline{R}=1$，$\overline{S}=0$ 时，由于 $\overline{S}=0$，则 G_2 的输入有 0，则输出 Q 必定为 1，又因 Q=1 反馈到 G_1 门，使 G_1 门的一个输入由 0 变 1，且这时 $\overline{R}=1$，即 G_1 门输入为全 1，输出 $\overline{Q}$ 为 0，即触发器为 1 态。此后，即使 $\overline{S}$ 端由 0 变为 1，触发器仍保持 1 态，说明此电路具有记忆功能，即 $Q^{n+1}=1$。

从这里看出，$\overline{R}=1$，$\overline{S}=0$ 时，无论触发器初始状态如何，触发器均被置为 1 态，通常把 S

端称为置1端，或称为置位（Set）端。

4）当 $\bar{R}=0$，$\bar{S}=1$ 时，由于 $\bar{R}=0$，即 G_1 门输入有0，则输出 $\bar{Q}$ 为1，由于 $\bar{Q}=1$，$\bar{S}=1$，即 G_2 门输入全1，则输出 Q 为0，即触发器为0态，$Q^{n+1}=0$。

从这里看出，$\bar{R}=0$，$\bar{S}=1$ 时，无论触发器原来的状态如何，均被置为0态，通常把 $\bar{R}$ 端称为置0端，或称为复位（Reset）端。R 和 S 上面都有一横，即 "$\bar{R}$" "$\bar{S}$"，表示低电平有效。即 $\bar{R}=0$ 时置0，$\bar{S}=0$ 时置1。

综上所述，基本 RS 触发器的逻辑功能见表 11.1.1。图 11.1.1b 是它的逻辑符号，输入端引线靠近方框处的小圆圈表示输入端是低电平触发，即低电平置位或复位。

表 11.1.1　基本 RS 触发器真值表

$\bar{R}$	$\bar{S}$	Q	功　能
0	0	不定	不允许
0	1	0	置0
1	0	1	置1
1	1	保持	记忆

注：$\bar{R}=\bar{S}=0$ 状态同时消失后输出状态不定。

11.1.2　时钟控制 RS 触发器

在数字系统中，经常要求各个触发器状态的改变（有时也把状态的改变称为翻转）时刻受同一个控制信号的控制，以使得整个系统步调一致地工作。此控制信号像时钟一样可以准确地控制触发器的翻转时刻，故称为时钟信号，或称时钟脉冲（Clock Pulse，CP）。凡有这种性能的触发器称为时钟控制触发器，简称钟控触发器。图 11.1.2a 所示是时钟控制的 RS 触发器。

图中，G_1、G_2 组成基本 RS 触发器，G_3、G_4 构成控制门。当 CP 为低电平时，这就使基本 RS 触发器处于 $\bar{R}=\bar{S}=1$，触

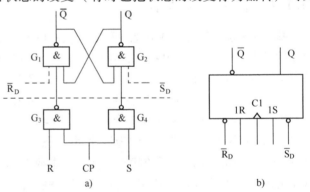

图 11.1.2　时钟控制的 RS 触发器
a）逻辑图　b）逻辑符号

发器保持原来状态不变，与输入信号 R、S 无关。即输入信号 R、S 被 CP 封锁了。当 CP=1 时，即当 CP 由低电平变为高电平后，触发器的状态才会根据 R、S 端输入信号的改变而改变，输入信号 R 经 G_3 门成为前面所讲的基本 RS 触发器的 $\bar{R}$，输入信号 S 经 G_4 门成为基本 RS 触发器的 $\bar{S}$。不难分析，它的逻辑功能见表 11.1.2。表中 Q^n 表示时钟脉冲输入前触发器的状态，Q^{n+1} 表示时钟脉冲输入后触发器的状态。真值表的各种情况请读者自行分析。图 11.1.2b 所示为它的逻辑符号，C 为时钟脉冲输入端；$\bar{R}_D$ 为直接复位端，使触发器置0态，$\bar{S}_D$ 为直接置位端，使触发器置1态，它们不受时钟脉冲的控制可以直接对触发器置0或置1，$\bar{R}_D$ 和 $\bar{S}_D$ 端靠近方框的小圆圈表示它们都是用低电平来直接置0或置1，一般用于触发器初始状态的设定。正常工作时，它们处于高电平（1态）。故 RS 触发器的特性方程为 $Q^{n+1}=S+\bar{R}Q^n$，约束条件为 $R \cdot S=0$。

表 11.1.2 时钟控制 RS 触发器真值表

R	S	Q^{n+1}	功 能
0	0	Q^n	记忆
0	1	1	置 1
1	0	0	置 0
1	1	不定	不允许

注：R、S 的 1 状态同时消失后输出状态不定。

例 11.1.1 有一时钟控制 RS 触发器，设 Q 的初始状态为 0，忽略触发器的传输延迟时间。已知输入波形如图 11.1.3 所示，试画出输出 Q 的波形。

解: 初始状态 Q=0。第 1 个 CP=1 时，R=0，S=1，触发器置 1 态；第 2 个 CP 时，R=1，S=0，触发器翻转到 0；第 3 个 CP 时，R=S=0，触发器保持 0 态；第 4 个 CP 时，开始时 R=0，S=1，触发器翻转成 1，随后 R=1，S=0，触发器翻转成 0，最后 R=0，S=1，触发器翻转成 1。输出波形图如图 11.1.3 所示，作图时应注意输出 Q 和输入 CP、R、S 间的对应关系。触发器状态的改变是在 CP 脉冲的上升沿到来时发生的。必须指出，这种时钟控制 RS 触发器在 CP=1 期间，若输入信号 R、S 改变，触发器的状态也会随之改变。

图 11.1.4 是一个计数型触发器，它把时钟控制 RS 触发器的 Q 端反馈连接到 R 端，$\overline{Q}$ 端反馈连接到 S 端。

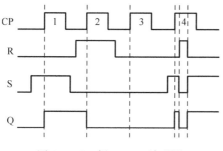

图 11.1.3 例 11.1.1 波形图

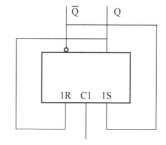

图 11.1.4 计数型触发器

根据时钟控制 RS 触发器的真值表可以看出，当初始状态为 0 时，R=Q=0，S=$\overline{Q}$=1，CP 从 0 变到 1 时，触发器翻转为 1 态。同样，当初始状态为 1 时，R=Q=1，S=$\overline{Q}$=0，CP 从 0 变到 1 时触发器翻转到 0 态。这种受 CP 触发而其状态翻转的触发器称为计数型触发器。

但是，这种触发器是否能保证每输入一个 CP 脉冲，其状态只翻转一次呢？如果 CP 脉冲宽度大于触发器翻转到稳定状态所需的时间，则触发器从 0 态翻转到 1 态后，它的输出状态又反馈到 R、S 端，即 R=Q=1，S=$\overline{Q}$=0。由于 CP 仍保持 1，则触发器又将发生一次翻转，恢复到 0 态。由此可见，在 CP 脉冲的高电平未消失之前，触发器会发生两次或两次以上的翻转，这种没有如实地按时钟脉冲的节拍来翻转的现象称为空翻现象。

为了克服空翻和逻辑混乱这两种现象，主从型触发器和维持阻塞型触发器就应运而生了。

例 11.1.2 有一时钟控制 RS 触发器，设 Q 的初始状态为 0，忽略触发器的传输延迟时间。已知输入波形如图 11.1.5 所示，试画出输出 Q 的波形。

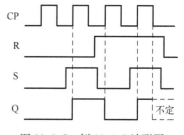

图 11.1.5 例 11.1.2 波形图

11.1.3 JK 触发器

触发器有两个输入端 J 和 K。它由两个时钟控制 RS 触发器和一个非门组成，其中输出信号的触发器，称为从触发器，接输入信号的触发器，称为主触发器。此外，还将触发器的输出端 Q、$\overline{Q}$ 分别反馈到主触发器的 R 端和 S 端，如图 11.1.6a 所示。

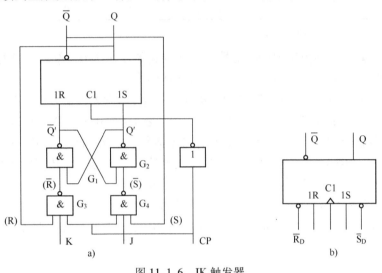

图 11.1.6 JK 触发器

a）逻辑图 b）逻辑符号

当 CP=0 时，主触发器被封锁，输入端 J 和 K 的状态无论如何变化均不影响主触发器的输出状态，而此时 $\overline{CP}=1$，从触发器打开，其输出状态就由主触发器的输出 Q' 和 $\overline{Q}'$ 来决定，当 $Q'=1S=0$，$\overline{Q}'=1R=1$ 时，则 $Q=0$，$\overline{Q}=1$；当 $Q'=1S=1$，$\overline{Q}'=1R=0$ 时，则 $Q=1$，$\overline{Q}=0$，使从触发器状态与主触发器相同，即保持触发器原来的状态。当 CP=1 时，主触发器被打开，其输出状态由输入端 J 和 K 以及触发器原来的状态来决定。但此时由于 $\overline{CP}=0$，封锁了从触发器，因此，无论 Q' 和 $\overline{Q}'$ 如何变化，对从触发器均无影响，即触发器输出状态不变。只有当 CP 脉冲的下降沿到来（$\overline{CP}=1$）时，才将主触发器的状态传到从触发器中。

它的逻辑功能分析如下。

（1）J=1，K=0

由于 K=0，G_3 门被封锁，无论其他输入信号是什么状态，G_3 门输出为 1，即 G_1 门输入 $(\overline{R})=1$，由于 J=1，输入 CP 脉冲时，CP=1，则 G_4 门的输出状态完全取决于另一个输入端 (S) 的状态，而 $(S)=\overline{Q}$。当触发器初始状态为 0 时，$(S)=\overline{Q}=1$，G_4 门的输出为 0，则 G_2 门的输入 $(\overline{S})=0$，根据表 11.1.1 不难看出，主触发器从 0 态翻转为 1 态，在 CP=0 时触发器的输出也就从 0 态翻转为 1 态。当触发器初始状态为 1 态时，$(S)=\overline{Q}=0$，G_4 门输出为 1，则 G_2 门的输入 $(\overline{S})=1$，基本 RS 触发器 $(\overline{R})=(\overline{S})=1$，触发器保持原来状态不变，即保持 1 态。可见，无论触发器原来的状态如何，当 J=1，K=0 时，输入 CP 脉冲后，触发器为 1 态，即 $Q^{n+1}=1$。

（2）J=0，K=1

由于 J=0，G_4 门被封锁，则 $(\overline{S})=1$。由于 K=1，输入 CP 脉冲时，CP=1，G_3 门的输出状态完全取决于另一个输入端 (R) 的状态，而 $(R)=Q$。当初始状态 Q=0 时，$(R)=Q=0$，则 $(\overline{R})=1$，触发器保持 0 态不变。当初始状态 Q=1 时，$(R)=Q=1$，则 $(\overline{R})=0$，触发器由 1 态

翻转 0 态。可见，无论触发器原来状如何，当 J＝0，K＝1 时，输入 CP 脉冲后，触发器为 0 态，即 $Q^{n+1}=0$。

（3）J＝K＝0

由于 K＝0，G_3 被封锁，（R）＝1；J＝0，G_4 被封锁，（$\overline{S}$）＝1，当输入 CP 脉冲后触发器的输出状态仍保持不变，即 $Q^{n+1}=Q^n$。

（4）J＝K＝1

由于 J＝K＝1，输入 CP 脉冲时，CP＝1，则 G_3 门输出状态取决于输入端（R）＝Q，G_4 门的输出状态取决于输入端（S）＝$\overline{Q}$，当初始状态为 0 态时，（R）＝Q＝0，（S）＝$\overline{Q}$＝1，根据表 11.1.2 可知，触发器翻转为 1 态。当初始状态为 1 态时，（R）＝Q＝1，（S）＝$\overline{Q}$＝0，则触发器翻转到 0 态，因此 J＝K＝1 时，在输入 CP 脉冲后，触发器状态必定翻转一次，即 $Q^{n+1}=\overline{Q}^n$，可见，JK 触发器不会出现空翻现象。

由上述分析可以看出，JK 触发器的特性方程为 $Q^{n+1}=J\overline{Q}^n+\overline{K}Q^n$，它通过采用主从结构来避免空翻现象，以及通过将输出状态反馈到输入端来消除不定状态。

表 11.1.3 是 JK 触发器的真值表。由真值表可知，JK 触发器不存在不定状态，其逻辑功能比 RS 触发器完善，可用作计数器和寄存器等。它的逻辑符号如图 11.1.6b 所示。由于它是主从型结构，故在 CP 下降沿触发，即在 CP 负跳变（CP 脉冲刚由高电平变为低电平）时触发。JK 触发器有多种产品，如 TTL 的 74LS112 双下降沿 JK 触发器和 CMOS 的 CD4027 双上升沿 JK 触发器等。

表 11.1.3　JK 触发器真值表

J	K	Q^{n+1}	功　能
0	0	Q^n	保持
0	1	0	置 0
1	0	1	置 1
1	1	$\overline{Q}^n$	计数

11.1.4　D 触发器

D 触发器的设计方法有多种，为了方便读者理解其工作原理，这里介绍一种转换设计方法。把 JK 触发器的 J 端作为信号输入端 D，再把 J 端通过非门接到 K 端，K＝$\overline{J}$，即 J＝D^n，K＝$\overline{D}^n$，由此便可构成主从型 D 触发器。它的逻辑图及逻辑符号如图 11.1.7 所示。

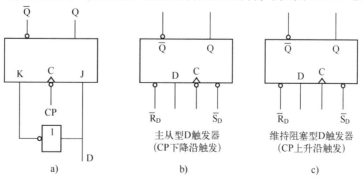

主从型 D 触发器（CP 下降沿触发）

维持阻塞型 D 触发器（CP 上升沿触发）

a)　　　　　　　b)　　　　　　　c)

图 11.1.7　主从型 D 触发器

a）逻辑图　b）、c）逻辑符号

当 D=0 时，相当于 JK 触发器 J=0、K=1 的情况，CP 脉冲下降沿到来后，$Q^{n+1}=0$。当 D=1 时，相当于 J=1、K=0，在 CP 脉冲下降沿到来后，$Q^{n+1}=1$。因此，D 触发器的真值表见表 11.1.4。可见，在 CP 脉冲作用后，输出端 Q 的状态便等于 D 端的状态，即 $Q^{n+1}=D^n$。这种由主从触发器构成的 D 触发器称为主从 D 触发器。主从触发器是在 CP 脉冲的下降沿触发。此外，D 触发器还有维持阻塞型的。它的逻辑功能与主从型基本相同，所不同的是，维持阻塞型在 CP 脉冲的上升沿触发，即在 CP 正跳变（CP 脉冲刚由低电平变为高电平）时触发。它的逻辑符号如图 11.1.7b 所示，图中，CP 引线靠近方框处没有小圆圈，表示在 CP 脉冲的上升沿触发。

表 11.1.4　D 触发器真值表

D	Q^{n+1}	功　能
0	0	复位
1	1	置 1

D 触发器有多种产品。例如，74LS74 是 TTL 的双 D 触发器，CD4013 是 CMOS 的双 D 触发器等。除了上述触发器以外，还有其他功能的触发器，如 T 触发器和 T′触发器等，它们可用于某些特定场合。

例 11.1.3　JK 触发器的逻辑符号和输入信号 J、K 及触发脉冲 CP 的波形如图 11.1.8 所示。设触发器的初始状态为 0，试画出输出端 Q 的波形。

解： 图中没有指明 $\overline{R}_D$ 和 $\overline{S}_D$ 的波形，可视作悬空，即 $\overline{R}_D=\overline{S}_D=1$，表明触发器不进行置 0 或置 1。注意该触发器的逻辑符号中 CP 引线靠近方框处有小圆圈，是下降沿触发。当 CP 端和 J、K 端的输入波形

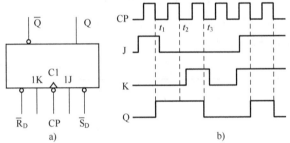

图 11.1.8　例 11.1.3 逻辑符号及波形图
a）逻辑符号　b）波形图

已知时，根据 JK 触发器的真值表，可画出 Q 和 $\overline{Q}$ 端的波形，如图 10.1.8b 所示。

画波形图的具体方法：依次注意 CP 下降沿的每一时刻，观察 J、K 端输入信号的状态。如果 J、K 端的状态相反，不论触发器的原态是什么，则当 CP 脉冲触发沿到来时，输出端 Q 的下一状态就与该时刻 J 的状态一样，即 $Q^{n+1}=J$。如果 J、K 端的状态都是 1，则输出端 Q 就翻转，即 $Q^{n+1}=\overline{Q}^n$。如果 J、K 端的状态都是 0，则 CP 脉冲触发沿到来时，输出端 Q 就保持原态不变，即 $Q^{n+1}=Q^n$。

例 11.1.4　维持阻塞型 D 触发器的逻辑符号和输入信号 D 及触发脉冲 CP 的波形如图 11.1.9 所示。设触发器的初始状态为 0 态，试画出输出端 Q 的波形。

解： 当 CP 端和 D 端的输入波形已知时，根据 D 触发器的真值表，可画出 Q 端波形，如图 11.1.9b 所示。作图时需注意维持型触发器是在 CP 上升沿触发。具体方法：依次注意 CP 上升沿的每一时刻，观察输入信号 D 的状态。如果 D 的状态是 1，则输出端 Q 的下一状态就是 1；如果 D 的状态是 0，则输出端 Q 的下一状态就是 0。即触发沿到来时，Q 的下一个状态就是时刻 D 的状态。其余时间输出端 Q 保持原先状态。

通过以上两道例题可归纳出画波形图要点如下：

1）看清触发器的逻辑符号，确定是上升沿触发还是下降沿触发。

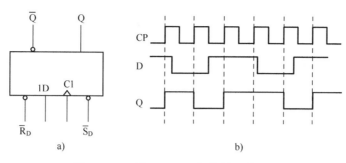

图 11.1.9 例 11.1.4 逻辑符号及波形图

a) 逻辑符号 b) 波形图

2）触发器只可能在触发沿时刻改变状态（翻转），故只需根据触发器的真值表来决定触发器的下一个状态。

例 11.1.5 已知上升沿触发 D 触发器 D 端的输入信号波形如图 11.1.10 所示，设触发器的初始状态为 0 态，试画出输出端 Q 的波形。

解： 根据 D 触发器在 CP 脉冲作用后，输出端 Q 的状态便等于 D 端的状态，即 $Q^{n+1} = D^n$。

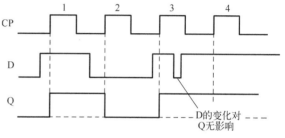

图 11.1.10 例 11.1.5 波形图

例 11.1.6 已知某触发器逻辑符号及连接如图 11.1.11 所示，请分别求解下列各问题：（1）指出该触发器的触发方式；（2）根据图 11.1.11 所示输入 CP 波形写出 Q 表达式；（3）画出其输出端 Q 的波形，设触发器初态为 0，注意在给定图形下画出波形，关键点必须对应。

解：（1）CP 下降沿触发；（2）$Q^{n+1} = J\overline{Q}^n + \overline{K}Q^n = \overline{Q}^n \cdot \overline{Q}^n + \overline{1}Q^n = \overline{Q}^n$；（3）波形图如图 11.1.12 所示。

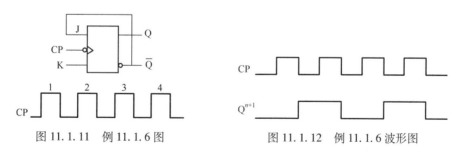

图 11.1.11 例 11.1.6 图　　　　　图 11.1.12 例 11.1.6 波形图

特别提示

双稳态触发器输出电平的高低不仅取决于当时的输入，还与以前的输出状态有关，是有记忆功能的逻辑部件。其有 0 态和 1 态两个稳定状态，输入信号消失后，被置成的 0 态或 1 态能保存下来，具有记忆功能。相同逻辑功能的触发器，电路结构不同，触发方式就不同。不同逻辑功能的触发器可相互转换，但是逻辑功能改变，触发方式不变。

【练习与思考】

1）为什么 RS 触发器的应用具有局限性，而 JK 触发器和 D 触发器的应用较为广泛？

2）时钟控制 RS 触发器为什么不能用作计数器？

3）触发器 $\overline{R}_D$ 和 $\overline{S}_D$ 两个端点的作用何在？在逻辑符号中这两个端点有小圈和没有小圈有何区别？

4）上升沿触发的边沿触发器在 CP=0 和 CP=1 时，保持的状态是否相同？主从触发器的特点是什么？

视频
寄存器

11.2　寄存器

寄存器和计数器都是常用的时序逻辑电路。随着集成电路的发展，这些逻辑电路早已制成集成器件。但为了说明它们的功能和使用方法，本书还是讨论由门电路和触发器所组成的这些逻辑电路的原理。实际使用时，可查阅产品手册，选用合适的集成器件。

根据功能的不同，寄存器可分为数码寄存器和移位寄存器。

11.2.1　数码寄存器

在数字系统中，数码寄存器是不可缺少的部件，用它可（暂时）存放二进制数。寄存器由触发器组成。一般来说，若要寄存 N 位二进制数，就需要 N 个触发器。图 11.2.1 是 4 位二进制数码寄存器的逻辑图。它由 4 个基本 RS 触发器和一些与非门组成。其工作原理如下。

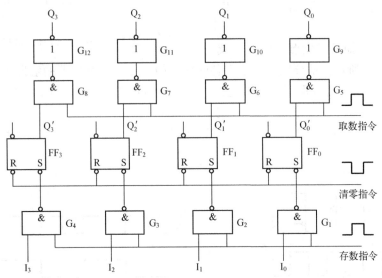

图 11.2.1　数码寄存器

这种寄存器在接收数码前，应先在复位端输入一个负脉冲，使每位触发器的输出为 0 态，这就是"清零"。设输入数码为 1011，将它加在数码输入端，即 $I_3=1$，$I_2=0$，$I_1=1$，$I_0=1$，然后输入寄存指令（正脉冲），由于第一、二、四位数码为 1，则与非门 G_1、G_2、G_4 有负脉冲输出，使触发器 FF_0、FF_1、FF_3 置 1，而第三位数码为 0，则与非门 G_3 的输出为 1，使触发器 FF_2 仍保持 0 态，即 $Q_3'Q_2'Q_1'Q_0'=1011$，这样便将输入数码存入寄存器中。

当需要取出寄存的数码时，可输入取出指令（正脉冲），在输出端 Q_3、Q_2、Q_1 和 Q_0 即可得到存放在寄存器中的数码。当然，数码寄存器也可以用 D 触发器或 JK 触发器组成，这里不再一一介绍，读者可自行设计。

11.2.2　移位寄存器

电子计算机进行算术运算时，经常需要将寄存器中的数码向左或向右移位，例如，二进制数乘以 2 相当于将此数左移一位。这种具有移位功能的寄存器称为移位寄存器。

图 11.2.2 所示是由 JK 触发器组成的 4 位左向移位寄存器的逻辑图。CP 为移位脉冲，右边第一个触发器 FF_0 实际上接成 D 触发器，数码由 D 端输入。设移位前各触发器已清零，现将数码 1011 高位至低位依次送到 D 端。最高位数码为 1，触发器 FF_0 的 $1J = D = 1$，$1K = \overline{D} = 0$，在第 1 个移位脉冲 CP 的下降沿，触发器 FF_0 翻转为 1，而其他 3 个触发器保持 0 态不变。然后，数码 0 送到 D 端，在第 2 个移位脉冲 CP 下降沿，$Q_0 = 1$ 的数码置入触发器 FF_1，$D = 0$ 的数码置入触发器 FF_0。在第 3 个移位脉冲 CP 的下降沿，$Q_1 = 1$ 的数码置入触发器 FF_2，$Q_0 = 0$ 数码置入触发器 FF_1，$D = 1$ 的数码置入触发器 FF_0。

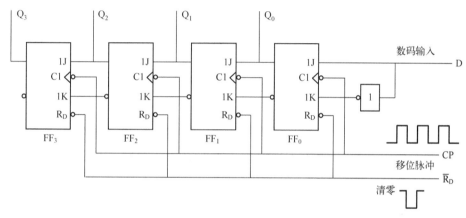

图 11.2.2　4 位左向移位寄存器

同理，在第 4 个 CP 下降沿后，4 个触发器的状态是 $Q_3 = 1$，$Q_2 = 0$，$Q_1 = 1$，$Q_0 = 1$，即 1011，4 位数码经过 4 个移位脉冲 CP 作用后，全部从输入端 D 串行移入寄存器内，其工作波形如图 11.2.3 所示。如果再输入 4 个移位脉冲，则寄存器中的数码全部从输出端 Q_3 串行输出。从波形图可以看出，第 1~4 个 CP 使数码移入寄存器，第 5~8 个 CP 使数码从寄存器移出。由于数据是以串行方式输入寄存器，又以串行方式从寄存器输出，因此，这种工作方式称为串行输入串行输出。如果 4 位数码同时通过 4 个输出端 $Q_3Q_2Q_1Q_0$ 输出，这种工作方式称为串行输入并行输出。表 11.2.1 是图 11.2.2 所示电路在上述条件下的状态转换表。

图 11.2.2 所示电路在 CP 脉冲作用下各触发器的状态自右向左依次移动，称为左向移位寄存器。此外，还有右向移位寄存器和双向移位寄存器，它们的工作原理类似，读者可自行设计，这不再一一介绍。常用的集成移位寄存器有 74LS194（4 位双向）、74LS198（8 位双向）和 CC40194（4 位双向）等。

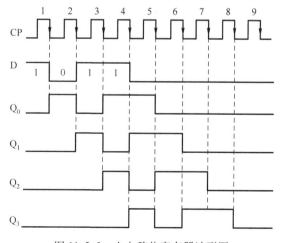

图 11.2.3　左向移位寄存器波形图

279

表 11.2.1 4位左向移位寄存器状态转换表

CP	Q_3	Q_2	Q_1	Q_0	CP	Q_3	Q_2	Q_1	Q_0
0	0	0	0	0	5	0	1	1	0
1	0	0	0	1	6	1	1	0	0
2	0	0	1	0	7	1	0	0	0
3	0	1	0	1	8	0	0	0	0
4	1	0	1	1					

特别提示

寄存器是数字系统常用逻辑部件，用来存放数码或指令等，一个触发器只能存放一位二进制数，存放 n 位二进制时，要 n 个触发器。其中移位寄存器不仅能寄存数码，而且还有移位的功能。

【练习与思考】

1）什么是数码寄存器？什么是移位寄存器？两者有何主要区别？

2）8位循环左移寄存器能否成为8位顺序脉冲发生器？

视频
计数器

11.3 计数器

计数器能计输入脉冲的个数。计数器按计数脉冲作用方式来分，有异步工作方式和同步工作方式；按计数过程中数字的递增或递减来分，有加法计数、减法计数和可逆计数；按计数过程中数字的进位方式可分为二进制计数、十进制计数和其他进制计数。

11.3.1 异步二进制加法计数器

二进制加法法则是逢二进一。图 11.3.1 是用下降沿触发的 JK 触发器构成的 4 位异步二进制加法计数器。计数脉冲 CP 从最低位触发器 FF_0 的 C 端输入，即 $CP_0 = CP$，而各位触发器的 J、K 端均悬空，这相当于接高电平，即 $J = K = 1$。这时 JK 触发器处于计数状态，故每输入一个 CP 脉冲后，Q_0 就翻转一次，而各位触发器之间的联系均为低位 Q 端与高位 C 端相连，即 $CP_1 = Q_0$，$CP_2 = Q_1$，$CP_3 = Q_2$，因此，每当低位触发器由 1 态变为 0 态（下降沿）时，就使高位触发器翻转一次，其他时间保持原态。

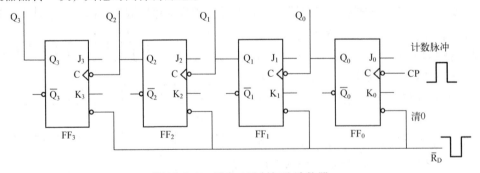

图 11.3.1 异步二进制加法计数器

计数之前，在 R_D 端输入复位负脉冲，先"清零"，使 $FF_0 \sim FF_3$ 均处于 0 态。当输入计数脉冲后，各位触发器按其输入情况翻转，相应的输出状态见表 11.3.1。由表可见，第 1 个 CP 脉冲输入后 FF_0 由 0 变为 1 态，其他触发器保持 0 态。第 2 个 CP 输入后，Q_0 由 1 态变成 0 态，并产生 1 个负跳变，使 Q_1 翻转，从 0 态变为 1 态，Q_2、Q_3 保持不变。以此类推，当输入 16

个 CP 脉冲后，全部触发器又还原成 0 态。图 11.3.2 是它的工作波形图。

表 11.3.1　二进制加法计数器的状态转换表

计数脉冲数	二 进 制				十 进 制 数	计数脉冲数	二 进 制				十 进 制 数
	Q_3	Q_2	Q_1	Q_0			Q_3	Q_2	Q_1	Q_0	
0	0	0	0	0	0	9	1	0	0	1	9
1	0	0	0	1	1	10	1	0	1	0	10
2	0	0	1	0	2	11	1	0	1	1	11
3	0	0	1	1	3	12	1	1	0	0	12
4	0	1	0	0	4	13	1	1	0	1	13
5	0	1	0	1	5	14	1	1	1	0	14
6	0	1	1	0	6	15	1	1	1	1	15
7	0	1	1	1	7	16	0	0	0	0	0
8	1	0	0	0	8						

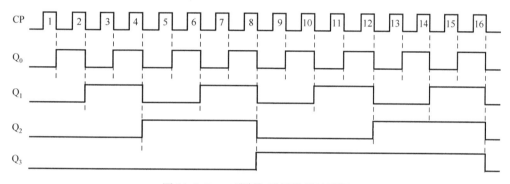

图 11.3.2　二进制加法计数器波形图

由图 11.3.2 可看出，每经过一级触发器，输出端脉冲的周期就增加一倍，即频率为原来的 1/2，称为二分频。例如，从 Q_0 端输出波形的频率为 CP 频率的 1/2。从 Q_1 端输出波形的频率为 CP 频率的 1/4，即四分频。因此，计数器也可用作分频电路。

这种计数器的计数脉冲不是统一加到每一个触发器 CP 端，因此，各位触发器不在同一时刻翻转，故称为异步计数器。这种计数器的进位信号是由低位到高位逐级传递的，这就使计数速度受到限制。若要提高计数速度，可将计数输入脉冲同时加在每一个触发器 CP 端，使各触发器的输出状态变化与输入计数脉冲 CP 同步，按照这种方式组成的计数器称为同步计数器。

11.3.2　同步二进制加法计数器

11.3.1 节已经分析得出，二进制加法计数器的状态转换表见表 11.3.1。由表可以看出，每输入 1 个计数脉冲，最低位触发器 FF_0 就翻转一次，如果是 JK 触发器，则应使 $J_0 = K_0 = 1$，$CP_0 = CP$。触发器 FF_1 在 $Q_0 = 1$ 以后，再输入一个 CP 脉冲才翻转，则应使 $J_1 = K_1 = Q_0$，且由于是同步计数，则 $CP_1 = CP$。触发器 FF_2 在 $Q_0 = 1$ 和 $Q_1 = 1$ 以后，再输入一个 CP 脉冲后才翻转，则应使 $J_2 = K_2 = Q_1 Q_0$，$CP_2 = CP$。以此类推，它的一般形式是 $J_n = K_n = Q_{n-1} \cdots Q_1 Q_0$，$CP_n = CP$，计数输入脉冲同时加在每一个触发器的 CP 端，因此，可将计数输入脉冲同时加在每一个触发器的 CP 端，这就是同步二进制加法计数器级间连接的一种方法。根据这种方法，可画出

图 11.3.3 所示的同步 4 位二进制加法计数器的逻辑图。关于它的工作原理和波形图的画法，请读者自行分析和完成。

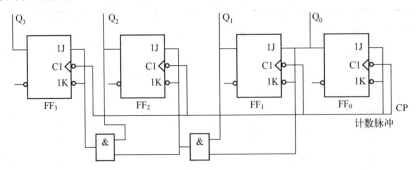

图 11.3.3 同步 4 位二进制加法计数器

由于有的型号集成 JK 触发器具有多个 J 端和 K 端，而各 J 端之间和各 K 端之间都是与的逻辑关系。如采用这些型号的集成 JK 触发器，图 10.3.3 的两个与门电路就不需要了。

例 11.3.1 试分析如图 11.3.4a 所示逻辑电路的逻辑功能，设触发器 FF_1、FF_0 的初始状态 $Q_1 = Q_0 = 1$。

解： 由于 $CP_0 = CP_1 = CP$，FF_1、FF_0 均受同一个 CP 的作用，故这是同步工作方式。因为 $J_0 = K_0 = 1$（悬空），所以 FF_0 为计数型。即每输入一个 CP 脉冲，触发器 FF_0 就翻转一次。而触发器 FF_1 的 $J_1 = K_1 = \overline{Q_0}$，它是在 $Q_0 = 0$，$\overline{Q_0} = 1$ 以后，再输入一个 CP 脉冲才翻转。波形图如图 11.3.4b 所示。根据图 11.3.4a 也可列出其状态转换表，见表 11.3.2。可见，Q_1、Q_0 的状态变化符合二进制法则，故它是一个两位同步二进制减法计数器。

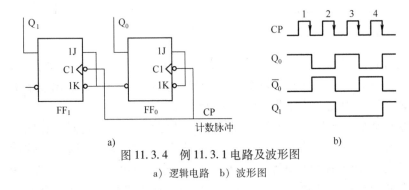

图 11.3.4 例 11.3.1 电路及波形图
a）逻辑电路 b）波形图

表 11.3.2 状态转换表

CP	Q_1	Q_0
0	1	1
1	1	0
2	0	1
3	0	0
4	1	1

特别提示

构成 n 位二进制计数器，需用 n 个具有计数功能的触发器。异步计数器的计数脉冲 CP 不是同时加到各位触发器，最低位触发器由计数脉冲触发翻转，其他各位触发器有时需由相邻低位触发器输出的进位脉冲来触发，因此各位触发器状态变换的时间先后不一，只有在前级触发器翻转后，后级触发器才能翻转。同步计数器的计数脉冲同时接到各位触发器，各位触发器状态的变换与计数脉冲同步。

【练习与思考】

1）同步计数器与异步计数器的主要区别在哪里？

2）四位二进制计数器可以获得哪几种分频电路？它们又分别从哪个输出端输出？

3）计数器能否用作定时器？

11.4　内容拓展及专创应用

11.4.1　智能尘埃粒子计数器

采用全半导体激光传感器的手持式激光尘埃粒子计数器，可与 PC 数据采集系统连接进行远程控制，直接观测仪器的测试情况，测试数据可通过计算机进行分析处理并保存为 Excel 文件。技术指标均满足国家质量监督检验检疫总局颁布的 JJF 1190—2008《尘埃粒子计数器校准规范》的要求，整机功能采用美国微型计算机控制处理技术、半导体激光传感器技术及进口气泵，具有功能多、测量精度高、速度快、便于携带和操作简单等特点。仪器一次采样可同时测得多种粒径的尘埃粒子数，该产品已被广泛应用于电子生产企业洁净室检测；过滤器现场检测、捡漏；可监测生物安全、HVAC 系统、计算机室、饮料包装环境、药品、医疗器械生产环境、医院洁净手术室、汽车喷涂环境、微电子、生化制品、食品卫生、精细化工、精密机械和航空航天等生产和科研部门，是暖通空调和制药企业及其监督管理部门贯彻 GMP 规范和电子生产企业的首选仪器。

11.4.2　工程实践

根据触发器特性，设计一个音频信号发生器电路。如图 11.4.1 所示，在接通电源后的瞬间，$\overline{Q}_1$ 端（第 2 引脚）输出为高电平，该高电平通过 R_{P1} 向 C_1 充电，当 C_1 端电压上升到置位电压时，$\overline{Q}_1$ 端变为低电平，C_1 通过二极管 VD$_1$ 向 $\overline{Q}_1$ 端放电。此时 Q$_1$ 输出端（第 1 引脚）变为高电平，该高电平通过 R_{P2} 向 C_2 充电。当 C_2 端电压上升到复位电平时，触发器翻转，Q$_1$ 变为低电平，$\overline{Q}_1$ 变为高电平，$\overline{Q}_1$ 端的高电平向 C_1 充电，C_2 通过二极管 VD$_2$ 向变为低电平的 Q$_1$ 放电，如此不断循环，在 Q$_1$ 和 $\overline{Q}_1$ 端交替出现高、低电平，形成振荡。Q$_1$ 端的振荡信号通过电阻 R_1 加到晶体管 VT$_1$ 的基极，经过 VT$_1$ 放电后推动扬声器 BP 发出响亮的音频声。

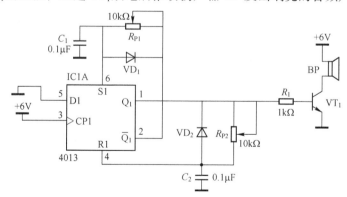

图 11.4.1　音频信号发生器电路

11.5　小结

1. 时序逻辑电路组成

时序逻辑电路由触发器和组合逻辑电路组成，它的输出不仅和输入有关，而且还与电路原来的状态有关，因此，时序电路具有记忆功能。电路状态由触发器记忆并表示出来，因此触发器是组成时序电路的基本元件，组合逻辑电路可简可繁。

2. 双稳态触发器

双稳态触发器具有记忆功能，是时序逻辑电路基础。它有 0 和 1 两个稳定输出状态，在外界信号作用下，可以从一个稳定状态转变为另一个稳定状态。双稳态触发器主要有 RS、K 和 D 触发器。按照电路结构可分为主从型触发器和维持阻塞型触发器；按触发方式不同有上升沿触发和下降沿触发。正确使用双稳态触发器必须理解触发器的逻辑功能和触发方式。

3. 寄存器和计数器

寄存器主要用以存放数码。移位寄存器不但可存放数码，而且还能对数据进行移位操作。移位寄存器有单向移位寄存器和双向移位寄存器。集成寄存器使用方便、功能全、输入和输出方式灵活，功能表是其正确使用的依据。寄存器分为数据寄存器和移位寄存器，它们用于寄存和处理信息。移位寄存器输入方式有并行输入和串行输入，输出方式也有并行输出和串行输出。计数器是快速记录输入脉冲个数的部件。计数器按计数进制有二进制计数器、十进制计数器和任意进制计数器；按工作方式可分为异步和同步两种。计数器用于计数、分频和定时。

4. 时序逻辑电路设计方法

1）判断是同步还是异步方式。如果构成时序电路各个触发器的时钟脉冲信号都是自同一个 CP 信号，则该电路是同步，否则就是异步。

2）注意观察触发器逻辑符号，确认每一个触发器有效触发沿。

3）写出各个触发器控制端逻辑表达式。

4）根据触发器逻辑功能和输入端逻辑关系式列出触发器的状态转换表或画出波形图。

5）根据状态表或波形图分析电路的逻辑功能。

11.6　习题

一、单选题

1. 计数器在电路组成上的特点是（　　　）。

A. 有 CP 输入端，无数码输入端　　　　　B. 有 CP 输入端和数码输入端

C. 无 CP 输入端，无数码输入端　　　　　D. 无 CP 输入端，有数码输入端

2. 触发器如图 11.6.1 所示，可以制定该触发器状态为（　　　）。

A. 计数　　　　　　B. 保持　　　　　　C. 置 1　　　　　　D. 置 0

3. 图 11.6.2 所示是 D 触发器具有（　　）功能。

A. 计数　　　　　　B. 置 0　　　　　　C. 置 1　　　　　　D. 保持

4. 在图 11.6.3 所示电路中，当 A＝0，B＝1，C＝0，D＝1 时，触发器具有（　　）功能。

A. 置 0　　　　　　B. 置 1　　　　　　C. 计数　　　　　　D. 保持

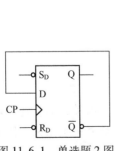

图 11.6.1　单选题 2 图

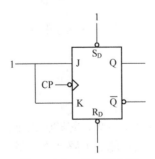

图 11.6.2　单选题 3 图

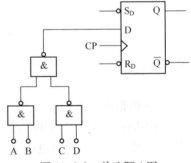

图 11.6.3　单选题 4 图

5. 具有记忆功能的基本单元电路是 (　　)。

A. 门电路　　　　　　B. 多谐振荡器　　　　C. 双稳态触发器　　D. 无稳态触发器

6. 时序逻辑电路与组合逻辑电路的主要区别是 (　　)。

A. 时序电路只能计数，而组合电路只能寄存

B. 时序电路没有记忆功能，组合电路则有

C. 时序电路具有记忆功能，组合电路则没有

D. 时序电路只能寄存，而组合电路只能计数

7. 触发器输出的状态取决于 (　　)。

A. 输入信号　　　　　　　　　　　　B. 电路的原始状态

C. 输入信号和电路的原始状态　　　　D. 所加电源极性

8. 逻辑电路如图 11.6.4 所示，分析图中 CP、J、K 波形。当初始状态为 0 时，输出 Q 是 1 的瞬间为 (　　)。

A. t_1　　　　　　　B. t_2　　　　　　　C. t_3　　　　　　　D. 以上都不是

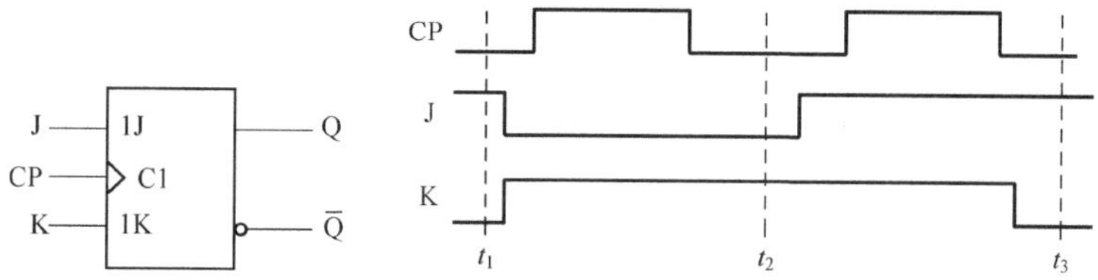

图 11.6.4　单选题 8 图

9. 逻辑电路如图 11.6.5 所示，A=0，B=0 时，CP 脉冲来到后 D 触发器 (　　)。

A. 具有计数功能　　B. 保持原状态　　　　C. 置 0　　　　　　D. 置 1

10. 下列各种触发器中，不能组成移位寄存器的触发器有 (　　)。

A. 基本 RS 触发器　　　　　　　　　B. 主从型 JK 触发器

C. 维持阻塞型 D 触发器　　　　　　　D. 四门时钟控制型 RS 触发器

11. 如图 11.6.6 所示，当 $R_D = S_D = 1$，S=0，R=1，CP 脉冲到来后可控 RS 触发器的新态为 (　　)。

A. 0　　　　　　　　B. 1　　　　　　　　C. 计数　　　　　　　D. 不确定

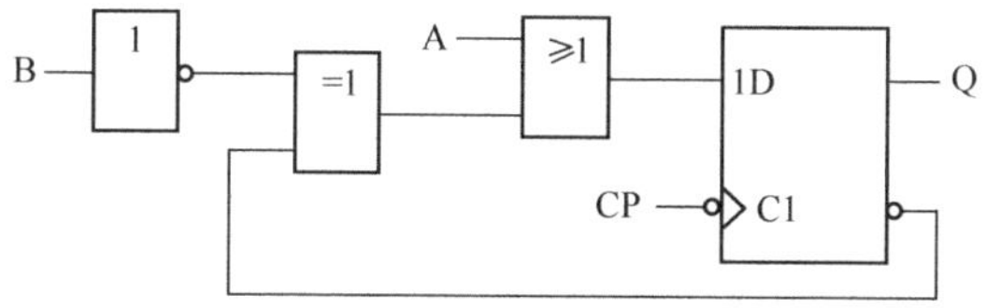

图 11.6.5　单选题 9 图

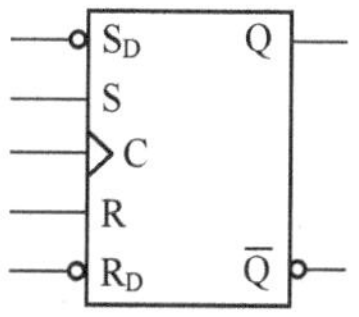

图 11.6.6　单选题 11 图

12. 如图 11.6.7 所示，分析 CP、S、R 的波形，当初始状态为 1 时，t_1 瞬间输出 Q 为 (　　)。

A. 0　　　　　　　　B. 1　　　　　　　　C. 不定　　　　　　　D. 计数

13. 如图 11.6.8 所示，当 A=1，R=0 时，RS 触发器 (　　)。

A. 计数　　　　　　B. 置 0

C. 置 1　　　　　　D. 保持

14. 图 11.6.9 所示主从型 JK 触发器，当 J=K=$S_D = R_D = 1$ 时，CP 脉冲来到后 JK 触发器 (　　)。

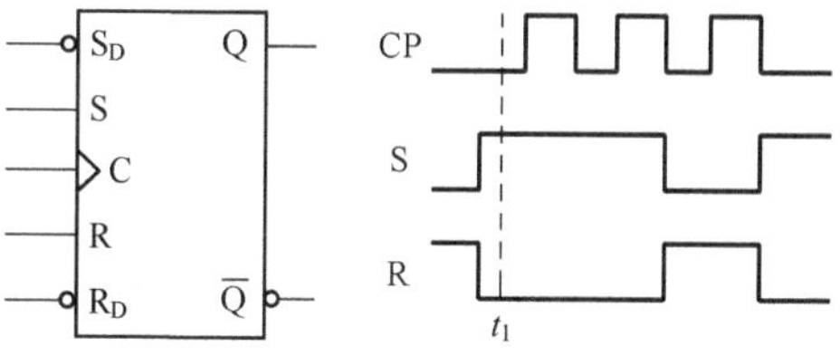

图 11.6.7　单选题 12 图

A. 计数   B. 置 1   C. 置 0   D. 保持

15. 如图 11.6.10 所示，$A=1$，CP 脉冲来到后 JK 触发器（   ）。

A. 计数   B. 置 0   C. 置 1   D. 保持

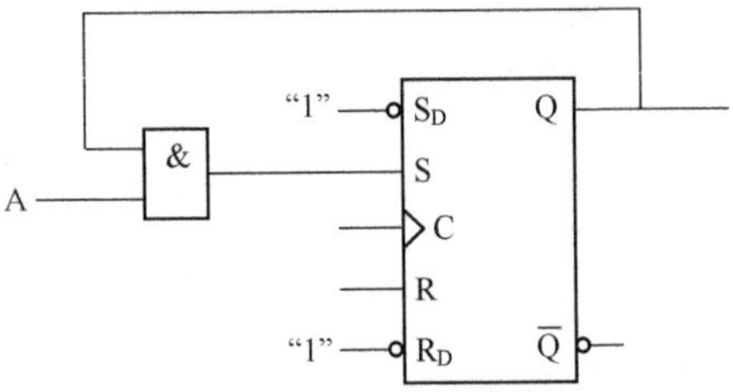

图 11.6.8   单选题 13 图 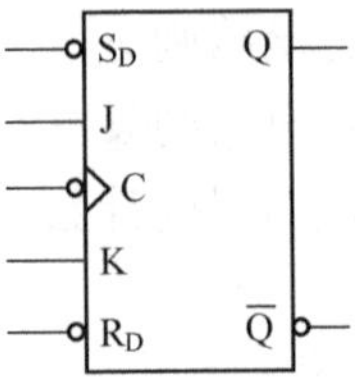   图 11.6.9   单选题 14 图 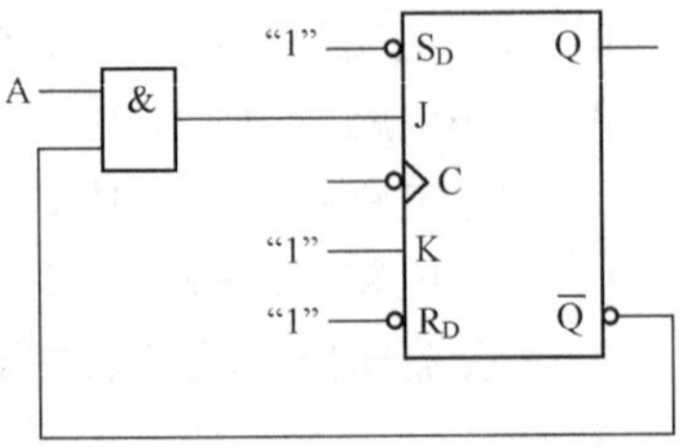   图 11.6.10   单选题 15 图

16. 逻辑电路如图 11.6.11 所示，当 $A=1$ 时，CP 脉冲来到后 JK 触发器（   ）。

A. 置 0   B. 置 1   C. 具有计数功能   D. 保持功能

17. 触发器连接如图 11.6.12 所示，则具有（   ）。

A. T 触发器功能   B. D 触发器功能   C. T′触发器功能   D. RS 触发器

18. 如图 11.6.13 所示，$A=1$ 时，CP 脉冲来到后 D 触发器（   ）。

A. 计数   B. 置 0   C. 置 1   D. 保持

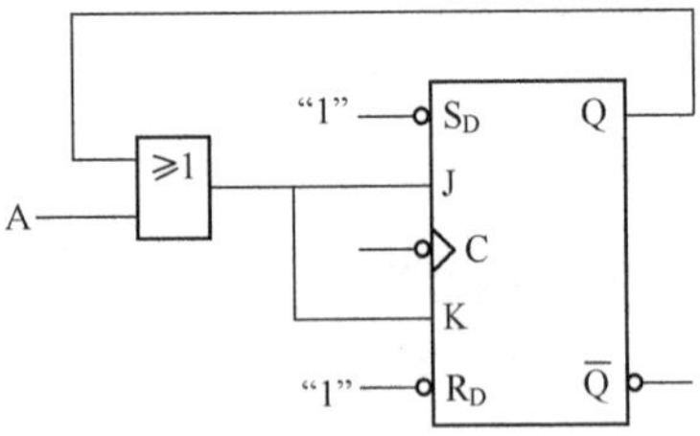

图 11.6.11   单选题 16 图 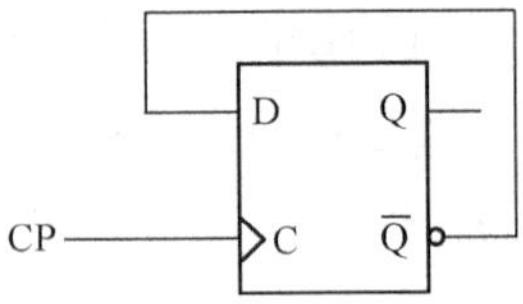   图 11.6.12   单选题 17 图 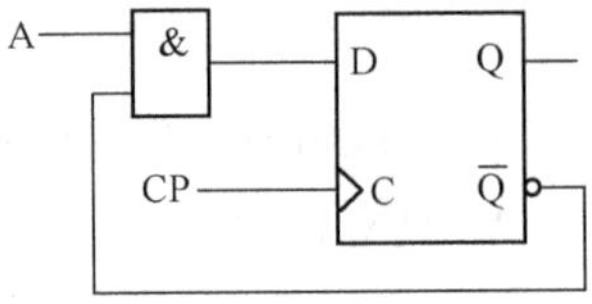   图 11.6.13   单选题 18 图

19. 如图 11.6.14 所示，分析 CP 的波形，当初始状态为 0 时，输出 Q 是 1 的瞬间为（   ）。

A. t_1 B. t_2 C. t_3 D. 不确定

20. 寄存器是一种（   ）。

A. 存放数码的时序逻辑电路   B. 实现计数的时序逻辑电路

C. 实现译码的组合逻辑电路   D. 实现编码的组合逻辑电路

21. 数码寄存器的功能是（   ）。

A. 寄存数码和实现移位   B. 清除数码和实现移位

C. 寄存数码和清除原有数码   D. 实现数码寄存

22. 分析图 11.6.15 所示某时序逻辑电路的状态表，判定它是（   ）。

A. 二进制计数器   B. 移位寄存器   C. 十进制计数器   D. 八进制计数器

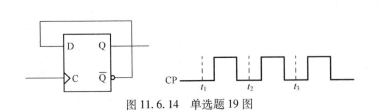

图 11.6.14   单选题 19 图

C	Q_2	Q_1	Q_0
0	0	0	0
1	0	0	1
2	0	1	1
3	1	1	1
4	1	1	0
5	1	0	0
6	0	0	0

图 11.6.15   单选题 22 图

23. 某时序逻辑电路的波形如图 11.6.16 所示，由此判定该电路是（　　　）。

A. 二进制计数器　　　B. 十进制计数器　　　C. 移位寄存器　　　D. 数码寄存器

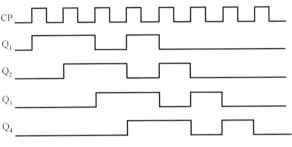

图 11.6.16　单选题 23 图

24. 计数器是一种（　　　）。

A. 组合逻辑电路　　　B. 时序逻辑电路　　　C. 脉冲整形电路　　　D. 译码显示电路

25. 如图 11.6.17 所示，原态为"11"，当送入一个 CP 脉冲后的新态为（　　　）。

A. 11　　　　　　　B. 10　　　　　　　C. 00　　　　　　　D. 01

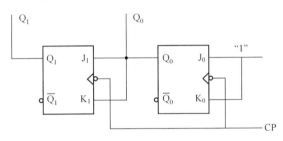

图 11.6.17　单选题 25 图

26. 如图 11.6.18 所示逻辑电路为（　　　）。

A. 同步二进制加法计数器　　　　　　　B. 异步二进制加法计数器

C. 同步二进制减法计数器　　　　　　　D. 异步二进制减法计数器

27. 某时序逻辑电路的波形如图 11.6.19 所示，由此判定该电路是（　　　）。

A. 加法计数器　　　B. 减法计数器　　　C. 移位寄存器　　　D. 数码寄存器

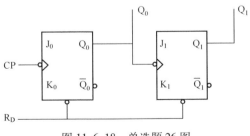

图 11.6.18　单选题 26 图

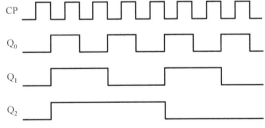

图 11.6.19　单选题 27 图

28. 分析如图 11.6.20 所示计数器的波形图，可知它是一（　　　）。

A. 二进制加法计数器　　　　　　　　　B. 三进制加法计数器

C. 四进制加法计数器　　　　　　　　　D. 五进制加法计数器

29. 低电平触发基本 RS 触发器，当 $\bar{R}$ 和 $\bar{S}$ 都接高电平时，该触发器具有（　　　）功能。

A. 置 0   B. 置 1   C. 保持原态   D. 状态不定

30. 一个触发器可记录一位二进制代码，它有（   ）个稳态。

A. 0   B. 1   C. 2   D. 3

31. JK 触发器在 CP 脉冲作用下，欲实现 $Q^{n+1}=Q^n$，则输入信号应为（   ）。

A. $J=K=0$ B. $J=Q$，$K=\overline{Q}$ C. $J=\overline{Q}$，$K=Q$ D. $J=Q$，$K=0$

32. 对于 D 触发器，输入 $D=1$，CP 脉冲作用后，触发器次态应为（   ）。

A. 0   B. 1   C. 0 或 1   D. 不确定

33. 逻辑电路如图 11.6.21 所示，K 为 1，当 $A=0$ 时，CP 脉冲来到后 JK 触发器（   ）。

A. 计数   B. 置 0   C. 置 1   D. 不定

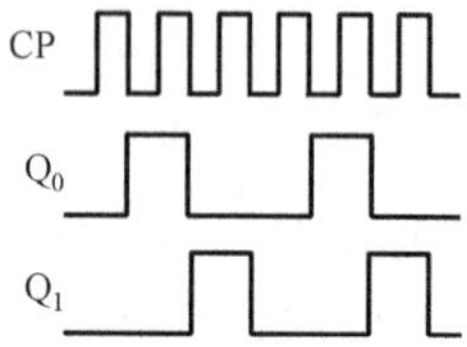

图 11.6.20   单选题 28 图 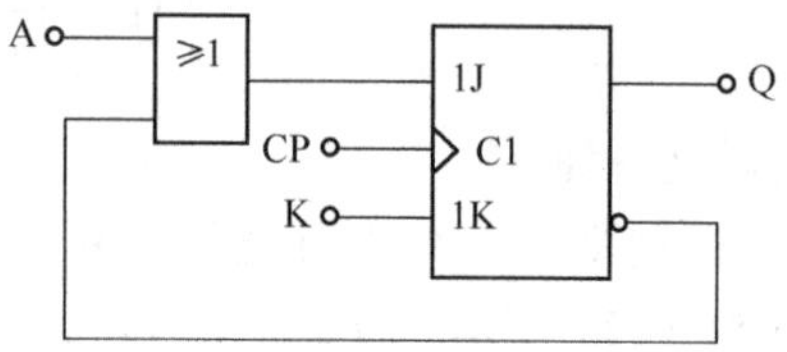   图 11.6.21   单选题 33 图

34. 存储 8 位二进制信息需要（   ）个触发器。

A. 2   B. 3   C. 4   D. 8

二、判断题

1. 十进制计数器是在二进制计数器的基础上得出的，用 4 位二进制数来代表十进制的每一位，所以也称为二 - 十进制计数器。（   ）

2. 最常用的 8421 码十进制计数器是取 4 位二进制数前面的 0000～1001 来表示十进制的 0～9 十个数码。（   ）

3. 十进制计数器只有异步十进制计数器。（   ）

4. 维持阻塞型 D 触发器具有时钟脉冲的上升沿触发的特点。（   ）

5. 寄存器寄存数码的方式有并行和串行两种，其输出数码的方式也有并行和串行两种。（   ）

6. 移位寄存器按移位方式，可分为单向移位寄存器和双向移位寄存器。（   ）

7. 主从型 JK 触发器具有时钟脉冲 CP 从 1 跳为 0 时翻转的特点，也就是具有时钟脉冲的下降沿触发的特点。（   ）

8. 主从型 JK 触发器具有计数、保持、置 0 和置 1 的功能。（   ）

9. 1 个触发器可以同时存储多位二值信息。（   ）

10. 对移位寄存器来说，只要输入信号发生变化，数据就开始实现移位，不需要考虑时钟脉冲的信号。（   ）

11. 由于一个触发器能够存储 0 和 1 两个数码，所以二进制计数器只需要一个触发器就行，不能再用第二个。（   ）

12. 二进制计数器可以由 D 触发器构成，也可以由 JK 触发器构成。（   ）

13. 计数器既然是用来记录脉冲的个数，所以只能按着累计加 1 的方式进行加法计数。（   ）

14. 十进制计数器至少要由 4 个触发器来构成。（   ）

15. N 个触发器可以构成最大计数长度（进制数）为 N 的计数器。（　　　）

16. 触发器和门电路没有本质区别，都是数字电路的基本单元。（　　　）

17. 触发器按逻辑功能分主要有 RS 触发器、JK 触发器、D 触发器和 T 触发器。（　　　）

18. 基本 RS 触发器的输出状态有 0 和 1 两个。（　　　）

19. 基本 RS 触发器是输入低电平触发的触发器。（　　　）

20. 对基本 RS 触发器来说，输入端 R 和 S 可以有 1 和 0 四种有效的组合。（　　　）

21. 可控 RS 触发器的时钟控制只能是高电平控制有效。（　　　）

22. 主从 JK 触发器是一种边沿型触发器。（　　　）

23. JK 型触发器的输入端都没有限制要求，J 和 K 有四种输入的组合。（　　　）

24. D 触发器具有置 0 和置 1 的功能。（　　　）

25. 由于 RS 触发器有非法输入的禁态，所以不能把它转换为 JK 类型的触发器。（　　　）

26. D 触发器有一个输入端 D，而 JK 触发器有两个输入端 J 和 K，所以这两个类型的触发器不能相互转化。（　　　）

27. 高电平触发方式的 RS 触发器，当 $R_D = S_D = S = R = 1$ 时，CP 脉冲来到后 RS 触发器的新态是计数。（　　　）

28. 对于 D 触发器，输入 D = 1，CP 脉冲作用后，触发器的新态应为计数功能。（　　　）

29. 对于 JK 触发器，若 J = K，则可完成 D 触发器的逻辑功能。（　　　）

30. 74LS161 是一个十进制计数器。（　　　）

三、计算题

1. 电路和输入信号波形如图 11.6.22 所示，设触发器初始状态 Q = 0，且 $R_D = S_D = 1$，画出 RS 触发器在 CP 脉冲作用下 Q 端波形。

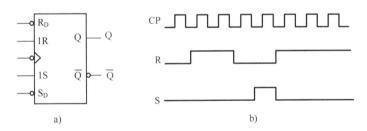

图 11.6.22　计算题 1 图

2. 已知基本 RS 触发器，其输入波形如图 11.6.23 所示，列出真值表，并画出 Q 端波形。

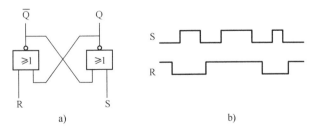

图 11.6.23　计算题 2 图

3. 电路和输入信号波形如图 11.6.24 所示，设 JK 触发器初始状态 Q = 0，画出 JK 触发器在 CP 脉冲作用下 Q 端波形。

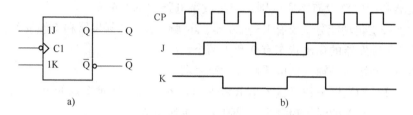

图 11.6.24　计算题 3 图

4. 电路和输入信号波形如图 11.6.25 所示，设 D 触发器初始状态 Q=0，画出 D 触发器在 CP 脉冲作用下 Q 端波形。

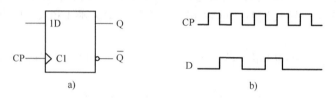

图 11.6.25　计算题 4 图

5. 设信号 A、CP 的波形如图 11.6.26 所示，D 触发器初始状态 Q=1，画出 F 端波形。

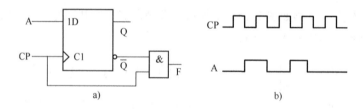

图 11.6.26　计算题 5 图

6. 电路和输入信号波形如图 11.6.27 所示，设初始状态 $Q_1 = Q_2 = 1$，试画出 Q_1 和 Q_2 波形。

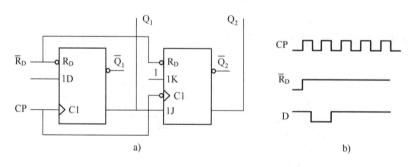

图 11.6.27　计算题 6 图

7. 设图 11.6.28 所示各触发器初始状态 Q=0，画出在 CP 脉冲作用下 Q 端波形。

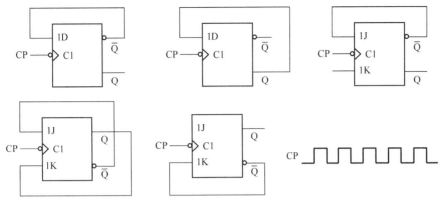

图 11.6.28 计算题 7 图

8. 逻辑电路如图 11.6.29 所示，K 为 1，当 A = 0 时，CP 脉冲来到后 JK 触发器具有何种功能？

9. 初始状态为 0、输入为低电平有效的基本 RS 触发器，$\overline{R}$ 和 $\overline{S}$ 端的输入信号波形如图 11.6.30 所示，求 Q 和 $\overline{Q}$ 的波形。

10. 初始状态为 1、输入为高电平有效的基本 RS 触发器，R 和 S 端的输入信号波形如图 11.6.31 所示，求 Q 的波形。

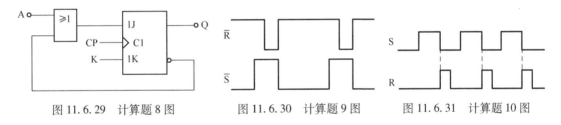

图 11.6.29 计算题 8 图　　　图 11.6.30 计算题 9 图　　　图 11.6.31 计算题 10 图

11. 已知高电平触发 RS 触发器，R 和 S 端的输入信号波形如图 11.6.32 所示，而且已知触发器原为 0 态，求输出端 Q 的波形。

12. 已知下降沿主从触发的 JK 触发器，J 和 K 端的输入信号波形如图 11.6.33 所示，而且已知触发器原为 0 态，求输出端 Q 的波形。

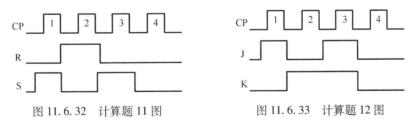

图 11.6.32 计算题 11 图　　　图 11.6.33 计算题 12 图

13. 已知上升沿触发 D 触发器 D 端的输入信号波形如图 11.6.34 所示，而且已知触发器原为 0 态，求输出端 Q 的波形。

图 11.6.34 计算题 13 图

参 考 文 献

[1] 张绪光．电路与模拟电子技术 [M]．2 版．北京：北京大学出版社，2018.

[2] 黄金侠．电工电子技术：上 [M]．2 版．北京：机械工业出版社，2023.

[3] 黄金侠．电工电子技术：下 [M]．北京：机械工业出版社，2017.

[4] 陈佳新．电工电子技术 [M]．北京：机械工业出版社，2021.

[5] 李心广，王金矿，张晶．电路与电子技术基础 [M]．3 版．北京：机械工业出版社，2021.

[6] 童诗白，华成英．模拟电子技术基础 [M]．6 版．北京：高等教育出版社，2023.

[7] 阎石．数字电子技术基础 [M]．6 版．北京：高等教育出版社，2016.

[8] 康华光，张林．电子技术基础：模拟部分 [M]．7 版．北京：高等教育出版社，2021.

[9] 康华光，张林．电子技术基础：数字部分 [M]．7 版．北京：高等教育出版社，2021.

[10] 秦曾煌．电工学：上册 [M]．8 版．北京：高等教育出版社，2023.

[11] 秦曾煌．电工学：下册 [M]．7 版．北京：高等教育出版社，2014.

[12] 秦曾煌．电工学简明教程 [M]．3 版．北京：高等教育出版社，2015.

[13] 程继航，宋暖．电工电子技术基础 [M]．2 版．北京：电子工业出版社，2022.

[14] 徐淑华．电工电子技术 [M]．5 版．北京：电子工业出版社，2023.

[15] 张志良．电工与电子技术基础 [M]．北京：机械工业出版社，2016.

[16] 张志良．电工与电子技术学习指导及习题解答 [M]．北京：机械工业出版社，2016.

[17] 吴舒辞．电工与电子技术：上册 [M]．2 版．北京：北京大学出版社，2011.

[18] 徐卓农，李士军．电工与电子技术：下册 [M]．2 版．北京：北京大学出版社，2011.

[19] 朱伟兴．电路与电子技术：电工学 I [M]．2 版．北京：高等教育出版社，2015.

[20] 李心广，张晶．电路与电子技术基础学习指导与实验教程 [M]．2 版．北京：机械工业出版社，2014.

[21] 叶挺秀，潘丽萍，张伯尧．电工电子学 [M]．5 版．北京：高等教育出版社，2021.

[22] 殷瑞祥．电路与模拟电子技术 [M]．4 版．北京：高等教育出版社，2022.

[23] 李晓明．电工电子技术：第 1 分册　电路与模拟电子技术基础 [M]．2 版．北京：高等教育出版社，2008.

[24] 渠云田．电工电子技术：第 1 分册　电路与模拟电子技术基础 [M]．3 版．北京：高等教育出版社，2013.

[25] 段玉生，王艳丹，王鸿明．电工与电子技术：上册 [M]．3 版．北京：高等教育出版社，2017.

[26] 段玉生，王艳丹，王鸿明．电工与电子技术：下册 [M]．3 版．北京：高等教育出版社，2017.

[27] 高有华，龚淑秋．电子技术 [M]．3 版．北京：机械工业出版社，2017.

[28] 范承志，孙盾，童梅，等．电路原理 [M]．4 版．北京：机械工业出版社，2014.

[29] 公茂法，刘宁．电路基础学习指导与典型题解 [M]．北京：北京大学出版社，2007.

[30] 刘建军，王吉恒．电工电子技术：电工学 [M]．北京：人民邮电出版社，2006.

[31] 麻寿光．电路与电子学 [M]．2 版．北京：高等教育出版社，2016.